Aubrey Manning

Verhaltensforschung

Eine Einführung

Übersetzung von
G. Ehret und I. Ehret

Mit 97 Abbildungen

Springer-Verlag
Berlin Heidelberg New York 1979

Professor Dr. AUBREY MANNING
Dept. of Zoology, University of Edinburgh,
West Mains Road, GB-Edinburgh EH9 3JT

Deutsche Übersetzung von:

Dr. GÜNTER EHRET und INGRID EHRET
Fachbereich Biologie, Universität Konstanz, D-7750 Konstanz

Umschlagmotiv s. Abbildung 8.13, Seite 286.

Titel der Originalausgabe:
Aubrey Manning, An Introduction to Animal Behaviour.
Third Edition 1979. Edward Arnold (Publishers)
Limited 41 Bedford Square, London WC1 3DQ
© by Aubrey Manning 1979

ISBN-13: 978-3-540-09643-6   e-ISBN-13: 978-3-642-67428-0
DOI: 10.1007/978-3-642-67428-0

CIP-Kurztitelaufnahme der Deutschen Bibliothek. Manning, Aubrey: Verhaltensforschung: e. Einf. / Aubrey Manning. Dt. Übers. d. 3., engl. Aufl. G. Ehret u. I. Ehret. –
Berlin, Heidelberg, New York : Springer, 1979.   Einheitssacht.: Introduction to animal
behavior ‹dt.›.

8700 Würzburg. 2131-3130/54 32 10

Vorwort zur deutschen Ausgabe

Das vorliegende Buch von Aubrey Manning wurde bereits in fünf Sprachen übersetzt. Alleine schon diese Tatsache zeigt die große Bedeutung, die diese Einführung in die Verhaltensforschung international erlangt hat.

Ein Hauptanliegen des Buches ist, dem Studienanfänger und auch dem interessierten Laien die Ethologie in ihrer engen Verbindung mit Physiologie und Psychologie nahe zu bringen und die Grundprinzipien der Verhaltensorganisation sowohl von Individuen als auch von sozialen Gruppen verständlich zu machen. Dazu wird eine große Fülle von Beispielen aus dem gesamten Tierreich vorgestellt.

Bei unserer Übersetzung haben wir als Hilfe für den deutschen Leser einige kleine Änderungen und Ergänzungen vorgenommen, so z. B. Benutzung metrischer Längenmaße und ° Celsius; Ergänzung deutscher Namen im Tiernamenverzeichnis (größtenteils aus Grzimeks Tierleben entnommen); im Literaturverzeichnis Angabe deutscher statt englischer Buchtitel, wenn uns eine entsprechende deutsche Ausgabe bekannt war

Wir danken Herrn Prof. Dr. H. Markl für sein Interesse und Herrn Dr. J. Tautz für seine wertvollen Hinweise sehr herzlich.

Konstanz, 1979 I. u. G. EHRET

Vorwort zur dritten englischen Auflage

Die Verhaltensforschung entwickelte sich immer weiter und schließt Ideen und Denkansätze von anderen Zweigen der Biologie mit ein. Diese Entwicklung beinhaltet nicht nur neue Ergebnisse, sondern verändert auch die Einstellungen gegenüber dem Alten. Diese neue Auflage enthält einen neuen Abschnitt über Kommunikation und eine Besprechung verschiedener Aspekte der neuen Soziobiologie, beides Bereiche, in denen erst vor kurzem eindrucksvolle Entwicklungen stattgefunden haben. Ich habe die Gelegenheit wahrgenommen, einiges Material des vorherigen Kapitels „Hormone" umzuordnen; es ist jetzt in der Behandlung früher Entwicklung und Motivation eingeschlossen. Prägung wird im Abschnitt über Entwicklung behandelt. Ich habe beschlossen, das Kapitel über die physiologischen Grundlagen von Lernen und Gedächtnis wegzulassen. Dieser Bereich ist zweifellos bedeutungsvoll, es fehlt jedoch der große Zusammenhang, und es ist nicht mehr leicht festzustellen, wo die wirklichen Fortschritte gemacht werden. Schließlich war eine gewisse Überarbeitung aller noch verbleibenden Kapitel notwendig. Von den Veränderungen abgesehen habe ich das Buch nicht erweitert, da ich davon überzeugt bin, daß es, um brauchbar zu sein, ein relativ kurzer Einführungstext bleiben muß.

Die Literaturliste ist jetzt recht lang, was für ein Buch, dessen Ziel es ist, den Lesern zu helfen, bestimmte Themen weiter zu erarbeiten, durchaus berechtigt ist. Sie enthält eine mannigfaltige Mischung alter und neuer Literatur – Bücher, Überblicke und Spezialarbeiten. Ich kann nicht behaupten, bei meiner Wahl systematisch oder konsequent vorgegangen zu sein. Das Feld breitet sich so rasch aus, daß jede Auswahl nach irgendeinem Kriterium in Kürze veraltet ist. Ich hoffe jedoch, daß ein großer Teil meiner Literaturangaben auch noch in zehn Jahren wert ist, gelesen zu werden. Ich bezweifle, ob man von einem Lehrbuch über Verhaltensforschung mehr verlangen kann.

Ich freue mich, meinen Kollegen John Deag und Arthur Ewing für ihre Hilfe bei der Vorbereitung einiger der neuen Abschnitte danken zu können. Bei der gesamten Planung dieser Ausgabe wurde ich durch die Übereinstimmung meiner eigenen Vorstellungen von der Überarbeitung des Buches mit denen von Pat Bateson sehr ermutigt. Sein Rat und seine Anerkennung waren eine große Hilfe.

Abschließend geht mein Dank an das Team von Edward Arnold für seine Hilfe und Geduld über einen sehr langen Zeitraum.

Edinburgh   Aubrey Manning

Vorwort zur ersten englischen Auflage

Heute wird die Verhaltensforschung immer mehr als einer der Hauptzweige der Biologie angesehen. Sie verbindet nicht nur so unterschiedliche Disziplinen wie Neurophysiologie und Ökologie, die sonst getrennt betrachtet werden, sondern konfrontiert auch mit eigenen Problemstellungen, die den Intellekt ebenso herausfordern wie es sonst in der Wissenschaft der Fall ist.

Zur Zeit gibt es nur wenige Lehrbücher, die Verhalten von einem biologischen Standpunkt aus betrachten und es mit Physiologie und Psychologie in Verbindung bringen. Dieses Buch stellt einen Versuch in dieser Richtung dar. Es beinhaltet eine persönliche Auswahl von Themen, die ich für wichtig halte, und beansprucht nicht, den gesamten Bereich abzudecken – dies wäre bei einem Buch von dieser Länge wohl auch kaum möglich. Ich habe versucht, die Klassifizierung von Verhalten nach der Funktion – Nahrungsaufnahme, Kampf, Balz etc. – vorzunehmen und habe Themen gewählt, die die Organisation des Verhaltens eines Einzeltieres analysieren helfen. Meine Absicht war nicht, einen vollständigen vergleichenden Überblick über das gesamte Tierreich zu geben. Der Nutzen wäre zur Zeit gering, da unser Wissen sehr lückenhaft ist und die meisten Bereiche am besten anhand bestimmter Tiergruppen erläutert werden.

Das Buch setzt einiges Grundwissen in Physiologie und Genetik voraus, jedoch nicht mehr als in Schulkursen angeboten wird. Ich hoffe, daß dieses Buch sowohl für Studenten als auch für die Arbeit an Schulen hilfreich sein wird. Ferner hoffe ich, daß es seinem Titel gerecht wird und als *Einführung* in die gesamte Verhaltensforschung dient; die recht ausführlichen Literaturhinweise sollen jedem helfen, dort weiterzulesen, wo sein besonderes Interesse liegt. Ich habe versucht, bei den Literaturhinweisen ein ausgewogenes Verhältnis zwischen ausführlichen experimentellen Arbeiten und allgemeineren Überblicken zu schaffen.

Mit besonderer Freude danke ich Dr. Margaret Bastock, Dr. Philip Guiton, Mr. Peter Slater und Dr. David Wood-Gush, die Auszüge des Manuskripts gelesen und mit ihren Kommentaren sehr geholfen haben. Ich danke auch den verschiedenen Autoren und Verlegern, die erlaubten, ihr Material für Illustrationen zu benutzen; sie werden in den Abbildungslegenden einzeln genannt.

Schließlich bin ich Dr. Peter Bruner, der zur Zeit der Vorbereitung dieses Buches Chefredakteur dieser Buchreihe war, für all seine Hilfe während der letzten 18 Monate zu Dank verpflichtet.

Edinburgh   AUBREY MANNING

Inhaltsverzeichnis

1 Reflexe und komplexes Verhalten

Die Erforschung des Verhaltens von Tieren wird vor allem unter physiologischen und psychologischen Gesichtspunkten vorgenommen. Die Physiologen interessieren sich meist für Verhaltensmechanismen, mit dem Ziel, Verhalten von der Funktion des Nervensystems her zu erklären. Die Psychologen beschäftigen sich eher mit dem Verhalten an sich; sie untersuchen Faktoren in Umwelt und Lebensgeschichte eines Tieres, die die Entwicklung und Ausführung des beobachteten Verhaltens beeinflussen. Ein beträchtlicher Anteil der in diesem Buch beschriebenen Arbeiten stammt von Ethologen, deren Interessensgebiete zum Teil von denen der Psychologen abweichen (vgl. S. 25). Beide untersuchen jedoch das Verhalten ganzer Organismen und haben damit einen gemeinsamen Forschungsansatz, der sich von dem der Physiologen unterscheidet.

Beide Forschungsansätze sind wichtig und ergänzen sich. Hin und wieder betonen Physiologen, daß ihre Versuchsmethoden grundlegender seien, und letztlich hoffen wir auch, Verhalten tatsächlich im Sinne der Funktion der Grundeinheiten des Nervensystems – der Neuronen – erklären zu können. Die Hauptaufgabe des Nervensystems ist jedoch, Verhalten hervorzubringen, und dieses Endprodukt muß daher selbst ebenso erforscht werden. Viele bedeutende Aspekte neuraler Organisation können nur in Begriffen von Verhalten beschrieben werden. Selbst wenn wir wüßten, wie jedes Neuron bei der Ausführung eines Verhaltensmusters mitwirkt, wäre es immer noch notwendig, auch die Verhaltensebene an sich zu untersuchen. Verhalten hat seine eigene Organisation und seine eigenen Einheiten, die wir bei seiner Erforschung beachten müssen. Der Versuch, das Nestbauverhalten eines Vogels im Sinne der Aktivität einzelner Neuronen zu beschreiben, wäre dasselbe wie der Versuch, eine Buchseite mit einem starken Mikroskop zu lesen.

Physiologie und Verhalten sind eng miteinander verbunden und ergänzen sich gegenseitig. Dieses Buch enthält nicht viel formale Physiologie, wir müssen sie jedoch gegebenenfalls berücksichtigen. Eines der erfolgreichsten Gebiete psychologischer Forschung ist zur Zeit die sogenannte „Physiologische Psychologie", bei der die Aufmerksamkeit gleichzeitig auf das Verhalten eines Tieres und die damit verbundene Physiologie gerichtet ist. Ein Hindernis für eine engere Zusammenarbeit von Physiologen und Verhaltensforschern liegt in den Verhaltensweisen, die beide Gruppen untersuchen und die nur wenig überlappen. Eine vollständige physiologische Analyse ist, außer für die einfachsten Reaktionen, bei denen nur wenige Neurone beteiligt sind, noch nicht möglich. Dieses Einführungskapitel wird einige Möglichkeiten untersuchen, die Kluft zwischen solch einfachen Reaktionen und komplexeren Verhaltensweisen, mit denen wir uns hauptsächlich beschäftigen werden, zu überbrücken.

„Verhalten" schließt all die Prozesse ein, mit denen ein Tier seine äußere Umwelt und seine innere körperliche Verfassung wahrnimmt und auf deren Veränderungen reagiert. Viele dieser Prozesse finden „innerhalb" des Nervensystems statt und können nicht direkt beobachtet werden. Die Reaktion eines Tieres kann sowohl heftige Aktivität als auch völlige Inaktivität sein, beides ist gleichermaßen Verhalten. Dies konfrontiert uns sofort mit dem Problem der Beobachtung·und Messung. In der Physik und auch in vielen Bereichen der Biologie haben wir festgelegte Einheiten – Ampère, Moleküle, pH-Werte, Gene, Aktionspotentiale etc. – für die Messung und Klassifizierung unserer Beobachtungen. Wenn wir ein Tier in seiner Umwelt beobachten, haben wir keine derartigen Meßgrößen. Verhalten findet so lange statt, wie das Tier lebt, und, genau genommen, zählt jede Bewegung. So gesehen, ist die Aufgabe nicht zu lösen. Wir können erst dann mit Verhaltensuntersuchungen beginnen, wenn wir abstrahieren und vereinfachen. Wir müssen entscheiden, was wir bei einem gegebenen Problem festhalten wollen und was ignoriert werden kann. .

Wenn wir das Balzverhalten von Fasanen oder Stichlingen untersuchen, setzen wir vermutlich voraus, daß es unnötig ist, die Atemfrequenz der Tiere zu messen. Atmen ist natürlich Teil des Gesamtverhaltens, spielt jedoch oft in Verhaltensuntersuchungen keine Rolle. Wenn wir jedoch innere Veränderungen bei starker Erregung eines Tieres messen wollen, kann die Atemtätigkeit, die dann erhöht ist (vgl. Kap. 5), ein hilfreicher Anzeiger sein. Ähnliches gilt auch für andere Fälle. Wassermolchmännchen balzen die Weibchen auf dem Grund von Gewässern an. Ihre Balz wird durch Auftauchen zur Atmung unterbrochen. Halliday und Sweatman [198] fanden, daß Männchen ihre Atmung bis zu einem gewissen Punkt einhalten können, wenn die Balz normal verläuft, wenn aber Verzögerungen eintreten oder sich z. B. das Weibchen entfernt, holen sie ihre Atmung sofort nach. Aufzeichnungen der Atmung beim Wassermolch sind, anders als z. B. beim Fasan, ein wichtiger Teil der Untersuchung der Balzmuster. Mit diesem Beispiel soll betont werden, daß die Meßgrößen für ein Verhalten so ausgewählt werden müssen, daß sie dem Tier und dem Problem, das gerade erforscht wird, entsprechen. Wir müssen flexibel und bereit sein, unsere Maßeinheiten zu ändern. Im Einführungskapitel seines Lehrbuches bespricht Hinde [217] diese Fragen ausführlicher.

Reflexe werden oft als die einfachsten Einheiten des Verhaltens angesehen. Der Reflex, der uns veranlaßt, bei einem Lichtblitz die Augen zu schließen oder unseren Fuß zurückzuziehen, wenn wir auf einen scharfen Gegenstand treten, ist allerdings von seiner Funktion her sehr wichtig. Dennoch scheint er sich um Größenordnungen von der Art des Verhaltens zu unterscheiden, mit der sich ein Großteil dieses Buches beschäftigen wird – Nestbau, Imponiergebärden gegenüber einem Geschlechtspartner, Durchlaufen eines Labyrinths, um Futter zu erhalten, etc. Solche Muster sind in ihrer Erscheinungsform sicher komplexer als Reflexe; die Absicht dieses Kapitels ist jedoch zu zeigen, daß beide Verhalten darstellen und daß wir in ihren gemeinsamen Eigenschaften einige grundlegende Kennzeichen von Verhaltensmechanismen erkennen können.

Es ist nicht möglich, eine klare Linie zwischen Reflexen und komplexem Verhalten zu ziehen. Keiner der beiden Begriffe kann zufriedenstellend genau definiert werden, und daher wollen wir sie nach ihrer herkömmlichen Bedeutung anwenden. Komplexes Verhalten kann viele Reflexe einschließen. Der Schluckreflex ist nur der Endpunkt des komplexen Verhaltens Nahrungssuche, bei dem wieder Reflexe, die Gleichgewicht und Laufen kontrollieren, beteiligt sind. Diese beiden Arten von Reflexen stehen an den Enden einer kontinuierlichen Skala, in deren Mitte wir „Tropismen" – Orientierungsbewegungen der Tiere nach Licht, Schwerkraft und anderen Umweltfaktoren – einordnen können (vgl. Fraenkel und Gunn [152]). Tropismen zeigen einige Eigenschaften von Reflexen, beinhalten jedoch Bewegungen des ganzen Körpers und nicht nur einer einzelnen Muskelgruppe. Während wir oft die Nervenbahnen und die Beschaffenheit eines Reflexes recht genau beschreiben können, ist dies für komplexes Verhalten fast nie möglich. Bei letzterem müssen wir zumindest Hunderte von beteiligten Neuronen annehmen, so daß die Anzahl der Variablen ins Unendliche geht. Dennoch sollten wir nicht durch quantitative Unterschiede, wie groß auch immer, davon abgeschreckt werden, Verhalten aller Art zu untersuchen.

Im Jahre 1906 wurde C. S. Sherringtons Buch *The Integrative Action of the Nervous System* [435] veröffentlicht. Mehr als jeder andere kann Sherrington als der Begründer der Neurophysiologie angesehen werden. In seinem Buch behandelt er die Mechanismen von Reflexen und deren Koordination durch das Zentralnervensystem (ZNS) zu angepaßtem Verhalten. Das Zentralnervensystem kombiniert Information aus verschiedenen Quellen, regelt Handlungsabläufe und setzt Prioritäten. *Integrative Action* ist ein Wissenschaftsklassiker, der noch immer zur Unterhaltung und mit Gewinn gelesen werden kann. Sherrington mußte mit Apparaturen arbeiten, die wir heute als primitiv bezeichnen würden. Es gab weder elektronische Reizgeräte noch Oszillographen, nur Induktionsspulen und Hebel, die an den Gliedmaßen des Versuchstieres befestigt waren und auf eine berußte Kymographentrommel schrieben.

In den ersten Kapiteln seines Buches beschreibt Sherrington einige Eigenschaften von Reflexen. Er vergleicht sie mit Bewegungen, die durch direkte Reizung von Nerven, die zu den entsprechenden Muskeln laufen, hervorgerufen wurden. Wir können hier Teile seiner Klassifizierung der Eigenschaften von Reflexen und komplexen Verhaltensweisen übernehmen.

Latenzzeit

Bei Reflexen und komplexem Verhalten tritt eine Reaktionslatenz auf – eine Verzögerung zwischen Reizgabe und dem Sichtbarwerden ihrer Wirkung. Sherrington kalkulierte unter Berücksichtigung der Laufzeit in Nervenfasern für den Beugere-

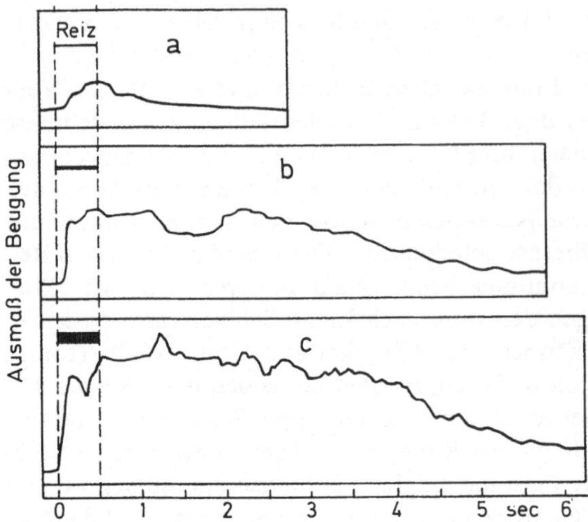

Abb. 1.1 a–c. Das Ausmaß und die Dauer des Beugereflexes beim Hund bei drei verschiedenen Reizstärken (durch die Dicke des Balkens angedeutet), jeder Reiz von 0.5 s Dauer. Die Fläche zwischen den Kurven und der Zeitachse (X-Achse) ist ein Maß für die „Menge" der Reaktion. Sogar bei einem schwachen Reiz **a** stellt das Überdauern 75% der gesamten „Menge" dar; beim stärksten Reiz **c** stellt es über 90% dar. Man beachte, daß die Latenzzeit der Reaktion abnimmt, wenn die Reizstärke zunimmt. (Modifiziert nach Sherrington [435])

flex des Hundes, bei dem das Tier als Reaktion auf schmerzhafte Hautreize sein Bein zurückzieht, eine Latenzzeit von 27 Millisekunden. Tatsächlich liegt die Latenzzeit normalerweise zwischen 60 und 200 Millisekunden.

Es ist schwieriger, Latenzzeiten für komplexe Verhaltensweisen zu messen, da der Beginn des Wirksamwerdens eines Reizes oft nur sehr schwer festgelegt werden kann. Wells [492] beschreibt, daß ein frisch geschlüpfter Tintenfisch (*Sepia*) etwa zwei Minuten lang keine erkennbare Reaktion zeigt, nachdem eine winzige Garnele (*Mysis*) als Futter zu ihm gesetzt wurde. Danach wird die Garnele von dem Auge des Tintenfisches fixiert, das ihr am nächsten ist. Eine weitere Verzögerung tritt auf, diesmal jedoch nur einige Sekunden, bevor sich die *Sepia* der Garnele so zuwendet, daß sie diese mit beiden Augen sieht. Nach einer nochmaligen kurzen Latenz ergreift sie die Garnele mit ihren Tentakeln. Oftmals zeigt ein *Drosophila*-Männchen bei seiner ersten Begegnung mit einem Weibchen keinerlei Erregung. Es berührt sie möglicherweise mit seinen Vorderbeinen, bleibt aber stehen, wenn sie sich wegbewegt. Erst bei einer zweiten Begegnung nach einigen Sekunden beginnt es mit seinem Balzverhalten.

Jedes Verhalten hat zumindest eine kurze Latenzzeit zum Reiz, die auf eine Verzögerung bei der Übertragung von Impulsen über die Synapsen (den Begriff verdanken wir Sherrington) zwischen den Neuronen zurückzuführen ist. Bei komplexen Verhaltensweisen ist oft, wie oben erwähnt, eine größere Verzögerung zwischen Reiz und Reaktion festzustellen, da in der Kette zwischen Rezeptoren und Effektoren oft Dutzende von Synapsen eingeschaltet sind.

Bei Reflexen wurde festgestellt, daß je stärker der Reiz, desto kürzer die Latenzzeit ist (vgl. Abb. 1.1). Messungen der Latenzzeit komplexer Verhaltensweisen jedoch sind untrennbar mit Faktoren verbunden, die die Reizschwelle betreffen. Reflexe haben eine relativ stabile und niedrige Reizschwelle, da sie zu den Schutzmechanismen des Körpers gehören und ständig verfügbar sein müssen. Im Gegensatz dazu variieren die Reizschwellen bei komplexem Verhalten sehr stark. Ein Futterreiz, der bei einem hungrigen Hund eine sofortige und intensive Reaktion auslöst, kann bereits eine Stunde später, nachdem er gefüttert wurde, ignoriert werden. Folglich ist jeder Versuch, Latenzzeitveränderungen in Abhängigkeit von der Reizstärke zu untersuchen, mit sehr viel Schwierigkeiten verbunden. Es gibt zwei Möglichkeiten, in solchen Fällen die Latenzzeit abzuschätzen. Man kann sich bemühen, wenn man z. B. die Latenzzeit auf einen Futterreiz untersuchen will, alle Versuchstiere gleich stark zu motivieren, d. h. gleich hungrig zu machen. Weiterhin kann man eine große Anzahl von Tieren mit unterschiedlichen Reizschwellen testen und die verschiedenen Latenzzeiten auf einen Reiz statistisch mit denen auf einen anderen Reiz vergleichen. Diese Methode wurde von Hinde [214] angewandt, der bei Buchfinken die Latenzzeit zwischen dem Präsentieren verschiedener furchterregender Reize und dem ersten Warnruf untersuchte. Wie bei den Reflexen bewirkte der Reiz, der aus anderen Zusammenhängen als der stärkste bekannt war, die kürzeste Latenzzeit.

Überdauern

Wenn motorische Nervenfasern direkt gereizt werden, zieht sich der Muskel, den sie versorgen, zusammen und entspannt sich innerhalb einiger Sekunden nach Reizende wieder. Bei Muskelkontraktionen, die über einen Reflexbogen ausgelöst werden, ist dies nicht der Fall. Sie halten oft noch viele Sekunden, nachdem der Reiz geendet hat, mit voller Intensität an, und erst dann lassen sie allmählich nach. Sherrington fand, daß die Länge und Stärke dieses Überdauerns beim Beugereflex des Hundes mit der Reizstärke in Beziehung stand (vgl. Abb. 1.1).

Bei komplexen Verhaltensweisen ist Überdauern ein bekanntes Phänomen. Hinde [210] untersuchte die „Haß"-Reaktion von Buchfinken gegenüber Eulen und anderen Freßfeinden. Ein Fink kommt ziemlich dicht an die Eule heran und fliegt unruhig manchmal kurz auf sie zu, manchmal von ihr weg und stößt wiederholt einen Alarmruf aus. In der Natur lockt dieses Verhalten andere Vögel an, die dann auch hassen, bis die Eule von einer Schar kleiner hassender Vögel umgeben ist und sich dann oft zurückzieht. In einem Experiment mit einem einzelnen Buchfink in einem großen Käfig fand Hinde, daß die Wiederholungsrate des Alarmrufs ein gutes Maß für die Stärke dieser Haß-Reaktion war. Außerdem stellte er fest, daß die

Rufe noch lange anhielten, nachdem die Eule bereits entfernt war. Je stärker der Buchfink gerufen hatte, desto länger hielt dieses Überdauern an.

Wenn ein *Drosophila*-Männchen ein nicht kopulationsbereites Weibchen anbalzt, verliert es manchmal, wenn sie wegfliegt, den Kontakt zu ihr. In solchen Fällen setzt es oft seine Balzbewegungen mehrere Sekunden lang fort und orientiert sich nach dem Punkt, an dem es das Weibchen zuletzt wahrgenommen hat. Bei komplexem Verhalten wie diesem ist es schwierig, mit Bestimmtheit zu sagen, daß keine Reize mehr vorhanden seien. Wenn Sherrington seine Induktionsspule abschaltete, konnte er sicher sein, daß den Hund kein für den Reflex verantwortlicher Reiz mehr erreichte. Von dem *Drosophila*-Weibchen jedoch bleibt vielleicht eine Duftspur zurück, und die anhaltende Balz des Männchens wäre dann kein echtes Überdauern. Hinde konnte zeigen, daß der Buchfink in seinem Käfig eine Eule mit anderen Gegenständen in ihrer Nähe in Verbindung brachte. Die Reaktion gegenüber diesen Objekten, die im Käfig blieben, nachdem die Eule entfernt war, kann zum Überdauern beigetragen haben. Trotz dieser Einschränkungen besteht wenig Zweifel daran, daß komplexes Verhalten das zeigt, was Lorenz [305] treffend als „Reaktionsmoment" bezeichnete; eine Erregung wieder abzubauen nimmt Zeit in Anspruch. In Kapitel 3 werden wir besprechen, wie ein Tier durch einen Reiz „erregt" werden kann und wie nicht nur die Reizwirkung anhält, sondern das Tier auch für nachfolgende Reize reaktionsbereiter wird.

Summation

Eine der auffälligsten, integrierenden Eigenschaften des Zentralnervensystems ist die Fähigkeit, Reize zu summieren, die zu verschiedenen Zeiten (zeitliche Summation) und von verschiedenen Stellen (räumliche Summation) eintreffen. Sherrington gibt dafür mehrere schöne Beispiele. Der Kratzreflex des Hundes z. B. wird durch Reizung auf seinem Rücken ausgelöst. Daraufhin bringt er die Hinterpfote derselben Seite nach vorne und kratzt rhythmisch die Reizstelle. Wenn 5 – 10 schwache Reize in rascher Reihenfolge gegeben wurden, lösten sie nicht unbedingt eine Reaktion aus, nach 20 – 30 Reizen trat jedoch Kratzen auf – die Reize wurden zeitlich summiert. Abbildung 1.2 zeigt die räumliche Summation von Reizen auf zwei Hautstellen, die 8 cm voneinander entfernt waren; kein Reiz ist allein stark genug, um Kratzen auszulösen, zusammen jedoch werden sie wirksam. Sherrington fand, daß räumliche Summation bis auf 20 cm Entfernung stattfand, sich aber der Effekt bei Entfernungen bis zu dieser Größe verringert.

Dethier [130] untersuchte die Reize, die Schmeißfliegen dazu veranlassen, vor dem Trinken ihren Rüssel auszustülpen. Die Fliegen können mit den Sinneshaaren an den Tarsen ihrer Vorderbeine Zucker und andere Nahrungssubstanzen wahrnehmen. Sie suchen nach Nahrung, indem sie über eine Oberfläche laufen, und stülpen ihren Rüssel aus, wenn die Vorderbeine auf etwas Geeignetes stoßen. Wie

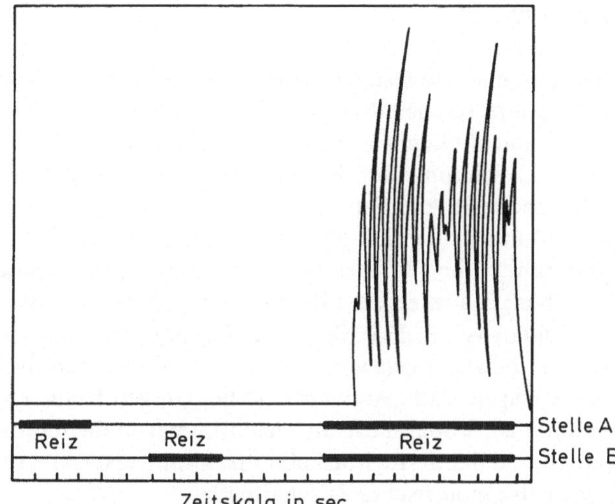

Abb. 1.2. Räumliche Summation, die zum Auftreten des Kratzreflexes beim Hund führt. Die Aufzeichnung zeigt die Bewegungen seines Beines beim Kratzen. *A* und *B* sind zwei Stellen an der Schulter. Einzeln gegebene, schwache Reize, zunächst bei A und dann bei B, bewirken keinen Reflex. Wenn beide Stellen gleichzeitig gereizt werden, tritt der Reflex mit einer Latenzzeit von etwa 1 Sekunde auf. (Modifiziert nach Sherrington [435])

an der Ausstülpung des Rüssels festgestellt werden kann, tun sie dies bereits bei sehr geringen Zuckerkonzentrationen. Dethier fand, daß die geringste Konzentration von Rohrzucker, auf die 50% der Fliegen noch reagierten, 0,0037 molar (M) war, wenn nur ein Bein in die Lösung getaucht wurde. Wenn jedoch beide Beine gleichzeitig gereizt wurden, fand Summation statt, und 50% der Fliegen reagierten auf 0,0018 M. Ferner stellte er fest, daß bei gleichzeitiger Reizung des einen Beines mit einer unangenehmen Substanz, wie Salzlösung oder Säure (auf die hin eine Fliege gewöhnlich ihren Rüssel einzieht), und des anderen Beines mit Zucker eine Art algebraischer Summation stattfand. Je stärker die Säure auf der einen Seite war, desto konzentrierter mußte der Zucker auf der anderen Seite sein, die negativen Effekte zu überwinden und die Fliege zu veranlassen, ihren Rüssel auszustülpen.

Bei komplexeren Verhaltensweisen tritt Summation häufig zwischen verschiedenen Reizen auf, die von verschiedenen Sinnesorganen wahrgenommen werden. Wir wissen alle, wie sich Anblick und Geruch von Nahrung summieren, wenn wir hungrig sind. Beach [41] zeigte, daß Rattenmännchen auf eine Kombination von olfaktorischen, optischen und taktilen Reizen eines paarungsbereiten Weibchens sexuell reagieren. Junge Männchen reagieren nur, wenn mindestens zwei derartige Reize vorhanden sind – egal welche. Ältere Männchen mit sexueller Erfahrung reagieren bereits auf nur einen Reiztypus.

„Aufwärmen"

Sherrington stellte fest, daß einige Reflexe zunächst nicht in voller Stärke auftreten, sondern ihre Intensität bei gleichbleibendem Reiz über einige Sekunden zunimmt. Hindes Buchfinken zeigen einen ähnlichen „Aufwärm"-Effekt. Abbildung 1.3 ist eine Aufzeichnung der Rufhäufigkeit eines Buchfinken in aufeinanderfolgenden 10-Sekunden-Intervallen, nachdem eine Eule zu ihm gesetzt wurde. Es dauert etwa 2 1/2 Minuten, bis das Maximum der Rufhäufigkeit erreicht wird. Sevenster-Bol [433] zählte die Balzbewegungen eines Stichlingsmännchens gegenüber einem Weibchen, das in einem Glasrohr eingesperrt war (weitere Einzelheiten zu diesem Experiment vgl. S. 133). Sie fand, daß über eine Zeitspanne von 5 Minuten die Anzahl der Bewegungen von Minute zu Minute kontinuierlich zunahm. Sherrington konnte zeigen, daß „Aufwärmen" bei einigen Reflexen auf Reizsummation zurückzuführen ist, wobei nach und nach immer mehr motorische Nervenfasern aktiviert werden und damit die Muskelkontraktion verstärkt wird. Er bezeichnete dieses Phänomen als „motorisches Zuschalten".

Möglicherweise findet bei komplexen Verhaltensweisen ein analoger Prozeß statt. Im allgemeinen jedoch stellen wir fest, daß sich nicht nur die Intensität einer Reaktion mit anhaltender Reizgebung ändert, sondern auch ihre Beschaffenheit. In einer späteren Arbeit gibt Sherrington [436] ein ausgezeichnetes Beispiel für das, was er als den „Ohrmuschelreflex" der Katze bezeichnet. Die Katze legt auf wiederholte taktile Reize zunächst ihr Ohr an. Wenn die Reizung anhält, fängt das Ohr an zu zucken. Als nächstes schüttelt sie ihren Kopf, und wenn auch dies die Reizung nicht beseitigt, streckt sie ihre Hinterpfote vor und kratzt sich. Hierbei ist eindeutig mehr beteiligt, als das Zuschalten weiterer motorischer Nervenfasern. Mechanismen, die Bewegungsmuster wie Ohrzucken und Kopfschütteln kontrollieren, müssen zugeschaltet werden. Wahrscheinlich werden all diese Mechanismen durch die Reizgebung auf das Ohr aktiviert, ihre Antwortschwellen sind jedoch verschieden. Das Anlegen des Ohres hat dabei die niedrigste Schwelle und die anderen drei Verhaltensmuster immer höhere. Da sich die Reize dauernd summieren und damit die Reizschwelle zur Aktivierung eines jeden Musters überschritten wird, wird das je-

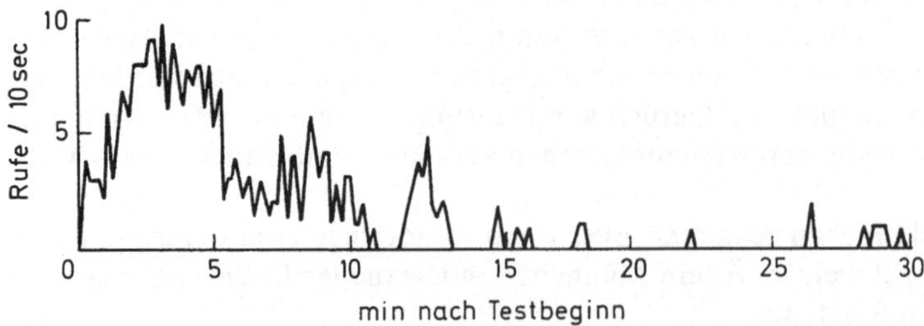

Abb. 1.3. „Aufwärmen" und nachfolgende „Ermüdung" der Aussendung von Alarmrufen eines Buchfinken, wenn eine ausgestopfte Eule zu ihm in den Käfig gesetzt wird. Das Rufmaximum tritt nach 2½ Minuten auf. (Hinde [210])

weils vorangegangene Muster abgelöst. Wissenschaftler, die komplexes Verhalten untersuchen, ordnen die verschiedenen Verhaltensmuster, die sie beobachten, häufig auf einer ähnlichen „Intensitätsskala" zunehmender Reiz- bzw. Antwortschwellen an. Ganz analog erklärten Bastock und Manning [33] das Verhalten von *Drosophila*-Männchen, die von einem Balzmuster zum anderen übergehen, wenn sich das Verhalten eines Weibchens bei ihrer Balz nicht ändert.

Ermüdung

Wenn ein Muskel durch regelmäßig wiederholte Reizung seiner motorischen Nervenfasern zur Kontraktion veranlaßt wird, reagiert er für eine längere Zeit – einige Stunden oder mehr. Dies ist nicht der Fall, wenn derselbe Muskel über einen Reflexbogen gereizt wird. Sherrington fand, daß der Kratzreflex des Hundes nach etwa 20 Sekunden andauernder mechanischer oder elektrischer Reizung an ein und derselben Stelle der Haut allmählich nachläßt. Die Beinbewegungen werden schwächer und verlieren ihren Rhythmus. Diese Ermüdung ist mit Sicherheit nicht auf die Muskeln zurückzuführen, denn wenn jetzt der Beugereflex ausgelöst wird, an dem dieselben Muskeln beteiligt sind, tritt er mit voller Stärke auf. Außerdem erholt sich der Kratzreflex, wenn die Reizstelle auf der Haut um einige Zentimeter verlagert wird, und nach einer kurzen Pause hat auch die Reizung am ersten Punkt wieder einen Effekt (vgl. Abb. 1.4).

Dies bedeutet, daß die Ursache für die Ermüdung irgendwo zwischen den Sinnesorganen der Haut und dem Übergang zu den motorischen Nerven liegen muß. Sherrington nahm an, daß die Ermüdung durch verstärkten Widerstand gegen eine synaptische Weiterleitung zwischen den Interneuronen (sie vermitteln Impulse über das Rückenmark) und den Motoneuronen verursacht wird.

Franzisket [154] bestätigte, daß die Interneuronen beim „Wischreflex" des Frosches der Ort der Ermüdung sind. Wenn die Rückenhaut des Frosches leicht berührt wird, streckt er sein Hinterbein hoch und macht eine Wischbewegung. Nach einigen Dutzend Reizen ermüdet die Reaktion. Wenn man jedoch, wie beim Hund, die Stelle der Reizgebung ändert, bewegt sich das Bein weiter. Franzisket beobachtete, daß winzige Zuckungen der Haut um die Stelle, an der sie berührt wurde, anhielten, wenn das Bein schon nicht mehr reagierte. Dies zeigt, daß die sensorischen Nerven der Haut immer noch arbeiten und daß Impulse zu den motorischen Nervenfasern, die die umliegenden Muskeln der Haut versorgen, übertragen werden. Das Wischen mit dem Bein hat aufgehört, weil die Interneuronen, die die sensorischen Nerven mit denen der Beinmuskulatur verbinden, die Information nicht mehr weiterleiten.

Ermüdung ist bei komplexem Verhalten immer beteiligt. Man vergleiche die in Abbildung 1.3 dargestellte Abnahme der Haßrufe beim Buchfinken mit der Abnahme des Kratzreflexes beim Hund im linken Teil der Abbildung 1.4. Im Beispiel des

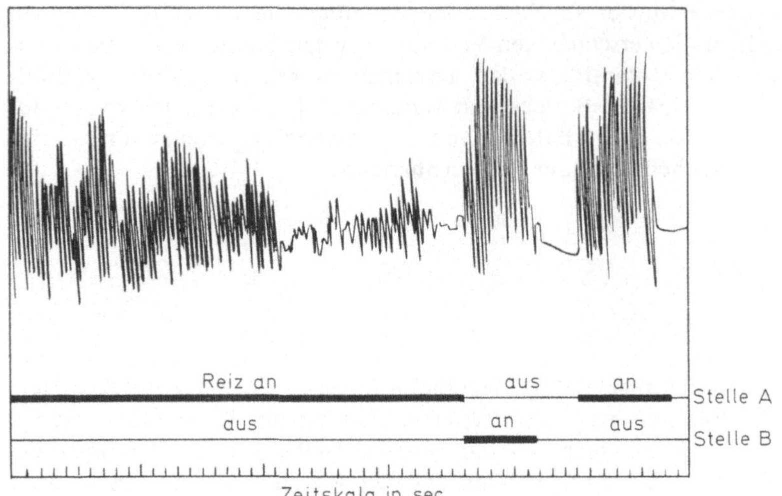

Abb. 1.4. Die „Ermüdung" des Kratzreflexes beim Hund. Fortgesetzte Reizung an der Stelle *A* verliert langsam ihre Wirkung, aber sofort folgende Reizung an der Stelle *B* läßt die Reaktion wieder auftreten; auch nach nur 9 Sekunden Pause ruft eine erneute Reizung an *A* den Kratzreflex wieder hervor. (Modifiziert nach Sherrington [435])

Buchfinken ist „Ermüdung" jedoch lediglich eine Bezeichnung für das, was wir beobachten – die Reaktion nimmt ab, obwohl die Reizgebung anhält. Allein betrachtet sagen derartige Beobachtungen nichts über die beteiligten Mechanismen aus, zudem sind diese sicher von Fall zu Fall verschieden.

Manchmal bewirkt, wie bei den Reflexen, eine Veränderung der Reizqualität ein Wiederauftreten eines komplexen Verhaltens, das bereits ermüdet war. Junge Sperlingsvögel betteln, wenn ihre Eltern am Nest ankommen, um Futter, indem sie ihren Hals mit weit geöffnetem Schnabel hochrecken. Prechtl [383] fand, daß jeder dunkle Gegenstand, der über dem Nestrand erscheint, Betteln auslöst; das gleiche gilt für einen Stoß ans Nest, der in der Regel die Ankunft der Eltern anzeigt. Wenn Betteln wiederholt durch optische Reize ausgelöst wird, nimmt seine Intensität ab, bis es schließlich ganz verschwindet. Stößt man jetzt das Nest an, tritt Betteln jedoch sofort wieder mit voller Stärke auf. In diesem Fall können wir die ursprüngliche Ermüdung als „reizspezifisch" bezeichnen, d. h., andere Reize können sie überwinden.

Hindes [211] Arbeit über die Haßreaktion des Buchfinken zeigt, daß es andere Arten von Ermüdung gibt, die wir vom Verhalten her beschreiben können. Abbildung 1.5 zeigt die Ergebnisse eines seiner Experimente. Eine Eule wird 30 Minuten lang zu einem Buchfinken gesetzt. Am Ende dieser Zeitspanne hat er normalerweise aufgehört zu hassen (als Maß für die Reaktionsstärke des Vogels zählte Hinde die Anzahl der Rufe während der ersten 6 Minuten). Dann wird die Eule für eine Zeitspanne, die von einer halben Minute bis zu 24 Stunden variiert, entfernt. Schließlich

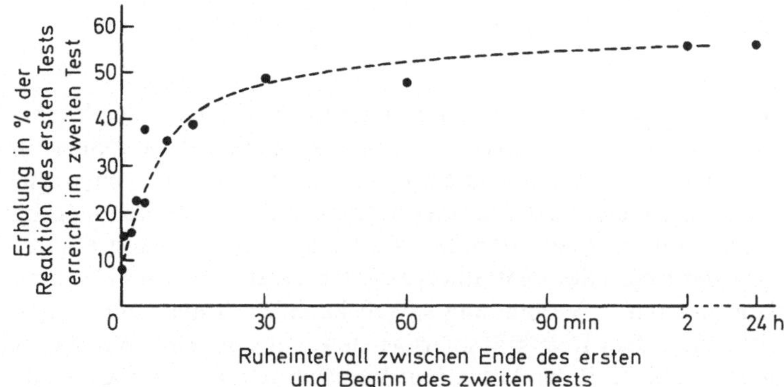

Abb. 1.5. Die Erholung der Eulen-Hassreaktion nach anhaltender Darbietung einer ausgestopften Eule; weitere Erklärung im Text. (Hinde [211])

wird sie für einen zweiten Haßtest in den Käfig zurückgesetzt, und wieder werden die Rufe während der ersten 6 Minuten gezählt. Je kürzer die Zeitspanne zwischen den beiden Tests ist, desto weniger erwarten wir beim zweiten Mal eine Reaktion des Vogels. Abbildung 1.5 zeigt, daß die Rufstärke nur bis zu 50% ihrer Anfangsintensität erreicht, wenn die Tests 30 Minuten auseinanderliegen. Selbst eine Pause von 24 Stunden vermehrt die Häufigkeit nicht weiter. Hinde stellte fest, daß sogar noch längere Pausen die Rufhäufigkeit nicht auf ihren Ausgangswert zurückbringen.

Da in beiden Tests die Eule der Reiz war, kann dieser Mangel an Erholung zum Teil, wie beim Betteln der Jungvögel, auf reizspezifische Ermüdung zurückgeführt werden. Hinde fand jedoch, daß die Anwendung eines ausgestopften Wiesels im zweiten Haßtest – ein Wiesel ist ein genauso starker Reiz wie eine Eule – zwar eine leichte Zunahme des Rufens hervorrief, aber im wesentlichen immer noch das gleiche Bild wie in Abbildung 1.5 hinterließ. Während der ersten 30 Minuten geht die Erholung rasch vonstatten, danach ist sie jedoch äußerst langsam und „reaktionsspezifisch", d. h., sie ist jetzt eine Eigenschaft der Haßreaktion selbst.

Ermüdung dieser Art kann nicht von denselben Mechanismen gesteuert sein wie reizspezifische Ermüdung. Hinde nimmt an, daß hier tatsächlich zwei verschiedene Prozesse ablaufen, nämlich einer, der sich rasch, und ein anderer, der sich kaum erholt. Hinzu kommt der geringe Anteil reizspezifischer Ermüdung, der durch den Austausch von Eule und Wiesel sichtbar wird. Dies bedeutet, daß womöglich drei verschiedene Ermüdungs- und Erholungsprozesse bei der Reaktion des Buchfinken gleichzeitig ablaufen.

Obwohl Reflexe und komplexes Verhalten Ermüdung zeigen, ist der Komplexitätsgrad vieler Verhaltensweisen jedoch so groß, daß wir aus den Buchfinkexperimenten keine voreiligen Schlüsse über Mechanismen ziehen dürfen. Jeder Fall muß einzeln untersucht werden, um die daran beteiligten Prozesse aufzudecken. Dies kann nur mit Hilfe sorgfältiger Verhaltenstests geschehen.

Hemmung

Diese Kategorie ist nicht so sehr eine Eigenschaft von Reflexen, sondern vielmehr eine des ganzen Nervensystems. Ein wesentlicher Beitrag Sherringtons war der Beweis, daß Nervenimpulse, die über ein Axon und eine Synapse zu einer Nervenzelle laufen, die Gesamtaktivität dieser Nervenzelle völlig hemmen können, obwohl sie gleichzeitig erregende Impulse von einem anderen Axon erhält. Hemmung findet auf jeder Ebene des Zentralnervensystems statt. Da jedes Neuron theoretisch mit jedem anderen in Verbindung stehen kann, muß man sich fragen, warum ein Tier nicht bei jedem Reiz krampfartige Bewegungen zeigt. Wie wir bereits gesehen haben, liegt ein Teil der Antwort in Verzögerung und Ermüdung, die bei synaptischer Übertragung auftreten; aktive Hemmung spielt hierbei jedoch auch eine Rolle.

Muskeln sind in der Regel in antagonistischen Paaren angeordnet, wobei einer z. B. den Arm beugt und der andere ihn streckt. Sherrington zeigte, daß bei der Erregung eines Muskels gleichzeitig Hemmung seines Antagonisten auftritt. Diese Hemmung ist nicht absolut, d. h., ein gehemmter Muskel erschlafft nicht einfach. Die Streckung durch seinen Antagonisten löst seinen eigenen „Streckreflex" aus (vgl. S. 17), der ihn wieder zur Kontraktion veranlaßt. Wenn die Muskeln auf diese Art und Weise gegeneinander wirken können, ist eine genaue Bewegungskontrolle möglich. Durch gegenseitige Hemmung können sie abwechselnd die Führung bei der Bewegung von Gliedmaßen übernehmen. Sherrington stellte fest, daß nicht nur Antagonisten am selben Glied, sondern auch Muskeln an entgegengesetzten Gliedmaßen einander hemmen und bei der Fortbewegung antagonistisch wirken. Wenn sich die Beugemuskeln z. B. an einem Bein kontrahieren, wird die Kontraktion der Beuger am anderen Bein gehemmt. Gegenseitige Hemmung dieser Art ist ein grundlegender Mechanismus bei der Fortbewegung.

Bei Reflexen ist die aktive Hemmung einer Bewegung leicht von Ermüdung zu unterscheiden. Die Ermüdung des Kratzreflexes (Abb. 1.4) ist durch eine allmähliche Abschwächung gekennzeichnet. Wenn derselbe Reflex durch die Reizung des antagonistischen Beugereflexes gehemmt wird, hört er ohne vorherige Abschwächung abrupt auf und setzt sofort wieder ein, wenn der Beugereiz aufhört (Abb. 1.6). Hemmung macht einen reibungslosen und schnellen Übergang von einem Reflex zum anderen möglich.

Bei komplexen Verhaltensweisen wird die Rolle der Hemmung nach außen weniger sichtbar als die der Erregung. Wir reizen ein Tier, und das auffälligste Ergebnis ist, daß es eine Reaktion zeigt. Dabei ist in ihm eine schnelle Veränderung abgelaufen, die die Hemmung seines Verhaltens vor dem Reiz und die Anpassung seines Verhaltens an die neue Situation erforderte. Aufgrund der Art und Weise, in der die Reflexe auftreten, nimmt Sherrington an, daß sie um die Kontrolle ihrer gemeinsamen Effektoren „wetteifern", d. h. um die Kontrolle der Muskeln, die bei mehreren verschiedenen Reflexen mitwirken. In analoger Weise können wir annehmen, daß die verschiedenen Systeme, die komplexe Verhaltensmuster, wie Fressen, Kämpfen und Schlafen, kontrollieren, um die Herrschaft über das Tier „wettei-

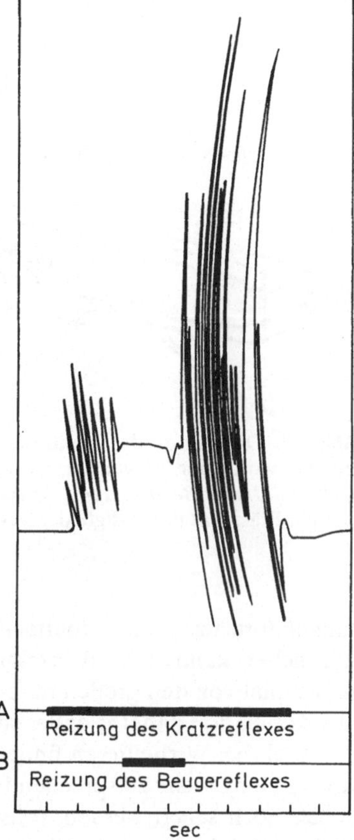

Abb. 1.6. Hemmung des Kratzreflexes durch den Beugereflex. Der bei *A* angedeutete Reiz bewirkt einen Kratzreflex; diese Reaktion wird jedoch durch einen Reiz bei *B*, der den Beugereflex hervorruft, gehemmt. Sowie der Reiz bei *B* endet, tritt der Kratzreflex wieder auf, und zwar viel heftiger als zuvor – ein Beispiel für „verstärkende Reflexrückwirkung". (Modifiziert nach Sherrington [435])

fern". Derartige Muster sind offensichtlich miteinander unvereinbar, so daß immer nur eines in Erscheinung treten kann. Welches auftritt, hängt von verschiedenen Faktoren innerhalb und außerhalb des Tieres ab. Wenn z. B. das System für die Nahrungsaufnahme das Tier kontrolliert, müssen alle anderen für diese Zeit gehemmt werden.

Manchmal können wir Teile des Nervensystems eines Tieres identifizieren, die eine hemmende Funktion haben und momentan überflüssige Aktivitäten unterdrücken. Mechanismen dieser Art wurden in neueren Arbeiten über das Gehirn von Insekten gefunden. Das Gehirn löst geeignete Reaktionen aus, indem es die Hemmung von den entsprechenden Teilen des Bauchmarks und seiner Ganglien „entfernt", wodurch dann die gewünschten Muskeln erregt werden. Eines der eindeutigsten Beispiele dafür entstammt Roeders [396] Arbeit über die Gottesanbeterin (Abb. 1.7). Wenn bei einem Männchen der Gottesanbeterin der Kopf abgetrennt, d. h. die Verbindung von Gehirn zu Bauchmark unterbrochen wird, fängt der Körper an, sich unaufhörlich im Kreis zu bewegen. Ferner beginnen Abdomen und

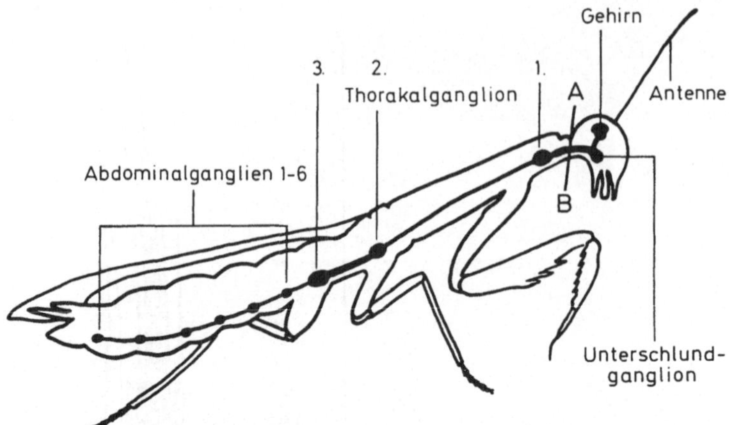

Abb. 1.7. Diagramm des Zentralnervensystems der Gottesanbeterin. Bei Roeders Experimenten wurde der Nervenstrang entlang der Linie *AB* durchtrennt. (Roeder [396], 1963, *Nerve Cells and Insect Behavior*. Mit Erlaubnis von Harvard University Press, Cambridge, Mass. Copyright Präsident und Mitglieder des Harvard College)

Genitalfortsätze mit anhaltenden Kopulationsbewegungen, und ein kopfloses Männchen kann sich oft erfolgreich paaren. In der Natur werden die Männchen manchmal von den großen räuberischen Weibchen enthauptet, wenn sie sich diesen zur Kopulation nähern; daher sind derartige Vorkehrungen höchst adaptiv!

Auch bei Wirbeltieren findet man, daß die Zerstörung eines bestimmten Gebietes im Gehirn ein entsprechendes Verhalten viel leichter auslösbar macht. Wie wir später noch sehen werden, müssen die Ergebnisse von Ausschaltexperimenten im Gehirn vorsichtig interpretiert werden; es besteht jedoch kein Zweifel daran, daß bestimmte Teile des Wirbeltiergehirns durch Hemmung die Aktivität anderer regulieren.

Sherrington fand, daß nach Ende einer Hemmung ein Reflex stärker auftrat als zuvor. Abbildung 1.6 zeigt dieses Phänomen beim Kratzreflex, das Sherrington als „verstärkende Reflexrückwirkung" bezeichnete. Im allgemeinen beobachten wir, daß eine bestimmte Art komplexen Verhaltens – z. B. Balz –, wenn sie eine Zeitlang nicht ausgelöst wurde, sowohl eine niedrigere Reizschwelle hat, als auch schließlich mit höherer Intensität auftritt. Es ist durchaus möglich, daß das System, das Balzverhalten kontrolliert, durch Aktivitäten anderer Systeme gehemmt wird und nach der Entfernung dieser Hemmung so etwas wie Reflexrückwirkung zeigt. Kennedy [265, 266] hat einige Aspekte des Verhaltens von Blattläusen in dieser Hinsicht interpretiert. Das Verhalten geflügelter Blattläuse wechselt zwischen Flugperioden und Perioden der Nahrungsaufnahme auf Blättern. Wenn sich eine Blattlaus auf einer „unattraktiven" Oberfläche niederläßt – z. B. auf einem alten Blatt –, bleibt sie nicht lange sitzen und fliegt bald, jedoch ohne großen „Elan", weiter, um sich gleich wieder niederzulassen. Umgekehrt bleibt sie lange sitzen, wenn sie sich auf einem für sie günstigen jungen Trieb befindet, fliegt danach aber lebhaft und für eine längere Zeit umher.

In einer Serie von eleganten Experimenten konnte Kennedy [266] jede einfache Erklärung für dieses Verhalten auf der Basis einer physischen Erschöpfung während des Fluges und Erholung nach Ruhe und Nahrungsaufnahme ausschalten. Er nimmt an, daß zwischen den Systemen, die Flugverhalten und Niederlassen kontrollieren, gegenseitige Hemmung besteht. Wie bei den Reflexen kann die Aktivierung des Systems „Niederlassen" zeitweise das Flugsystem hemmen, aber gleichzeitig auch allmählich die Reizschwelle für Flug erniedrigen. Kennedy bezeichnet diese Beziehung als „antagonistische Induktion", die in gewisser Hinsicht der Reflexrückwirkung ähnelt.

In den Kapiteln 4 und 5 werden weitere Beispiele dafür angeführt, daß Systeme, die komplexes Verhalten kontrollieren, einander hemmen und daß bestimmte Verhaltensmuster „durchbrechen", wenn ihre Hemmung geschwächt wird. Verstärkende Reflexrückwirkung ist allerdings nicht die ganze Antwort auf die Frage, wie ein komplexes Verhalten von einem anderen „abgelöst" werden kann. Es gibt noch andere Faktoren, die Reizschwellen erniedrigen können. Beispielsweise ist es in physiologischer Hinsicht falsch, von „Trinkhemmung" zu sprechen, wenn ein Hund seine Wasserschale nicht erreichen kann, denn seine Reaktion auf Wasser wird gerade dadurch zunehmend stärker. Die „Hemmung" beruht hier im Gegensatz zu oben auf äußeren Einflüssen außerhalb der Kontrolle des Tieres.

Feedback-Kontrolle (Kontrolle durch Rückkoppelung)

Wir haben gerade gesehen, wie Hemmungsmechanismen zum Umschalten der Aktivität von einem Kontrollsystem zum anderen führen können. In vielen Fällen bestehen jedoch Reflexe oder komplexes Verhalten nicht aus solch plötzlichen Umschaltungen, sondern eher aus einer gleichmäßigen Freigabe von Energie, die auf einem bestimmten Niveau gehalten werden muß. Wenn wir „entspannt stehen", wird unsere Körperhaltung ausbalanciert und bei jedem kleinen Stoß, den wir erhalten, leicht korrigiert. Um dies zu erreichen, müssen die Bein- und Rückenmuskeln in einem bestimmten Spannungszustand gehalten werden; Störungen werden durch entsprechende Korrektur ausgeglichen. Ähnlich halten Tiere unter normalen Bedingungen ihr Körpergewicht konstant, indem sie Futter und Wasser im richtigen Verhältnis auswählen. Sie überfressen sich nicht, wenn mehr vorhanden ist, als sie im Augenblick bedürfen. In Zeiten der Knappheit verbringen sie mehr Zeit mit Nahrungssuche und nehmen, wenn sich die Gelegenheit bietet, mehr auf, um ein Defizit wieder aufzuholen.

Diese beiden Beispiele zeigen uns, wie Verhalten als Regelsystem zur Aufrechterhaltung des status quo wirkt. Im ersten Fall wird dies durch recht einfache Reflexsysteme erreicht, die Bein- und Körpermuskeln kontrollieren, im zweiten Fall

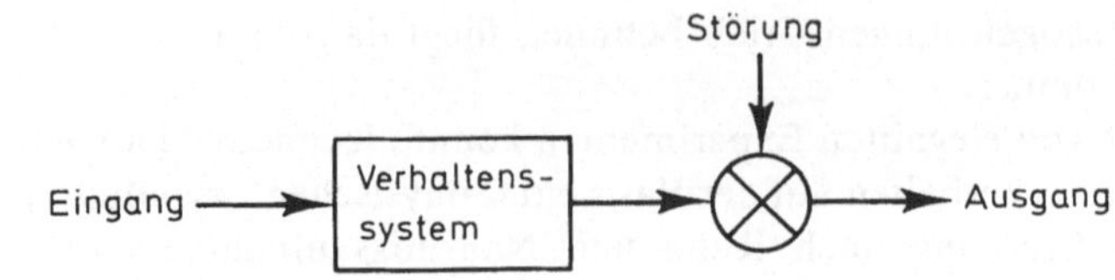

a Kontrolle mit offener Schleife

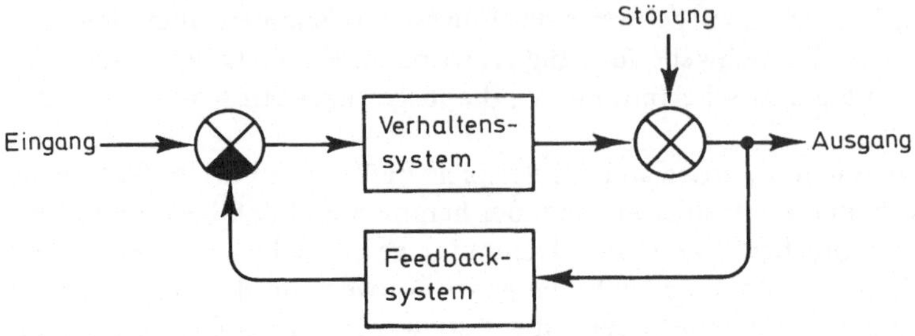

b Kontrolle mit geschlossener Schleife

Abb. 1.8 a u. b. Diagramme einfacher Kontrollsysteme mit offenen und geschlossenen Schleifen. Die Ausgangsgröße des Verhaltenssystems wird durch Störfaktoren beeinflußt (der Kreis mit Kreuz stellt die Interaktion dar). Bei Kontrolle mit offener Schleife **a** findet keine Korrektur statt, wenn eine Störung einwirkt. Bei geschlossener Schleife **b** liefert das Ergebnis der Störung ein Feedback-Signal, das den Eingang in das Verhaltenssystem beeinflußt. Das dunkle Kreissegment stellt die Interaktion zwischen dem Feedback-System und dem Eingang dar, die den Ausgang auf seinen ursprünglichen Wert bringt. Die Ausgangsgröße des Feedback-Systems ist der Stärke der Störung angepaßt und verändert den Eingang in das Verhaltenssystem sowohl im richtigen Ausmaß als auch in der richtigen Richtung

durch eine Reihe komplexerer Systeme, die Nahrungssuche, Nahrungsaufnahme und Sättigung regulieren. In beiden Fällen erfordert diese Regulation, daß das Endergebnis (Haltung und Balance beim Stehen, Ernährungszustand) auf irgendeine Weise ständig gemessen und überwacht wird. Weicht es von einem vorgegebenen Wert ab, so wird ein Signal zu den Kontrollmechanismen gesandt, um das Ungleichgewicht zu korrigieren und den Zustand wieder auf den Ausgangswert zu bringen.

Ingenieure, die Kontrollsysteme für Maschinen entwerfen, sind mit Mechanismen vertraut, die in vergleichbarer Weise, nämlich mit Feedback-Kontrolle, arbeiten. Die Diagramme in Abbildung 1.8 a und b zeigen zwei Kontrollprinzipien und ihre Anwendung auf Reflexe und komplexes Verhalten. Wir können zwischen offener und geschlossener Schleife unterscheiden.

Bei beiden Systemen liefert ein Mechanismus (hier einfach als Rechteck dargestellt) als Antwort auf einen Eingangsreiz eine Ausgangsgröße, die durch verschiedenartige Störungen beeinflußt sein kann. Der in Quadranten eingeteilte offene Kreis soll den Einfluß der Störung auf die Ausgangsgröße des Systems darstellen.

Im oberen Diagramm werden Störungen des Systemausgangs nicht korrigiert. Ein Boot folgt z. B. mit festgebundenem Steuerruder einem bestimmten Kurs; wird es von seitlichen Strömungen vom Kurs abgebracht, besteht keine Möglichkeit, seine Richtungsänderung auszugleichen – dies ist die Situation einer offenen Schleife. Bei einer geschlossenen Schleife, im unteren Diagramm dargestellt, wird die Ausgangsgröße gemessen, und Abweichungen werden rückgemeldet, um den Eingang zu beeinflussen. Der Eingang wird in der Regel im entsprechenden Ausmaß und in die entsprechende Richtung verändert, wodurch die Ausgangsgröße geändert wird, um den Ausgang wieder auf das Ursprungsniveau zurückzubringen. Unser Boot hat nun eine automatische Steuereinrichtung, die auf die Querströmungen mit entsprechenden Ruderbewegungen reagiert und damit das Boot auf Kurs hält. Diese Situation der geschlossenen Schleife schließt Feedback-Kontrolle ein und kann daher sehr gut auf Reflexe und komplexes Verhalten, die einen Gleichgewichtszustand regeln, angewandt werden.

Dies bedeutet nicht, daß bei allen Verhaltensweisen Kontrolle durch Rückkoppelung beteiligt ist. Kontrolle durch eine offene Schleife konnte in einigen Fällen gezeigt werden, in denen eine Bewegung sehr rasch ablaufen soll. Das „Zuschlagen" der Gottesanbeterin, deren räuberisches Verhalten wir gerade erwähnt haben, ist ein solcher Fall. Die Gottesanbeterin nähert sich einer Fliege und richtet ihren Körper langsam und genau nach ihr aus (Vorgänge, an denen mit Sicherheit Feedback beteiligt ist); wenn sie jedoch gezielt hat, ist das Zuschlagen eine Alles-oder-Nichts-Bewegung. Der Bewegungsablauf der Gottesanbeterin wird nicht mehr beeinflußt, wenn sich die Fliege beim Zuschlagen bewegt.

Bei unseren Ausgangsbeispielen der Haltungskontrolle und der Regulierung von Nahrungs- und Wasseraufnahme ist jedoch Feedback zur Erhaltung eines Gleichgewichtszustandes beteiligt (geschlossene Schleife).

Die Haltungskontrolle ist nur ein Beispiel für genau abgestimmte Muskelaktivitäten. In einigen Fällen kennen wir die tatsächlich beteiligten Nervenbahnen und können sogar die Strukturen der geschlossenen Schleife des Kontrollsystems identifizieren. Abbildung 1.9 stellt dies für einen typischen Muskel eines Säugetieres dar, der zur Körperhaltung beiträgt. Motoneuronen, deren Zellkörper in der ventralen Wurzel des Rückenmarks liegen, laufen zum Muskel; durch ihre Aktivität wird die Spannung des Muskels bestimmt. In jedem Skelettmuskel liegen Muskelspindeln, die sich mit ihm dehnen und entspannen. Diese Sinnesorgane sind darauf spezialisiert, die im Muskel vorhandene Spannung zu melden. Ihre sensorischen Nerven laufen durch die dorsale Wurzel zum Rückenmark zurück und bilden mit den Motoneuronen des Muskels Synapsen. Auf diese Weise wird eine Schleife geschlossen, die die Grundlage des Streckreflexes darstellt (vgl. S. 12). Wenn ein Muskel durch die Kontraktion seiner Antagonisten gestreckt wird, werden auch die Muskelspindeln gestreckt, und ihre sensorischen Nervenfasern erhöhen ihre Impulsrate und reizen die Motoneuronen, so daß sich der Muskel kontrahiert. Das Kontrollsystem mit einer geschlossenen Schleife (vgl. Abb. 1.8 b) läßt sich leicht auf dieses natürliche System anwenden. Die Ausgangsgröße (Spannungszustand im Muskel) wird durch eine Störung beeinflußt (Streckung durch einen anderen Muskel), und ein

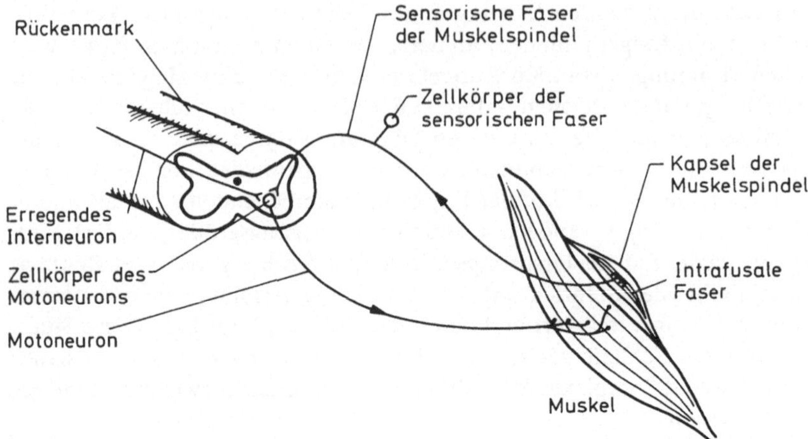

Abb. 1.9. Vereinfachtes Diagramm einiger am Streckreflex beteiligter Nervenbahnen. Erklärung im Text

Feedback-Mechanismus (Muskelspindel) mißt die Veränderung und regelt den Eingang (Motoneuron), um den gewünschten Ausgang wiederherzustellen.

Dies ist eine vereinfachte Darstellung der tatsächlichen Situation, an der noch andere Regelmechanismen beteiligt sind, die eine Feinkontrolle der Muskelkontraktionen zur Regulierung von Körperhaltung und Bewegungen erlauben. (Weitere Einzelheiten sind in Hinde [217], Kap. 3, nachzulesen.)

Es ist sehr viel schwieriger, die an der Kontrolle von Nahrungs- und Wasseraufnahme beteiligten Neuronen oder Rezeptoren zu identifizieren; für eine Verhaltensanalyse ist dies jedoch nicht sehr wichtig. Das Feedback-Prinzip des Freßverhaltens ist bei den meisten Tieren, die nicht dauernd fressen (wie einige nahrungsfilternde Invertebraten), offensichtlich. Wie wir ausführlicher in Kapitel 4 besprechen werden, gibt es wohldefinierte Teile im Gehirn der Säugetiere, die an der Kontrolle der Nahrungsaufnahme beteiligt sind. Im Hinblick auf Abbildung 1.8 b würde dies bedeuten, daß der Ausgang durch einen entsprechenden Nährstoffgehalt im Blut repräsentiert wird. Hunger verringert diesen Gehalt, und die Störung wird von Zellen im Hypothalamus (vgl. S. 137) entdeckt, die die neuralen Mechanismen zur Kontrolle der Nahrungsaufnahme aktivieren. Die Aktivität läßt nach, sobald der Blutzuckerspiegel steigt, oder schon früher, wenn andere Anzeichen – z. B. ein voller Magen – melden, daß die Nahrungsaufnahme beendet ist. Ein Motivationsmodell, das ein Kontrollsystem dieser Art von Rückkoppelung beinhaltet, ist in Abbildung 4.5 und der Darstellung auf S. 120 – 122 beschrieben.

Sicher kann das Feedback-Prinzip zu unserem Verständnis der Organisation verschiedener Verhaltensmuster beitragen. Wie wir eben gesehen haben, können wir es auf Reflexe und komplexe Verhaltensmuster in einem Individuum anwenden. Feedback regelt in gewissem Ausmaß jedoch auch das Verhalten ganzer Tiergruppen. Wir können z. B. die Art, in der sich Tiere auf sogenannte „Dichte-abhängige Faktoren" verhalten, als eine Art Feedback betrachten. Wenn eine Population

über das normale Maß hinauswächst, können Kämpfe zwischen den Tieren zunehmen, die Nahrung knapper werden oder Krankheiten sich rascher ausbreiten, wobei mit steigender Dichte eine Kombination dieser oder anderer Faktoren noch
stärker wirkt. Die Tiere reagieren auf diese Verhältnisse z. B. mit verminderter Aufzucht von Jungen, um die Populationsgröße wieder auf das niedrigere Niveau ein-
zustellen.

Wegen ihrer großen Bedeutung werden wir an verschiedenen Stellen dieses Buches nochmals auf Feedback-Mechanismen zurückkommen, so z. B. bei der Besprechung der Entwicklung des Vogelgesangs auf S. 54. Viele fortgeschrittene Lehrbücher über Physiologie und Verhalten enthalten weitere Details; McFarland [315]
gibt einen vollständigen Überblick.

Dieses Kapitel sollte zeigen, daß Reflexe und komplexe Verhaltensweisen viele
gemeinsame Eigenschaften haben. Oft ist es möglich, komplexe Verhaltensmuster
in kleinere Einheiten aufzuteilen, von denen einige mit Reflexen gleichgesetzt werden können. Verhalten ist häufig hierarchisch gegliedert, so daß wir einfache Muster wie Stehen, Gehen, Beißen oder Schlucken als höheren Kontrollsystemen
untergeordnet betrachten können, die dann als Angriff, Flucht, Nahrungsaufnahme
etc. zu bezeichnen wären. Manchmal sind untergeordnete Reflexe nur einer einzigen Art von höherer Kontrolle zugeordnet, so z. B. treten die verschiedenen Reflexe, mit denen sich ein Insekt reinigt, seine Beine aneinanderreibt, die Augen und
Fühler wischt etc., normalerweise nur während einer Putzphase auf. Im allgemeinen müssen Reflexe jedoch für mehrere höhere Systeme „verfügbar" sein. Die Reflexe, die z. B. beim Fliegen oder Gehen beteiligt sind, müssen eingesetzt werden,
wenn ein Insekt umherzieht und Nahrung oder einen Geschlechtspartner sucht usw.
Auf diese Weise müssen die höheren Kontrollsysteme um die Kontrolle der Reflexe
„wetteifern", ähnlich wie es die Reflexe um die Kontrolle von Muskeln tun (vgl.
Sherrington).

Verhalten darf nicht einfach als ein Zweig der Neurophysiologie betrachtet, sondern muß mit seinen eigenen Begriffen analysiert werden – die Art der Komplexität
ist verschieden. Da es jedoch zwischen den verschiedenen Ebenen der Analyse
Übergänge gibt, sollten Verhaltensuntersuchungen die zugrundeliegende Physiologie nicht außer acht lassen. Zumindest sollten wir uns immer der ständigen Aktivität des Nervensystems bewußt sein. Es befindet sich nicht sozusagen in „Wartestel-
lung" auf einen Reiz, der es aktiviert und eine Reaktion auslöst. Die Sinnesorgane
und Spannungsrezeptoren in den Muskeln halten einen ständigen Impulsfluß aufrecht, dessen Stärke sowohl durch äußere Reize, als auch durch efferente Impulse
vom Gehirn beeinflußt wird. Das Zentralnervensystem kombiniert Information von
außen und von den Muskeln mit Information über verschiedene Aspekte des Stoff-
wechselzustandes des Körpers – u. a. Temperatur, Kohlendioxidkonzentration und
Wasserhaushalt. Jede Veränderung vom Idealzustand wird schnell korrigiert, und
eine Vielzahl von Verhaltensweisen, die wir als Ergebnis dieser neuralen Aktivität
beobachten, bezieht sich direkt auf das Überleben des Tieres. Wie wir gesehen haben, kann Verhalten als ein empfindlicher und wirkungsvoller Mechanismus zur
Regelung von Gleichgewichten im Individuum und in Populationen wirken.

2 Die Entwicklung von Verhalten

Nahezu alle Verhaltensweisen, die wir bei Tieren beobachten, sind deren natürlichen Lebensbedingungen angepaßt. Die Tiere ernähren sich, finden Schutz, paaren sich und ziehen Junge auf, indem sie mit Erfolg auf entsprechende Reize reagieren. Tiere sind sicherlich nicht unfehlbar, wenn sie jedoch Fehler machen, dann meist, weil sie in eine unnatürliche Umgebung gebracht wurden. Beispielsweise überrascht es uns nicht, wenn Vögel, die zum ersten Mal in einen Käfig gesetzt werden, vergeblich zu fliehen versuchen.

Instinkt und Lernen

Wie kommt es, daß das Verhalten eines Tieres so gut an seine normale Umwelt angepaßt ist? Die Anpassung kann im wesentlichen auf zwei Arten geschehen. Erstens kann es mit den richtigen Reaktionen, die als Teil seiner Erbanlagen im Nervensystem „eingebaut" sind, geboren werden. Honigbienen z. B. erben die Fähigkeit, Flügel und Flügelmuskeln auszubilden um zu fliegen; sie erben auch die Handlungsbereitschaft, zu Blüten zu fliegen und Nektar und Pollen zu suchen. Derartige Reaktionen werden im allgemeinen als „instinktiv" bezeichnet – ein Begriff, der oft abgelehnt wurde, jedoch noch immer nützlich ist. Instinktive Verhaltensweisen entwickeln sich wie strukturelle Eigenschaften allmählich; die natürliche Selektion modifiziert sie, so daß sie der Umgebung am besten angepaßt werden. Das instinktive Verhalten stellt so etwas wie ein „artspezifisches Gedächtnis" dar, das von Generation zu Generation weitergegeben wird.

Ein Tier muß andererseits im Hinblick auf eine bestimmte Situation nicht unbedingt ein vererbtes Reaktionsmuster besitzen, sondern kann stattdessen fähig sein, sein Verhalten aufgrund gemachter Erfahrungen zu modifizieren. Es lernt, welche Reaktionen die besten Ergebnisse erzielen und verändert entsprechend sein Verhalten.

Sowohl Instinkt als auch Lernen beinhalten Verhaltensanpassung, und zwar Instinkt durch Selektion während der Stammesgeschichte, Lernen durch Erfahrung während der Individualentwicklung. So dargestellt, besteht eine deutliche Trennung, die jedoch unrealistisch ist, wenn konkrete Beispiele untersucht werden. Bevor wir dies tun, müssen wir die Bedeutung von Instinkt und Lernen im Tierreich allgemein betrachten.

Instinkt und Lernen in der natürlichen Umgebung

Instinkt kann ein Tier mit einer Reihe angepaßter Reaktionen ausstatten, die bei ihrem ersten Auftreten bereits fertig entwickelt sind. Dies ist für Tiere mit kurzer Lebensdauer und wenig oder keiner elterlichen Fürsorge sehr vorteilhaft. Die Arthropoden z. B. zeigen eine bemerkenswerte Entwicklung von Instinkt, da es für sie kaum eine andere Möglichkeit gibt. Weibchen der Grabwespe beispielsweise schlüpfen im Frühling, ihre Eltern sind jedoch schon im vorangegangenen Sommer gestorben. Die Weibchen paaren sich mit Männchen und führen danach eine ganze Reihe komplexer Verhaltensmuster aus, die mit Ausgraben eines Nestloches, Bau von Zellen, Jagen und Töten von Beute wie Raupen, Versorgung der Zellen mit Beute, Eiablage und schließlich Zudeckeln der Zellen verbunden sind. All dies muß innerhalb weniger Wochen, bevor die Wespen sterben, getan werden. Es ist recht unwahrscheinlich, daß die Weibchen diesen straffen Plan ausführen könnten, wenn sie alles von Grund auf und durch Versuch und Irrtum lernen müßten.

Vergleichen wir die Situation einer Grabwespe mit der eines Löwenjungen. Es wird recht hilflos geboren und von seiner Mutter geschützt und gefüttert, bis es sich umherbewegen kann. Allmählich wird es an feste Nahrung gewöhnt und gewinnt im Spiel mit seinen gleichaltrigen Geschwistern an Behendigkeit. Es hat ständig Gelegenheit, seine Eltern und andere Gruppenmitglieder zu beobachten und nachzuahmen, wenn sie Beute jagen und fangen. Mit sechs Monaten fängt es vielleicht seine erste lebende Beute, jedoch kann es sich erst mit etwa zwei Jahren selbständig ernähren. Sein Verhalten und insbesondere die Methoden und Strategien, die es bei der Jagd anwendet, können sich den Umständen entsprechend während seines ganzen Lebens ändern.

Die Grabwespe, die sich auf vorgegebenes, instinktives Verhalten verlassen muß, und der Löwe, der relativ frei lernen kann, stellen zwei Extreme auf der Verhaltensskala dar. In dieser Beschreibung haben wir die Entwicklung des Verhaltens jedoch stark vereinfacht. Die Grabwespe kann und muß während ihres kurzen Lebens vieles lernen, z. B. die genaue Lage jedes ihrer Nester, so daß sie nach dem Beutefang zu ihnen zurückfindet. Der junge Löwe hat sicherlich einen instinktiven „Jagdtrieb", obwohl er seine Anwendung erst lernen muß.

Alle Tiere über der Stufe der Anneliden zeigen instinktives und gelerntes Verhalten – jede der beiden Möglichkeiten hat ihre besonderen Vorteile. Untersuchungen von Vogelrufen machen dies deutlich, da bei Vögeln die Ausbildung des Repertoires sowohl von Instinkt als auch von Lernfähigkeit bestimmt werden kann. Wie wir später sehen werden, kann ein Vogelmännchen oft nur dann die endgültige Form seines Gesanges hervorbringen, wenn es selbst singen und andere Männchen hören kann. Im Gegensatz dazu treten bei jeder bisher untersuchten Vogelart sowohl Produktion von als auch Reaktion auf arteigene Warnrufe bereits beim ersten Mal perfekt auf. Die natürliche Selektion hat dort eine vererbte Reaktion begünstigt, wo sich die Verzögerung durch Lernen als fatal erweisen kann. Derartige Unterschiede lassen annehmen, daß sich das Entwicklungsmuster selbst durch Selektion herausbildet (vgl. S. 57).

Ein Vorteil von Lernen gegenüber Instinkt ist seine größere Fähigkeit, Verhalten veränderten Bedingungen anzupassen. Dies ist für ein lang lebendes Tier offensichtlich wichtiger als für ein Insekt, das nur einige Wochen alt wird. Ein weiterer wichtiger Faktor kann die Körpergröße sein, da hochentwickelte Lernfähigkeit ein relativ großes Gehirn erfordert, was bei einem sehr kleinen Tier nicht gegeben ist. In der Regel sind Körpergröße und Lebensdauer in einem gewissen Ausmaß einander proportional, so daß große Tiere länger leben als kleine. Abgesehen von solchen Körpermerkmalen ist offensichtlich, daß die natürliche Selektion verschiedene Abstufungen von Lernfähigkeit hervorbringen kann, die der Lebensgeschichte einer Art entsprechen. Die beiden höchstentwickelten Insektenordnungen, die Hymenopteren (Ameisen, Bienen und Wespen) und die Dipteren (zweiflügelige Fliegen) haben vergleichbare Körpergröße und Lebensdauer. Zusätzlich zu einem reichen Repertoire an instinktiven Verhaltensweisen zeigen die Hymenopteren eine außerordentliche, wenn auch spezielle Lernfähigkeit. Diese spielt in ihrem Leben eine bedeutende Rolle. Während der drei Wochen ihrer Futtersuche lernt eine Arbeiterin der Honigbiene die genaue Lage ihres Stockes sowie die Lokalisierung einer Reihe von Nahrungsquellen. Im Laufe eines Tages kann sie sich von einer Nahrungsquelle zur anderen begeben und lernt dabei auch, welche zu welcher Tageszeit die größte Nektarmenge liefert. Nach drei Besuchen an einem Futterplatz, der durch eine besondere Farbe gekennzeichnet ist, behält eine Arbeiterin für den Rest ihrer Sammlerinnenzeit dieses Merkmal in ihrem Gedächtnis. Selbst nach nur einem Besuch dauert es fünf oder sechs Tage, bis die Bevorzugung wieder verschwindet (vgl. Menzel [342]).

Die Dipteren *können* lernen. Schwebfliegen können etwas über die Lage der Blüte lernen, die sie besuchen, und Stubenfliegen neigen dazu, sich im Zimmer immer wieder auf denselben Plätzen niederzulassen. Mit einigem Geschick konnte man *Drosophila* einige einfache Unterscheidungen lernen lassen. Das Gedächtnis der Dipteren ist allerdings meist kurz und ihre Lernfähigkeit sehr beschränkt. Anders als die Hymenopteren vermehren sie sich nicht in ortsfesten Nestern, zu denen sie regelmäßig zurückkehren müssen. Ihr kurzes Leben wird mit Erfolg durch angeborene Reaktionen auf Reize bestimmt, die das Vorhandensein von Nahrung, Schutz und einem Geschlechtspartner anzeigen.

Charakteristika von Instinkt und Lernen

Nun müssen wir uns eingehender mit den Charakteristika von Instinkt und Lernen beschäftigen. Es gibt zwei auffällige Eigenschaften instinktiven Verhaltens, die auf den ersten Blick einzigartig zu sein scheinen. Erstens, daß es aus starren, stereotypen Bewegungsmustern besteht, die bei allen Individuen einer Art sehr ähnlich sind; alle Grabwespen einer Art bauen ihre Nester auf die gleiche Weise, Haushähne zeigen bei der Paarung alle die gleichen Bewegungsabläufe usw. Zweitens kann instinktives Verhalten durch einfache Reizmuster sehr zuverlässig hervorgerufen werden. Wenn ein Tier mit einer komplexen Situation konfrontiert wird, reagiert es

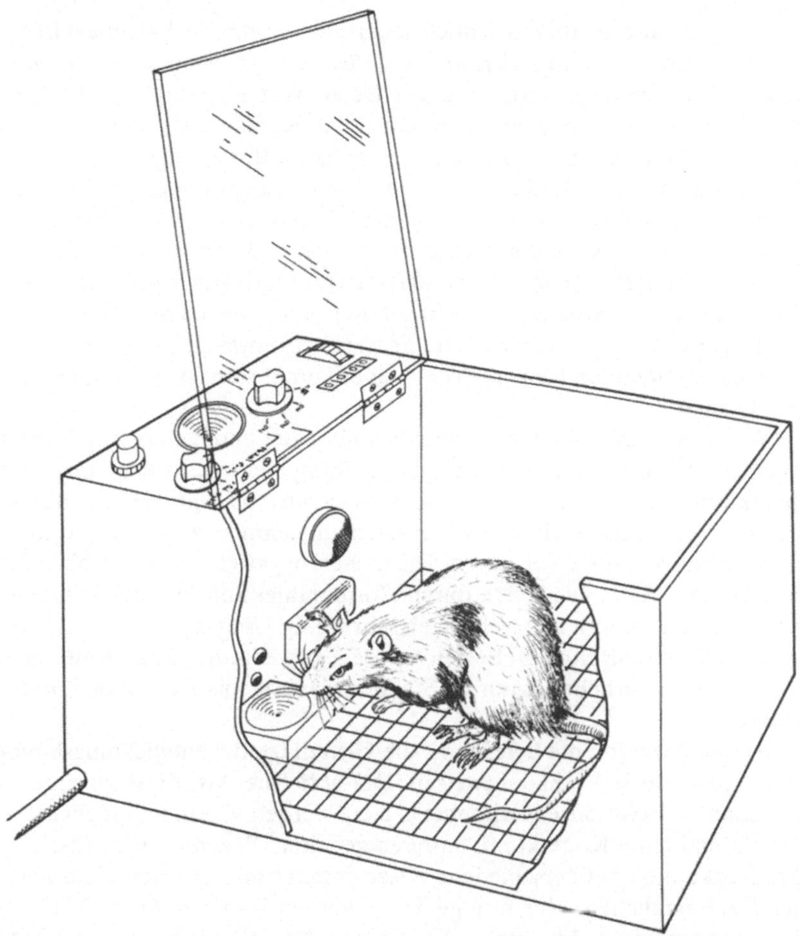

Abb. 2.1. Eine Ratte in einer Skinner-Box drückt den Hebel, der ein kleines Futterkügelchen in die Schale freigibt

nur auf *einen* Aspekt dieser Situation und ignoriert im Grunde genommen den Rest. Ein Rotkehlchen antwortet z. B. aggressiver auf einen Büschel roter Federn von der Brust eines rivalisierenden Männchens als auf einen ganzen Vogel, dem nur diese Federn fehlen.

Wie eindrucksvoll solche Beobachtungen auch sein mögen, sie sind ungeeignet, instinktives von erlerntem Verhalten zu unterscheiden. Letzteres wird oft recht vage als „flexibler" bezeichnet, aber tatsächlich müssen beteiligte Bewegungsmuster ebenso stereotyp ablaufen wie die bei Instinktverhalten. Wenn Ratten in einen Käfig gesetzt werden, in dem sie lernen müssen, einen Übertragungshebel zu drücken, um ein Futterkügelchen zu erhalten (Abb. 2.1), so entwickeln sie dabei eine bestimmte Strategie. Einige benutzen immer ihre linke Pfote, und andere drücken mit ihrem Kinn, alle tendieren jedoch dazu, ihre Methode beizubehalten. In seinem unterhaltsamen Buch *Er redete mit dem Vieh, den Vögeln und den Fischen* beschreibt Lorenz [306], in welch erstaunlichem Detail Wasserspitzmäuse die Beschaffenheit ihrer Umgebung kennenlernen. Wenn sie an einer bestimmten Stelle eines Pfades über einen Stock springen müssen (eine gelernte Bewegung), tun sie dies auch noch lange, nachdem das Hindernis entfernt wurde. Es gibt genügend andere Beispiele, bei denen Tiere ähnliche Schwierigkeiten haben, etwas zu „verlernen". Die Bewegungen scheinen fast „automatisch" zu werden und können selbst dann noch anhalten, wenn sie nicht mehr effektiv sind. Gelernte Muster beinhalten fast immer Reaktion auf Besonderheiten der Umgebung, und, wie beim instinktiven Verhalten, kann alles andere ignoriert werden. Es ist relativ einfach, Tiere darauf zu dressieren, einen entscheidenden Reiz innerhalb einer komplexen, sich verändernden Situation zu erkennen.

Wenn wir unbedingt zwischen instinktivem und gelerntem Verhalten unterscheiden sollen, dürfen wir diese Entscheidung nicht auf offensichtliche Verhaltenscharakteristika gründen, sondern müssen sie aus der Entwicklung des Tieres ableiten. Alle paarungsbereiten Rattenweibchen nehmen z. B. die gleiche, stereotype Haltung ein, wenn sie von einem Männchen begattet werden (Abb. 2.2). Wenn ein unerfahrenes Rattenweibchen durch Hormoninjektion in einen rezeptiven Zustand gebracht wird, nimmt es bereits nach sehr wenig Umgang mit einem Männchen diese Kopulationshaltung ein. Setzen wir dagegen eine hungrige Ratte in einen Käfig mit einem Futterhebel, kann es Stunden dauern, bis sie durch Zufall den Hebel drückt.

Solche Experimente liefern uns die Grundlage für entwicklungsbiologische Kriterien instinktiver Verhaltensweisen. Die üblichste Art, diese zu untersuchen, sind sogenannte „Isolationsexperimente". Tiere werden ab einem möglichst frühen Alter einzeln und ohne Kontakt mit anderen gehalten. Wenn sie erwachsen sind, werden ihre Reaktionen auf verschiedene Reize getestet und mit denen normal aufgezogener Tiere verglichen. Nur wenige Tiere wurden bisher unter wirklich strengen Bedingungen getestet. Für einige Fische und Vögel konnte gezeigt werden, daß sie Verhaltensmuster, wie Nahrungsaufnahme, Paarung und Warnung vor Feinden, recht normal ausführten, nachdem sie in Isolation aufgezogen worden waren. Die Lebensgeschichten vieler Insekten stellen natürliche Isolationsexperimente dar, die deutlich zeigen, daß weder Übung noch Lernen bei der Entwicklung bestimmter Verhaltensmuster der Erwachsenen beteiligt sind. Wie leicht wir auch durch Isolationsexperimente Lernen bei Tieren ausschalten können, so geben sie doch nur ein sehr beschränktes Bild der Faktoren, die bei der normalen Entwicklung Einfluß haben – Lernen und Übung sind nur zwei von vielen Möglichkeiten.

Entscheidend ist, daß uns Isolation nur sagen kann, welche Faktoren für die Verhaltensentwicklung *nicht* wichtig sind, sie sagt uns jedoch nicht, *was* beteiligt ist. Beispielsweise bevorzugen Stockentenküken, die in einem Brutkasten aufgezogen wurden, von Beginn an instinktiv die Rufe ihrer eigenen Art gegenüber anderen. Gottlieb [171, 172] hat jedoch gezeigt, daß ein Faktor, der zur Entwicklung dieses Vorzugs beiträgt, die Fähigkeit des Kükens im Ei ist, seine eigenen Laute und die

Abb. 2.2. Kopulation bei Ratten. Die Haltung des Weibchens mit erhobenem Becken und gebogenem Schwanz ist in ihrer Form sehr stereotyp. Der Druck der Vorderbeine des Männchens auf ihre Seiten ist einer der notwendigen Reize für die Reaktion des Weibchens. (Barnett [28])

von anderen Küken – die durchaus verschieden von denen der Mutter sein können – zu hören.

Niemand zweifelt daran, daß die Entwicklung vieler Verhaltensmuster unter genetischer Kontrolle steht und das Ergebnis angeborener Eigenschaften des Zentralnervensystems ist. Dies sollte der Ausgangspunkt für Untersuchungen der Verhaltensentwicklung sein. Wir dürfen uns allerdings nicht damit zufriedengeben, derartige Muster als „instinktiv" zu bezeichnen und es dabei belassen. Gene können zwar die Entwicklung des Verhaltens kontrollieren, müssen jedoch dabei mit der Umgebung des sich entwickelnden Tieres zusammenwirken. Gottliebs Küken benötigen akustische Reizung, um dann auf die Rufe der Mutter reagieren zu können. Es ist unsere Aufgabe, Faktoren in der Verhaltenswelt von Tieren ausfindig zu machen, die die Entwicklung ihrer instinktiven Verhaltensmuster beeinflussen. Wir müssen unbedingt jede einfache Zweigleisigkeit vermeiden, die Instinkt den Genen und Lernen der Umwelt zuschreibt. Beide sind an der Entwicklung des Verhaltens beteiligt. Diese Aussage scheint zwar übertrieben, jedoch haben bis vor kurzem viele Mißverständnisse hierüber zu Auseinandersetzungen zwischen Verhaltensforschern geführt.

Ethologen und Psychologen

Nach dem Zweiten Weltkrieg gab es im Westen zwei wesentliche Schulen der Verhaltensforschung. Die erste bestand zum Großteil aus amerikanischen Experimentalpsychologen, die die Nachfolge von J.B. Watson [488] antraten, dessen Buch *Behaviorismus* (1924 veröffentlicht) ein Meilenstein in der modernen experimentellen Verhaltensforschung war. Die zweite Schule – weitgehend europäisch – wurde Ende der dreißiger Jahre von Konrad Lorenz gegründet. Ihm schloß sich der Holländer Niko Tinbergen an und arbeitete anfangs mit ihm zusammen. Nach dem Krieg bauten beide rasch Forschungsgruppen auf, und andere, in der Regel Zoologen, schlossen sich ihrer Arbeitsrichtung an. Diese Forscher bezeichnen sich selbst als „Ethologen", und Ethologie wird einfach als „die wissenschaftliche Untersuchung von Verhalten" definiert.

Ethologen und amerikanische Psychologen gingen ihre Untersuchungen aus ganz entgegengesetzten Richtungen an. Ethologen untersuchten eine große Vielfalt von Tieren unter möglichst natürlichen Bedingungen, oft von Verstecken aus in freier Wildbahn. Sie konzentrierten sich auf die große Mannigfaltigkeit adaptiver Verhaltensmuster bei Insekten, Fischen und Vögeln. Das Fortpflanzungsverhalten, das oft auffällig und leicht zu beobachten ist, nahm einen großen Teil ihrer Untersuchungen ein. Ethologen haben oft großen Erfolg, Tiere in Gefangenschaft zu halten und sie zur Fortpflanzung zu bringen.

Der ursprüngliche Ansatz der Ethologen wird von Tinbergen [460] in seinem Buch *Instinktlehre* dargelegt; später formulierte er seine Ideen über die Ziele der Ethologie in einem wichtigen Überblick [466] weiter aus. Ein zentraler Punkt ist, wie Verhalten zum Überleben der Tiere beiträgt. Ethologen haben die Reiz- und Motivationsvoraussetzungen für Instinktverhalten untersucht und sich später mit deren Entwicklung beschäftigt. Funktion und Evolution waren für sie immer ein zentrales Thema. Sie untersuchten die Evolution von Verhalten, indem sie das Verhalten eng verwandter Arten verglichen und davon die Evolution bestimmter Verhaltensmuster ableiteten, genau wie es der vergleichende Anatom für Strukturelemente tut. Ethologen waren an Problemen, die mit Lernen zu tun haben, nicht sehr interessiert. Sie erkannten zwar, daß ihre Tiere lernen konnten, ließen diese Tatsachen jedoch meist außer acht oder schlossen sie von ihren Theorien und Experimenten aus.

Auf der anderen Seite waren die Experimentalpsychologen fast ausschließlich an Lernen interessiert. Sie ignorierten weitgehend das Verhalten eines Tieres in seiner natürlichen Umgebung und beschränkten ihre Untersuchungsobjekte absichtlich auf experimentelle Bedingungen. Ein Labyrinth, eine „*Shuttlebox*", in der ein Tier lernt, sich von einer Seite zur anderen zu bewegen, um Elektroschocks zu vermeiden, eine „Skinnerbox", in der es lernt, einen Hebel zu drücken oder zu picken, um eine Belohnung zu erhalten – dies waren die Situationen, die die Psychologen interessierten. Ihr Ziel war, „Gesetze des Verhaltens" aufzustellen, die beschreiben sollten, wie sich das Verhalten eines Tieres z.B. nach Belohnung oder Bestrafung ändert und die Vorhersagen z. B. über die Wirksamkeit der einen oder anderen experimentellen Situation für Lernen möglich machen sollten.

Es überrascht nicht, daß die Experimentalpsychologen mit weniger Tierarten arbeiteten als die Ethologen. Säugetiere sind für Lernuntersuchungen am besten geeignet und wurden fast ausschließlich benutzt, wobei weiße Laborratten die große Mehrheit der Versuchsobjekte stellten.

Zunächst nahm jede der beiden Schulen von den Ergebnissen der anderen nur wenig Notiz, nach einigen Jahren jedoch begannen heftige Auseinandersetzungen, da jede eine extreme Haltung einnahm. Ein Beispiel ist Lehrmans [286] scharfe Ablehnung der damaligen Konzepte der Ethologen *. Die Psychologen warfen den Ethologen u. a. vor, daß sie die Rolle der Umwelt bei der Entwicklung des Verhaltens stark unterschätzten, daß sie die Bezeichnung „instinktiv" an sich als eine angemessene Erklärung ansahen und daß sie diese Bezeichnung allzu bereitwillig und ohne ausreichende Beweise gebrauchten. Umgekehrt beklagten die Ethologen, daß die meisten Experimentalpsychologen das Verhalten jeder anderen Tierart, außer der weißen Ratte, ignorierten. Sie behaupteten, daß das Vorhandensein von Instinkt jedem auffallen müsse, der sich von einer Skinnerbox trennen könne, um einen Bienenstock oder ein Stichlingsmännchen beim Nestbau zu beobachten.

Beide Seiten sammelten Punkte, und beide haben nach und nach von der Auseinandersetzung profitiert. Ethologen sind heute im Gebrauch von Begriffen sehr viel vorsichtiger und lenken zunehmend ihre Aufmerksamkeit auf die Entwicklung von Verhalten. Experimentalpsychologen arbeiten mit einer größeren Vielfalt an Tieren und untersuchen sie in unterschiedlicheren Situationen. Wenn man früher jemanden als „Ethologen" bezeichnete, so schloß dies einen Großteil des theoretischen Rahmens, in dem er arbeitete, und auch seinen – in der Regel zoologischen – Hintergrund ein, dies trifft heute jedoch weniger zu. Die ethologischen Ansätze, deren Ziel es ist, das Verhalten eines Tieres mit seiner natürlichen Umgebung in Beziehung zu bringen, wurden von Forschern vieler Richtungen (Zoologen, Physiologen und Psychologen) übernommen.

Die Entwicklung des Individualverhaltens

Die Mehrheit der Wissenschaftler stimmt jetzt darin überein, daß jede strenge Klassifizierung von Verhaltensweisen in „instinktive" oder „erlernte" unangebracht ist, daß uns aber jede Art von Verhalten mit dem Problem der Entstehung und Entwicklung konfrontiert. Welche Prozesse sind am Auftreten voll ausgebildeter Verhaltensweisen bei Erwachsenen beteiligt? Dies ist ein sehr weitgespanntes Thema, und wir können hier nur einige Beispiele anführen, um etwas von den komplexen Einflüssen, die in Betracht gezogen werden müssen, darzustellen. Mit ihrer Hilfe werden wir erkennen, wie sinnlos es ist, Verhalten in Kategorien pressen zu wollen.

Die Bedeutung früher Erfahrung

Zahlreiche Untersuchungen an verschiedenen Tieren, Vögeln und insbesondere Säugern, haben gezeigt, wie empfindlich sie in ihrer Jugend auf bestimmte Ereig-

---

* Lehrman hier zu zitieren, mag so erscheinen, als sei er dem Lager der Psychologen zuzurechnen, dies wäre jedoch völlig falsch; er hatte einen guten biologischen Hintergrund. Lehrman stand den frühen ethologischen *Theorien* zwar sehr kritisch gegenüber, zeigte jedoch für die *Fragestellung* der Ethologen Sympathie, was in einer höchst kritischen Betrachtung großer Teile zeitgenössischer Experimentalpsychologie zum Ausdruck kommt. Zur Beurteilung von Lehrmans einflußreicher Arbeit in diesem Zusammenhang vgl. Beer [44].

nisse reagieren. Manchmal haben Veränderungen in ihrer Umwelt, die wir als trivial betrachten würden, für sie lebenslange Effekte. Wir müssen auch daran denken, daß die Entwicklung bereits nach der Befruchtung des Eies anfängt. Allerdings beginnt die Mehrzahl der Verhaltensexperimente erst viel später mit Tieren, die zwar noch jung, aber schon relativ unabhängig sind. Folglich können die frühesten Entwicklungsstadien übersehen werden, die der Jungvogel im Ei oder das Säugetier im Mutterleib durchläuft. Hier können bereits Faktoren wirksam werden, die das spätere Verhalten beeinflussen. Wir haben schon Gottliebs Arbeit über die Entenküken erwähnt, die bereits im Ei ihre eigenen und die Rufe anderer hören können und darauf reagieren. Eine solche Reaktionsfähigkeit kann überraschende Ergebnisse haben. Vince [477] hat gezeigt, daß Wachtelküken im Ei auf die „Klick-Laute" der Küken in den anderen Eiern des Geleges reagieren. Diese Kommunikation zwischen den Küken dient bemerkenswerterweise dazu, ihr Ausschlüpfen zu synchronisieren. Spätentwickler werden durch die charakteristischen Laute der weiter entwickelten Küken angespornt, und Frühentwickler werden, jedoch in geringerem Ausmaß, durch die Laute der Spätentwickler gebremst.

Bei Säugetieren ist der Embryo stärker von der Außenwelt isoliert, hängt jedoch eher vom physiologischen Zustand der Mutter ab. Werden trächtige Rattenweibchen unter Stress gehalten, wird das Verhalten ihrer Jungen beeinflußt [258, 454], was sich später in deren Angst gegenüber einer fremden Umgebung zeigt. Ähnliche Effekte können durch viele andere Behandlungen der Jungtiere nach der Geburt hervorgerufen werden. Leichter Elektroschock, Abkühlen oder sogar einfaches Heben aus dem Nest und Zurücksetzen kann ihr späteres Verhalten als Erwachsene beeinflussen. Ratten, die nach der Geburt „gehändelt" werden (sie werden vom Experimentator in die Hand genommen, es wird in verschiedener Weise mit ihnen „hantiert"), entwickeln sich schneller – ihre Augen öffnen sich eher, und sie sind für ihr Alter schwerer als nicht gehändelte Kontrollen. Außerdem scheinen sie in angstauslösenden Situationen weniger „emotional" zu sein. Damit ist z. B. gemeint, daß sie sich in einer großen, hell erleuchteten Arena umherbewegen und sie stärker als nicht gehändelte Ratten erkunden; diese ducken sich eher und halten sich in den Ecken der Arena auf.

Die Natur solcher Effekte und der Einfluß früher Erfahrung darauf sind noch sehr unklar und z. Z. Gegenstand der Forschung. Die Bearbeitung ist schwierig; auch sind, wie bei vielen komplexen Fragestellungen, die Ergebnisse nicht immer eindeutig. Die Natur der Emotionalität und ihre Beziehung zu Angst und weiteren an Stress gebundene Reaktionen ist mit Sicherheit nicht so einfach, wie es in mancher Literatur dargestellt wird. Archer [16] gibt einen kritischen Überblick über verschiedene Messungen der Emotionalität bei Ratten und Mäusen. Bei der Aufzucht von Labortieren betrachtete man gewöhnlich die Laborumgebung als sehr eintönig für die Tiere und sah zusätzliche Umweltreize als vorteilhaft für die Entwicklung an. Dies setzt voraus, daß in der natürlichen Situation mehr Umweltreize vorkommen, jedoch zeigt Daly [117], daß vieles gerade auf das Gegenteil hinweist. In der Natur werden junge Nagetiere oft bei völliger Dunkelheit in Höhlen mit sehr konstanter Temperatur und Feuchtigkeit sowie unter beträchtlicher Abschirmung von Geräuschen aufgezogen. Dagegen sind in einem Tierzuchtraum eine große Menge zusätzlicher Reize vorhanden. Die genetischen Unterschiede zwischen wilden und Laborratten sind jedoch so groß, daß es nicht leicht ist, auf der Basis solch schwieriger Maßeinheiten wie Emotionalität gültige Vergleiche zwischen Wild- und Laborpopulationen anzustellen. Die zusätzliche Reizung von Jungtieren kann direkt oder über ihre Mutter auf sie einwirken und ihr weiteres Verhalten in der Entwicklung beeinflussen. So reagiert die Mutter auf den veränderten Zustand der Jungen nach „Händelung" oder Elektroschock durch mehr Zuwendung als gegenüber unbehandelten Jungen (vgl. Barnett und Burn [30]). Direkt, nachdem durch ein Loch im Ohr markierte Rattenjunge wieder ins Nest gesetzt wurden, beschnupperten und leckten ihre Mütter sie dreimal so viel wie unberührte Junge. Es gibt Hinweise dafür, daß sich Effekte der Händelung von Ratten während ihrer Kindheit zumindest bis zu den Enkeln fortsetzen [128]. Gehändelte Ratten haben wahrscheinlich Physiologie und Verhalten ihrer Mutter verändert, was dann auf ihre frühen Erfahrungen zurückwirkte. Später wird das mütterliche Verhalten der Jungen nochmals durch Nachwirkungen beeinflußt, die bei ihren eigenen Jungen auftreten.

Wenn junge Nagetiere bereits durch unterschiedliches Verhalten ihrer Mütter ihnen gegenüber beeinflußt werden, wie verhält es sich dann bei anderen Säugetieren, deren elterliche Fürsorge sehr verschieden sein kann? Quadagno und Banks [386] beschreiben, wie Zwergmäuse den ganzen Tag über an den Zitzen ihrer Mutter saugen und nur nachts von ihr getrennt sind, wenn die Mutter außerhalb des Nests auf Futtersuche ist. Dies stellt wohl ein größeres Ausmaß an Zuwendung dar, als es Ratten und Mäuse erhalten. Auf der anderen Seite der Skala befinden sich die Kaninchen, bei denen Zarrow et al. [519] gezeigt haben, daß die Mutter ihren Wurf nur einmal pro Tag, und dann nur für einige Minuten aufsucht. Die Jungen werden gefüttert, kurz gepflegt, und dann wird das Nest bedeckt und verlassen. Wahrscheinlich vermindert dieses Verhalten die Chance, daß Freßfeinde das Nest finden, indem sie den Geruch der Mutter aufnehmen. Man nimmt an, daß das noch bemerkenswertere mütterliche, oder, besser gesagt, „unmütterliche" Verhalten bei Spitzhörnchen (Insektenfresser, wahrscheinlich den frühen Vorfahren der Primaten sehr ähnlich, vgl. Abb. 8.8, S. 277) eine ähnliche Funktion hat. Martin [336] (vgl. auch D'Souza und Martin [139]) beobachtete Pärchen, die in Gefangenschaft Junge hatten, und stellte fest, daß sie zwei getrennte Nester bauten. In einem schliefen die Erwachsenen, und im anderen brachte das Weibchen die Jungen (in der Regel zwei) zur Welt. Es besucht sie jeden zweiten Tag kurz, wobei die Jungen rasch saugen und förmlich mit Milch aufgebläht werden. Die Mutter pflegt sie kaum und verläßt sie, um erst nach etwa 48 Stunden zurückzukehren. Martin stellte fest, daß sich die Jungen vom ersten Tag nach der Geburt an selbst pflegen und lecken können. Sie bleiben allein im Nest, bis sie es im Alter von 33 Tagen verlassen. Dies ist für ein Säugetier eine äußerst überraschende Entwicklung. Sie läßt uns erkennen, daß die natürliche Selektion eine Reihe von Spezialisierungen im Entwicklungsmuster hervorbringen kann, die zu anderen Aspekten der Stammesentwicklung einer Art passen. Der Einfluß der Mutter auf die frühesten Stadien der Entwicklung von Verhalten ist sicher bei Zwergmaus, Ratte, Kaninchen und Spitzhörnchen sehr verschieden. Sogar enge Verwandte können sich bei der Geburt in Entwicklungsstadium und Unabhängigkeit stark unterscheiden: Wir können z. B. die hilflosen, blinden, nackten jungen Ratten und Kaninchen den aktiven Jungen von Meerschweinchen und Hasen, die voll behaart und deren Augen geöffnet sind, gegenüberstellen.

Wie wir in Kapitel 8 ausführlicher besprechen werden, haben alle Primaten sehr lange Entwicklungszeiten – Jahre bei Menschenaffen und Menschen – in denen sie in enger Verbindung mit ihrer Mutter bleiben. Trennung, insbesondere während der ersten Monate, hat für die Kinder ernste Folgen. In den Experimenten von Harlow und Mitarbeitern [203] wurden junge Rhesusaffen bei der Geburt isoliert und künstlich aufgezogen. Obwohl sie gut wuchsen, waren ihre Verhaltensweisen verkümmert, und wenn sie später zu anderen Affen gesetzt wurden, zeigten sie kaum normales Sozialverhalten. Insbesondere reagierten sie in sexueller Hinsicht und als Eltern völlig unangemessen. Dies veranschaulicht wiederum, wie fein einzelne Faktoren während der Verhaltensentwicklung aufeinander abgestimmt sein müssen. Wenn wir ein Affenjunges mit seiner Mutter beobachten, ist es nahezu unmöglich, die Faktoren in ihrem Verhalten zu identifizieren, die zu seiner sozialen Entwicklung beitragen, doch wir wissen aus Laborexperimenten, daß sie vorhanden sind.

Hindes Arbeitsgruppe [219] hat sich eingehend mit der normalen Entwicklung von Rhesusaffen beschäftigt, die von ihren in kleinen Gruppen lebenden Müttern aufgezogen wurden. Man konnte die allmähliche Zunahme der Unabhängigkeit des Jungen zum Teil auf es selbst, zum Teil auf die Mutter zurückführen. Anfangs ist das Junge fast nie ohne Kontakt. Die Mutter erlaubt ihm kaum, sich außer Reichweite zu begeben, und auch, wenn es die Mutter verläßt, um Erkundungen zu machen, kommt es häufig zu ihr zurück – es benutzt sie als sichere Basis, von der aus es neue Objekte untersuchen kann. Mit der wachsenden Unabhängigkeit des Jungen läßt die Fürsorge der Mutter nach, und sie beginnt sogar, manche seiner Annäherungen zurückzuweisen.

Nachdem Hinde und Mitarbeiter den normalen Verlauf der Entwicklung kannten, begannen sie die Auswirkungen von Störungen, z. B. durch die Trennung von Mutter und Jungem, zu untersuchen. Sie widmeten sich auch weniger drastischen Deprivationen als Harlow. In einer typischen Beobachtungsreihe wurde das Verhalten von Rhesusbaby und -mutter, die in einer Gruppe mit anderen lebten, über einige Wochen regelmäßig aufgezeichnet. Als das Junge 6 Monate alt war – durchaus in der Lage, sich selbst zu ernähren – wurde seine Mutter für einige Tage von der Gruppe entfernt. Das Baby war keineswegs isoliert, sondern wurde normalerweise von den anderen Weibchen der Gruppe „adoptiert" und erhielt viel Zuwendung. Dennoch veränderte sich sein Verhalten stark. Rufe des Verlassenseins nahmen zu, es bewegte sich weniger umher und verbrachte längere Zeit in einer sehr charakteristischen, geduckten Haltung. Als die Mutter zurückgesetzt wurde, stellte sich in der Regel die alte Beziehung sofort wieder her, und das Junge klammerte sich jetzt viel länger an sie als kurz vor der Trennung. Mutter und Junges benötigten einige Wochen, bis sie wieder zu ihrem Normalverhalten zurückkehrten.

Aus systematischen Untersuchungen dieser Art haben sich mehrere faszinierende Schlüsse mit offensichtlichen Parallelen zum Menschen ergeben. Eine kurze

Trennung war z. B. für die Jungen am schlimmsten, deren Beziehung zur Mutter vor der Trennung am schlechtesten war. Als Konsequenz dieser Betrachtung sollten wir festhalten, wie schwerwiegend eine normale Mutter-Kind-Beziehung bereits durch eine kurze Unterbrechung beeinflußt wird. Die Auswirkungen auf das Affenjunge hielten lange an, denn Hinde konnte noch Jahre später feststellen, daß Affen, die von ihrer Mutter getrennt worden waren, in fremden Umgebungen mehr Angst zeigten.

Prägung

Die Auswirkungen früher Erfahrungen, die wir bisher betrachtet haben, waren recht allgemeiner Art und beeinflußten viele Verhaltensbereiche, manche davon drastisch. Manchmal haben jedoch bestimmte frühe Erfahrungen recht genau definierbare Auswirkungen. Ob wir die Ergebnisse einer Erfahrung als „allgemein" oder „spezifisch" bezeichnen, hängt natürlich zum Großteil davon ab, wie genau wir sie betrachten. Es ist sehr einfach, einen Effekt als spezifisch zu bezeichnen, wenn nur wenige Verhaltensaspekte untersucht werden. Dennoch gibt es einige sehr auffällige Beispiele: Spielt man einem Jungvogel einen auf Tonband aufgenommenen Gesang vor, kann dessen Gesang Monate später, wenn er die Geschlechtsreife erreicht, beeinflußt werden (vgl. S.54). Soweit wir wissen, wird durch diese Erfahrung in seinem übrigen Verhalten nichts weiter verändert. Einige Ergebnisse von „Prägung" sind ebenso spezifisch.

Prägung kann man nicht genau definieren. Wie wir den Begriff hier anwenden werden, bezieht er sich auf verschiedene Verhaltensänderungen, durch die ein Jungtier an eine „Mutterfigur" gebunden wird. Lorenz [303] beschäftigte sich als erster mit diesem Thema und machte Experimente mit Gänsen, in denen die Küken ihn als Mutterfigur ansahen und ihm folgten. Für einen Großteil der Untersuchungen von Prägung wurden Vögel wie Gänse, Enten, Fasane und Hühner verwendet, die Nestflüchter sind (d. h., die nach dem Schlüpfen sofort laufen können und nicht im Nest bleiben). Prägung kann gemessen werden: im Ausmaß der Zuwendung zur Mutter, der Zeit, die dicht bei ihr verbracht wird, der Latenzzeit der Annäherung, der Zeit des Nachfolgens, wenn sie sich bewegt, usw.

Diese Art der Reaktion auf die Mutterfigur wird in der Regel als „Nachlaufprägung" bezeichnet im Gegensatz zur „sexuellen Prägung", die wir später besprechen werden.

Prägung findet in der Regel direkt nach dem Ausschlüpfen oder nach der Geburt statt und resultiert oft in einer sehr festen Bindung, die schwer zu verändern ist. Lorenz beschreibt sie als eine einzigartige Form von Lernen, die, anders als andere Formen, nicht rückgängig gemacht werden kann und auf eine kurze, „sensible Phase" direkt nach dem Ausschlüpfen (bei Vögeln) beschränkt ist. Er nahm auch an, daß die Mutterfigur eines Jungvogels die spätere Wahl seines Geschlechtspartners beeinflußt. Einige Verhaltensforscher halten Prägung immer noch für eine besondere Form von Lernen (insbesondere Hess [209]), die meisten betrachten sie jedoch als

einen Aspekt des gesamten Entwicklungsprozesses, durch den sich die Jungtiere an
ihre Umgebung anpassen. Wir können unsere Besprechung hier auf Vögel konzentrieren, sollten jedoch die Bedeutung von prägungsähnlichen Entwicklungsprozes-
sen bei Insekten und Säugetieren nicht vergessen (vgl. Sluckin [438] und Bateson
[35, 36]).

Wir haben gerade gesagt, daß wir Prägung besser nicht als einen Typ von Lernen betrachten sollen, dabei sind jedoch die Untersuchungsmethoden sehr ähnlich.
Jungvögel werden z. B. eine Zeitlang auf eine Mutterfigur dressiert und dann getestet, inwieweit sie diese Erfahrung behalten. In einem seiner Tests benutzte Guiton
[187] z. B. einen kreisförmigen Laufgang, in dem ein über dem Boden hängender
Gegenstand bewegt werden konnte (vgl. Abb. 2.3). Küken wurden im Alter von ein
bis zwei Tagen einzeln in den Laufgang gesetzt und 30 Minuten lang mit einem von
zwei sich bewegenden Objekten konfrontiert, einer roten oder grünen Pappschach-
tel, die sich in Form und Größe unterschieden. In der Regel folgten die Küken ihrer
Schachtel eine ganze Zeit lang. Drei Tage später wurden sie wieder in den Laufgang
gesetzt, und zwar gleich weit von den beiden Schachteln, die dann in Bewegung gesetzt wurden, entfernt. Guiton zeichnete auf, wie lange sie jeder Schachtel folgten
oder dicht bei ihr standen, und fand, daß sie schon nach einem einzigen Versuch
mit einer Schachtel diese fast immer von der anderen unterschieden und ihr nach-
liefen. In dieser, wie in zahlreichen anderen Untersuchungen ähnlicher Art, wird
die Tatsache, daß das Küken dem Objekt folgt, als geeignetes Maß für die Reaktionsstärke benutzt. Das Nachfolgen allein ist jedoch nicht der entscheidende Teil
der Prägung – die Küken zeigten ihre Prägung bei der Wahl des Objekts, dem sie
zuvor ausgesetzt waren.

Wir können unsere kurze Besprechung von Prägung anhand dreier Fragen
gliedern:

1. Welche Reize bestimmen die Annäherung des Jungvogels?
2. Gibt es eine sensible Phase, und, wenn ja, wodurch wird diese beendet?
3. Wie sehen die Ergebnisse von Prägung während der Kindheit dann bei Erwachsenen aus?

1. Welche Reize bestimmen die Annäherung? Lorenz' erste Beobachtungen waren
äußerst dramatisch, denn er konnte Küken von Graugänsen auf sich selbst prägen.
Die visuellen Reize für Prägung scheinen in keiner Weise begrenzt zu sein. Vögel
wurden auf große „Segeltuchverstecke" geprägt, in denen sich ein Beobachter bewegen konnte, auf Pappwürfel und Spielballons bis zu Streichholzschachteln. Farbe
und Form scheinen gleichermaßen unwesentlich zu sein. Auch Bewegung ist nicht
notwendig; selbst ein feststehendes Objekt und sogar Lichtblitze ziehen Jungvögel
an, das Objekt muß sich nur von seinem Hintergrund abheben. Bateson und Reese
[39, 40] haben gezeigt, daß einen Tag alte Küken innerhalb weniger Minuten lernen, sich auf ein Pedal zu stellen, um ein Blitzlicht anzuschalten, dem sie sich dann
nähern. Die Schnelligkeit, mit der sie diese Reaktion erwerben, läßt vermuten, daß
das Licht verstärkende Eigenschaften hat, sogar schon bevor sie darauf geprägt

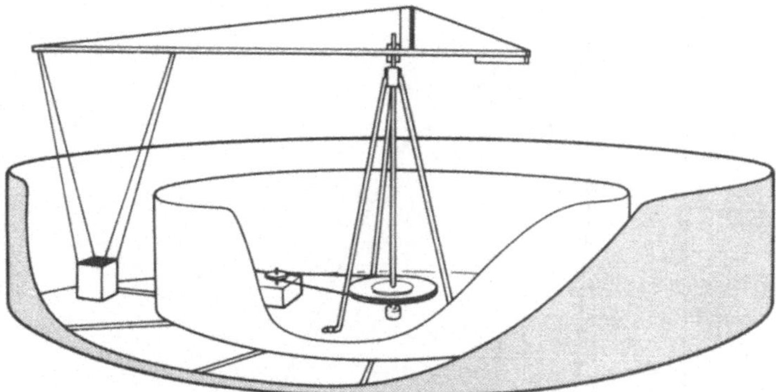

Abb. 2.3. Apparatur zur Untersuchung der Nachlauf-Reaktion bei Jungvögeln. An dem langen Arm, der sich langsam in dem kreisförmigen Laufgang bewegt, können verschiedene Gegenstände befestigt werden. (Nach Hinde, R. A. [219])

sind. Sie suchen aktiv nach solchen Reizen. Die Anziehung bildet dann die Grundlage für die Prägungsverbindung.

Ein Küken reagiert beim Ausschlüpfen bereits deutlich auf optische Reize, und dies kann durch seine Umgebung weiter beeïnflußt werden. Bateson [37] bespricht eine Anzahl von Experimenten, in denen Küken nach dem Schlüpfen in Licht gesetzt wurden, wobei sich ihre Antwortbereitschaft gegenüber auffälligen Objekten, im Vergleich zu in Dunkelheit gehaltenen Küken, merklich erhöhte. Ein Dauerlicht von 18 Minuten vor dem Zurücksetzen in die Dunkelheit hatte noch 12 Stunden danach Effekte. Dies ist nicht auf eine allgemeine Erregung der Küken durch das Licht zurückzuführen, denn in Dunkelheit dargebotene akustische und taktile Reize machten sie den optischen Reizen gegenüber nicht reaktionsbereiter, eher im Gegenteil.

Diese Art von Erregung des optischen Systems ist mit Gottliebs Experimenten vergleichbar (S. 24), in denen er die akustische Reaktionsbereitschaft von Entenküken durch Vorspielen von Tönen erhöhte. Akustische Reize wirken auf Jungvögel anziehend und verstärken oft die Prägung auf Objekte, die in der Nähe der Reizquelle sind. Schall ist fast unentbehrlich, um z. B. das Nachlaufen von Stockentenküken hervorzurufen. In einigen Fällen geht die Reaktion auf Töne noch darüber hinaus. Klopfer [269] hat gezeigt, daß junge Brautenten eine besondere Art akustischer Prägung zeigen. Anfangs laufen sie auf alle möglichen Schallquellen zu, aber mit der Zeit können sie bekannte von unbekannten Lauten unterscheiden. Brautenten nisten in Baumlöchern, und in der Regel wenden sich die Jungen in Richtung ihrer Mutter, die vom Wasser außerhalb des Nestloches ruft, bevor sie sie überhaupt gesehen haben.

2. Gibt es eine sensible Phase, und, wenn ja, wodurch wird sie beendet? Der Begriff „sensible Phase" schließt ein, daß Prägung auf ein Objekt nur während einer bestimmten Zeit möglich ist. Oft wird auch der Begriff „kritische Phase" gebraucht.

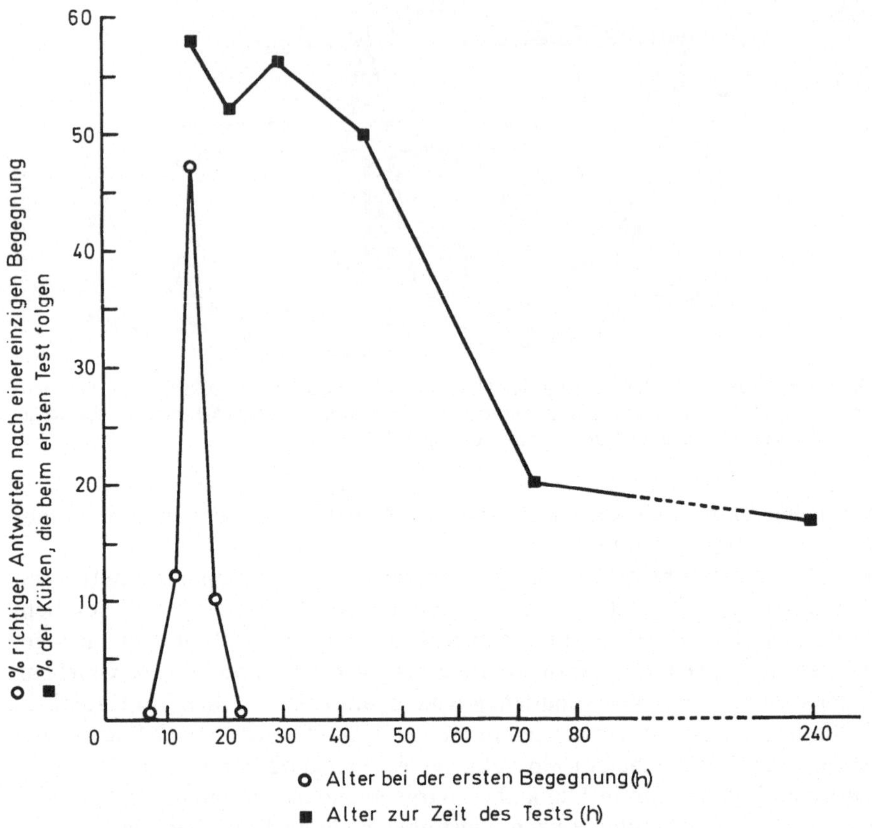

Abb. 2.4. Zwei Arten der Messung der sensiblen Phase für Prägung. Die Kurve mit den offenen Kreisen hat ein scharf abgegrenztes Maximum und stammt aus Versuchen, in denen Stockentenküken einige Zeit nach einer einzigen Begegnung auf Unterscheidung und Nachfolgeverhalten getestet wurden; das Alter ist jeweils angegeben. Die schwarzen Quadrate zeigen das viel weniger scharf abgegrenzte Maximum, das aus Versuchen resultiert, in denen der Prozentsatz der Küken gezählt wurde, die bei der ersten Begegnung einem sich bewegenden Objekt folgen. (Ramsay und Hess [390], Boyd und Fabricius [63])

Die Abgrenzung der sensiblen Phase hängt in gewisser Weise davon ab, wie anspruchsvoll die angewandten Kriterien sind. Wenn das Kriterium ist „folgt bei der ersten Begegnung einem sich bewegenden Objekt", dann trifft dies auf viele Nestflüchter 10 Tage oder länger nach dem Schlüpfen zu. Wenn man jedoch als Kriterium „die Ausbildung einer anhaltenden Bindung an ein Objekt nach nur einer einzigen Begegnung" annimmt, dann ist die sensible Phase sehr viel begrenzter. Abbildung 2.4 stellt einige Ergebnisse unter Anwendung beider Kriterien dar. Ramsay und Hess [390] maßen, wie gut Stockentenküken Attrappen unterscheiden können und dicht bei der blieben, der sie 5 bis 70 Stunden vorher 30 Minuten lang ausgesetzt waren. Boyd und Fabricius [63] haben lediglich die Vögel gezählt, die nach nur einer Begegnung einer Attrappe folgten.

Guiton [187] fand, daß Küken, die in Gruppen gehalten wurden, 3 Tage nach dem Schlüpfen aufhörten, Objekten zu folgen, wogegen in Isolation gehaltene Küken viel länger reaktionsbereit blieben. Er konnte zeigen, daß die sozial aufgezogenen Küken aufeinander geprägt waren, was in der natürlichen Situation von Bedeutung sein kann. Boyd und Fabricius [63] betonen, daß Stockentenküken normalerweise das Nest nicht vor dem zweiten Tag nach dem Schlüpfen verlassen, also nach dem Höhepunkt der sensiblen Phase. Bis dahin können einige von ihnen, zumindest teilweise, bereits aufeinander geprägt sein. Selbst wenn sich nur einige Küken der Mutter aktiv nähern und ihr folgen, wenn sie sie zum Wasser führt, handelt die Brut als Gruppe und bleibt zusammen, da der Rest den auf die Mutter geprägten Küken folgt.

Da eine Aufzucht im sozialen Verband die sensible Phase verkürzt, kann der Prägungsprozeß selbst möglicherweise die sensible Phase beenden. Bateson [34] zog Küken in kleinen Gehegen auf, deren Wände mit horizontalen oder vertikalen Streifen in schwarz und weiß oder rot und gelb auffällig gemustert waren. Nach drei Tagen Isolation in einem Gehege wurden die Küken in einem einfachen Laufgang, in dem sich Objekte mit ähnlichen Streifenmustern bewegten, getestet. Sie folgten vorzugsweise der Attrappe, deren Muster dem ihres Geheges entsprach. In einem ähnlichen Experiment fanden Taylor et al. [449], daß eine bestimmte Farbe im Gehege von Küken ihre folgende Farbwahl entsprechend beeinflußte, auch wenn sie ihr zuerst nur 15 Minuten ausgesetzt waren. Derartige Experimente legen nahe, daß Jungtiere bei der Prägung u. a. lernen, Bekanntes von Unbekanntem zu unterscheiden und sich ersterem zu nähern. Wenn kein auffälliges, sich bewegendes Objekt vorhanden ist, wird das Küken auf seine Umgebung geprägt, und seine Reaktionsbereitschaft auf neue Objekte nimmt ab.

Andere Wissenschaftler haben als Ursache für die abnehmende Reaktionsbereitschaft eine Zunahme von Angst an sich angenommen. Es besteht kein Zweifel daran, daß Fluchtreaktionen vom ersten Tag nach dem Schlüpfen an zunehmen. Frisch geschlüpfte Hühner- und Entenküken nähern sich neuen Gegenständen, flüchten jedoch ab dem dritten Tag und ducken sich. Die Frage ist, ob die Fluchttendenz nur zunimmt, wenn die Mutterfigur durch Prägung so vertraut wird, daß andere Reize aus der Umgebung als unvertraut erkannt werden, oder ob sie ohnehin unabhängig von solcher Erfahrung als Ergebnis des Heranwachsens zunimmt.

Moltz und Stettner [351] reduzierten die optische Erfahrung von Küken, indem sie ihnen durchscheinende Häubchen aufsetzten, was bedeutete, daß ihre Augen zwar Licht, aber keine Muster wahrnehmen konnten. Als solche Vögel im Alter von zwei bis drei Tagen ohne ihre Häubchen getestet wurden, folgten sie eher einer sich bewegenden Schachtel als Kontrollvögel und zeigten weniger Angst. Dies läßt mit Sicherheit annehmen, daß vorherige optische Erfahrung mit der Umgebung die Zunahme von Angst beeinflußt.

Laute Geräusche oder leichte Elektroschocks, die bei älteren Vögeln Angst auslösen, lassen Küken ihrer Mutterfigur um so eher folgen. Dies ist wahrscheinlich darauf zurückzuführen, daß ein erhöhter Erregungszustand die Reaktion auf bekannte und unbekannte Gegenstände erhöht.

3. Wie sehen die Ergebnisse von Prägung während der Kindheit dann bei Erwachsenen aus? Lorenz und andere Wissenschaftler beobachteten, daß junge, von Pflegemüttern einer anderen Art aufgezogene Vögel aufhörten, diesen zu folgen, sobald sie unabhängig wurden. Später aber – bei der Geschlechtsreife – umwarben sie Vögel von der Art der Pflegemutter und versuchten, sich mit diesen zu paaren.

Der Schluß, daß aus einer frühen Erfahrung eine äußerst spezifische Verhaltensänderung resultieren kann, wurde durch spätere Ergebnisse weitgehend bestätigt (vgl. Bateson [38]). Beispielsweise wurden männliche und weibliche Truthennen sexuell auf Menschen [417] und Hähne auf Pappschachteln geprägt, die sie später anbalzten und zu begatten versuchten [188]. Zur Untersuchung sexueller Prägung wurden systematische Aufzuchtsexperimente mit Pflegeeltern bei verschiedenen Enten- und Prachtfinkenarten durchgeführt. Immelmann [250] legte z. B. ein Ei eines Zebrafinken in das Gelege einer zweiten Finkenart, beispielsweise von *Lonchura striata* (Spitzschwanz-Bronzemännchen), und ließ diese die gesamte Brut aufziehen. Anschließend wurden die von den Stiefeltern aufgezogenen Zebrafink-Männchen isoliert, bis sie geschlechtsreif waren. Immelmann ließ sie dann zwischen einem Zebrafink- und einem *L. striata*-Weibchen wählen. Die Ergebnisse waren recht eindeutig: Das Zebrafink-Männchen richtete seine gesamte Balz auf das *L. striata*-Weibchen. Dieser Vorzug war um so auffälliger, da das Zebrafink-Weibchen in der Regel sofort mit all den üblichen artspezifischen Begrüßungslauten einsetzte, nachdem das Zebrafink-Männchen zu ihm gesetzt wurde. Das *L. striata*-Weibchen verhielt sich bestenfalls neutral und war meist ablehnend, wenn sich das Männchen ihm näherte.

Immelmann fand, daß von Stiefeltern aufgezogene Männchen sich schließlich mit Weibchen der eigenen Art, wenn sie mit ihnen allein zusammengesetzt wurden, paarten und Junge aufzogen. Erstaunlicherweise veränderte eine solche Erfahrung den oben beschriebenen Vorzug im Wahlexperiment in keiner Weise. Wenn die Männchen nochmals wählen konnten, ignorierten sie die Weibchen der eigenen Art völlig und balzten die der anderen an. Sonnemann und Sjölander [443] untersuchten Zebrafink-Weibchen, die auf ähnliche Weise von *L. striata*-Männchen aufgezogen wurden. Obwohl diese Ergebnisse nicht so auffällig sind wie die mit den Männchen, zeigen die Weibchen doch eine deutliche Vorliebe für die Männchen der Stiefart und lassen sich auf der Sitzstange eher in der Nähe von *L. striata*-Männchen als von Männchen ihrer eigenen Art nieder.

Schutz [425] fand in seinen Experimenten mit Enten, daß nur Männchen auf die Stiefart geprägt werden konnten. Als Grund dafür nahm er an, daß sich nur bei den Erpeln das Muster des Gefieders deutlich unterscheidet, die Weibchen sich jedoch alle ähnlich sehen und unauffällig gefärbt sind. Es mag daher einfacher sein, in der Evolution eine Unterscheidung für Muster der Männchen als für solche der Weibchen zu entwickeln (vgl. S. 68 für ein analoges Beispiel bei Fischen). Als Unterstützung für seine Folgerung fand Schutz, daß bei der Chilenischen Krickente, bei der beide Geschlechter gleich aussehen und unauffälliges Gefieder haben, auch bei den Weibchen Prägung auftritt. Dies erklärt jedoch nicht, warum bei Gänsen, die im Hinblick auf das Gefieder der Chilenischen Krickente sehr ähnlich sind, sexuelle Prägung bei keinem der Geschlechter vorkommt. Auch erklärt es nicht, warum Brandentenerpel, deren Weibchen wie sie selbst auffällig gefärbt sind, auf Weibchen anderer Arten geprägt werden können.

Im allgemeinen waren die Effekte der Aufzucht durch Stiefeltern bei den Enten nicht so stark wie bei den Finken, zumindest insofern, als nicht alle von Stiefeltern aufgezogene Männchen geprägt wurden. So versuchten von 34 Stockentenerpeln, die von anderen Arten aufgezogen wurden (entweder mit Stiefgeschwistern oder nur mit einem Stiefelter), sich 22 mit der Stiefart zu paaren. Wenn sie von einer Stiefmutter aufgezogen worden waren, paarten sie sich mit Weibchen, bildeten jedoch homosexuelle Paare, wenn der Stiefelternteil ein Männchen war. In der Natur gehen normalerweise die Prägung auf die Mutter als Nachfolgefigur und sexuelle Prägung Hand in Hand. Wir wissen jedoch noch nicht, ob es sich um identische Prozesse handelt. Die sensible Phase für sexuelle Prägung geht weit über die für die Folgereaktion hinaus. Schutz zog einige junge Enten etwa drei Wochen lang mit ihrer eigenen Art auf, und dann tauschte er sie aus. Ein Drittel dieser Vögel wurde immer noch sexuell auf ihre Stiefart geprägt. Immelmanns Ergebnisse lassen annehmen, daß die sexuelle Prägung bei Finken bis zum Alter von 33 Tagen abgeschlossen ist, d. h., bis die eben flügge gewordenen Vögel in der Lage sind, für sich selbst zu sorgen. Wenn Männchen 94 Tage mit der Stiefart gehalten wurden, d. h. bis kurz vor ihre Geschlechtsreife, hatte dies keinen zusätzlichen Effekt.

Die Stärke der sexuellen Prägung bei Finken wurde durch Erfahrungen nach dem Verlassen des Nestes nicht mehr beeinflußt; wie wir gesehen haben, hat keinerlei späterer Kontakt mit ihrer eigenen Art ihre Bevorzugung geändert. Es ist unwahrscheinlich, daß sexuelle Prägung bei allen Vögeln so stark ist. Prägung dieser Art tritt z. B. bei Tauben auf, es ist jedoch klar, daß sie beim europäischen Kuckuck und anderen parasitierenden Vögeln, deren Junge von Stiefeltern aufgezogen werden, *nicht* stattfinden kann.

Die eben beschriebenen Experimente zeigen, wie entscheidend frühe Erfahrung für Jungvögel bei der Wahl eines Geschlechtspartners ist. Sowohl Immelmann als auch Schutz betonen, daß, so aufregend die Ergebnisse der Aufzucht durch Stiefeltern auch sein mögen, es immer noch einfacher ist, ein Männchen auf seine eigene als auf eine Stiefart zu prägen. Es sind wahrscheinlich bestimmte vererbte Tendenzen vorhanden, die in der natürlichen Situation normalerweise die Bindung an das arteigene Weibchen verstärken; bisher wissen wir jedoch nur sehr wenig über das Zusammenwirken vererbter und gelernter Reaktionsbereitschaft gegenüber einem Geschlechtspartner.

Prägung bei Säugetieren

Bei der sozialen Entwicklung von Säugetieren sind eindeutig prägungsähnliche Phänomene beteiligt. Es ist allgemein bekannt, daß es um so einfacher ist, wilde

Säugetiere zu zähmen, je jünger sie sind. Verwaiste, von Menschen aufgezogene Lämmer folgen ihnen überall hin und zeigen oft kaum Zuwendung zu ihren Artgenossen. Dies ist nicht nur eine kindliche Bindung, sondern wohl auch eine Art sexueller Prägung. Zooverwalter wissen aus eigener Erfahrung, daß vom Menschen aufgezogene Tiere bei Geschlechtsreife oft nicht für die Weiterzucht verwendet werden können.

Das Verhalten von Säugetieren wird sehr stark durch ihren Geruchssinn bestimmt, daher überrascht es nicht, daß ihre frühe olfaktorische Erfahrung in vielen Fällen die Wahl ihres Geschlechtspartners beeinflußt. Bei Mäusen, Ratten und Meerschweinchen werden erwachsene Tiere von Artgenossen angezogen, deren Geruch dem des eigenen Nestes, in dem sie aufwuchsen, entspricht (vgl. Carter und Marr [86]).

Auch die Entwicklung von Sozialverhalten ist stark von früher Erfahrung abhängig. Scott und Fuller [428] fassen die ausführlichen Untersuchungen ihrer Arbeitsgruppe über Hunde zusammen (vgl. auch Scott [427]). Sie fanden, daß ein Welpe während einer sensiblen Phase im Alter von etwa 3 – 10 Wochen soziale Kontakte aufnimmt. Wenn Welpen über das Alter von 14 Wochen hinaus isoliert werden, reagieren sie nicht mehr und verhalten sich sehr unnormal. Auf dem Höhepunkt der sensiblen Phase ist eine kurze Begegnung mit Menschen für sie ausreichend, um mit ihnen eine normale Beziehung herzustellen. Hunde scheinen, wie einige sexuell prägbare Vögel, absolut in der Lage zu sein, sowohl Menschen als auch ihre eigenen Artgenossen als Sozialpartner zu akzeptieren.

Prägung hat schon immer die Aufmerksamkeit von Psychiatern erregt, da kein Zweifel daran besteht, daß Menschenkinder für frühe Erfahrungen vieler Art äußerst empfänglich sind. Insbesondere hat Bowlby [61, 62] eine Theorie über die Bindung eines Babies an seine Mutter entwickelt, die sich sehr stark auf Tierexperimente stützt. In früheren Arbeiten vertrat er die Ansicht, daß die Phase zwischen 18 Monaten und 3 Jahren besonders sensibel sei und daß die Trennung von oder das Fehlen einer entsprechenden Mutterfigur zu dieser Zeit zu einem stark erhöhten Risiko psychischer Störungen im Jugend- und Erwachsenenalter führt. Die Vorstellung von einer begrenzten sensiblen Phase findet heute weniger Unterstützung, es gibt jedoch eine ganze Reihe von Ergebnissen, die bestätigen, daß eine Trennung von der Mutter während der Kindheit Langzeiteffekte hat. Hier ist die Situation allerdings nicht so eindeutig wie bei einfacheren Tieren. Die Trennung eines Menschenbabies von seiner Mutter schließt eine ganze Reihe von fast immer schädlichen Veränderungen in seinem Leben ein; es ist daher schwierig, Ursache und Wirkung genau zu definieren. Die ganze Thematik wird bei Hinde [219], Kapitel 13 besprochen.

Es besteht Uneinigkeit darüber, wie man sensible Phasen bei der sozialen Entwicklung von Säugetieren erkennen und messen kann. (Veröffentlichungen, die sich damit beschäftigen, sind bei McGill [317] zusammengefaßt, vgl. auch Denenberg [127].) Wie wir bei der Besprechung sensibler Phasen für die Prägung bei Jungvögeln gesehen haben, ist es oft schwierig, zwischen einer Veränderung der Reaktionsbereitschaft als Ergebnis vorheriger Erfahrung und einer Veränderung aufgrund

von *Reifung* (vgl. den folgenden Abschnitt) unabhängig von dem Vorangegangenen zu unterscheiden. Wir können mit Sicherheit sensible Phasen für bestimmte Verhaltensänderungen bei *erwachsenen* Säugetieren annehmen. Die Zeit
um die Geburt erfordert eine entscheidende Veränderung der Reaktionen der Mutter, die ihr Neugeborenes akzeptieren und mit dem Säugen beginnen muß. Klopfer
et al. [270] haben gezeigt, daß eine Ziege, gleich nachdem sie geboren hat, während
einer kurzen Phase für den Geruch ihres Jungen sehr empfänglich ist. Wenn sie innerhalb einer Stunde nach der Geburt keinen Zugang zu ihrem Jungen hat, wird es
abgelehnt, ein nur fünfminütiger Kontakt während der sensiblen Phase jedoch verhindert die Zurückweisung sogar noch. Ähnlich gibt ein Schaf keine Milch, wenn es
während des ersten Tages nach der Geburt keinen Kontakt zu seinem Jungen hat.
Es ist zunehmend wahrscheinlich, daß das Gleiche auch für Menschen gilt. Der
Hautkontakt mit dem neugeborenen Säugling während des ersten Tages hat dabei
wahrscheinlich die größte Bedeutung.

Die Geburt ist ein einzigartiges Ereignis; daher liegt es auf der Hand, sie als
Ausgangspunkt einer kritischen Phase bei Säugetiermüttern anzusehen. Bei dem
viel langsameren Verlauf der Verhaltensentwicklung des Jungen ist es schwieriger,
kritische Ereignisse zu bestimmen. Die Untersuchung sensibler Phasen beinhaltet
fast immer die Isolierung des Jungtieres von möglichen Einflüssen; andererseits
können auch in verschiedenen Phasen zusätzliche Erfahrungen angeboten werden
(wie bei den Experimenten mit der „frühen Händelung" von Mäusejungen; vgl.
S. 28). In beiden Fällen entwickelt sich das junge Säugetier in einer veränderten
Umwelt, d. h., daß Argumentationen über sensible Phasen meist nie ganz schlüssig sind.

In gewisser Hinsicht ist dies eher eine akademische Betrachtung, spiegelt jedoch
unsere Ansichten über Verhaltensentwicklung wider. Ist sie ein völlig kontinuierlicher Prozeß mit Wechselwirkungen zwischen heranwachsendem Tier und Umgebung auf jeder Entwicklungsstufe? Oder gleicht sie eher der Embryonalentwick-
lung, von der wir wissen, daß bestimmte Ereignisse, wenn überhaupt, innerhalb einer kritischen Phase stattfinden müssen? Sobald die kritische Phase vorüber ist,
können embryonale Zellen nicht mehr entsprechend richtig reagieren und sich entsprechend differenzieren.

In der Entwicklung des Verhaltens sind wohl beide Möglichkeiten verwirklicht,
und vieles hängt von der besonderen Lebensgeschichte eines Tieres ab. In einer so
kurzen Kindheitsphase wie der des Zebrafinken, der bereits mit drei Monaten geschlechtsreif ist, ist die Verhaltensentwicklung äußerst komprimiert, und Prägung
verläuft nach dem Alles-oder-Nichts-Prinzip und ist irreversibel. Wenn wir die Entwicklung von Vogelgesang besprechen (vgl. S. 53), finden wir bestimmt Hinweise auf
sensible Phasen, nach denen Erfahrung wirkungslos bleibt. Die Kindheit der
Säugetiere dauert jedoch länger, zum Teil sehr lange, und die Entwicklung ist eher
ein kontinuierlicher Prozeß – vgl. die Arbeit an Rhesusaffen, S. 30. Die Verhaltensweisen eines Affenjungen entwickeln sich allmählich über Monate oder sogar Jahre.
Erfahrungen haben auf allen Entwicklungsstufen Einfluß, manche vorübergehend,
aber kaum irreversibel, da viel Zeit für spätere Erfahrungen bleibt, die die Entwick-
lungsrichtung verändern können.

Wachstum oder Reifung

Die Entwicklung des Verhaltens eines Tieres ist offenbar an seine normalen Wachstumsprozesse gebunden. Bei den meisten Wirbeltieren ist z. B. die Entwicklung des Sexualverhaltens mit dem Wachstum der Keimdrüsen verbunden. Manchmal kann eine Verbesserung der Ausführung eines Verhaltensmusters mit der Entwicklung des Nervensystems eines Tieres zusammenhängen; in der Regel spricht man dabei von „Reifung".

Jungvögel im Nest machen oft kräftige Schlagbewegungen mit ihren Flügeln, und man nimmt allgemein an, daß sie fliegen üben. Wir Menschen unterstützen Babies oft so, daß sie gehen „üben" können. Es gibt jedoch keinen Beweis dafür, daß die Entwicklungsanfänge von Vogelflug oder Gehen beim Menschen auf irgendeine Weise durch derartiges Üben beeinflußt werden. Vor über einem Jahrhundert schon zeigte Spalding [444], daß junge Schwalben, die in so kleinen Käfigen aufgezogen wurden, daß sie ihre Flügel nicht ausstrecken konnten, bei ihrer Freilassung genauso gut flogen wie normal aufgezogene Vögel. Im Alter von 18 Monaten, in dem die meisten Kinder laufen können, sind solche, die schon mit 10 oder mit 15 Monaten liefen, gleichermaßen geschickt. In beiden Fällen ist die Reifung des Zentralnervensystems und seine Koordination mit der Entwicklung der Muskulatur bestimmend. Natürlich werden durch Übung Fertigkeiten verfeinert – gerade flügge gewordene Vögel fliegen äußerst plump – aber das Grundmuster reift ohne Übung.

Das Verhalten von Embryos wird durch ihr Entwicklungsstadium bestimmt, und ihre während ihrer Entwicklung zunehmende Strukturdifferenzierung verläuft parallel mit einem zunehmenden Verhaltensrepertoire, das sowohl spontan als auch als Reaktion auf äußere Reize gezeigt wird (ein besonders gut untersuchtes Beispiel dazu ist in Oppenheims [375] Überblick über die Arbeiten der Verhaltensentwicklung bei Hühnerembryos zu finden). Einige der klarsten Ergebnisse stammen von Verhaltensmustern bei Embryos, die später im Erwachsenenzustand leicht wiedergefunden werden können. Auffällige Beispiele sind Bewegungsmuster verschiedener Art, deren Entwicklung oft mit reifungsbedingten Veränderungen in Verbindung gebracht werden kann. Carmichaels [83, 84] Studie über die Entwicklung von Kaulquappen ist eines der klassischen Beispiele. Sie beginnen, ihre Schwänze hin- und herzubewegen, noch während sie in der Gallerte sind; diese Bewegungen werden im Laufe der Zeit immer stärker und vollkommener. Ist diese Verbesserung auf Übung oder einfach auf Wachstum zurückzuführen? Carmichael hielt einige Kaulquappen während der Entwicklung unter dauernder leichter Betäubung, was ihr Wachstum nicht verlangsamte, aber alle Bewegungen verhinderte. Als sie so weit entwickelt waren, daß sie aus der Gallertmasse ausschlüpfen konnten, schwammen sie, jetzt nicht mehr betäubt, mit der gleichen Fertigkeit wie unbetäubte Kaulquappen, d. h. also, daß bei normalen Kaulquappen die Ursache für dieses Verhalten Reifung und nicht Übung ist.

Aufgrund der besonderen Entwicklung bei Grillen konnten Bentley und Hoy [49] einen Reifungstypus genau untersuchen. Grillen durchlaufen eine Reihe von

9 – 11 Larven- oder Nymphenstadien, die mit jeder Häutung dem Erwachsenenstadium ähnlicher werden. Bei der letzten Häutung finden in der Regel mit der vollen Entwicklung von Flügeln und Genitalien die größten Veränderungen statt. Grillenlarven können, da sie noch keine Flügel haben, nicht fliegen, können jedoch schon im 7. Stadium Elemente des Flugmusters zeigen. In diesem Stadium nehmen die Larven die typische Flughaltung ein (sie halten ihren Körper starr und strecken Antennen und Hinterbeine parallel dazu aus), wenn sie in einen Windkanal gehängt werden. Alle für das Fliegen notwendigen Muskeln sind von einem frühen Stadium an, allerdings noch nicht in voller Größe, vorhanden. Bentley und Hoy haben feine Elektroden in einige dieser Thoraxmuskeln geführt und Aktionspotentiale abgeleitet. Da bei Insekten die Beziehung zwischen dem Eingang von Motoneuronen und der Reaktion von Muskeln relativ einfach ist, gibt die Muskelaktivität ein sehr genaues Bild der dafür verantwortlichen Nervenaktivität wieder. Bentley und Hoy konnten Anzeichen der rhythmischen Nervenimpuls-Charakteristik für Flug ab dem 7. Nymphenstadium erkennen, sie war jedoch unvollständig und nicht dauerhaft. Mit jedem Stadium wird sie vollständiger – die Reihenfolge der Entwicklung einzelner Elemente ist bei verschiedenen Individuen immer gleich – bis im letzten Stadium vor der Endhäutung das ganze Muster ausgebildet ist. In diesem Stadium ist die Reifung des Nervensystems der Larven beendet, es fehlt nur noch die Ausbildung der Flügel. Dasselbe gilt im wesentlichen auch für den Grillengesang, eine andere Aktivität, zu der die Flügel eines erwachsenen Tieres notwendig sind (sie werden schnell aneinandergerieben, um Laute zu erzeugen). Bentley und Hoy konnten die Nervenaktivität für Flug und Gesang in den Thoraxganglien der Nymphen nach Ausschaltung von Teilen des Gehirns auslösen. Dadurch wurde wahrscheinlich eine Hemmung aufgehoben, die wie bei der Mantis, deren Kopf entfernt wurde (vgl. S. 13), normalerweise die Muskeln von Larven so lange von unnützen Aktivitäten abhält, bis der Körper entsprechend entwickelt ist. Die Entwicklung des Verhaltens bei Grillen verläuft ohne jede Übung in festgelegten Bahnen, es gibt jedoch Fälle, in denen von Anfang an Übung zur normalen Verhaltensentwicklung notwendig ist. In Kapitel 1 wurden Wells' [492, 493] Experimente mit jungen Sepien erwähnt. Ihre Reaktion auf kleine Krabben, die in einer Glasröhre dargeboten werden, kann man in vier Schritte aufteilen (vgl. Abb. 2.5):

1. Latenz, bis eine beobachtbare Reaktion auftritt (Abb. 2.5 a).
2. Das eine Auge der Sepie fixiert die Krabbe.
3. Die Sepie wendet sich der Krabbe zu und fixiert sie mit beiden Augen (Abb. 2.5 b).
4. Sie greift nach der Krabbe (Abb. 2.5 c).

Die Stadien 2, 3 und 4 dauern normalerweise etwa 10 Sekunden. Mit Alter und Erfahrung ändert sich diese Zeit kaum. Die Dauer von Stadium 1 nimmt mit der Häufigkeit der Tests jedoch rasch ab (vgl. Abb. 2.6). Nach fünf Versuchen, wobei einer pro Tag stattfand, reduzierte sich die Latenzzeit von 120 Sekunden auf 10 Sekunden oder weniger. Diese Verringerung fand statt, ob die Angriffe erfolgreich waren oder nicht und ob die Tests mit einer einen Tag alten *Sepie* gemacht wurden oder mit einer, die vor den Tests 5 Tage lang nicht gefüttert wurde. Ein wichtiger

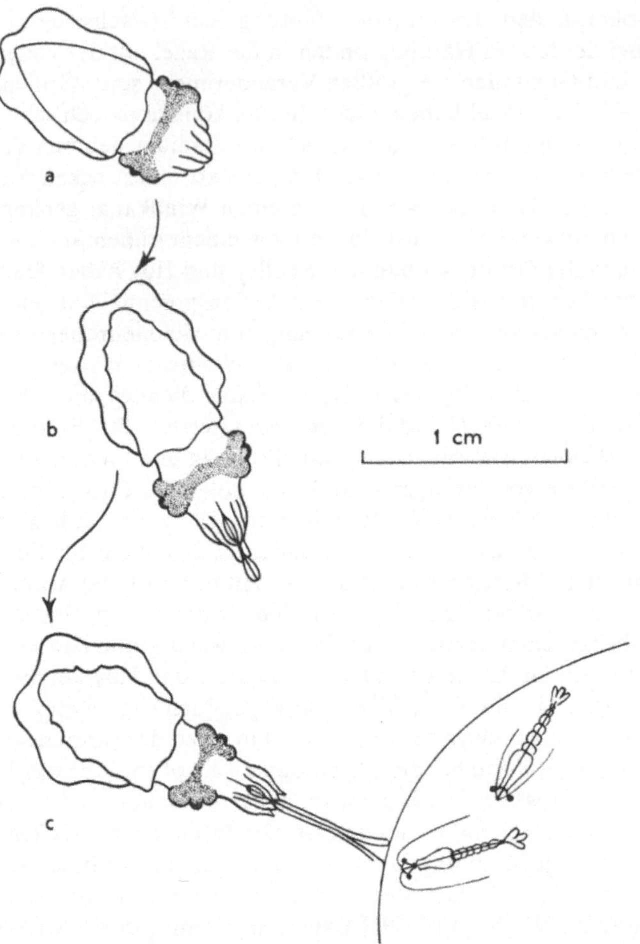

Abb. 2.5 a–c. Der Angriff von *Sepia* auf *Mysis*: **a** frisch geschlüpfte *Sepia* in Ruhestellung **b** in Richtung Beute schwimmend, die Augen sind nach vorne gerichtet und fixieren sie **c** Greifen mit den langen Tentakeln nach der *Mysis*, die sich hinter Glas befindet. (Wells [492])

Faktor für das Angreifen von Krabben ist daher Übung. Lernen scheidet aus, da Wells in weiteren Experimenten bis zum ersten Monat keine Lernfähigkeit feststellen konnte. Junge Sepien schlagen so lange an die Glasplatte, hinter der sie die Krabbe sehen, bis sie körperlich erschöpft sind. Sie können auch durch Elektroschocks nicht von derartigen Angriffen abgehalten werden. Ein erwachsenes Tier greift allerdings nach einigen Versuchen bei ähnlicher Behandlung nicht mehr an. Der Grund ist wohl, daß sich der Vertikallobus des Sepiengehirns, von dem man weiß, daß er bei Erwachsenen am Lernen beteiligt ist, erst relativ spät nach dem Ausschlüpfen ausbildet.

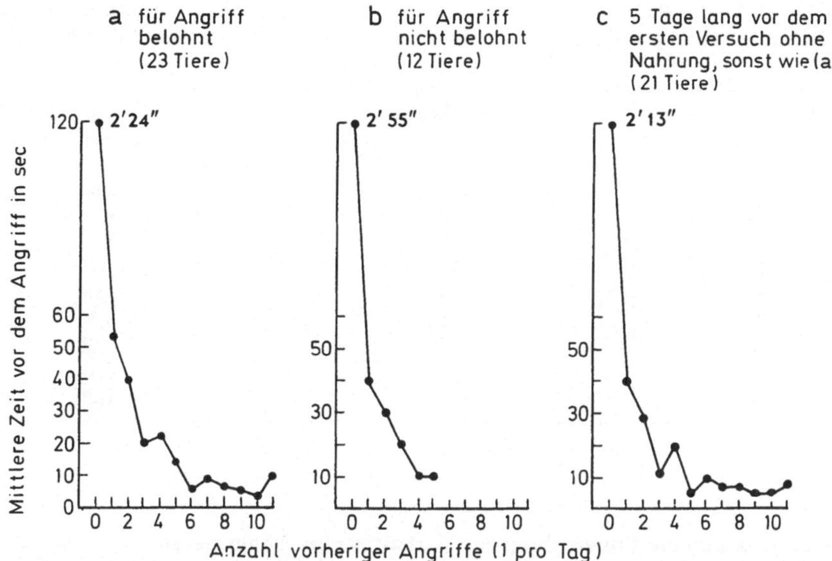

Abb. 2.6 a–c. Die rasche Abnahme der Latenzzeit, mit der frisch geschlüpfte *Sepien Mysis* angreifen. Die Latenzzeit hängt von der Anzahl der bereits gemachten Angriffe ab und wird durch Belohnung **a** und **b**, Nahrungsentzug oder Alter **c** nicht beeinflußt. (Wells [492])

Die Entwicklung von Pickbewegungen bei frisch geschlüpften Küken ist ein weiteres Beispiel für das Zusammenwirken von Reifung und Übung. Junge Küken verfügen über eine vererbte Tendenz, auf Gegenstände, die sich vom Untergrund abheben, zu picken. Anfangs treffen sie ziemlich schlecht, verbessern sich jedoch im Laufe der Zeit. Eine der ausführlichsten Untersuchungen dazu wurde von Cruze [111] vorgenommen. Er fütterte Küken im Dunkeln per Hand mit Trockennahrung und zwar über Zeiträume von bis zu fünf Tagen, bevor er die Genauigkeit ihres Pikkens testete. Im Dunkeln sind die Küken inaktiv und haben keine Möglichkeit, picken zu üben. Cruze maß die Treffgenauigkeit, indem er die Küken einzeln in eine Arena mit schwarzem Boden setzte, auf dem er zwei oder drei Hirsekörner auslegte. Jedes Küken durfte 25mal picken, ob es traf oder nicht, und gefressene Körner wurden ersetzt. Nach den Tests durften die Küken normal bei Licht fressen. Die Auswirkungen der Übung auf die Treffgenauigkeit wurden nach weiteren 12 Stunden gemessen.

Tabelle 2.1 zeigt die Ergebnisse eines Experiments. Mit dem Alter findet eine zunehmende Verbesserung statt (fett gedruckt), nach 12 Stunden Übung verbessert sich jedoch die Genauigkeit in jedem Alter (dünn gedruckt). Ein Großteil dieser Verbesserung beruht auf Reifung. Die Treffgenauigkeit wird vielleicht auch durch andere Mechanismen als die, die das Picken kontrollieren, beeinflußt. Die Beine der Küken werden stärker, was ihnen beim Zielen einen besseren Stand verleihen kann.

Tabelle 2.1. Die Pick-Genauigkeit von Küken in verschiedenen Altersstufen vor und nach
12stündiger Übung. Jede Zahl stellt den Mittelwert von 25 Küken dar. (Modifiziert nach Cruze [111])

Alter (Stunden)	Übung (Stunden)	Durchschnittliche Fehler- zahl bei 25 Pickversuchen
24	0	**6,04**
48	12	1,96
48	0	**4,32**
72	12	1,76
72	0	**3,00**
96	12	0,76
96	0	**1,88**
120	12	0,16
120	0	**1,00**

Hormone und die Entwicklung des Verhaltens bei Säugetieren

Wir behandeln diesen speziellen Aspekt von Entwicklung an dieser Stelle, da er sicher spezifische reifungsbedingte Veränderungen im Nervensystem einschließt. Wir
können den recht komplizierten Sachverhalt jedoch hier nur kurz wiedergeben;
Ward [483] gibt einen ausführlichen Überblick. Das Geschlecht eines Tieres wird
bei der Befruchtung genetisch festgelegt und kann später nicht mehr verändert werden: die Geschlechtschromosomen bestimmen, ob sich die Keimdrüsen zu Ovarien
oder Hoden entwickeln. Die Entwicklung der äußeren Genitalien und der neuralen
Mechanismen, die bei Säugetieren Sexualverhalten auslösen, wird jedoch erst später im Entwicklungsverlauf bestimmt. Bei einigen Nagetieren wird das Sexualverhalten erst nach der Geburt festgelegt. Sowohl Weibchen als auch Männchen erben
ein Gehirn, das männliche und weibliche Verhaltensmuster hervorbringen kann;
welches Muster dominant wird, hängt von der Hormonsekretion während einer kritischen Entwicklungsphase ab. Die Hoden männlicher Embryos oder Neugeborener
sondern während einer kurzen Phase sekretorischer Aktivität winzige Mengen des
Hormons **Testosteron** ab. Testosteron wird von bestimmten Stellen im **Hypothalamus** aufgenommen, einem Gehirnteil, das an Regelaktivitäten aller Art beteiligt ist
und das die Funktion der Hypophyse kontrolliert, die direkt unter ihm liegt. (Der
Hypothalamus wird in Kap. 4, S. 137 ausführlicher besprochen.)
 Nimmt der Hypothalamus Testosteron auf, so verläuft die Entwicklung in mas-
kuliner Richtung; wenn nicht, in femininer. Die Ovarien weiblicher Embryos sekre-
tieren nicht, werden den Weibchen jedoch im richtigen Stadium kleine Hormon-
mengen verabreicht, wird ihr Verhalten nahezu vollkommen maskulin. Wenn sie
erwachsen sind; nähern sie sich paarungsbereiten Weibchen in der gleichen Weise
wie Männchen, sie steigen auf und zeigen sogar das vollständige Verhaltensmuster
der Begattung. Oft funktioniert ihr Körper auch nicht mehr wie bei einem normalen

Weibchen, und gewöhnlich sind sie steril. Es ist interessant, daß sowohl männliche als auch weibliche Geschlechtshormone (Testosteron bzw. Oestrogen) genetisch männliche oder weibliche Embryos „vermännlichen" – beides sind Steroidhormone und in chemischer Hinsicht eng verwandt. Nimmt man männlichen Embryos ihren normalen Hormonimpuls, indem man die Hoden vor der Sekretion entfernt oder eine Chemikalie injiziert, die die Wirkung von Testosteron hemmt, so werden sie „entmännlicht". Dies tritt allerdings nur während einer kritischen Phase auf, frühere oder spätere Veränderung des Hormonspiegels hat keine Auswirkungen. Sobald diese Phase vorüber ist, ist der Würfel gefallen. Die frühe Kastrierung eines Männchens z. B. und die damit verbundene Verhaltensänderung kann auch durch spätere hohe Dosen von Testosteron nicht mehr rückgängig gemacht werden.

Zeitpunkt und Dauer der kritischen Phase unterscheiden sich bei verschiedenen Säugetieren sehr stark. Bei Schafen erstreckt sie sich in der Mitte der Schwangerschaft über einige Wochen. Bei Ratten und Mäusen liegt die kritische Phase ein oder zwei Tage nach der Geburt (vgl. Austin und Short [18, 19]). Die „Vermännlichung" von Weibchen aufgrund früher Hormonbehandlung führt nicht nur dazu, daß sie ihr Sexualverhalten ändern, „vermännlichte" Rattenweibchen zeigen erhöhte Aggressivität, eine weitere männliche Eigenschaft [71]. „Vermännlichte" Affenweibchen beteiligen sich stärker als normal an „rauhen" Spielen, die für männliche Junge typisch sind. Auch beim Menschen gibt es klar erkennbare Effekte, wenn weibliche Embryos während der Schwangerschaft männlichen Hormonen ausgesetzt sind. Dies ist z. B. der Fall, wenn der Fötus eine seltene genetische Anomalie aufweist, die zum sogenannten „Adreno-Genital-Syndrom" (A.G.S.) führt. Die adrenergen Drüsen des Fötus arbeiten nicht normal und geben ein vermännlichendes Hormon in den Blutkreislauf. A.G.S.-Mädchen haben bei der Geburt oft männlich aussehende Genitalien. Dies kann allerdings operativ korrigiert werden, und mit der richtigen Behandlung können sie zu „normalen" Frauen heranwachsen. Es ist jedoch offensichtlich, daß Effekte von Vermännlichung im Verhalten der Kinder auftreten. Ehrhardt und Baker [141] haben gezeigt, daß A. G. S.-Mädchen „wilder" sind als normale. Sie beteiligen sich z. B. mehr an rauhen Spielen, ziehen Jungen als Spielkameraden vor und lehnen Puppen als Spielsachen ab. Natürlich können solche Bevorzugungen von den Eltern und der speziellen Kultur, in der die Kinder aufwachsen, stark beeinflußt werden (vgl. Money und Ehrhardt [352]). In diesem Fall besteht jedoch kaum Zweifel, daß die A.G.S.-Mädchen von ihren Eltern als Mädchen behandelt wurden und daß Abweichungen in ihrem Verhalten spontan waren.

Erbkoordinationen (Festgelegte Handlungsmuster)

Die durch Hormone hervorgerufenen Veränderungen in der Verhaltensentwicklung sind äußerst auffällig. Sie ähneln einem Schaltermechanismus, der die Entwicklung eines Tieres in einen der beiden Kanäle, männlich oder weiblich, lenkt. Soweit es das Verhalten betrifft, ist es wahrscheinlich besser, diese Veränderungen als einen

Richtungswechsel zu betrachten. Beide Geschlechter erben die potentielle Fähigkeit, die motorischen Muster des männlichen und weiblichen Sexualverhaltens auszuführen, was wohl erhalten bleibt, in welche Richtung die Entwicklung auch verläuft. Es kommt z. B. recht häufig vor, daß Mäuseweibchen, besonders wenn sie paarungsbereit sind, andere Weibchen besteigen, wobei „vermännlichte" Weibchen dies noch eher tun. Ein Aspekt der Veränderung bezieht sich mit ziemlicher Sicherheit auf die verstärkte Reaktionsbereitschaft der „vermännlichten" Weibchen auf Reize von anderen Weibchen.

Es erweist sich als einfacher, die Reize, auf die die Tiere reagieren, zu modifizieren, als die Form der Reaktion selbst zu ändern; dies ist ein allgemeines Kennzeichen von Entwicklungsvorgängen. Hähne, die unter Hennen oder in Brutkästen aufgezogen, in Käfigen isoliert oder in Scharen gehalten werden, können sich in der Vielfalt der Objekte, die sie anbalzen, und in der Häufigkeit, mit der sie es tun, drastisch unterscheiden. Sie zeigen jedoch alle die stereotypen Bewegungen der Balz und der Begattung.

Im folgenden Kapitel werden wir Hinweise für die Vererbung von Reizbevorzugungen besprechen. Selbst wenn eine solche angeborene Neigung vorhanden ist, kann sie oft durch Lernen geändert werden. Unerfahrene Mövenküken z. B. picken lieber auf Rot und meiden Blau. Wenn jedoch die Reaktion auf Blau belohnt wird und die auf Rot nicht, dann ändert sich die Vorliebe rasch.

Es sind auch Fälle bekannt, in denen das ursprüngliche Verhalten geändert werden kann, selbst wenn Lernen nicht direkt beteiligt ist. Blakemore und Cooper [54] zogen junge Katzen von der Geburt bis zum Alter von fünf Monaten in völliger Dunkelheit auf. Ab der zweiten Woche nach dem Öffnen der Augen verbrachten sie durchschnittlich fünf Stunden pro Tag in einer besonderen Umgebung (vgl. Abb. 2.7), in der alles, was sie sehen konnten, fast nur ein Muster aus vertikalen oder horizontalen Streifen war. Als sie im Alter von fünf Monaten zum ersten Mal in eine normale Umgebung gebracht wurden, waren die Kätzchen verständlicherweise desorientiert. Damit wurden sie zwar relativ schnell fertig, ihr Sehvermögen jedoch blieb unnormal. Dies zeigte sich in dramatischer Weise, wenn ein „horizontales" und ein „vertikales" Kätzchen zusammengesetzt wurden. Wenn der Experimentator ihnen einen Stab vertikal hinhielt und ihn bewegte, bewegte sich das „vertikale" Kätzchen auf ihn zu, um mit ihm zu spielen, das „horizontale" jedoch ignorierte ihn. Wenn der Stab horizontal gehalten wurde, zeigte das „horizontale" Kätzchen sofort Interesse und näherte sich ihm, während das „vertikale" nicht mehr reagierte – es benahm sich so, als sei der Stab plötzlich verschwunden.

Anschließend wandten Blakemore und Cooper neurophysiologische Methoden an, um das Antwortverhalten von Neuronen im optischen Cortex der Kätzchen (das ist der Teil des Gehirns, der in kodierter Form die optische Information von der Retina der Katze erhält) zu untersuchen. Jedes dieser Neuronen hat eine „Vorzugsrichtung", was bedeutet, daß sie dann aktiv werden, wenn dem Auge Linien oder Kanten in dieser Richtung präsentiert werden. Bei normalen Katzen sind die Richtungen über 360° verteilt, vertikal oder horizontal aufgezogene Kätzchen jedoch zeigten eine sehr starke Neigung für die entsprechende Orientierung. So hatten ho-

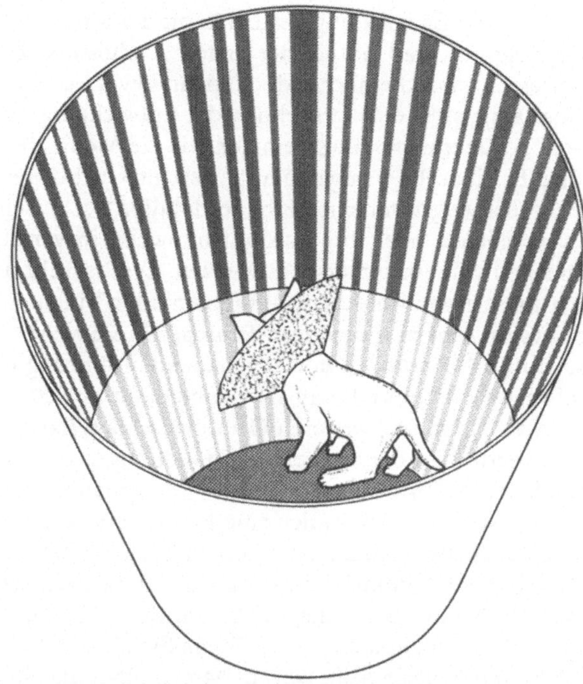

Abb. 2.7. Von Blakemore und Cooper benutzte Apparatur zur Beschränkung der optischen Umgebung junger Katzen. Die Kätzchen trugen eine schwarze Halskrause, so daß sie ihren Körper nicht sehen konnten, und standen auf einer Glasplatte in einem hohen Zylinder, dessen Wände vertikale oder horizontale Streifen verschiedener Dicke hatten. (Nach: Blakemore und Cooper [54])

rizontale Kätzchen keine Nervenzellen, die auf vertikale Linien oder Linien und Kanten innerhalb eines Sektors 20° rechts oder links der Vertikalen reagierten. Sie können einen vertikal gehaltenen Stab buchstäblich nicht sehen.

Diese Experimente zeigen deutlich, daß nicht nur Lernen, sondern auch die frühe optische Umgebung an der Entwicklung des optischen Systems der Katze beteiligt ist. Das Gleiche gilt für andere Sinnessysteme.

Wie wir oben erwähnt haben, tritt diese Labilität im motorischen Bereich nicht auf. Viele Ethologen, insbesondere wenn sie mit Insekten, Fischen oder Vögeln arbeiten, kennen die extreme Beständigkeit von Bewegungen und Haltungen bei Nahrungsaufnahme, Kampf oder Balz. Die erwähnten Imponiergebärden von Hähnen sind ebenso wie die Balzgebärden von Enten (vgl. Abb. 6.4, S. 199) gute Beispiele dafür. Derartige Bewegungen sind für jede Art charakteristisch, und zwar so sehr, daß sie oft wie morphologische Strukturen als taxonomische Kennzeichen benutzt werden können. Nach Lorenz werden diese Verhaltenseinheiten oft als „Erbkoordination" (festgelegte Handlungsmuster) bezeichnet.

Über die Entwicklung der Erbkoordinationen wissen wir wenig. Allgemein wird angenommen, daß sie bei der ersten Ausführung bereits in ihrer typischen Form auftreten, wahrscheinlich jedoch nicht, bevor ein Tier ausgewachsen und fortpflanzungsfähig ist. Die Untersuchung der Entwicklung motorischer Muster ist allerdings nicht annäherungsweise so einfach wie die Modifizierung früher sensorischer Erfahrung. Es gibt sehr wenige detaillierte Untersuchungen, in denen entweder die exakte Erscheinungsform einer Erbkoordination bei verschiedenen Individuen derselben Art verglichen oder ihre Ausführungsweise in verschiedenen Entwicklungsstadien eines Individuums untersucht wurden. Dies ist sehr arbeitsaufwendig und erfordert den Einsatz von Zeitlupenaufnahmen oder Videoband. Derartige Aufzeichnungen gibt es für Möven, Enten und *Drosophila.* Sie zeigen Unterschiede zwischen Individuen und Änderungen in der genauen Ausführung einer Bewegung, wenn ein Tier aufwächst – oft nimmt man als Grund dafür Skelett- und Muskelwachstum an.

Aus diesem und weiteren Gründen schlägt Barlow [25] in einem sehr interessanten Überblick über festgelegte Handlungsmuster vor, das Adjektiv „festgelegt" durch „modal" zu ersetzen. Dies würde genauer wiedergeben, daß „modale Handlungsmuster" wahrscheinlich eine Bandbreite (wenn auch eine geringere) von Variabilität beinhalten, ähnlich der von anderen Verhaltensweisen.

Erbkoordinationen sind oft an der intraspezifischen Kommunikation beteiligt, wie z. B. bei der Balz oder bei Warnrufen. Wir werden im nächsten Kapitel näher auf Kommunikation eingehen. Wenn Signale eindeutig sein sollen, müssen sie möglichst immer gleich sein, worauf Morris [356] und Bekoff [45] besonders hinwiesen. Bestimmte Muster haben eine ganz bestimmte Funktion, die bereits bei der ersten Ausführung erfüllt werden muß. Provine [385] hat die Verhaltensmuster untersucht, die Larven von Schaben (Periplaneta) ausführen, wenn sie aus der Oothek, dem gemeinsamen Eikokon ausschlüpfen. Peristaltische Bewegungen laufen vom Schwanz zum Kopf, um die Larve aus der Oothek und ihrer ersten Kutikula zu befreien. Dieses Muster wird rhythmisch wiederholt, bis die Larve frei ist; es wird bei keiner anderen Gelegenheit im Leben der Schabe gezeigt. Provine fand, daß dieses Verhalten zum richtigen Zeitpunkt während der Entwicklung auftritt, gleichgültig ob sich die Larven innerhalb der Oothek befanden oder bereits daraus entfernt und einzeln aufgezogen wurden.

Ein solches Beispiel ist ein starker Hinweis auf die spontane Reifung des neuralen Netzwerks, das derartige Bewegungen kontrolliert. Gelegentlich können wir Jungtiere bei der Ausführung von Teilen bekannter festgelegter Handlungsmuster beobachten, noch bevor diese in das voll ausgebildete Erwachsenenmuster integriert werden. Kormoran-Nestlinge machen, ohne etwas im Schnabel zu halten, Kopf- und Halsbewegungen, die ein Teil des Nestbauverhaltens Erwachsener darstellen. Sie können auch, sogar noch bevor ihre Augen geöffnet sind und bevor sie Federn haben, Teile von Putzbewegungen ausführen. Aufgrund der Spontaneität und dem Mangel an offensichtlicher Übung neigten Ethologen in solchen Fällen dazu, festgelegte Handlungsmuster als rein vererbt zu betrachten. Sicherlich spielen bei der Entwicklung dieser Muster genetische Komponenten eine sehr wichtige Rolle; Belege dafür werden wir in Kapitel 6 besprechen. Man darf jedoch nicht vergessen, daß es im Grunde genommen unmöglich ist, etwas über die Vererbung von Verhalten, das zwischen Individuen kaum variiert, auszusagen, denn genetische Analyse bezieht sich gerade auf die vererbten *Unterschiede.*

In gewissem Ausmaß geht die Fähigkeit zur Ausführung von Erbkoordinationen mit der Strukturentwicklung Hand in Hand. Die exakte und sehr konstante Form von Flügelbewegungen bei der Balz von *Drosophila*-Männchen wird sicher zu einem großen Teil durch die Struktur ihres Thorax und seiner Muskulatur bestimmt [151]. Zusätzlich zu der Struktur muß das sich entwickelnde Nervensystem jedoch Verschaltungen herstellen, die das Tier befähigen, Muskelkontraktionen in einer bestimmten Reihenfolge auszuführen, die dann zusammen das festgelegte Handlungsmuster darstellen. Dies ist sehr deutlich im Nervensystem einiger Invertebraten zu erkennen, die nur über eine relativ geringe Anzahl von Neuronen verfügen. Bei gut geeigneten Tieren können einige Neuronen mit ihren Verbindungen kartiert werden. Mit Hilfe moderner Techniken kann ein Farbstoff durch eine Mikroelektrode in ein Neuron injiziert werden, das gerade gereizt oder dessen Aktivität gerade aufgezeichnet wurde. Auf diese Weise ist es möglich, den Zusammenhang zwischen der Struktur des Nervensystems und Verhalten sehr genau zu erforschen. Hoyle [235] gibt eine ausgezeichnete Darstellung dieser Vorgehensweise, die aufregende Ergebnisse verspricht.

Man weiß heute, daß das Zentralnervensystem von Mollusken und Insekten sehr regelmäßig strukturiert ist. Eine ganze Reihe von homologen Neuronen kann mit absoluter Sicherheit bei allen Individuen einer Art an der gleichen Stelle wiedergefunden werden. Strukturkonstanz ist eine Grundlage für die Funktionskonstanz. Reizt man z. B. homologe Motoneuronen, so wirkt sich dies immer auf die gleichen Muskeln aus. Willows [502] (vgl. auch Willows et al. [503]) war in der Lage, viele der sehr großen Zellkörper im Gehirn der Meeresschnecke *Tritonia* (vgl. Abb. 2.8) zu kartieren. Die Reizung von Zellen im Bereich der Gruppe 15 – 17 führte zur Entstehung des charakteristischen Musters von Fluchtschwimmen, das *Tritonia* normalerweise ausführt, wenn sie einen Seestern – ihren natürlichen Feind – entdeckt. Solch ein Verhaltensmuster ist recht komplex. Mehr und mehr Ergebnisse dieser Art [239] zeigen, daß sich die Fähigkeit, Erbkoordinationen auszuführen, zusammen mit dem Nervensystem entwickelt. Erinnern wir uns nur an die Arbeit von Bentley und Hoy [49] über die Flugentwicklung bei Grillen (vgl. S. 41). In Kapitel 6, S. 208 werden wir die Evolution solcher Muster im Zusammenhang mit ihren zugrundeliegenden neuralen Mechanismen besprechen.

Obwohl wir wenig über die Faktoren wissen, die an der Entwicklung von Erbkoordinationen beteiligt sind, ist klar, daß herkömmliches Lernen oder Übung kaum dazu zählen. Lorenz [308] nahm an, daß Lernen die Entwicklung nur begrenzt und die Erbkoordination selbst nicht beeinflussen kann. Mit Sicherheit ist die Fähigkeit eines Tieres, neue Bewegungsmuster zu lernen – wir können sie als neue motorische Fähigkeiten bezeichnen – durch sein vererbtes Verhalten eingeschränkt. Viele auf dem Boden nistende Vögel holen ein aus dem Nest gefallenes Ei immer auf die gleiche Weise zurück. Sie strecken den Hals vor und rollen das Ei mit dem Schnabel, indem sie den Kopf einziehen, ins Nest (vgl. Abb. 2.9). Diese Erb-

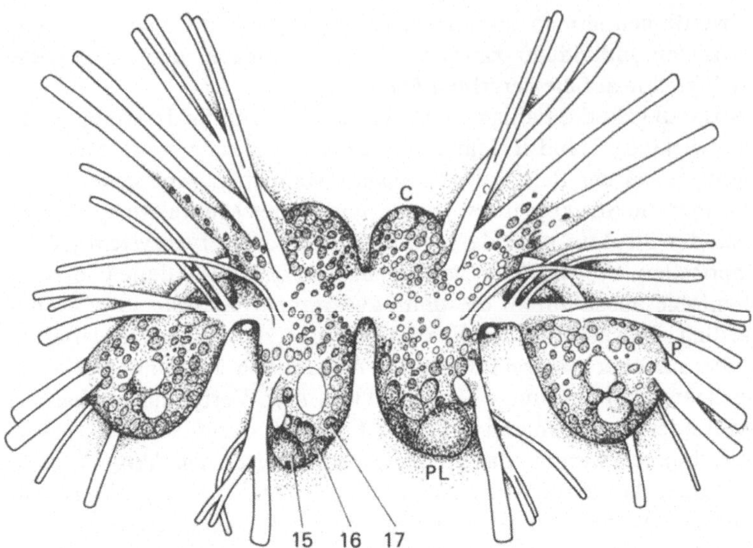

Abb. 2.8. Dorsale Ansicht des „Gehirns" der Meeresschnecke *Tritonia*. Es besteht auf jeder Seite aus drei verschmolzenen Ganglien, dem Cerebral- (*C*), dem Pedal- (*P*) und dem Pleuralganglion (*PL*), von denen Nerven zu allen Teilen des Schneckenkörpers laufen. An der Oberfläche sind deutlich große Zellkörper von Neuronen zu sehen. Die numerierten sind einige von denen, die bei allen Tieren zuverlässig identifiziert werden können. Manche Zellen haben einen Durchmesser von fast 500 μ (0.5 mm); das gesamte Gebilde hat einen Durchmesser von 6–7 mm. Die Zellen 15, 16 und 17 liegen in einem Bereich, der am Fluchtschwimmen beteiligt ist. (Nachgezeichnet von Willows et al. [503])

koordination kann bei der ersten Gelegenheit ausgelöst werden, in der ein brütender Vogel mit einem Ei außerhalb des Nestrandes konfrontiert wird. Der Schnabel einer Gans ist breit und daher für dieses Einrollen eines Eies gut geeignet. Vögel mit schmäleren Schnäbeln, wie Möven und Stelzvögel, haben dagegen erhebliche Schwierigkeiten, weil das Ei oft zur Seite abrutscht. Für diese Vögel wäre es einfacher, ihre Flügel oder Füße als Werkzeug zu benutzen, sie weichen jedoch von dem festgelegten Handlungsmuster nicht ab.

Das vielleicht schönste Beispiel für die Resistenz von Erbkoordinationen gegen Veränderungen entstammt Dilgers [136] Arbeit mit Unzertrennlichen. Sie gehören zur Familie der Papageien, die sich in Gefangenschaft leicht züchten lassen. Innerhalb der Gattung *Agapornis* gibt es zwei verschiedene Nestbauverhalten. Alle Arten benutzen Streifen von Blättern als Nistmaterial (im Labor ist Zeitungspapier ein ausgezeichneter Ersatz). Einige Arten stecken die Streifen in ihre Schwanzfedern und fliegen mit mehreren Stücken gleichzeitig zum Nest zurück, andere dagegen befördern die Streifen einzeln im Schnabel. Dilger kreuzte zwei in dieser Hinsicht verschiedene Unterarten und beobachtete das Nestbauverhalten der Hybriden. Eine Zeitlang waren solche Vögel unfähig, überhaupt ein Nest zu bauen, weil sie

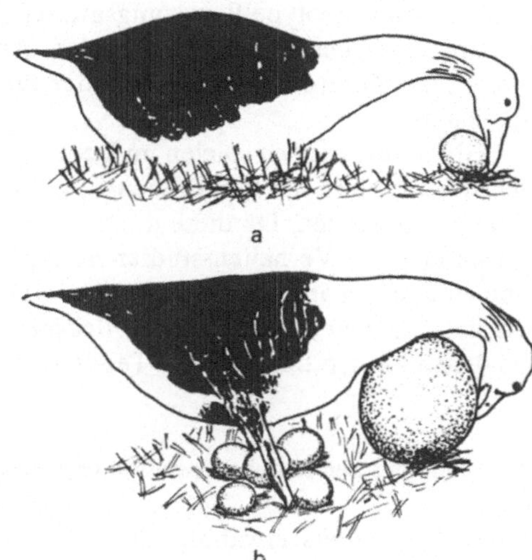

Abb. 2.9 a u. b. Graugans beim Zurückholen eines Eies in das Nest. Diese Bewegung ist in ihrer Erscheinungsform sehr stereotyp und wird von vielen am Boden nistenden Vögeln ausgeführt. Die Gans versucht auch, ein Riesenei auf genau die gleiche Art zurückzuholen. (Lorenz und Tinbergen [310])

versuchten, eine Art Kompromiß zwischen den beiden Sammelmethoden zu schließen. Sie begannen z. B. damit, einen Streifen zwischen ihre Schwanzfedern zu stecken, konnten ihn aber entweder nicht wieder loslassen oder ihn erst gar nicht gut feststecken. Das Endergebnis sah gewöhnlich so aus, daß der Streifen auf den Boden fiel und das Ganze wieder von vorne begann. Die Hybriden hatten nur dann Erfolg, wenn sie nach der vergeblichen „Steckprozedur" einen Streifen im Schnabel halten konnten. Dilger fand, saß sogar nach monatelanger Übung die Vögel nur in 41% der Versuche die Streifen erfolgreich zum Nest trugen. Zwei Jahre später hatten sie in fast allen Versuchen Erfolg, aber bevor sie einen Streifen mit ihrem Schnabel wegtrugen, machten sie mit dem Kopf immer noch eine Wendebewegung, die dem Stecken in die Schwanzfedern vorausgeht. Papageien sind als intelligente Vögel bekannt, die in anderen Situationen schnell lernen, in diesem Fall jedoch hat die Prädisposition zur Durchführung der Steckfolge das Lernen lange Zeit unterdrückt. Vor kurzem hat Buckley [76] Dilgers Arbeiten wiederholt und erweitert. Er beschreibt etliche andere Verhaltensstörungen hybrider Vögel.

Solche Beispiele von relativer Lernunfähigkeit sind sehr überzeugend, wir dürfen jedoch nicht vergessen, daß stereotype Verhaltensmuster mit Sicherheit durch Lernen erworben und modifiziert werden können. Säugetiere und Vögel können völlig neue motorische Fähigkeiten erwerben, die dann bestehen bleiben, wie z. B. bei Zirkustieren. Normalerweise ist es jedoch einfacher, sie auf die Ausführung von Mustern zu dressieren, die in irgendeiner Weise mit ihrem natürlichen Verhaltensrepertoire übereinstimmen. Wenn Tiere in engen Käfigen eingesperrt sind, entwikkeln sich oft stereotype Bewegungsmuster (z. B. Kopfschwingen), die sie mit großer Formbeständigkeit endlos wiederholen. An diesen strengen Mustern ist wohl eine motorische Kontrolle beteiligt, die der für die natürlich entwickelten Muster sehr ähnlich ist.

Erbkoordinationen spielen im Leben vieler Tierarten eine bedeutende Rolle, indem sie die Tiere mit vorgegebenen, auf ihre normale Umgebung angepaßten Reaktionen ausstatten. Da diese durch die natürliche Selektion geformt wurden, stellen sie für viele Verhaltensstudien geeignete „phylogenetische Einheiten" dar. Wir werden noch an anderen Stellen dieses Buches auf sie zurückkommen. Jetzt können wir uns der Betrachtung einiger Beispiele von Verhaltensentwicklung zuwenden, bei denen Lernen und vererbte Tendenzen zusammenwirken.

Zusammenwirken angeborener und erlernter Verhaltensweisen

Wir haben bereits erwähnt, wie das Grundmuster für den Vogelflug ohne jede Übung reift, wobei sich allerdings die feineren Flugbewegungen später entwickeln. Durch genaues Beobachten von Jungtieren und Kontrolle des Zeitpunkts, an dem sie zum erstenmal einer bestimmten natürlichen Situation ausgesetzt werden, ist es manchmal möglich, analoge Stadien in ihrer Verhaltensentwicklung festzustellen. Eibl-Eibesfeldt [143] beschreibt dafür zahlreiche Beispiele aus seinen Untersuchungen an jungen Säugetieren. Er zog junge Iltisse in Isolation auf und gab ihnen nie Gelegenheit, Beute zu fangen. Diese Tiere zeigten bei der ersten Begegnung mit einer lebendigen Ratte unterschiedliches Interesse, griffen jedoch erst an, wenn die Ratte zu fliehen versuchte. Sie verfolgten sie dann sofort, nahmen sie ins Maul und schüttelten sie meist in charakteristischer Weise hin und her. Zuerst trafen ihre Bisse schlecht, nach einigen Versuchen jedoch ergriffen sie die Beute im Nacken und töteten sie mit einem einzigen Biß. Für das Tötungsmuster sind eindeutig vererbte Komponenten vorhanden, die durch Lernen vervollständigt werden. Eibl-Eibesfeldt fand, daß Iltisse normalerweise in den Spielphasen mit ihren Geschwistern die notwendige Übung erwarben. In einer ähnlichen Beobachtungsreihe mit von Hand aufgezogenen Eichhörnchen zeigte er, daß sie bei der ersten Begegnung mit Nüssen zwar reagierten und sie zu öffnen versuchten, ihre Anstrengungen aber unkoordiniert waren. Sie mußten lernen, an der dünnsten Stelle der Schale zu nagen und sich auf dieses eine Gebiet zu beschränken.

Eines der schönsten Beispiele für die enge Verzahnung von vererbten und gelernten Komponenten während der Entwicklung ist der Vogelgesang. Bis vor kurzem war es schwierig, den Gesang zu untersuchen, da es keine Möglichkeit gab, ihn graphisch darzustellen. Die Entwicklung des Sonagraphen (Schallspektrograph) hat die Situation völlig verändert und die Analyse des Vogelgesangs leichter gemacht als die der meisten anderen Verhaltensweisen. Vogelgesang ist wie jedes andere Verhaltensmuster eine kontrollierte Folge von Muskelkontraktionen, deren Ergebnis wir in diesem Fall als Ton wahrnehmen. Er kann auf Band aufgenommen und in den Sonagraphen eingespielt werden. Dieser zeigt in einem Diagramm, wieviel

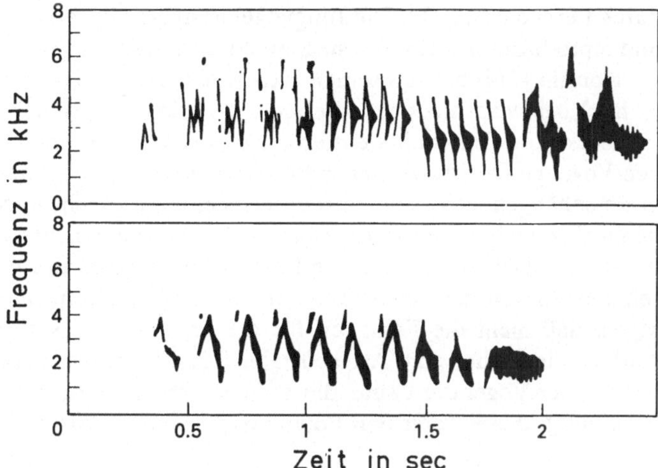

Abb. 2.10. Sonagramme des Buchfinkengesangs. *Das obere Diagramm* zeigt den Gesang eines normalen Männchens, *das untere* den Gesang eines Männchens, das in Isolation aufgezogen wurde. Der Gesang des isolierten Vogels liegt auf der richtigen Tonhöhe und hat etwa die normale Länge, seine Form jedoch ist sehr viel einfacher und es fehlt ihm das charakteristische Ende des Buchfinkengesangs. Isolierte Dachsammerfinken (*Zonotricha leucophrys*) zeigen sehr ähnliche Arten von Gesangsdefekten (vgl. Text und Abb. 2.11). (Thorpe W. H. [456])

Schallenergie bei verschiedenen Frequenzen zu einer bestimmten Zeit vorhanden war. In Abbildung 2.10 sind einige Sonagramme von Vogelgesang dargestellt.

Marler und Tamura [335] haben sich mit der Entwicklung des Gesangs bei einem amerikanischen Dachsammerfink (*Zonotricha leucophrys*) beschäftigt. Diese Art ist an der Pazifikküste weitverbreitet, und Vögel aus verschiedenen Regionen haben erkennbar verschiedene Gesangs„dialekte“. Wenn Männchen sofort nach dem Ausschlüpfen isoliert und in schalltoten Räumen aufgezogen werden, singen sie schließlich alle, unabhängig von der Gegend, aus der sie kommen, sehr ähnliche und vereinfachte Versionen des normalen Gesangs. Offenbar erwerben sie den örtlichen Dialekt, indem sie den erwachsenen Vögeln zuhören und ihr eigenes, einfaches Gesangsmuster entsprechend modifizieren. Marler und Tamura fanden, daß dieser Lernprozeß normalerweise während der ersten drei Lebensmonate stattfindet, bevor ein Vogel je selbst gesungen hat. Wenn junge Männchen im Herbst nach dem Schlüpfen gefangen und allein aufgezogen werden, singen sie später in der Art des örtlichen Dialekts. Bis zum Alter von drei Monaten können isolierte Männchen darauf „dressiert“ werden, entweder ihren eigenen oder andere Dialekte, die man ihnen per Tonband vorspielt, zu singen. Die Ergebnisse sind jedoch erst zu erkennen, wenn die Vögel einige Monate später selbst singen. Wenn die Vögel älter als vier Monate sind, sprechen sie auf keinerlei weitere Dressur an; ihr Gesang wird dann nicht mehr beeinflußt. Hier liegt somit ein einfaches, vererbtes Gesangsmuster vor, das, allerdings nur in einer relativ frühen Lebensphase, auf Modifizierung durch Lernen anspricht. Die Jungvögel erinnern sich an die Gesänge, die sie hörten, und reproduzieren sie, wenn sie zum erstenmal selbst singen.

Konishi [274] hat mit seinen Experimenten die Analyse noch weiter ausgebaut. Er hat Vögel verschiedener Altersstufen völlig taub gemacht, indem er die Chochlea (Schnecke) des Innenohrs entfernte. Wenn dies mit einem gerade flügge gewordenen Vogel geschieht, wird er später zwar singen, erzeugt aber nur eine Reihe unzusammenhängender Laute. Dies unterscheidet ihn recht stark von isolierten Vögeln, deren Gesang in seiner Form zwar einfach ist, von einem Ornithologen jedoch noch immer als „Dachsammerfink" erkannt werden kann. Ein Vogel muß sich selbst hören können, um das vererbte Gesangsmuster zu erzeugen. Man sollte daher besser sagen, daß nicht die Fähigkeit für die Erzeugung des einfachen Gesangs vererbt wird, sondern eher eine Art neutraler Schablone, die diesen Gesang darstellt und mit der der Vogel die Laute, die er hervorbringt, vergleicht und an sie anpaßt. Zur Erkennung dieses vererbten Potentials ist eine akustische Rückkoppelung notwendig.

Bei einigen Vögeln, wie z. B. dem Buchfinken, wird die Rückkoppelungskontrolle während der Gesangsentwicklung direkt sichtbar. Zu Beginn der Brutzeit singen sie mit geringer Lautstärke einen „Untergesang", ein unzusammenhängendes Muster von in Höhe und Länge variierenden Tönen. Im Laufe der Zeit werden die Töne immer lauter und stabiler und nähern sich allmählich dem Endmuster, das offenbar dem der Schablone entspricht.

Bei Dachsammerfinken fand Konishi folgendes: Wenn er Jungvögel taub machte, *nachdem* sie auf den normalen Gesang „dressiert" waren, aber *bevor* sie selbst gesungen hatten, ähnelte ihr späterer Gesang dem von Vögeln, die taub gemacht wurden, als sie gerade flügge waren. Sie müssen sich selbst hören können, um den Gesang, den sie erzeugen, an das anzupassen, was sie in ihrem Gedächtnis gespeichert haben. Wahrscheinlich hat der Gesang, den sie als flügge Vögel gehört haben, die vererbte Schablone dahingehend modifiziert, daß sie den eher komplexen Eigenschaften des normalen Gesangs von Erwachsenen entspricht. Wenn die Vögel ihr eigenes „Produkt" dem Gesang der Erwachsenen angepaßt haben und diesen singen, dann können sie normal weitersingen, auch wenn sie taub sind. In diesem Stadium ist die Gesangsentwicklung bei Dachsammerfinken beendet. Am Ende des ersten Frühjahrs nach dem Schlüpfen kann ein Vogel durch weitere Erfahrungen nicht mehr beeinflußt werden und behält das gleiche Gesangsmuster für den Rest seines Lebens bei (vgl. Abb. 2.11).

Es ist nicht möglich, von diesem Beispiel zu sehr zu verallgemeinern, denn ein auffälliges Kennzeichen der Entwicklung von Vogelgesang sind die großen Unterschiede zwischen verschiedenen Arten. Der Gesang von Buchfinken (vgl. Abb. 2.10) entwickelt sich sehr ähnlich dem des Dachsammerfinken, z. B. Oregon-Juncos [334] und Indigofinken [394] jedoch modifizieren ihren Gesang je nach Erfahrung, zumindest während eines weiteren Jahres, und Amseln können Einzelheiten ihres Gesangs lebenslang verändern [196] (vgl. auch Überblicke in Hinde [216]).

Die Ergebnisse der Experimente mit Dachsammerfinken sind in Abbildung 2.11 zusammengefaßt. Wir haben sie ausführlicher besprochen, weil sie ein anschau-

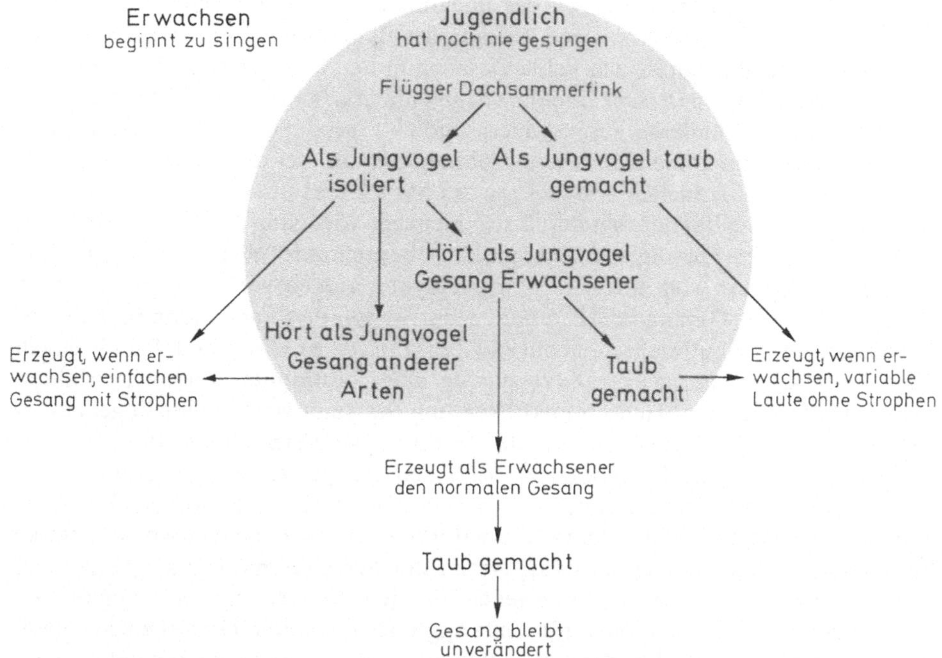

Abb. 2.11. Zusammenfassung der Ergebnisse von Marler, Tamura und Konishi über die Entwicklung des Gesangs beim Dachsammerfink, *Zonotricha leucophrys*

liches Beispiel aus den Untersuchungen über Verhaltensentwicklung darstellen. Sie zeigen, wie fein und komplex das Zusammenwirken von vererbten Mustern und der Umwelt ist, das schließlich das von uns beobachtete Verhalten erzeugt. Abbildung 2.11 weist auch auf das Ergebnis eines weiteren Experiments mit Sperlingen hin, das den letzten Aspekt von Verhaltensentwicklungen, der betrachtet werden soll, vorstellt.

Angeborene Lerndispositionen

Dachsammerfinken lernen nur ihren arteigenen Gesang. Wenn den Männchen die Gesänge anderer Arten während ihrer für Lernen „sensiblen Phase" vorgespielt werden, bleiben sie wirkungslos, und ihr späterer Gesang klingt wie der von isolierten Männchen; beim Buchfinken verhält es sich sehr ähnlich. Thorpe [456] betont, daß diese Einschränkung des möglichen Gesangs kaum auf das schallerzeugende Organ, den Syrinx, zurückzuführen ist. Die Syrinxe des verwandten Dompfaffs und Grünfinken haben fast die gleiche Struktur. Ihr eigener Gesang ist nur schlecht entwickelt, sie haben jedoch eine gute Nachahmungsfähigkeit und können lernen, die Gesänge vieler anderer Vögel wiederzugeben.

Anhaltspunkte für die Grenzen des Buchfinken, Gesänge nachzuahmen, ergeben sich aus dem Vergleich mit dem Gesang des Baumpipers, den er recht gut imi-
tieren kann. Für uns hören sich beide Gesänge in der Tonlage ähnlich an, obwohl
ihr Muster verschieden ist. Der Buchfink muß eine geerbte Fähigkeit besitzen, diese
Tonhöhe von allen anderen auszusondern und zu reproduzieren. Eine erstaunliche
Variation dieses Phänomens tritt beim Zebrafinken auf, bei dem Immelmann [251]
zeigte, daß junge Männchen den Gesang des Männchens übernehmen, das sich an
ihrer Aufzucht beteiligt hat. Man muß sich hier sehr vorsichtig äußern, da die Vögel
normalerweise den Gesang von Zebrafinken übernehmen. Wenn aber ein Gelege
von Zebrafink-Eiern von einem *L. striata*-Pärchen aufgezogen wird, dann ahmen
die Männchen den Gesang von *L. striata* nach. Sie tun dies auch, wenn in dem Vogelhaus, in dem sie aufwachsen, genügend Zebrafinken zu hören sind. Damit zeigen
diese Jungvögel keine geerbte Bevorzugung eines bestimmten Gesangsvorbildes,
wie es Buchfinken oder Dachsammerfinken tun. Ein heranwachsender Vogel bevorzugt den Gesang des Männchens, mit dem er die engste Verbindung hat.

Es sind viele andere Fälle bekannt, bei denen die spezielle Neigung von Tieren,
etwas Bestimmtes zu lernen, angeboren zu sein scheint. Ohne die Möglichkeit einer
exakten genetischen Analyse kann dies natürlich nur eine, wenn auch sehr starke
Vermutung bleiben. Tinbergens [462] Arbeit mit der Silbermöwe hat gezeigt, daß
diese Vögel zwar nicht lernen, ihre eigenen Eier, jedoch nach einigen Tagen ihre eigenen Küken zu erkennen und auf fremde aggressiv reagieren. Dies ist eine sinnvolle Anpassung, denn Eier können sich nicht vom Nest entfernen, Küken jedoch können es. Silbermöwen „durchschauen" dies sicher nicht, sondern verfügen wohl über
eine vererbte Bereitschaft, sich das Gefieder ihrer eigenen Küken einzuprägen. Die
Aufzucht von Küken beinhaltet jedoch nicht notwendigerweise, daß ihre Eltern ihr
Gefieder kennen. Bei Dreizehenmöwen (in Klippen nistende Möwen), deren Junge
auf den winzigen Simsen eingeengt sind, ist das Austauschen von Küken bis zum
Flüggewerden möglich, die Eltern unterscheiden nicht zwischen ihren eigenen und
fremden Küken. Es ist wohl kaum ein Zufall, daß es sich hier um eine Art handelt,
bei der sich weder die Eier noch die Küken vom Nest entfernen können. In manchen Fällen kann allerdings das Erkennen der Eier entscheidend sein. Tschanz [471]
zeigte, daß Trottellummen, die kein Nest bauen, sondern ihr einziges Ei auf offene
Klippensimse legen, es von anderen unterscheiden können. Die Eier können um-
herrollen, und es ist eine klare Anpassung, zu wissen, welches gerettet werden muß.
Dies mag auch der Grund dafür sein, daß sich die Eier von Trottellummen so sehr
in Grundfarbe und Muster unterscheiden. Ebenso haben die von Buckley und Buckley [77] untersuchten Königsseeschwalben (*Sterna maxima*) sehr verschieden gemusterte Eier und können ihr Ei auch individuell erkennen. Sie nisten in dicht besie-
delten Kolonien – mehr als sieben Nester pro Quadratmeter – auf ödem Gebiet,
und die Bindung an den Nistplatz reicht allein nicht aus um sicherzustellen, daß die
Eltern das richtige Ei ausbrüten.

Nun zu anderen Situationen, die eine bestimmte Lernbereitschaft erkennen lassen: Hinde und Tinbergen [225] beschreiben, wie junge Meisen lernen, mit ihren
Füßen große Futterstücke festzuhalten, um dann mit ihrem Schnabel einzelne

Stückchen abzubrechen. Junge Buchfinken lernen dies selbst dann nicht, wenn sie von Meisen als Pflegeeltern aufgezogen werden – dieser Unterschied ist offenbar angeboren. Die Schnelligkeit, mit der Iltisse lernen, ihre Beute im Nacken zu ergreifen, ist ein ähnliches Beispiel. Ein weiteres ist die Lernfähigkeit von Bienen, da sie die Eigenschaften ihres Stockes und ihrer Futterquellen (einschließlich einiger Landmarken in der Umgebung) mit außerordentlicher Geschwindigkeit lernen und nicht mehr vergessen. Lindauer [298] beschreibt, wie zwei geographische Rassen von Honigbienen Einzelheiten einer Futterquelle kennenlernen – eine konzentriert sich dabei auf Merkmale in der Nähe, die andere auf weiter entfernte Landmarken. Diese Unterschiede sind wohl genetisch bedingt und stellen besondere Spezialisierungen angeborener Lernfähigkeiten dar. Wie wir bereits besprochen haben (S. 22), hat sich die erstaunliche Lernfähigkeit der Hymenopteren mit Sicherheit im Zusammenhang mit ihrer Lebensweise entwickelt.

Wir können folgenden Schluß aus den verschiedenen Beispielen von angeborener Lernfähigkeit ziehen: Lernfähigkeiten stellen eine weitere Ausstattung der Tiere dar, die ihnen hilft, ihrer Umwelt gewachsen zu sein. Wie wir ausführlicher in Kapitel 7 besprechen werden, hat die natürliche Selektion zu Spezialisierungen geführt; daher ist es nicht mehr angebracht, Lernen unabhängig von der natürlichen Situation zu betrachten, in der sich die von uns gerade untersuchten Arten befinden. Auch können wir Lernen nicht vom „instinktiven" Verhalten der Tiere trennen. Die meisten Beispiele für Verhaltensentwicklung, die wir in diesem Kapitel betrachtet haben, unterstützen den Versuch kaum, Verhaltensweisen in angeboren und erlernt aufzuteilen.

Die Selektion in Richtung auf eine gute Anpassung wirkt normalerweise auf das Endergebnis. Manchmal macht es wenig aus, *wie* dieses Endstadium erreicht wird, in anderen Fällen jedoch wirkt die Selektion auf die Entwicklung dahin selbst ein. Wir haben einige Gründe dafür angeführt, warum sich bestimmte Tiergruppen hauptsächlich auf vererbte Verhaltensmuster und andere auf Lernen verlassen. Sogar zwischen engen Verwandten können große Unterschiede bestehen; dies haben wir bei der obigen Betrachtung der Entwicklung des Vogelgesangs gesehen. Nottebohm [372] und Marler [332] besprechen mögliche Gründe für diese Unterschiede. Es gibt recht gut ausgebildete Lautmuster, wie die von Tauben, die sich ohne jede akustische Rückkoppelung entwickeln – taube, isolierte Vögel geben die gleichen Laute von sich wie normale Tiere. Am Ende solch einer Entwicklung steht ein klares, eindeutiges Signal. Andererseits können sich aus der Variation, die aus der Nachahmung von Erwachsenen entsteht, örtliche „Dialekte" entwickeln und erhalten bleiben. Infolgedessen können Mitglieder einer örtlichen Population Fremde unterscheiden und sich so nur untereinander fortpflanzen, was manchmal vorteilhaft ist. Da der Nachahmungsprozeß nie perfekt ist, können bei dieser Art von Gesangsentwicklung einzelne Männchen individuell erkannt werden. Dies mag für Weibchen und für andere Männchen, die in angrenzenden Gebieten wohnen, günstig sein. Wenn sich der Gesang eines jeden Vogels von dem der anderen leicht unterscheidet, können Männchen den Gesang ihrer Reviernachbarn kennenlernen.

Dadurch ist es leichter möglich, fremde Männchen zu erkennen, die versuchen, in das besetzte Gebiet einzudringen.

Welche Gesangsentwicklung bei einer Art auftritt (stereotyp oder variabel), hängt sicher auch von Faktoren ihrer Lebensgeschichte ab. So kann der europäische Kuckuck (vgl. S. 37) nicht sexuell geprägt werden, wie z. B. Tauben und Enten. Es ist wohl schwierig, eine angeborene Reaktionsbereitschaft auf die unauffälligen Muster von Entenweibchen zu entwickeln (vgl. S. 36). Gleichermaßen können sich jedoch Männchen in ihrer Entwicklung mit Hilfe der sexuellen Prägung allen möglichen Veränderungen im Gefieder der Weibchen sofort anpassen. Um es nochmals zu betonen, die Lebensgeschichte bestimmt die Art und den Verlauf der Entwicklung (eine weitere Besprechung der Evolutionsvorteile von Prägung vgl. Immelmann [252]).

Die Untersuchung der Entwicklung von Verhaltensweisen hat grundlegenden Wert. Die wichtigste Eigenschaft des Nervensystems ist seine Fähigkeit, Information zu speichern. Ein Teil davon wird während der Entwicklung des Nervensystems durch Gene eingegeben, weitere Information wird später durch Lernen und Umwelt hinzugefügt. Es besteht wohl kein Grund, beide Prozesse als verschieden zu betrachten. Galambos [158] schließt einen Artikel über Lernmechanismen wie folgt:

„Man könnte argumentieren, daß es keinen wichtigen Unterschied in der Erklärungsweise dafür gibt, erstens, wie die Struktur des Nervensystems während der Entwicklung aufgebaut wird; zweitens, wie es arbeitet, um für jede Tierart charakteristische, angeborene Reaktionen hervorzurufen; schließlich, wie es als Ergebnis von Lebenserfahrungen umorganisiert wird. Wenn man dies als gegeben annimmt, müßte die Lösung eines dieser Probleme die Antwort auf die anderen sozusagen wie einen reifen Apfel in unsere ausgestreckten Hände fallen lassen."

3 Reize und Kommunikation

Außenreize können das Verhalten auf verschiedene Weise beeinflussen. Bei Tieren lassen sich drei jedoch nicht scharf voneinander getrennte Antworteffekte unterscheiden. Reize können erregen, sie können eine Reaktion auslösen, und sie können ein Tier in seiner Reaktion orientieren. Wir wollen uns zuerst kurz mit der Orientierungsrolle von Außenreizen beschäftigen.

Orientierung ist sicher ein dauernder Bestandteil im Leben jedes Tieres. Der Begriff bezieht sich – wie in Fraenkel und Gunns [152] bekanntem Buch *The Orientation of Animals* – auf die Mechanismen, mit denen Tiere auf die grundlegende Reizbeschaffenheit ihrer Umgebung reagieren. Licht, Schwerkraft, Luft- und Wasserströmungen usw. werden wahrgenommen, und ein Tier richtet sich so aus, daß es in eine günstige Position zu ihnen kommt. Die Maden der Schmeißfliege z. B. kriechen direkt vom Licht weg, wenn sie ihre Nahrungsquelle verlassen, um sich zu verpuppen. Fische halten in Ruhestellung ihren Kopf gegen die Wasserströmung. Junge Ratten zeigen schon sehr früh, sogar in völliger Dunkelheit einen „Aufrichtungsreflex", der sie in Bezug zur Schwerkraft orientiert.

Orientierung dieser Art ist sicher nicht nur ein einfacher Reflexablauf, da sie oft recht komplexe Wahrnehmungs- und Kontrollmechanismen beinhaltet. Denken wir daran, wie Honigbienen die Sonne als Kompaß benutzen, oder an die bemerkenswerten Orientierungsfähigkeiten mit Hilfe des Sternenhimmels bei einigen Zugvögeln.

Orientierung kann sich auch darauf beziehen, wie Reize die Reaktion in schnell wechselnder Umgebung kontrollieren. Erpel z. B. richten ihr Balzverhalten entsprechend der Position der Enten auf dem Wasser aus. Einige Imponiergebärden werden gezeigt, wenn sich die Erpel seitlich zum Weibchen befinden, andere, wenn sie direkt vor ihm sind. Abbildung 3.1 zeigt, wie die Grabwespe *Philanthus* Landmarken bei der Orientierung zu ihrer Nesthöhle benutzt. Wenn die Wespe das Nest verläßt, prägt sie sich einige Merkmale des Kreises aus Kiefernzapfen ein. Die Zapfen wurden dann an einer anderen Stelle angeordnet und führten bei der Rückkehr der Wespe zu einer Fehlorientierung zum Nest.

Neuere physiologische Arbeiten an Säugetieren haben zu unserem Verständnis der beiden anderen Effekte von Außenreizen – die Auslösung von Reaktionen und die Erregung – beigetragen. Jeder Reiz ruft im Gehirn zwei Arten von Reaktionen hervor. Die erste bezieht sich direkt auf den Reiz und läuft über die sogenannten „spezifischen sensorischen Bahnen". Optische Reize erregen Aktivität in den optischen Zentren des Gehirns, Töne in den akustischen Zentren usw. Die zweite Art von Reaktion ist weniger spezifisch, da jede afferente sensorische Bahn auch Seitenzweige

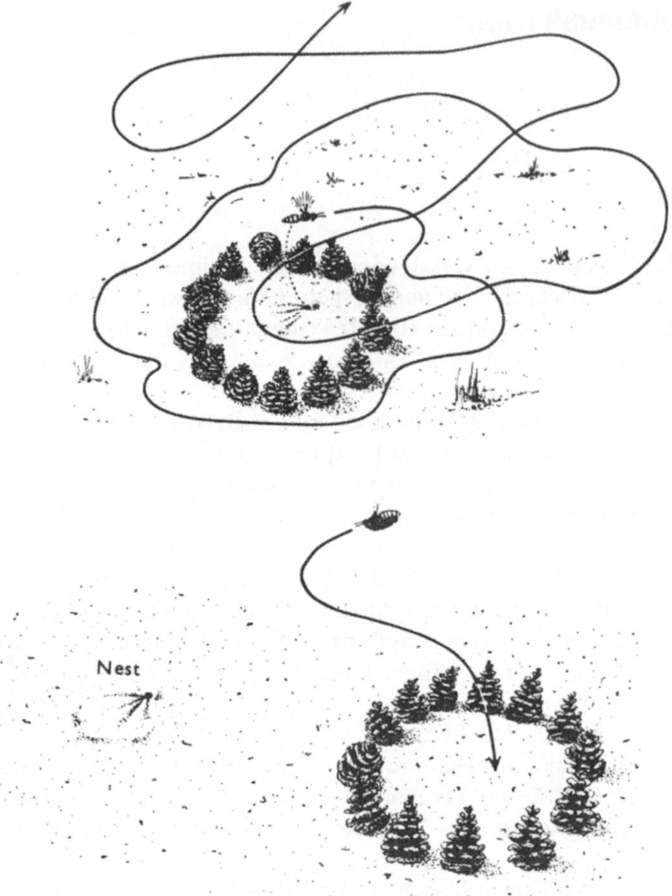

Abb. 3.1. Die Grabwespe, *Philanthus triangulum*, baut im Sand eine Nesthöhle. Während sie in der Höhle war, stellte Tinbergen einen Kreis aus Kiefernzapfen um den Eingang. Als sie herauskam, reagierte die Wespe mit einem Orientierungsflug auf die neue Situation (*oberes Bild*), bevor sie wegflog. Als sie mit Beute zurückkam (*unteres Bild*), orientierte sie sich nach dem Kreis, der während ihrer Abwesenheit verlegt wurde. (Tinbergen [460])

oder Kollaterale abgibt, die zu dem weitläufigen Fasersystem der „Formatio reticularis" führen. Diese stellt eine Verbindung über „unspezifische" Bahnen zu allen höheren Hirnzentren her und regt sie zur Aktivität an. Dies bedeutet, daß jeder Reiz nicht nur eine Reaktion hervorrufen kann, die zu ihm selbst gehört, sondern auch den Erregungszustand und die Reaktionsbereitschaft eines Tieres auf andere Reize, die mit dem ersten in Beziehung stehen oder auch nicht, verändern kann. Neuerdings wurden auch bei niederen Vertebraten und Insekten Teile im Gehirn entdeckt, die der Formatio reticularis bei Säugetieren entsprechen.

Auf der Verhaltensebene können wir die Erregungs- und Motivationseffekte auf Reize im „Aufwärm"-Phänomen (vgl. S. 8) beobachten, wobei eine Reaktion, wenn sie andauert, immer stärker wird. Nicht nur ein äußerer Reiz kann ein Tier erregen, sondern auch die Ausführung der Reaktion selbst. Noirot [368] hat gezeigt, daß das mütterliche Verhalten von Mäusen auf einen schwachen Reiz (ein totes, 1 Tag altes Mäusejunges) stärker ist, wenn ihnen vorher ein stärkerer Reiz (ein lebendes Junges) gegeben wurde. In späteren Experimenten [369] stellte sie fest, daß dies sogar auch dann gilt, wenn das Junge in einem durchlöcherten Kasten dargeboten wird, so daß die Mutter es nur wahrnehmen, aber nicht entsprechend reagieren kann. Die Erregungseffekte nach einem einmaligen 5-minütigen Darbieten eines lebenden Jungen konnten selbst dann noch festgestellt werden, wenn dies mehrere Tage vor dem Test mit dem toten Jungen geschehen war. Dies deutet darauf hin, daß ein Reiz allein ausreicht, um mütterliche Verhaltensweisen hervorzurufen und die Mäuse auf nachfolgende Reize nachhaltig reaktionsbereiter zu machen.

Vielleicht sollten wir nach Hinde [217] sagen, daß das mütterliche Verhalten durch den ersten Reiz „sensibilisiert" wurde, und den Begriff „Erregung" auf Effekte anwenden, die nur kurz anhalten. Es ist bekannt, daß Langzeitveränderungen als Ergebnis eines Reizes manchmal durch das Einsetzen einer Hormonsekretion verursacht werden. Der Anblick eines balzenden Taubenmännchens ruft beim Weibchen hormonale Veränderungen hervor, die ihr Interesse am Nestbau verstärken. In diesem Fall ist der Reiz nur wirksam, wenn er oft wiederholt wird. Es bedarf einer Balz von mehreren Stunden, die gewöhnlich über mehrere Tage verteilt ist, um das Taubenweibchen paarungsbereit zu machen. Sie summiert offensichtlich die Reize über eine sehr lange Zeit, weit über ein bis zwei Sekunden hinaus, was für die meisten Fälle zeitlicher Summation gilt, die wir in Kapitel 1, S. 6 besprochen haben. Bei der Fortpflanzung sind Reize, die auf diese Weise wirken, nicht ungewöhnlich. Adler [1] beschreibt eine Reihe interessanter Beispiele. Er bezeichnet solche Reize, die über eine lange Zeit wirken und erst am Ende einen Effekt hervorrufen, als „Pumpmechanismen" und stellt sie Reizen, die als Auslöser („Trigger") wirken, gegenüber. Pumpmechanismen wirken kumulativ und beschleunigen (oder seltener verlangsamen) relativ langsame Prozesse, wie es bei der Verstärkung der Paarungsbereitschaft von Taubenweibchen der Fall ist. Auf ähnliche Weise beschleunigt der Geruch von Mäusemännchen die sexuelle Entwicklung von Weibchen. Auslöser wirken rasch und oft ein für allemal. Katzen- und Kaninchenweibchen bleiben sexuell empfänglich, bis sie sich mit einem Männchen gepaart haben.

Kopulationsreize wirken als Auslöser für die Abgabe des luteinisierenden Hormons aus der Hypophyse, das beim Weibchen zur Ovulation führt. Auf ähnliche Weise löst der Saugreiz bei einem Rattenweibchen die endgültige Milchabgabe aus. Allerdings wird das vorausgehende Wachstum der Milchdrüsen durch kumulativ wirkende Pumpmechanismen beschleunigt, wenn ein trächtiges Weibchen seine Zitzen leckt. An der Wirkung von Auslösern und Pumpmechanismen können auch Hormone beteiligt sein. So erfordert z. B. Milchabgabe die Ausschüttung von Oxytocin aus dem hinteren Teil der Hypophyse, das Wachstum der Milchdrüsen die Ausschüttung von Prolactin aus dem vorderen Teil.

Wie immer wir die Wirkungsweise von Reizen klassifizieren, wir müssen den Zusammenhang, in dem sie auftreten, bei der Beurteilung der Reaktion eines Tieres berücksichtigen. Ein Vogelmännchen z. B. zeigt in seinem Revier erhöhte Aggressivität. Hier erhält es eine Vielzahl von Reizen aus seiner Umgebung, die aufgrund vorausgegangener Auseinandersetzungen mit Überlegenheit gegenüber einem Rivalen assoziiert werden. Folglich reagiert der Vogel in seinem Revier sehr viel leichter auf aggressionsauslösende Reize als außerhalb. In diesem Fall beeinflussen die äußeren Umstände die Motivationslage, und, wie wir in diesem und dem folgenden Kapitel besprechen werden, Reize und Motivation wirken fast immer zusammen, um Eigenschaft und Stärke der Reaktion eines Tieres auf Veränderungen seiner inneren und äußeren Umwelt zu bestimmen.

Verschiedene Sinnesleistungen

Jedes Tier bewohnt einen bestimmten Lebensraum, dessen Eigenschaften es weitgehend mit Hilfe seiner Sinnesorgane kennenlernt. Wir wären als Beobachter und Interpreten des Verhaltens von Tieren stark eingeschränkt, wenn wir uns lediglich auf unsere eigenen Sinne berufen könnten. Moderne Apparaturen befähigen uns, die Welt von Tieren zu erforschen, deren Sinnesleistungen über die unseren hinausgehen. Hier überschneiden sich die Gebiete der Sinnesphysiologie und Verhaltensforschung.

Die wichtigsten optischen Rezeptoren bei Insekten sind die Facettenaugen, deren Aufbau und Eigenschaften sich sehr stark von denen der Vertebraten unterscheiden. Ihre Auflösungsgenauigkeit ist weniger gut, sie sind jedoch ausgezeichnet zur Bewegungswahrnehmung geeignet und haben sehr oft ein großes Sehfeld. Alle bisher untersuchten Insekten können Farben sehen, ihre Empfindlichkeit ist jedoch im Vergleich zu unserer zum kurzwelligen Licht hin verschoben. Somit können Insekten, von einigen Ausnahmen abgesehen, Rot nicht mehr als Farbe erkennen, sie verwechseln es mit Schwarz oder Dunkelgrün; andererseits können sie Ultraviolett wahrnehmen.

Wir wissen, daß futtersuchende Bienen zunächst von den Farben der Blumen angezogen werden, die sich vom Hintergrund abheben. Dabei nehmen sie auch Kontraste wahr, die für uns unsichtbar sind. Bienen fliegen auf die Blüten der Zaunrübe, da deren Kronblätter sehr viel Ultraviolett reflektieren. Uns erscheinen sie als blaßgrün mit wenig Unterschied zu den Laubblättern. Außerdem sind nicht alle Blüten, die uns weiß erscheinen, auch für die Bienen weiß. Eine Art von Weiß reflektiert neben allen anderen Wellenlängen auch Ultraviolett, und die Bienen sehen es als eine Entsprechung von „Weiß“. Das andere – für uns gleichermaßen Weiß – reflektiert alle Wellenlängen außer Ultraviolett und erscheint den Bienen als die Komplementärfarbe zu Ultraviolett, nämlich Blaugrün. Die Blüten stellen Muster von Farbkontrasten dar, die den Bienen helfen, zum Nektar zu finden. Für

Abb. 3.2. Blüten unter zwei verschiedenen Beleuchtungen gesehen. Das *linke Bild* zeigt, was das menschliche Auge wahrnehmen kann – die Blüte hat kein auffälliges Muster. *Rechts* die entsprechende Wahrnehmung einer Biene, durch ein ultraviolett empfindliches System fotografiert – ein auffälliges Farbmuster wird sichtbar. (Aus einer Fotografie von Thomas Eisner)

uns war es oft unverständlich, warum manche Blüten kein auffälliges Muster haben. Bei Anwendung einer Apparatur, die Ultraviolett sichtbar machen kann, wurden jedoch bei Betrachten der Blüten Muster aufgedeckt, die an das Auge der Bienen angepaßt sind, nicht jedoch an unseres (vgl. Abb. 3.2).

Eine andere optische Fähigkeit, die die Bienen im Gegensatz zu uns besitzen, ist ihre Empfindlichkeit für die Polarisierungsebene von Licht. Licht aus blauem Himmel ist hauptsächlich in einer Ebene polarisiert. Der Winkel dieser Ebene ändert sich gleichmäßig mit dem Sonnenstand. Von Frisch [156] hat gezeigt, wie dies Bienen zur Ortung der Sonne nutzen können, selbst wenn sie durch Wolken oder einen Schirm verdeckt ist.

Die Flicker-Fusions-Frequenz des menschlichen Auges beträgt etwa 50 Hertz. Dies bedeutet, daß eine normale Glühbirne, die mit Wechselstrom von 50 Hertz betrieben wird, uns gerade als konstante Lichtquelle erscheint. Insektenaugen dagegen haben Flicker-Fusions-Frequenzen bis zu 250 Hertz. Ableitungen von Nervenimpulsen aus ihren Augen zeigen unter Wechselstromlampen entsprechende rhythmische Antworten. Wir haben keine Beweise dafür, daß dieser fluktuierende sensorische Eingang das Verhalten von Insekten beeinflußt, man muß jedoch damit rechnen, wenn man Verhaltensexperimente bei künstlichem Licht durchführt.

Nicht nur Insekten haben eine Sinneswelt, die sich von unserer unterscheidet, das gleiche gilt für viel nähere Verwandte. Unsere Welt wird durch unseren Gesichtssinn beherrscht, Hunde und Katzen jedoch erhalten wahrscheinlich die für sie wichtigere Information über ihren Geruchssinn. Experimente von Griffin [179] und anderen haben gezeigt, wie Fledermäuse Gegenstände orten und im Flug Insekten jagen können, indem sie ein Echowahrnehmungssystem für Ultraschall von außerordentlicher Präzision anwenden. Die von Lissmann [300] untersuchten tropischen Fische leben in so stark getrübtem Wasser, daß das Sehvermögen nutzlos ist. Sie orientieren sich, indem sie um sich herum ein elektrisches Feld aufbauen. Sie benutzen speziell umgebildete Muskeln, um elektrische Pulse zu erzeugen, und messen, wie das elektrische Feld durch andere Objekte im Wasser gestört wird.

Information über spezielle Sinnesleistungen dieser Art ist eine notwendige Voraussetzung für jede ernsthafte Verhaltensuntersuchung. Selbst wenn wir viele Einzelheiten der Sinnesleistungen eines Tieres kennen, wissen wir jedoch notwendigerweise noch nicht über die speziellen Reize Bescheid, auf die es tatsächlich reagiert.

Schlüsselreize

Im vorangegangenen Kapitel erwähnten wir, daß es viele Tiere gibt, die nur auf eine Reizqualität eines Objekts reagieren. Die Reaktionsbereitschaft auf solche Schlüsselreize ist ein normales Kennzeichen von vererbtem Verhalten in Situationen, in denen Lernen ausscheiden kann. Wir betrachteten das Beispiel von Reizen, die bei einem Rotkehlchen-Männchen in seinem Revier aggressive Reaktionen hervorriefen. Die roten Brustfedern des Gegners sind dabei ein weit stärkerer Reiz als der Rest des Vogels. Bunte Fliegenschnäpper-Männchen reagieren entsprechend stark auf weiße Federn, die Brustfarbe ihrer Art. Außerdem gibt es die klassische Arbeit von Tinbergen [460] über Schlüsselreize beim Stichlingsmännchen während eines Fortpflanzungszyklus. Abbildung 3.3 zeigt einige der Attrappen, die aggressive Reaktionen auslösten. Im Vergleich zum Fisch haben sie eine erstaunlich einfache Struktur. Die rote Unterseite des Gegners ist für die Aggressionsauslösung entscheidend. Andererseits ist der wichtigste Reiz zur Auslösung des Balzverhaltens der dicke, mit Eiern gefüllte Körper des Weibchens.

Es gibt viele Beispiele für akustische und chemische Schlüsselreize. Weibchen von Truthähnen, die zum erstenmal brüten, akzeptieren jeden Gegenstand als Küken, der den typischen Piep-Laut von sich gibt. Sie ignorieren in dieser Situation optische Reize, und eine taube Henne tötet die meisten ihrer Küken, weil sie nie den akustischen Schlüsselreiz für elterliches Verhalten erhält [422].

Elritzen sind für chemische Verbindungen, die von ihrer eigenen Art stammen, äußerst empfindlich. Wenn eine Elritze z. B. verwundet wird und ihr Blut ins Wasser kommt, fliehen die anderen panikartig. Sie reagieren viel weniger heftig, wenn sie Blut anderer Fischarten wahrnehmen. Eine ähnliche Spezialisierung auf bestimmte chemische Verbindungen liegt bei vielen Mottenarten vor, deren Männchen durch den Duft der Weibchen angelockt werden, selbst wenn er nur in winzigen Konzentrationen vorhanden ist [423].

Wenn man etwas als „Schlüsselreiz" bezeichnet, bedeutet dies nicht, daß ein bestimmtes Verhalten nie ohne ihn auftritt. Einige Reaktionen, wie die der Mottenmännchen, sind zwar äußerst spezifisch, ein wirklich aggressives Stichlingsmännchen jedoch greift fast alles an, einschließlich eines Weibchens mit Eiern. Eine At-

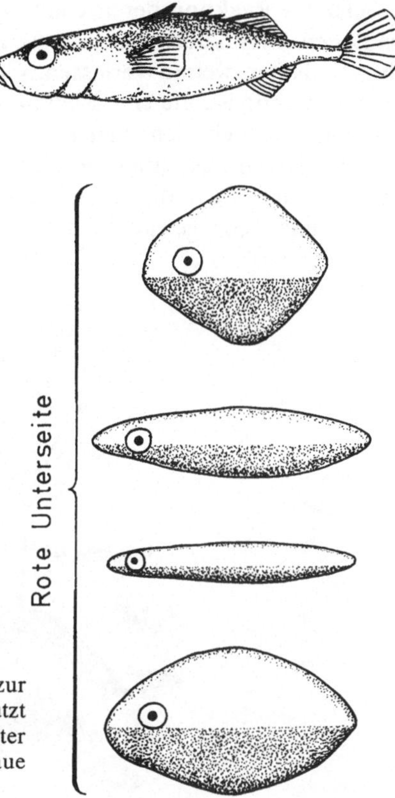

Abb. 3.3. Eine Reihe von Attrappen, die in Tests zur Aggressionsauslösung bei Stichlingsmännchen benutzt wurden. Die vier groben Nachahmungen mit roter Unterseite lösten mehr Angriffe aus als die genaue Nachbildung ohne Rot. (Tinbergen [460])

trappe wird allerdings um so mehr angegriffen, je mehr Rot an ihr ist. Daher ist es durchaus gerechtfertigt, die rote Unterseite als Schlüsselreiz zu bezeichnen.

Oft handelt es sich jedoch um mehr als *einen* Schlüsselreiz, der eine Reaktion hervorruft. In solchen Fällen kann das Fehlen eines Reizes durch einen anderen ausgeglichen werden. Honigbienen z. B., die den Eingang ihres Stockes bewachen, erkennen räuberische Bienen z. T. an ihrer Farbe und z. T. an ihrem charakteristischen Flugmuster. Kleine Wollbälle lösen einen Angriff aus, wobei braune Wolle besser als weiße wirkt. Ein weißer Wollköder, der den Flug eines Räubers nachahmend bewegt wird, wirkt jedoch besser als ein unbewegter brauner Köder. Jede Stichlingsattrappe erhöht die Aggression eines Männchens in seinem Revier, wenn sie in der Drohstellung mit dem Kopf nach unten dargeboten wird. Hier summieren sich Haltung und rote Farbe in ihrer Wirkung. Für die Beschreibung der „Addition" verschiedener Reize wird der Begriff „heterogene Summation" angewandt. Dies kann als eine Ausweitung der Reizsummation angesehen werden, die wir bereits im Zusammenhang mit Reflexen und komplexem Verhalten in Kapitel 1 beschrieben haben.

Selektive Reaktionsbereitschaft auf Schlüsselreize hat im Leben vieler Tiere einen hohen Adaptationswert, insbesondere bei denen, die sich vornehmlich auf vererbte Verhaltensweisen verlassen. Gewöhnlich sind Schlüsselreize dann beteiligt, wenn es wichtig ist, nie eine Reaktion auf einen Reiz zu verpassen, ein paar falsche Reaktionen jedoch nicht viel ausmachen. Für ein Stichlingsmännchen ist es sehr wichtig, Rivalen aus seinem Revier zu vertreiben, so daß es auf Rot äußerst stark reagieren muß. Fast alle roten Gegenstände, die es sieht, werden als Rivalen betrachtet, und wenn gelegentlich rote Blütenblätter ins Wasser fallen, vergeudet ein

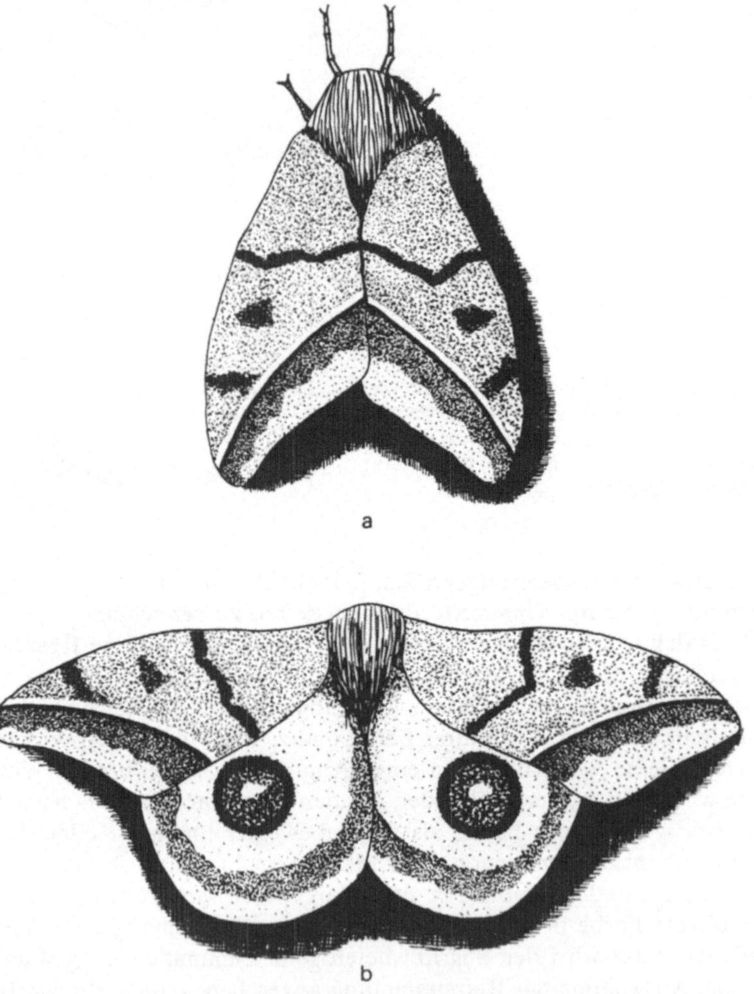

Abb. 3.4 a u. b. Die Motte, *Automeris coresus,* **a** in Ruhestellung und **b** beim Präsentieren der auffälligen Augenpunkte an den Hinterflügeln infolge einer leichten Berührung. (Modifiziert nach Blest [56])

Männchen einige Zeit mit feindlicher Aggression. Tinbergen beschreibt, wie ein Männchen, das er gerade beobachtete, gegenüber einem roten Postauto, das vorbeifuhr, eine Drohhaltung einnahm. Solche seltenen falschen Reaktionen fallen nicht ins Gewicht, wenn man sie mit den Vorteilen der ständigen Aggressionsbereitschaft gegenüber anderen Männchen vergleicht.

Tiere müssen immer zuverlässig auf Schlüsselreize von Freßfeinden oder auf Alarmrufe von Artgenossen reagieren. Es ist auch vorteilhaft, auf die Alarmrufe anderer Arten zu reagieren, so daß alle gewarnt werden, unabhängig davon, wer die Gefahr zuerst erkannt hat. Marler [329] bespricht die Charakteristika eines „idealen" Alarmrufes, der so weit wie möglich zu hören sein soll, aber dem Freßfeind möglichst wenig Anhaltspunkte zur Ortung des Rufers geben darf. Dies bedeutet u. a., daß der Ruf eine konstante Tonhöhe haben und allmählich beginnen und enden sollte. Die Alarmrufe vieler Finken, Ammern und Drosseln ähneln sich sehr stark. Es ist wahrscheinlich, daß sie sich aufeinander zu entwickelt haben und so als Schlüsselreiz für alle wirken (vgl. Kap. 6, S. 220 und Abb. 6.11). Eine Art des Schutzes für kleine Vögel gegen Freßfeinde ist die starke Fluchtreaktion vor jedem Tier mit großen, auffälligen Augen, die für die meisten Raubvögel und Eulen charakteristisch sind. Aufgrund des starken Selektionsdrucks, der bei der Reaktion auf Freßfeinde eine Rolle spielt, konnten einige Tiere, die von kleinen Vögeln gefressen werden, eine Schutzvorrichtung entwickeln, indem sie Alarmreize der letzteren nachahmen. Blest [55] hat gezeigt, daß sich kleine Vögel vor einem einfachen Augenmuster, das ihnen plötzlich vorgehalten wird, mehr fürchten als vor anderen Mustern mit gleichem Kontrast und gleichen Konturen. Viele Schmetterlings- und Mottenarten haben auf ihren Flügeln Augenmuster entwickelt, die z. T. erstaunliche Einzelheiten aufweisen (vgl. Abb. 3.4). Während sie normalerweise versteckt sind, werden sie plötzlich gezeigt, wenn die Motte berührt wird. Kleine Vögel können dadurch von einer Mahlzeit abgehalten werden. Es ist jedoch besser für sie, hin und wieder von einer harmlosen Motte abgeschreckt zu werden, als nicht auf einen Freßfeind zu reagieren. In analoger Weise gelingt es Orchideenarten, deren Blüten weder Nektar abgeben noch überflüssige Pollen haben, Insekten, die Pollen übertragen, anzulocken. Die Pflanzen werden besucht, weil Form, Farbe und Muster ihrer Kronblätter die Körper von Weibchen verschiedener Hymenopteren-Arten nachahmen. Es sind nur immer die Männchen jeder entsprechenden Art, die zu den Blüten kommen und versuchen, sich mit ihnen zu paaren (vgl. Wickler [497] und Abb. 3.5).

Im Gegensatz zur Abhängigkeit von Schlüsselreizen können Reaktionen auf andere Individuen oder Gegenstände in der Umwelt auf einem ganzen Komplex von Kennzeichen basieren. Dies wird in den Eigenschaften sichtbar, die Entenweibchen und -männchen zur Erkennung eines Geschlechtspartners dienen. Die Männchen der verschiedenen Arten haben ein auffallend unterschiedliches und stark gemustertes Gefieder. Die unauffällig gemusterten Weibchen dagegen sehen sich sehr viel ähnlicher. Es gibt zunehmend Hinweise dafür, daß die Weibchen angeborenermaßen die Männchen ihrer eigenen Art erkennen, die Männchen jedoch die feine Musterung ihrer Weibchen während der sexuellen Prägung erkennen lernen müs-

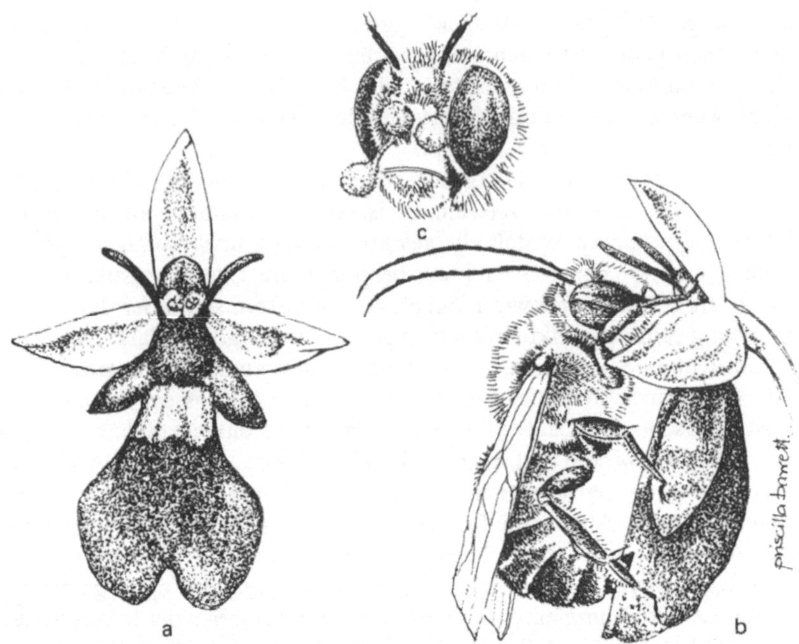

Abb. 3.5 a–c. Die „parasitäre Pollenübertragung" bei einer Orchidee. Hier handelt es sich um die Fliegenorchidee (*Orphrys insectifora*), deren Blüte **a** ein vergrößertes unteres Kronblatt hat, das einer Biene ähnelt. Eine Drone der Langhornbiene versucht, mit der Blüte zu kopulieren **b**. Dabei kommt ihr Kopf mit den klebrigen Pollensäcken in Kontakt, die an ihm haften bleiben **c**. Auf diese Weise werden die Pollen auf die Narbe der nächsten Blüte, die die Drone besucht, übertragen. (Wickler [497])

sen. Dabei dient ihnen ihre Mutter als Vorbild (vgl. S. 36 wegen weiterer Einzelheiten über sexuelle Prägung). Seitz (vgl. Baerends und Baerends-van Roon [22]) untersuchte den tropischen Fisch *Astatotilapia*, bei dem die Männchen grell und die Weibchen eintönig gefärbt sind. Er fand eine Situation vor, die der der Enten in gewisser Weise entspricht. Die Weibchen reagieren auf die Schlüsselreize, die von den Männchen ausgehen, angeborenermaßen, die Männchen jedoch lernen Einzelheiten über die Zeichnung der Weibchen. Das bedeutet, daß Weibchen leicht auf Attrappen von Männchen reagieren, aber nur unerfahrene Männchen einfache Weibchenattrappen anbalzen. Haben sie sexuelle Erfahrung, so reagieren sie nur noch auf den gesamten Komplex von weiblichen Kennzeichen.

Die auf komplexeren Eigenschaften beruhende Erkennung ist bei höheren Säugetieren weit verbreitet. So kennen sich die Mitglieder einer Affenhorde individuell. Ein dominantes Männchen z. B. wird durch eine ganze Reihe von Reizen, die von ihm ausgehen, erkannt. Dazu zählen nicht nur Größe und andere Kennzeichen, sondern auch Haltung, Bewegung und Geruch und sogar die Tatsache, daß es sich meist an ganz bestimmten Stellen aufhält.

Wir können auch die komplexen Merkmale in Betracht ziehen, anhand derer wir ein bestimmtes menschliches Gesicht erkennen. Hier sind zwar keine Schlüsselreize vorhanden, jedoch trägt fast jeder Aspekt wie oben zur Erstellung eines bestimmten Gesamtbildes bei. Dies zu lernen erfordert Zeit, und wir werden dabei von unserer Kultur deutlich beeinflußt. Wir haben größere Schwierigkeiten, mongolide Gesichter voneinander zu unterscheiden als kaukasische, und Angehörigen der mongoliden Rasse geht es umgekehrt.

In unserer Besprechung von Schlüsselreizen haben wir immer wieder Beispiele für die Reaktionsbereitschaft auf Laute, Düfte oder Farben eines anderen Tieres herangezogen. Lorenz entwickelte als erster den Gedanken, daß solche Eigenschaften speziell entstanden seien, um derartige Reaktionen hervorzurufen. Er bezeichnete sie als *Auslöser* und betonte, daß sich der Auslöser und die Antwort des Tieres, auf das der Auslöser gerichtet ist, einander angepaßt haben. Sie bilden ein Signalsystem – „Soziales Signal" wird oft als Alternativbezeichnung für Auslöser gebraucht – das in vielen Fällen zu einer Art Sprache ausgebaut wurde, wobei der Auslöseeffekt durch eine Imponiergebärde noch verstärkt wird. Wir werden noch an anderen Stellen dieses Buches auf Auslöser zu sprechen kommen, da ihre Evolution eng mit der von Kommunikation, wie bei Balz- und Drohgebärden, verbunden ist. Bevor man ihre Signalfunktion verstand, konnte man sich die grellen Farben, z. B. von Vögeln und Schmetterlingen, nur schwer erklären. Heute ist es oft möglich, allein von Farbmuster und Aussehen eines Vogels oder Fisches recht genau auf die Art seiner Imponiergebärde zu schließen. Fische mit Farbmustern auf den Kiemendeckeln zeigen z. B. ausgeprägtes Frontalimponieren, bei dem die Deckel ausgebreitet werden usw. (vgl. Abb. 5.3a). Am Ende dieses Kapitels werden wir auf die Rolle von Auslösern bei der Kommunikation näher eingehen.

Neuere Arbeiten von Ethologen zeigen einige schöne Beispiele von Schlüsselreizen und entsprechenden Reaktionen. Eines der interessantesten Ergebnisse dabei ist, daß verschiedene Aspekte desselben Gegenstandes in verschiedenen Verhaltenszusammenhängen wirksam werden. So hängt z. B. die Antwort auf die Frage „Wie erkennt eine Möwe ein Ei?" davon ab, ob der gerade untersuchte Vogel Eier ausbrütet oder sich von ihnen ernährt. Baerends und Kruijt [24] zeigen in einer ganzen Reihe von Experimenten, daß Silbermöwen am stärksten auf grüne Eier als Brutobjekte reagieren, daß dieser Farbvorzug von ihrer Reaktion auf Sprenkelung jedoch noch übertroffen wird. Je mehr Punkte ein Ei hat und je mehr sie sich vom Hintergrund abheben, desto stärker wird die Möwe gereizt, es ins Nest zu rollen und auszubrüten. Andererseits wird die Form ignoriert; würfel- oder zylinderförmige Eier werden ohne weiteres akzeptiert, vorausgesetzt, sie sind gesprenkelt. Dies können wir mit den Reaktionen von Möwen, die Nester ausrauben und die Eier fressen, vergleichen. In diesem Falle ziehen sie blaue oder rotgrundige Eier grünen vor. Es ist unwahrscheinlich, daß dies auf stärkere Auffälligkeit zurückzuführen ist, da die Möwen grüne Eier genauso leicht erkannten. Es scheint ein tatsächlicher Wechsel des entscheidenden Schlüsselreizes vorzuliegen. Diese Annahme wird von anderen Tests unterstützt, die zeigen, daß Sprenkelung für nahrungssuchende Möwen nicht annähernd so anziehend wirkt wie für solche, die Eier ausbrüten.

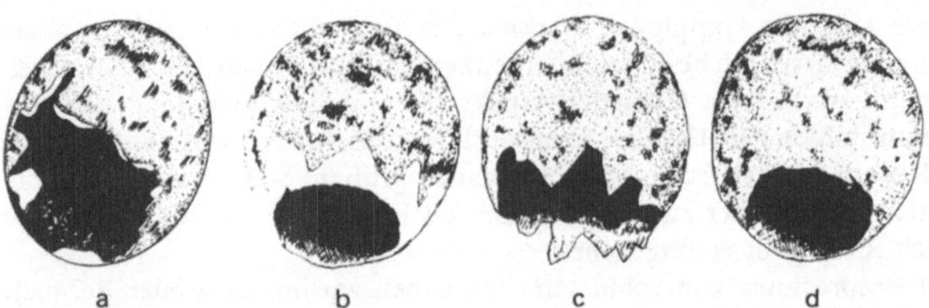

Abb. 3.6 a–d. Einige der Eierschalen, die benutzt wurden, um zu bestimmen, wie eine Möwe eine leere Schale erkennt. Die echte Schale **a** sowie ein „gemalter" Rand **b** und „gekerbter" Rand **c** veranlaßten die Möwe häufig, die Eier aus dem Nest zu entfernen. Eier mit einem „glatten" Rand **d** wurden wieder ins Nest zurückgerollt. (Modifiziert nach Tinbergen et al. [469])

Tinbergen und Mitarbeiter [469] konnten analysieren, wie Lachmöven Eierschalen von ganzen Eiern unterscheiden. Sobald die Küken ausgeschlüpft sind, entfernen die Eltern die Eierschalen aus dem Nest, weil sie Freßfeinde anlocken können. Die Möwen erkennen eine Schale in der Hauptsache an dem dünnen weißen und gezackten Rand, die „Leere" allein hat keine Wirkung. Abbildung 3.6 zeigt einige Attrappen, die in den Tests verwendet wurden.

„Übernormale" Reize

Normalerweise untersuchen Ethologen Schlüsselreize, indem sie Attrappen des Reizgegenstandes herstellen und abwechselnd Teile davon verändern, um zu sehen, welche davon die größte Bedeutung haben. Sie konnten oft eine „übernormale" Attrappe herstellen, d. h. eine, die eine stärkere Reaktion hervorrief als das natürliche Objekt. Die auffälligsten Beispiele stammen wieder vom Brutverhalten bei Vögeln. Mit der Silbermöwe, der Graugans und dem Austernfischer wurden Tests über den Einfluß der Eigröße durchgeführt. Bei allen drei Arten rief ein Ei um so stärker Brutverhalten hervor, je größer (allerdings in Grenzen) es war. Dies zeigt die in Abbildung 3.7 dargestellte bizarre Situation, in der ein Austernfischer immer wieder ein Riesenei anstelle seines eigenen zum Ausbrüten wählt. Die gleiche Art bevorzugt ein künstliches großes Gelege von fünf oder sechs Eiern gegenüber dem eigenen mit drei Eiern.

Die Küken von Silbermöwen picken nach Attrappen des Schnabels ihrer Eltern von dem sie normalerweise mit Fischen gefüttert werden. Der Schnabel der Silbermöwe ist gelb und hat am unteren Teil einen roten runden Fleck (vgl. Abb. 3.8). Der künstliche Schnabel, ebenfalls in Abbildung 3.8 dargestellt, ist dünner als der echte, rot gefärbt und hat an der Spitze drei weiße Streifen. Naive Küken picken häufiger nach dieser Attrappe als nach einer genauen Kopie von Schnabel und Kopf [470].

Magnus [320] entdeckte beim Kaisermantel, einem Schmetterling, einen weiteren übernormalen Auslöser. Die Männchen werden durch das Aufleuchten des

Abb. 3.7. Ein Austernfischer bei dem Versuch, ein Riesenei in sein Nest zu rollen. Er bevorzugt es gegenüber seinem eigenen (*Vordergrund*) und dem einer Silbermöwe (*Vordergrund, links*). Die ursprüngliche Entfernung von Vogelnest zu Testei war in allen Fällen gleich. Vgl. auch Abb. 2.9. (Tinbergen [460])

orangefarbenen Flügelmusters der vorbeifliegenden Weibchen angelockt. Magnus konnte Männchen zu einer Drehtrommel locken, die ein Flügelmuster mit jeder gewünschten Geschwindigkeit aufleuchten ließ. Die normale Flügelschlagfrequenz eines Kaisermantel-Weibchens beträgt etwa 8 Hertz. Die Männchen reagieren jedoch um so stärker, je schneller die Flügel des Modells schlagen – bis zu 75 Hertz.

Bei all diesen Beispielen ist es nicht schwer zu verstehen, warum sich der natürliche Reiz nicht in Richtung der übernormalen Bedingung weiterentwickelt hat. Wenn Kaisermantel-Weibchen ihre Flügel schneller schlagen würden, könnten sie noch mehr Männchen anlocken. Die Flügel dienen jedoch nicht nur zu diesem Zweck, sondern sie müssen die Insekten ja auch vorwärts bewegen, wobei ihrer Ge-

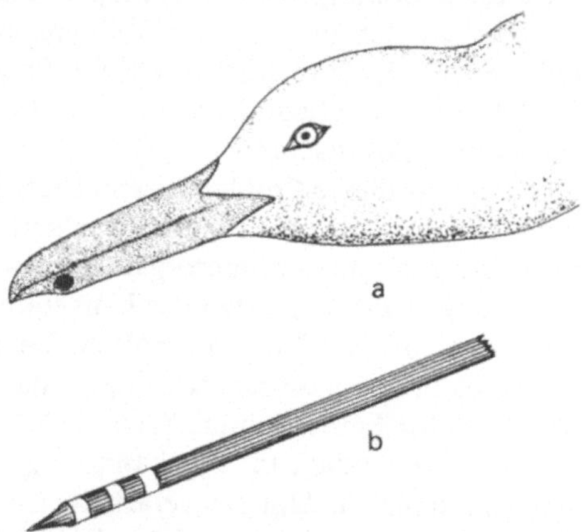

Abb. 3.8. a Exakte dreidimensionale Attrappe des Kopfes einer Silbermöwe und **b** „übernormaler" Schnabel. Letzterer erhält 26% mehr Pickreaktionen. (Tinbergen und Perdeck [470])

schwindigkeit strenge mechanische Grenzen gesetzt sind. Ähnlich wäre der Schnabel der Silbermöwe, wenn er so lang und so dünn wie die übernormale Attrappe wäre, für alles andere außer für die Pickreaktion der Küken äußerst ineffektiv.

Die umgekehrte Frage, warum die Reaktion des Empfängers nicht perfekt an die natürliche Situation angepaßt ist, bleibt bestehen. Die Antwort darauf kennen wir nicht. Vielleicht hat der Mechanismus für die Reaktionsbereitschaft auf einen Schlüsselreiz keine obere Grenze. Eine Zunahme der „Quantität" eines Schlüsselreizes resultiert unvermeidlich in einer unnormal starken Reaktion. Die natürliche Reaktion hat kaum Gelegenheit, gegen diese Art von System zu wirken. Andererseits müssen bei übernormalen Schlüsselreizen nicht unbedingt die „Zeichenaspekte" die wichtigste Rolle spielen, sondern eher die Tatsache, daß sie auffälliger sind oder das Tier mehr allgemein erregen, so daß die Reaktion verstärkt wird. Dies ist wahrscheinlich die Erklärung für die Reaktion auf die übernormalen Weibchen-Attrappen beim Kaisermantel. Es ist bekannt, daß sich Bienen und andere Insekten flackerndem Licht nähern, und in begrenztem Maße ist es um so anziehender, je schneller es flackert. Aus dem gleichen Grund ziehen Bienen Gegenstände wie Sterne mit unterbrochenen Umrissen Kreisen oder anderen glatten Formen vor. Fliegt eine Biene über einen unterbrochenen Umriß, so wandern die Eindrücke seiner Ränder über die einzelnen Ommatidien ihrer Augen und führen zu dem Effekt einer flackernden Lichtquelle.

Reizfilterung

Bei unserer bisherigen Besprechung von Schlüsselreizen sind wir davon ausgegangen, daß ein Tier nur auf einen Teilbereich seiner Umgebung reagiert und den Rest außer acht läßt. Dies wirft sofort die Frage auf, wie weit die unbeachteten Reize durchdringen. Wo befindet sich das „Filter", das sie von den Schlüsselreizen trennt und wirkungslos macht?

Bevor wir dieses Problem besprechen, soll noch betont werden, daß das Gehirn eines Tieres nie mehr als einen Bruchteil der potentiellen Information verarbeiten kann, die von seinen Sinnesorganen aufgenommen wird. Sinnesorgane übertragen physikalische Eigenschaften der Umgebung – eine Farbe, einen Ton, einen Geruch – in eine Reihe von Nervenimpulsen, die über die sensorischen Fasern zum Gehirn gelangen. Barlow [26] schätzt, daß in das menschliche Gehirn ungefähr drei Millionen solcher Fasern laufen. Wenn jede von ihnen als Schalter betrachtet wird, der entweder „aus" oder „an" sein kann, sind 23 Millionen verschiedene Eingangskombinationen möglich. Um sie verarbeiten zu können, verfügt das Gehirn über 10^{10} Neuronen und, so riesig die letzte Zahl auch sein mag, sie ist doch nichtig im Vergleich zur ersten, die weit größer ist als Eddingtons Angabe (10^{79}) für die Anzahl von Teilchen im gesamten Universum!

Offensichtlich können nicht alle der 23 Millionen Kombinationen der Sinnesfaseraktivität auftreten, zumindest nicht gleichzeitig, und sicher ist eine große Anzahl von Kombinationen, soweit es das Gehirn angeht, ohnehin bedeutungslos und wird ignoriert. Barlow weist auf Möglichkeiten für eine weitere „Rationalisierung" bei der Verarbeitung von Sinnesinformation im Gehirn hin: eine Art allgemein vorhandene Filterung.

In Schlüsselreiz-Situationen können Filter peripher und/oder zentral wirken; dies wollen wir nun anhand von Beispielen erklären.

Periphere Filterung

Es ist offensichtlich, daß die Eigenschaften von Sinnesorganen als erstes die Reaktionsfähigkeit eines Tieres auf Reize einschränken. Wir haben bereits Filtercharakteristika von Sinnesorganen besprochen. Unsere Augen filtern alles ultraviolette Licht aus, und unsere Ohren übertragen keinen Schall mit Frequenzen höher als etwa 20 Kilohertz. Manchmal hat die selektive Übertragung durch Sinnesorgane den Effekt eines Schlüsselreizes. Narins und Capranica [363] haben einen bemerkenswerten geschlechtsabhängigen Filtermechanismus im Ohr des Laubfrosches, *Eleuterodactylus coqui,* entdeckt. Der Artname dieses Frosches wird vom Ruf der Männchen hergeleitet – ein Doppelton „co – qui". Narins und Capranica spielten den Fröschen ihre Laute per Tonband vor und konnten zeigen, daß Männchen (die andere Männchen angreifen, wenn sie sich ihnen nähern) nur auf den „co"-Laut reagieren und Weibchen nur auf „qui". Neurophysiologische Ergebnisse bestätigten, daß das Innenohr von Männchen und Weibchen verschieden abgestimmt ist, um die Wahrnehmung des jeweils relevanten Lautes zu optimieren.

Frösche geben auch ein gutes Beispiel für optische periphere Filterung. Wenn sie auf Nahrungssuche sind, reagieren sie sehr viel stärker auf kleine, dunkle, runde Gegenstände, die sich dicht an ihnen vorbeibewegen, als auf Bewegungen großer Objekte des gesamten Hintergrunds. Dies ist bei einem Tier, dessen Hauptnahrung Fliegen sind, sehr sinnvoll. Lettvin et al. [291] haben gezeigt, daß die Lichtrezeptoren auf der Retina des Froschauges so miteinander verbunden sind, daß sie „rezeptive Felder" bilden. Einige dieser Felder sind darauf spezialisiert, vorzugsweise auf die Bewegungen kleiner, dunkler, konvexer Gegenstände zu reagieren; Lettvin und Mitarbeiter bezeichnen diese Felder treffend als „Fliegendetektoren". Die Reaktionsfähigkeit des Frosches auf solche Reize wird daher eher durch periphere als durch zentrale Filterung hervorgerufen.

Es ist interessant, dieses Beispiel mit dem der von Blakemore und Cooper [54] untersuchten Katzenjungen zu vergleichen (wir haben es im vorangegangenen Kapitel, S. 46, besprochen). Bei der Katze ist der optische Bereich der Hirnrinde in rezeptive Felder aufgeteilt. Wie wir bereits gesehen haben, werden die Formen, auf die diese rezeptiven Felder antworten, sehr stark durch die frühe optische Umgebung beeinflußt. Damit scheinen bei Katzen die optischen Erkennungsfilter eher im Zentralnervensystem zu liegen.

Es gibt zahlreiche eindeutige Beispiele peripherer Filterung bei Insekten, deren Sinnesorgane oft sehr stark darauf spezialisiert sind, auf bestimmte Reize, und nur auf diese, zu reagieren. Roth [399] beschreibt, wie die Männchen von Stechmücken mit starker Selektivität auf Flugtöne ihrer Weibchen reagieren; diese schlagen mit einer charakteristischen Frequenz, die anders ist als ihre eigene. Die Männchen nehmen diesen Schall mit den empfindlichen Haaren an den Antennen war. Roth nimmt an, daß diese Haare so konstruiert sind, daß sie am besten in der Flügelschlag-Frequenz des Weibchens vibrieren, genau wie eine Stimmgabel, die auf ihre Eigenfrequenz reagiert.

Auch die erstaunliche selektive Reaktionsbereitschaft einiger Mottenmännchen auf den Duft der Weibchen wird durch Sinnesorgane bestimmt. Seidenspinner-Männchen kommen aus beachtlichen Entfernungen heran, wenn ein unbegattetes Weibchen in einen Käfig gesetzt wird. Nach der Paarung erzeugen die Weibchen keinen Duft mehr. Es gelang, die Duftsubstanz des Weibchens zu isolieren und ihre chemische Struktur zu bestimmen. Nur wenige synthetische Substanzen, die eng mit der Weibchensubstanz verwandt sind, locken Männchen an. Schneider [423] fand später, daß die Duftrezeptoren an den Antennen der Männchen für die Weibchensubstanz äußerst empfindlich sind, auf andere Chemikalien jedoch wenig bis keine Reaktion zeigen.

Zentrale Filterung – der angeborene Auslösemechanismus

Im Gegensatz zu diesen Beispielen gibt es viele andere, bei denen die Reaktionsfähigkeit eines Tieres auf einen Schlüsselreiz nicht einfach seinen Sinnesorganen zugeschrieben werden kann. Die Arbeit von Burghardt [80, 81, 174] und Mitarbeitern liefert ein gutes Beispiel für Reaktionen von Strumpfbandnattern und Wasserkobras bei der Nahrungsaufnahme. Diese Schlangen leben in Gewässern der U.S.A. und ernähren sich hauptsächlich von kleinen Fischen und Würmern. Sie nehmen, wie viele ihrer Verwandten, ihre Beute durch Geruch und Geschmack wahr und benutzen dabei insbesondere Chemorezeptoren, die in den Gruben des Munddaches – dem Jacobson'schen Organ – liegen. Die Zunge der Schlange wird herausgeschnellt, nimmt Chemikalien aus der Luft oder Kontakt mit der Beute auf und bringt sie zum Jacobson'schen Organ, wo sie „geschmeckt" werden [81].

Burghardt fand, daß verschiedene Arten von Strumpfbandnattern Wattetupfer, die mit Lösungen verschiedener potentieller Beutetiere – Fische, Frösche, Salamander, Würmer etc. – getränkt waren, verschieden stark angriffen, und daß sie immer den Beutetyp bevorzugten, von dem sie sich in der Natur am häufigsten ernährten. Er stellte fest, daß derartige Bevorzugungen bereits bei neugeborenen Schlangen vorhanden waren, die nie zuvor gefressen hatten, und zwar unabhängig davon, was der trächtigen Mutter gefüttert wurde (Strumpfbandnattern entwickeln sich im Muttertier, nicht in einem Eigelege). Hier liegt wohl ein Fall für eine angeborene, genetisch kodierte Bevorzugung für bestimmte Chemikalien vor. Es könnte sich dabei um ein weiteres Beispiel für periphere Filterung handeln, das Jacobson'sche Organ könnte wie die Antennen eines Mottenmännchens spezialisiert sein. Diese Erklärung ist jedoch nicht wahrscheinlich. Burghardt [80] fand, daß monatelange Fütterung junger Schlangen mit künstlicher Nahrung (Leberextrakt) ihre ursprüngliche Bevorzugung nicht im geringsten veränderte. Wenn sich jedoch die Schlangen von selbst einem anderen Beutetier zuwenden, ändert sich ihre Bevorzugung für chemische Extrakte sehr schnell. So zogen erwachsene Schlangen, die in der Nähe einer Goldfischzucht gefangen wurden, Goldfischextrakt gegenüber dem natürlich auftretenden Beutefisch, wie Elritzen, vor. Junge Schlangen, die im Labor mit Goldfischen gefüttert wurden, reagierten auf die gleiche Weise [174].

Jede Art von Beute bietet dem Jacobson'schen Organ eine Menge chemischer Reize verschiedener Beschaffenheit und Konzentration. Ein Großteil der Information wird wohl zum Gehirn der Schlange weitergeleitet, wo Filtermechanismen bestimmen, welches Objekt angegriffen wird, welches nicht. Das Filter ist zwar genetisch vorgeprägt, kann aber durch Erfahrung modifiziert werden.

Wir haben bereits besprochen, daß Tiere je nach „Stimmung" auf verschiedene Aspekte derselben Situation reagieren. Ein Fall war z. B. die Reaktion von Möven auf Eier, zum einen als Nahrung und zum anderen als Brutgegenstände. Hier müssen wir wiederum annehmen, daß zumindest ein Teil des Auswahlmechanismus zentral zu finden ist, d. h., das Gehirn wählt bestimmte Teile des Informationsstroms von den Sinnesorganen aus und benutzt sie, um eine bestimmte Art von Reaktion zu veranlassen.

Lorenz [303] nahm an, daß ein besonderer Mechanismus für die Reizfilterung verantwortlich sei, und schlug für dessen Bezeichnung den Begriff „angeborener Auslösemechanismus" (AAM) vor. Ein AAM wird von Tinbergen [460] definiert als ein „. . . besonderer neurosensorischer Mechanismus, der eine Reaktion auslöst und für die selektive Auslösbarkeit durch eine spezielle Kombination von Schlüsselreizen verantwortlich ist".

Es wird noch deutlich werden, wie gut der AAM in die Konzeption des „Auslösers" hineinpaßt. AAM und Auslöser sind einander angepaßt. Ein Tier gibt mit seinem Auslöser ein stereotypes Signal, auf das ein anderes Tier über seinen entsprechenden AAM besonders reaktionsbereit ist.

Wie von Tinbergen definiert, schließt die Konzeption des AAM die Möglichkeit peripherer Filterung nicht aus; es besteht jedoch kein Zweifel, daß Ethologen vorwiegend an eine zentrale Filterung gedacht haben. Ein Teil des Problems in der Begriffsdefinition von AAM liegt möglicherweise bei „Mechanismus". Man könnte zu der Annahme verleitet werden, daß das Filter jedes AAM an einer bestimmten Stelle im Nervensystem lokalisiert ist und wirkt. Man könnte in gleicher Weise dem Wort „auslösen" widersprechen, da es einschließt, daß der Reiz lediglich eine bereits fertig ausgebildete Reaktion auslöst, wobei die Erregungseffekte von Reizen ignoriert würden.

Mit Einschränkungen können wir den Begriff jedoch beibehalten, solange er sich zur Untersuchung von Reizfiltern als nützlich erweist. Obwohl mehrere ausgezeichnete Analysen der Reizsituation vorliegen, ist fast nichts über die Arbeitsweise solch eines Filters bekannt. Bevor wir uns mit diesem Problem auseinandersetzen,

müssen wir uns mit den Eigenschaften eines bestimmten AAM eingehender beschäftigen. So ist es z. B. wichtig zu wissen, wie „zentral" das Filter ist, bzw. wie stark
die Empfindlichkeit auf Schlüsselreize von den Eigenschaften der Sinnesorgane abhängt. Im folgenden werden wir zwei Beispiele von AAM betrachten, die in dieser
Weise analysiert wurden.

Die Pick-Reaktionen von Möwenküken

Die jungen Küken von Möwen und Seeschwalben lösen bei ihren Eltern Fütterungsverhalten aus, indem sie ihnen an den Schnabel picken. Tinbergen und Perdecks [470]
Arbeit über die Reize, die bei Küken der Silbermöwe Picken hervorrufen, wurde bereits erwähnt (eine ausführliche Besprechung der Thematik ist in Hailman [192] zu
finden). Der Schnabel der Erwachsenen ist gelb und hat an der Unterseite einen roten
Fleck (vgl. Abb. 3.8). Tinbergen und Perdeck stellten eine Anzahl von Attrappen her
und änderten (I) Kopffarbe, (II) Kopfform, (III) Schnabelfarbe, (IV) Farbe des Flecks
und (V) Kontraststärke des Flecks (von Schwarz über Grautöne nach Weiß) auf einem mittelgrauen Schnabel. In Abbildung 3.9 sind die Ergebnisse von (III), (IV) und
(V) in einem Diagramm dargestellt. Bei all diesen Tests achteten sie darauf, daß die
Attrappen den Küken immer auf die gleiche Weise präsentiert wurden. Jede Art von
Attrappe wurde zunächst jeweils einer gleichen Anzahl völlig unerfahrener Küken
dargeboten, d. h. solchen, die zuvor weder eine Attrappe noch den Kopf einer echten
Möwe gesehen hatten; anschließend war die Reihenfolge der Darbietung zufallsver-
teilt.
    Tinbergen und Perdeck fanden, daß das bedeutendste Kennzeichen für den Kopf
der Eltern der Schnabelfleck war. Dabei spielte der Kontrast eine Rolle (auf graue
Schnäbel mit schwarzem oder weißem Fleck wurde häufiger reagiert als auf einfache Schnäbel) und die rote Farbe. Ein einfacher Schnabel ist in Rot attraktiver als in
jeder anderen Farbe, und ein roter Fleck ist effektiver als ein schwarzer, selbst wenn er
zum Schnabel weniger Kontrast hat. Farbe oder Form des Kopfes sind unwesentlich.
Es gibt zusätzlich noch weitere Kennzeichen von Schnabelform und Bewegung, die
wir hier jedoch außer acht lassen. Jetzt können wir einige Charakteristika des AAM
spezifizieren, der den Schlüsselreiz in der natürlichen Situation ausfiltert. Er wählt
Röte und Kontrast, eliminiert jedoch Schnabelfarbe und Reize, die vom Kopf der Eltern ausgehen.
    Weidmann und Weidmann [490, 491] haben diese Experimente mit der Lachmö-
we, *Larus ridibundus* wiederholt; Hailman [192] verwendete die Aztekenmöwe, *Larus
atricilla*. Beide Arten haben einen einfach roten Schnabel, und in beiden Fällen war
die Vorliebe unerfahrener Küken für Rot, wie bei der Silbermöwe, sehr stark. Das
gleiche gilt für Dreizehenmöwen und Küstenseeschwalben, die auch am oder im
Schnabel rot sind.
    Es gibt genügend gute Belege dafür, daß Vögel ähnlich wie wir Farben sehen kön-
nen. Es ist naheliegend, das Rot am Schnabel der Eltern als Auslöser zu betrachten
und die entsprechende Reaktionsbereitschaft des Kükens als Eigenschaft des Pick-
AAM anzusehen, wobei beide einander angepaßt sind.

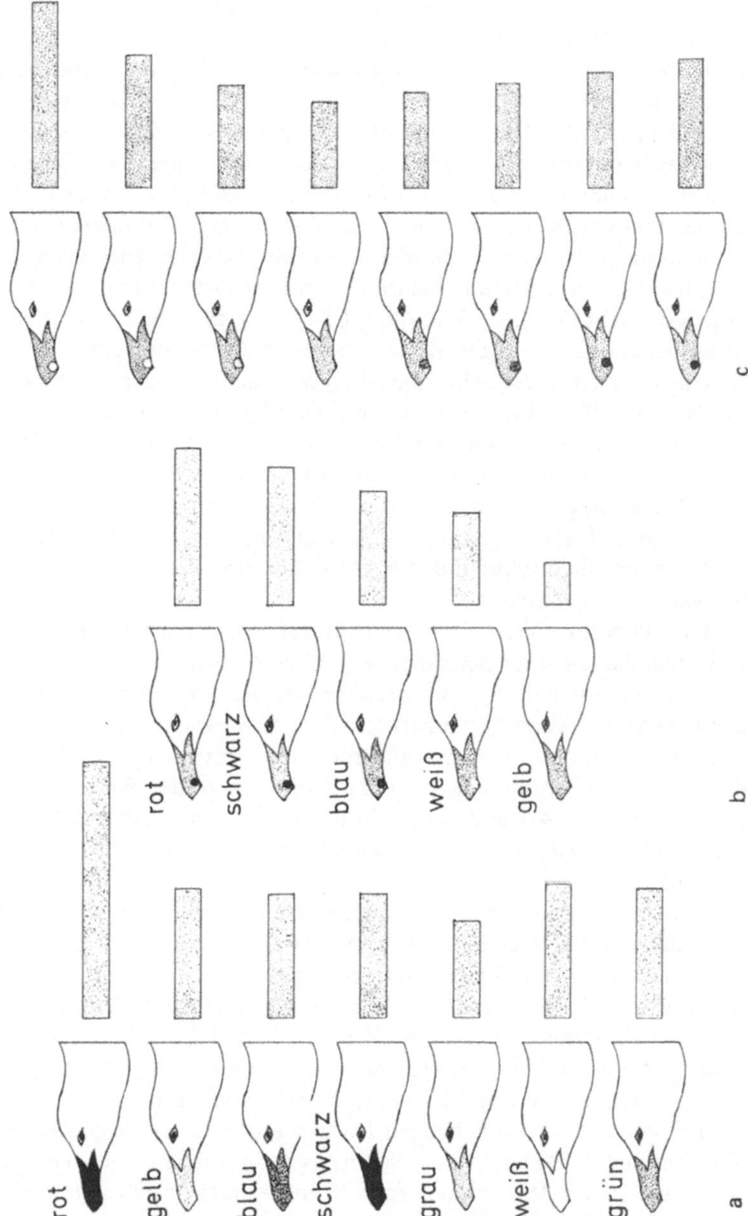

Abb. 3.9 a–c. Die drei Reihen von Attrappen, die bei Picktests von Möwenküken verwendet wurden; **a** mißt den Effekt der Schnabelfarbe, **b** den der Fleckfarbe (alle Schnäbel waren gelb) und **c** den Effekt der Kontrastveränderung zwischen Fleck und Schnabelfarbe (alle Schnäbel waren grau). Die Balkenlänge neben jeder Attrappe ist der Pickhäufigkeit proportional. (Tinbergen und Perdeck [470])

Dieser Vorzug für Rot muß jedoch nicht auf ein zentrales Filter zurückzuführen sein. In den Sinneszellen der Retina von Möwen und vielen anderen Vögeln sind häufig Tröpfchen von rotem, orangefarbenem und gelbem Öl vorhanden. Einfallendes Licht muß diese Tröpfchen durchdringen, bevor es das lichtempfindliche Pigment erreicht. Dadurch wird Licht vom blauen Ende des Spektrums z. T. ausgefiltert, während dies beim roten nicht der Fall ist. Dies bedeutet nicht, daß Vögel kein Blau sehen können, sondern lediglich, daß es dunkler erscheint als ein rotes Licht mit gleicher Intensität und daß es deshalb möglicherweise weniger Aufmerksamkeit erregt. Daher liegen womöglich Eigenschaften des AAM teilweise auch in der Retina der Möwenküken.

Dies mag zur Erklärung bei den genannten Arten, die Rot vorziehen, ausreichen, ist jedoch nicht die ganze Wahrheit. Es wurden zwei Arten von Seeschwalben untersucht, bei denen die jungen Küken entweder stärker auf schwarze als auf rote Schnäbel reagierten (Brandseeschwalbe [491]) oder Schwarz gleichermaßen attraktiv fanden (Rußseeschwalbe [114]). Es kann wohl kein bloßer Zufall sein, daß die Erwachsenen dieser beiden Arten schwarze Schnäbel haben; der Schnabel bei der Rußseeschwalbe ist völlig schwarz, der bei der Brandseeschwalbe hat eine gelbe Spitze. Es ist der Retina sicher unmöglich, Schwarz als Grellrot erscheinen zu lassen, vorausgesetzt, daß, wie in diesen Tests, der Kontrast mit dem Hintergrund ausgeglichen wird. Bei diesen beiden Schwalben schließt der AAM sicher eine zentrale Komponente ein, die auf Schwarz selektiv reagiert.

Die allgemeine Verbreitung von Öltröpfchen in der Retina von Vögeln läßt darauf schließen, daß die roten Schnäbel der großen Mehrheit von Möwen und Seeschwalben darauf angepaßt sind, bei ihren Küken, für die Rot die grellste Farbe ist, eine möglichst starke Reaktion hervorzurufen. Aus dem gleichen Grund sind Blüten, die von Vögeln bestäubt werden, fast alle rot. Beim Fütterungsverhalten der Erwachsenen dient noch eine Anzahl anderer Faktoren, wie z. B. der Winkel, in dem der Schnabel gehalten und die Art und Weise, in der er hin- und herbewegt wird, dazu, die Aufmerksamkeit der Küken auf die Schnabelspitze zu lenken, wo die Nahrung dargeboten wird.

Bei der Mehrheit der Möwen reichen die Filtereigenschaften der Retina zur Erklärung aus, und wir müssen dem AAM keine weiteren zuschreiben. Das Küken pickt auf den auffälligsten Gegenstand vor seinen Augen. Die Belanglosigkeit von Farbe und Form des Kopfes der Eltern ist wohl darauf zurückzuführen, daß er sich am Rande des Wahrnehmungsfeldes des Kükens, dessen Aufmerksamkeit auf die Schnabelspitze gerichtet ist, befindet. Weidmann [491] nimmt an, daß die Küken der Lachmöwe den Kopf der Eltern beim Picken nicht deutlich sehen können.

Bei den schwarzschnabeligen Seeschwalben ist die gegenseitige Anpassung von Auslöser und AAM noch einen Schritt weiter gegangen. Aus irgendeinem Grunde hat die Selektion die Beibehaltung roter Schnäbel nicht begünstigt, und die Reaktionsbereitschaft der Küken ist dem Wechsel zu Schwarz gefolgt*. Im AAM der Küken ist wohl

---

* Zumindest ist dies die einfachste Erklärung. Wenn man evolutionäre Vorgänge ohne fossile Beweise herleiten will, muß man auch eine umgekehrte Richtung der Argumentation berücksichtigen. Die ersten Möwen und Seeschwalben hatten vielleicht *alle* schwarze Schnäbel, und nur diese beiden Arten haben sie beibehalten.

eine zentrale Komponente für die Wahl von Schwarz vorhanden; Rot bleibt jedoch wegen der besonderen Eigenschaften der Retina für sie noch immer sehr attraktiv und nach Schwarz der beste Reiz.

Es gibt noch weitere Hinweise, daß zentrale Filter, die nicht durch Erfahrung beeinflußt werden, bei der Farbbevorzugung junger Vögel beteiligt sein können. Kear [262, 263] setzte frischgeschlüpfte Küken einer Reihe von Nestflüchtern (Vögel, die sofort nach dem Ausschlüpfen umherlaufen und picken) in eine Arena, in der sie auf Farbflecke picken konnten. Die meisten Arten zeigten starke Vorzüge, obwohl sie nie für das Picken auf eine bestimmte Farbe belohnt wurden. Kear bestätigte bei Mövenküken die Attraktivität von Rot. Auch Teich- und Bleßhuhnküken zogen Rot vor. Beide Arten erhalten zunächst Futter aus dem Schnabel der Eltern. Die Übereinstimmung mit der Schnabelfarbe der Eltern ist beim Teichhuhn gegeben (Rot); die jungen Bleßhühner ziehen jedoch auch Rot vor, obwohl der Schnabel der Eltern auffällig weiß ist. Fasanküken und die Jungen einiger Entenarten pickten sehr stark nach Grün, obwohl Grün für die anderen getesteten Vögel äußerst unattraktiv ist. Möglicherweise ist diese Vorliebe für Grün lediglich eine Reaktion auf Helligkeit, da die Augen von Enten und Fasanen für grünes Licht empfindlicher sind. Kear [263] fand, daß die Veränderung der Farbfläche Einfluß auf die relative Beliebtheit einiger Farben hatte. Die Entenjungen schienen jedoch Grün aufgrund der Farbe zu wählen. Hier mag eine Rolle spielen, daß sich Fasan- und Entenküken selbst ernähren müssen, sobald sie das Nest verlassen und die Nahrung meist aus grünen Pflanzen besteht.

Vor kurzem hat Oppenheim [374] die Farbbevorzugung von Stockentenküken sehr ausführlich untersucht. Wie Kear fand er eine starke Präferenz für Grün. Entenjunge werden daher von grünen Gegenständen, die sich von ihrem Hintergrund abheben, angelockt und bewegen sich nicht einfach zufällig auf ein grünes Gebiet zu. Oppenheim fand, daß der ursprüngliche Vorzug für Grün unbeeinflußt blieb, ob die Eier im Dunkeln ausgebrütet wurden und die Jungen in Dunkelheit ausschlüpften, oder ob er ein Fenster in die Eierschale machte und die Augen der Jungen schon viele Stunden vor dem Ausschlüpfen mit weißem oder gelbem Licht beleuchtete. Er konnte den Vorzug für Grün nicht allein auf Eigenschaften der Retina der Enten zurückführen.

All diese Beobachtungen lassen annehmen, daß Farbvorzüge in manchen Fällen eine vererbte Grundlage haben, die in das Zentralnervensystem „eingebaut" ist. Das nächste Beispiel beschäftigt sich mit selektiver Reaktionsbereitschaft auf andere Aspekte der optischen Wahrnehmung, mit Form und Bewegung.

Die Alarmreaktion auf einen fliegenden Freßfeind

Viele auf dem Boden nistende Vögel wie Enten, Gänse, Fasane und Truthähne stoßen Warnrufe aus und ducken sich, wenn ein Raubvogel über sie hinwegfliegt. Diese Reaktion ist bei einem Weibchen mit Küken besonders stark ausgeprägt. Truthahn-Weibchen breiten beim Rufen ihren Schwanz aus, und die Küken suchen darunter Schutz.

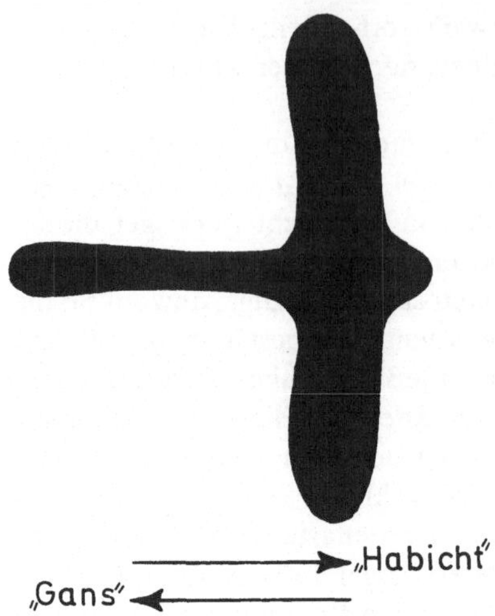

Abb. 3.10. Die bei Experimenten über die Alarmreaktion von Gänsen und Federwild benutzte „Habicht-Gans-Attrappe". (Tinbergen [460])

Tinbergen [460] beschreibt einige Experimente, die er 1937 mit Lorenz durchführte. Sie stellten eine Anzahl einfacher Umrisse fliegender Vögel aus Pappe her und ließen sie an einem Draht über ein Gehege „fliegen", in dem sich Gänse oder verschiedene andere Vogelarten befanden.

Sie zeichneten Erscheinung und Stärke von Alarmreaktionen auf und stellten fest, daß das allgemeine Kennzeichen für die wirksamsten Attrappen ein „kurzer Hals" war, der für die meisten Raubvögel charakteristisch ist. Im aufsehenerregendsten Experiment, das man, obwohl umstritten, schon als klassisch bezeichnen kann, wurde die in Abbildung 3.10 dargestellte Silhouette verwandt. Sie rief keine Alarmreaktion hervor, wenn sie mit dem langen Hals nach links flog (Nachahmung einer Gans), tat dies aber, wenn der kurze Hals voraus war (Nachahmung eines Habichts). Hier liegt eine Schlüsselreiz-Situation vor, in der die Form allein nicht entscheidend ist, sondern die Beziehung von Form und Bewegung. Es ist unwahrscheinlich, daß eine solche selektive Reaktionsbereitschaft lediglich auf die Eigenschaften der Retina der Vögel zurückzuführen ist.

Zahlreiche Kritiker bezweifelten, ob eine Reaktion auf eine solch komplexe Reizstruktur vererbt sein kann. Schneirla [424] gab für derartige Reaktionen eine allgemeine Erklärung. Sein Argument ist, daß alle Tiere, von den Protozoen aufwärts, dazu neigen, sich jeder Reizquelle mittlerer Stärke zu nähern – Ton, Licht, bestimmte Substanzen – und sich von starker, plötzlich auftretender Reizung abwenden. Er nimmt an, daß die Silhouette, die in der „Habicht"-Richtung fliegt, einfach deswegen alarmierender ist, weil sie einen breiten Führungsrand hat. Dadurch wird das Sehfeld des Vogels plötzlicher verdunkelt als durch die Silhouette der „Gans", die sich von einer schmalen Führungsseite allmählich verbreitert. Schneirla glaubt nicht, daß ein AAM an die Silhouette des Habichts besonders angepaßt ist, sondern sagt voraus, daß man mit einem einfachen Dreieck den gleichen Effekt erzielen kann, je nachdem, in welcher Richtung es bewegt wird. Er glaubt, daß mit einer Grundlinie voraus mehr Alarm hervorgerufen wird als mit einer Spitze.

Wir müssen alle Versuche, mit denen eine angeborene spezifische Reaktionsbereitschaft auf komplexe Reize gefunden wurde, kritisch prüfen, denn die Originalarbeiten geben zu einiger Kritik Anlaß. Erstens kann man nichts über die Beschaffenheit einer vererbten Reaktion auf eine „Habichtsform" aussagen, solange man nicht unerfahrene Vögel benutzt. Lorenz' und Tinbergens Vögel haben möglicherweise bereits vorher gelernt, wie ein Habicht aussieht. Zweitens beurteilten sie nur die Reaktion der Gruppe; Individuen können sich jedoch unterscheiden und durch das Verhalten der anderen beeinflußt werden.

Der erste Versuch wurde von Hirsch et al. [226] durchgeführt. Sie arbeiteten mit frisch geschlüpften Küken des weißen Leghorns (eine Hühnerzüchtung), zeichneten die Reaktionen jedes einzelnen Tieres auf und stellten fest, daß auf die Habichtsattrappe nicht mehr Alarm gegeben wurde als auf die der Gans. Als die Attrappen zum erstenmal über die Küken flogen, lösten sie zunächst einen mäßigen Alarm aus. Die Tiere gewöhnten sich jedoch recht schnell an sie und nahmen später kaum noch Notiz.

Tinbergen [464] und andere haben mit Recht argumentiert, daß es schwierig sei, vom weißen Leghorn auf Wildgänse zu generalisieren. Erstere können alle vererbten Reaktionen auf die Habichtsform nach vielen Generationen Domestizierung, in der keine Selektion in dieser Richtung stattfand, verloren haben. Melzack et al. [340] haben Experimente dieser Art mit wilden Stockenten-Küken durchgeführt. Sie konnten das ursprüngliche Ergebnis von Lorenz und Tinbergen insofern bestätigen, als daß etwa doppelt so viele unerfahrene Küken auf einen Habicht, der zum erstenmal über sie flog, Angstreaktionen zeigten, als auf die umgekehrte Attrappe, die als Gans flog. Wie Hirsch et al. [226] fanden sie jedoch auch, daß die Furcht der Küken vor jedem Modell abnahm, obwohl ihre Wachsamkeit nie nachließ und sie jede Attrappe, die über sie hinwegflog, mit den Augen verfolgten. Green et al. [176, 177] kamen zum gleichen Ergebnis – der Habicht löste bei unerfahrenen Küken mehr Alarmreaktionen aus als die Gans. Zusätzlich untersuchten sie Schneirlas Vorhersage im Hinblick auf einfach dreieckige Silhouetten und konnten sie nicht bestätigen – die Küken zeigten kaum Alarm, in welcher Richtung sie ein Dreieck auch fliegen ließen. Eine weitere Komplikation kam jedoch durch die Arbeit von Schleidt [420] mit Truthähnen hinzu. Er stellte fest, daß er mit Attrappen fast jeglicher Form, z. B. mit einem einfachen Kreis, die Alarmreaktion auslösen konnte, vorausgesetzt, daß sie mit der richtigen Geschwindigkeit flogen. Diese ist mit 5–10 Attrappenlängen pro Sekunde recht gering und entspricht gut der Fluggeschwindigkeit von Raubvögeln. Selbst eine winzige Attrappe von nur 2–3 cm Länge rief eine Reaktion hervor, wenn sie sich mit dieser Geschwindigkeit bewegte. Schleidt fand, daß Truthähne sehr rasch aufhörten, auf vertraute Attrappen zu reagieren, neue Formen beängstigten sie jedoch erneut, und zwar unabhängig davon, wie sie sich bewegten. Er nimmt an, daß die Gänse bei Lorenz und Tinbergen nicht auf langhalsige Attrappen reagierten, weil sie bereits an diesen Anblick gewöhnt waren; dies kann jedoch die Ergebnisse von Melzack und Green nicht erklären.

Es ist recht schwierig, die Ergebnisse all dieser Experimente mit der natürlichen Situation zu vergleichen. Die Alarmreaktion der Vögel in den Attrappenversuchen ließ nach, wie Habicht-ähnlich die Attrappen auch waren; in der Natur reagieren die Vögel jedoch immer auf Raubvögel, obwohl nur wenige von ihnen je von diesen angegriffen wurden. Der Grund für diesen Unterschied liegt wohl darin, daß die Attrappen immer am gleichen Ort und auf die gleiche Weise erschienen. Ferner werden Vögel in der Natur, wie Schleidt betont, kaum so häufig mit fliegenden Habichten konfrontiert wie im Experiment! Das seltene Auftreten von Habichten ist ein entscheidender Faktor für die Erhaltung der Reaktionsbereitschaft.

Zusammenfassend kann gesagt werden, daß es Belege für einen AAM bei Wildvögeln gibt, der sie befähigt, bereits bei der ersten Gelegenheit auf Raubvögel zu reagieren. Dieser AAM spricht bei verschiedenen Arten womöglich auf verschiedene Eigenschaften des Feindes an; dazu zählen kurzer Hals und relative Bewegungsgeschwindigkeit. Periphere Filterung ist hierbei wahrscheinlich nicht beteiligt.

Jeder Versuch, die Eigenschaften eines AAM zu analysieren, muß sowohl Sinnesphysiologie als auch Verhalten einschließen. Wenn der AAM überhaupt als Konzept angewandt werden soll, muß man die ganze Reihe von möglichen Filtern, angefangen bei den Sinnesorganen selbst, berücksichtigen. Das Ergebnis und Ziel der Filterung liegt darin, ein Tier mit bestimmten Reaktionen auf Schlüsselreize aus seiner Umgebung anzupassen. Diese können als besondere Auslöser entwickelt sein. Ihre Eigenschaften und die des AAM haben sich einander angepaßt. Das wichtigste ungelöste Problem liegt in der Beschaffenheit zentraler Filter. Es ist unwahrscheinlich, daß sie sich nur auf eine einzige Art von Mechanismus beziehen. Die Eigenschaften zentraler Filter, auf denen erlernte Unterscheidungen beruhen, haben wahrscheinlich vieles mit den Filtern der AAM gemeinsam, deren Entwicklung durch Gene bestimmt wird.

Die Experimente von Psychologen über die Erkennung von Gegenständen zeigen, daß ein Tier nicht auf alle Kennzeichen eines Objekts gleichzeitig reagiert. Vielmehr richtet es etwas, das man als zentralen „Aufmerksamkeitsmechanismus" bezeichnen kann, zunächst auf ein bestimmtes Merkmal – Helligkeit oder Farbe oder Form – und dann auf ein anderes [168]. Ein solcher Aufmerksamkeitsmechanismus hat eindeutig viele Eigenschaften mit den zentralen Filtern, die wir besprochen haben, gemeinsam. Es ist beeindruckend, wie die Veränderung der „Stimmung" eines Tieres eine Veränderung der Aufmerksamkeit bewirkt – ein Filter wird gehemmt, ein anderes aktiviert. Wenn ein Männchen des Ockerbindigen Samtfalters aus seiner Puppe ausschlüpft, reagiert es stark auf Blau und Gelb und findet so zu Blüten. Später, wenn es ein Weibchen anbalzt, reagiert es mit den gleichen Sinnesorganen vorwiegend auf Braun. Mit der Veränderung der „Stimmung" von Nahrungsaufnahme zu Balz ändert sich auch das Filter [460].

Kommunikation

Wie wir in diesem Kapitel bereits besprochen haben, gehen viele wichtige äußere Reize, auf die Tiere reagieren, von anderen Tieren aus – Reize von Freßfeinden oder Beute, Reize von Eltern, auf die die Jungen reagieren, Balzreize zwischen Geschlechtspartnern usw. Ferner gibt es genügend Beispiele, daß Tiere oft besondere Strukturen (Auslöser) und besondere Verhaltensmuster entwickelt haben, deren Hauptfunktion die Aussendung von Reizen zu einem anderen Tier ist. Mit anderen Worten, Tiere kommunizieren, und wir werden uns im Verlauf dieses Buches noch mit verschiedenen Aspekten der Kommunikation beschäftigen müssen. Eine ausführliche Behandlung dieser Thematik ist in Hinde [218, 219] und Sebeok [429] zu finden.

Es ist nicht einfach, „Kommunikation" zu definieren. Wie viele Wörter, die sowohl in der Fach- als auch in der Umgangssprache benutzt werden, hat Kommunikation mehrere Bedeutungen erhalten. Kommunikation schließt immer Information ein, und eine der weitgefaßtesten Definitionen würde daher lauten: „jede Übertragung von Information". Es ist durchaus berechtigt zu sagen, daß die verschiedenen Teile eines Computers miteinander kommunizieren und daß der Computer wiederum mit den Menschen, die ihn bedienen, kommuniziert. Eine solch weitgefaßte Definition ist jedoch für biologische Fragestellungen nicht sehr hilfreich. Wenn z. B. ein Rotkehlchen-Männchen ein anderes sieht, das in sein Revier eindringt, und sich daraufhin auf einen Zweig in dessen Nähe niederläßt, müßten wir nach obiger Definition daraus schließen, daß sowohl der Rivale als auch der Zweig mit dem Revierbesitzer kommuniziert haben.

Die meisten Biologen würden daher vorziehen, den Begriff auf die Informationsübertragung zwischen Tieren zu beschränken, doch bleiben auch dann noch Fragen offen. Sollen wir die Definition auf die Informationsübertragung *innerhalb* einer Art beschränken? Wenn wir dies nicht tun, müssen wir annehmen, daß das Gnu mit dem Löwen, der es verfolgt, kommuniziert und umgekehrt. In einer sehr hilfreichen Abhandlung über Definitionsprobleme nennt Burghardt [79] ein anderes Beispiel, das diesen Punkt noch anschaulicher macht. Ameisen legen bei der Futtersuche im allgemeinen Duftspuren, die ihre Nestgefährten aufnehmen und zu den Futterquellen verfolgen. Eine kleine Schlangenart (*Leptotyphlops*) entdeckt die Duftspuren ebenfalls und verfolgt sie zum Ameisennest zurück, wo sie die Brut vernichtet. Die meisten von uns betrachten wohl den Duft als ein Signal, das die Ameisen zur Kommunikation entwickelt haben, wir nehmen jedoch nicht an, daß die Ameisen mit der Schlange kommunizieren wollen.

Daher schränken wir unsere Definition ein, indem wir den Begriff „Absicht" mit hineinnehmen – eine gegenseitige Anpassung von Sender und Empfänger. Es ist zwar auch schwierig, Absicht an sich streng zu definieren, mit Vorsicht angewandt ist der Begriff jedoch hilfreich. Informationsübertragung ist oft nur „unbewußt" vorhanden und stellt eine zu gegenseitigem Nutzen entstandene Beziehung zwischen Tieren dar. Wir haben bereits die von Ethologen angenommene gegenseitige

Abb. 3.11 a u. b. Typische Körperhaltung bei **a** untergeordneten und **b** dominanten Rhesusaffen. (Hinde [219])

Anpassung zwischen Auslösern und AAM besprochen (S. 69). Auch der Begriff „soziales Signal" schließt mit Sicherheit eine kommunikative Funktion ein.

Wenn wir „Absicht" in dieser Weise benutzen, bedeutet dies, daß wir Kommunikation nicht einfach auf Informationsübertragung zwischen Mitgliedern derselben Art beschränken können. Die nektaranzeigenden Muster auf Blüten z. B. (vgl. Abb. 3.2 und S. 62) kommunizieren mit Bienen, und zwar zum gegenseitigen Vorteil. Der Skunk kommuniziert mit potentiellen Freßfeinden, indem er ihnen sein Hinterteil zuwendet und seinen Schwanz hebt. Das Klappern der Klapperschlange dient einer ähnlichen Funktion.

Nicht alle, die sich mit Kommunikation bei Tieren beschäftigen, wenden die hier entwickelte Definition an. Sowohl Altmann [8] als auch Hinde und Rowell [221] untersuchten z. B. soziale Kommunikation bei Rhesusaffen und versuchten, ihre optischen Signale zu beschreiben – die erste Untersuchung nennt etwa 50, letztere nur 22. Der Grund für diese Diskrepanz liegt in der unterschiedlichen Anwendung des Begriffes Kommunikation. Altmanns Definition von sozialer Kommunikation ist „ein Prozeß, bei dem das Verhalten eines Individuums das Verhalten anderer beeinflußt". Dies kann durch alle Arten von Bewegungen oder Haltungen geschehen, z. B. durch den Anblick eines fressenden Affen. Hinde und Rowell anderseits wenden eine Definition an, die der obigen zwar ähnlich, aber enger gefaßt ist. Sie klassifizieren nur solche Signale als optisch, die sich wahrscheinlich auch zur speziellen optischen Informationsübertragung entwickelt haben. Obwohl wir uns in dieser kurzen Behandlung von Kommunikation nur auf speziell entwickelte soziale Signale beschränken wollen, müssen wir jedoch auch sehen, daß Tiere sehr viel Information auf die von Altmann beschriebene Weise erhalten. Wir haben bereits die verschiedenen Reize eines dominanten Affenmännchens erwähnt (S. 68), auf die andere Tiere in seiner Horde reagieren. Seine allgemeine Körperhaltung und die Art sich fortzubewegen, vermitteln bereits Information und zwar getrennt von anderen Signalen wie z. B. Drohbewegungen (vgl. S. 162). Fast jedes seiner Körpermerkmale steht in krassem Gegensatz zu denen eines untergeordneten Männchens (vgl. Abb. 3.11). In solchen Fällen kann die Entscheidung schwierig sein, ob die Absicht zu kommunizieren vorhanden ist oder nicht; insbesondere bei Primaten können soziale Signale nicht immer mit Sicherheit identifiziert werden.

Wir wollen unsere Besprechung von Kommunikation anhand dreier Fragen gliedern.
1. Wie erhalten soziale Signale ihre Bedeutung?
2. Was wird weitergegeben?
3. Wie können wir feststellen, ob Kommunikation stattfindet?

Wie erhalten soziale Signale ihre Bedeutung?

Ein Überblick über Kommunikation im Tierreich (sehr gut in den zentralen Kapiteln von Marler und Hamilton [333] und Brown [73] dargestellt) zeigt, daß die verschiedenen Gruppen mehr oder weniger in der Art der von ihnen benutzten Signale je nach der Entwicklung ihrer besonderen Sinnesorgane spezialisiert sind. Ferner besteht eine gute Korrelation zwischen den Eigenschaften eines Signals und seiner Funktion.

Berührungsreize sind in vieler Hinsicht der grundlegendste Kommunikationskanal, da alle Lebewesen auf physischen Kontakt reagieren, sie können jedoch nur in begrenztem Maße Information übertragen. Bei vielen Invertebraten findet soziale Interaktion vor allem durch taktile Kommunikation statt, z. B. bei den blinden Arbeiterinnen einiger Termitenkolonien oder bei Regenwürmern. Bei den Invertebraten ist Berührung eng mit der Wahrnehmung von chemischen Substanzen verbunden, da Tastorgane, wie die Antennen, oft auch mit Chemorezeptoren ausgestattet sind. Soziale Insekten vermitteln durch eine Kombination taktiler und chemischer Signale sehr viel Information (vgl. Kap. 8, S. 260). Taktile Kommunikation ist auch bei vielen Vertebraten von Bedeutung, insbesondere bei Säugetieren, bei denen einige sozialere Arten viel Zeit in gegenseitigem körperlichen Kontakt verbringen. In der Mehrheit dieser Fälle stellen diese Körperkontakte wohl keine speziellen sozialen Signale dar; der Austausch taktiler Reize zwischen zwei Mitgliedern einer Gruppe vermittelt wahrscheinlich eher ganz allgemeine Information über deren so-

ziale Beziehung, wie z. B., wenn ein Affe einen anderen pflegt (vgl. S. 281 und Abb.
8.9, S. 280).

Taktile Kommunikation kann aufgrund ihrer Beschaffenheit nur in der nächsten Umgebung wirksam werden. Die langen Antennen von Schaben und Hum-
mern dienen als „Fühler", die es ihnen ermöglichen, die Welt in der Entfernung
einer Körperlänge zu erkunden, was die relativ größte Reichweite für Tastsinn darstellt. Die anderen Sinnesmodalitäten, Sehen, Hören und Riechen, erlauben Kommunikation über eine weit größere Entfernung. Schall und Geruch haben den zusätzlichen Vorteil, daß sie durch kein natürliches Hindernis, wie z. B. eine dichte
Vegetation, aufgehalten werden können. Daher sind Signale, die große Entfernungen zurücklegen sollen, meist Rufe oder speziell produzierte Düfte.

Die Struktur der Schallsignale ist eng an ihre Funktion angepaßt. Rufe mit
niedriger Frequenz durchdringen dichte Vegetation am besten, und deshalb sind
die Laute von Vögeln in tropischen Wäldern meist so beschaffen. Hooker und Hooker [231] beschreiben die tiefen, flötenähnlichen Rufe des Afrikanischen Flötenwür-
gers, bei dem Männchen und Weibchen in Form eines „Duetts" rufen, während sie
sich im dichten Wald verborgen halten. Marler [330] betonte, daß die Rufe vieler
Primaten, die in tropischen Wäldern leben, ähnlich angepaßt sind, um über große
Entfernungen zu reichen. Wir haben bereits die Eigenschaften eines idealen Warn-
rufs besprochen und erwähnt, wie sich mehrere Vogelarten im Laufe der Evolution
zu einem optimalen Schallsignal einander angepaßt haben. In der Besprechung von
Evolution, Kapitel 6, S. 220, werden wir nochmals auf dieses Beispiel zurückkommen.

Die Situation, in der ein Schallsignal hervorgebracht wird, kann auch zu seiner
Ausbreitung beitragen. Die Reviergesänge von Vögeln werden meist von einem erhöhten Gesangsposten aus abgegeben, was den Wirkungsbereich vergrößert. Feld-
vögel, wie Lerchen und Pieper, singen während des Fluges über ihrem Revier.

Schall wird im Wasser weniger abgeschwächt als in der Luft; Wassertiere benutzen ihn daher zur Kommunikation. Die Entwicklung des Unterwasser-Mikrophons
machte es möglich, die erstaunliche Vielfalt von Schallsignalen zu entdecken, die
von Fischen und Walen erzeugt werden. Die bemerkenswerte Untersuchung von
Buckelwalen durch Payne und McVay [379] läßt annehmen, daß ihr „Gesang" von
anderen Walen in Entfernungen von Hunderten von Kilometern wahrgenommen
werden kann! Dies ist bei der Kommunikation von Tieren sicher der Entfernungs-
rekord.

Bei Insekten und Säugetieren sind chemische Signale besonders gut entwickelt
(Schneider [423] und Wilson [505] geben einen guten Überblick für Insekten und
Ralls [388] für Säugetiere). Einer der Nachteile chemischer Kommunikation liegt in
der Schwierigkeit, das Signal rasch zu verändern – normalerweise kann aus Duft
kein bestimmtes Muster erzeugt werden, was dagegen bei Schall und optischen Signalen leicht möglich ist. Folglich werden die meisten chemischen Signale dazu benutzt, eine einzige, relativ unveränderliche Botschaft zu überbringen. Viele Säugetiere kennzeichnen ihr Revier oft an bestimmten Stellen mit Duftmarken. Mit Duft
wird auch die Fortpflanzungsbereitschaft von Säugetierweibchen, die besondere

chemische Substanzen absondern, wenn sie im Oestrus, d. h. paarungsbereit sind, angezeigt. Dieses Signal entspricht dem Duft, der von unbegatteten Mottenweibchen produziert wird (vgl. S. 74). Derartige chemische Substanzen, die nach außen abgesondert werden, um Fortpflanzungsverhalten anzuregen, werden als *Pheromone* bezeichnet.

Wilson [505] und andere haben die Anpassung der chemischen Struktur der Duftsubstanzen an ihre Funktion erläutert. Geschlechtspheromone und Reviermarkierungen sollten in ihrer Wirkung andauern, daher müssen ihre Bestandteile ein relativ hohes Molekulargewicht haben. Es darf jedoch nicht zu hoch sein, sonst ist es schwierig, diese Bestandteile auszuscheiden und zu verteilen. Die Pheromone von Motten bilden einen Kompromiß zwischen anhaltender Wirkung und guter Verteilung. Bei günstigen Windverhältnissen werden sie von den Männchen aus einer Entfernung von 4–5 Kilometern erkannt. Andererseits dürfen die chemischen Substanzen von Ameisen, die als Alarmsignal verwendet werden, in ihrer Wirkung nicht lange anhalten; wäre dies der Fall, dann könnte die augenblickliche Gefahrenquelle nicht genau lokalisiert werden. Diese Duftsubstanzen sind flüchtig und verteilen sich gut über eine kurze Entfernung von 3–5 cm, verschwinden jedoch innerhalb einer Minute oder weniger unter das Erkennungsniveau.

Optische Signale können nur über eine relativ geringe Entfernung wirken, zumindest wenn sie detaillierte Information übertragen sollen. Einfache Alarmsignale bestehen oft aus einem Aufleuchten von Weiß – der „Spiegel" bei Rehen und die „Blume" bei Hasen. Optische Kommunikation ist für Vertebraten und cephalopode Mollusken besonders typisch, da beide gute Augen haben. Interessant ist, daß Farbsehen außer bei den meisten Säugetieren im Prinzip allgemein vorhanden ist. Die Stammesgeschichte der Säugetiere schließt viele Millionen Jahre als nächtliche Insektenfresser ein, wobei Farbsehen keine Vorteile brachte und sich daher schließlich verlor. Die leuchtenden Farbmuster einiger Fische, Reptilien und Vögel stehen in auffälligem Gegensatz zum einheitlichen Grau, Schwarz und Braun der meisten Säugetiere. Ausnahmen, die wieder über Farbsehen verfügen, sind einige Eichhörnchen und die Primaten; bei ihnen finden wir auch wieder blaue, rote, grüne und gelbe Farbmarkierungen.

Die Arthropoden können sehr gut Farben sehen, da sie aber klein sind und ihre Komplexaugen keine gute Auflösung von Formen erlauben, ist bei ihnen die optische Kommunikation nicht sehr verbreitet. Farbsignale werden z. B. jedoch beim Balzimponieren von Schmetterlingen und Winkerkrabben verwendet. Die Leuchtkäfer haben eine besondere Art optischer Kommunikation entwickelt, die über große Entfernungen wirksam ist – bei Nacht signalisieren sie mit ihrem eigenen Licht.

Im Hinblick auf natürliche Situationen ist es nicht sehr realistisch, die verschiedenen Sinnesmodalitäten voneinander zu trennen, wie wir es gerade getan haben. Tiere haben wirkungsvolle Kombinationen z. B. von Hören und Sehen entwickelt. Folgende Beschreibung aus Nelson [364] (vgl. auch Abb. 3.12) vermittelt einen lebhaften Eindruck, wie Männchen der Fregattvögel die Aufmerksamkeit der Weibchen erlangen und sie zu ihrem Nest locken.

Abb. 3.12. Ein Fregattvogel-Männchen bei der Balz auf seinem Nest. Das Weibchen ist *links*. Weitere Erklärung im Text. (Nelson [364])

„Das Balzimponieren der Männchen von *Fregata minor* besteht aus drei Hauptelementen: (1) Präsentieren des aufgeblasenen roten Kehlsackes bei zurückgeworfenem Kopf, der hin und her bewegt wird; (2) Vibrieren mit den gespreizten Flügeln, die silbrige Unterseite nach oben, und (3) eine zusätzliche Lautäußerung. Das Flügelzittern ist sehr eindrucksvoll, da sich Männchen, wenn sie ihre Balz direkt auf das Weibchen ausrichten, auf ihrem Nest drehen; das Ganze gibt den Eindruck von zwei großen schwarzen Armen mit einem roten Sack in der Mitte. Wenn sich ein Weibchen niederläßt, werden die Kopfbewegungen des Männchens heftiger und zusammenhanglos. Die Balz wird von Tönen und Schnabelklappern begleitet. Jede dieser drei auffälligen Komponenten ist an sich schon sehr eindrucksvoll, dies ist jedoch noch mehr der Fall, wenn sie von einer ganzen Gruppe von Vögeln ausgeführt werden.“

Was wird kommuniziert?

Wir haben bereits einige Arten von Information, die Tiere weitergeben, erwähnt; Warnrufe und Geschlechts-Pheromone sind Beispiele für Signale, die recht einfache Nachrichten übermitteln. In einer Abhandlung über Kommunikation bei Wirbeltieren schlägt Smith [441] vor, zwischen der Information, die der Sender in ein Signal legt, und dem, was der Empfänger daraus interpretiert, zu unterscheiden. Er bezeichnet dies jeweils als „Botschaft“ und „Bedeutung“. Beide sind nicht notwendigerweise identisch. Sehr oft entsteht eine Botschaft aus einer Veränderung des inneren Zustandes des Senders. Ein Buchfink-Männchen z. B. wacht in seinem Revier auf und beginnt zu singen. Seine Botschaft ist wahrscheinlich nicht mehr als ein Ausdruck seines Fortpflanzungszustandes. Der Empfänger kann jedoch aus dem

Gesamtzusammenhang mehr Information entnehmen: Der Sender ist ein fortpflanzungsfähiges Buchfink-Männchen und befindet sich in seinem Revier. Der Empfänger kann auch seinen Aufenthaltsort genau bestimmen und entsprechend reagieren. Je nach Jahreszeit läßt sich sogar feststellen, ob das Männchen einen Geschlechtspartner hat oder nicht (Männchen, deren Weibchen gerade brüten, singen weniger), und schließlich kann ein benachbarter Revierhalter aufgrund der spezifischen Gesangseigenschaften einen Sänger als A identifizieren, im Gegensatz zu B oder C. Dies ist natürlich eine Interpretation des Gesanges aus der Sicht des Menschen, die Bedeutung für andere Buchfinken ist wahrscheinlich weniger komplex; wir erhalten jedoch eine Vorstellung von der Information, die durch eine einfache Botschaft potentiell vermittelt werden kann.

In Kapitel 5, das sich mit Konflikt beschäftigt, werden wir weitere Beispiele für Signale besprechen, die Information über den inneren Zustand eines Tieres, insbesondere über seine Bereitschaft zu Angriff oder Flucht, mitteilen. Signale können eine ganze Reihe von Botschaften übertragen. Viele sind rein sexueller Art, wie die bereits beschriebenen Pheromone oder das Licht von Leuchtkäfern. Viele Signale dienen zum Austausch von Information zwischen Eltern und Jungen, wie z. B. Warnrufe und Rufe, mit denen um Futter gebettelt wird. Bei in Gruppen lebenden

Abb. 3.13. Meta-Kommunikation bei Löwen. Die Haltung des Männchens mit gesenktem Vorderkörper wird nur als Einleitung zum Spiel gezeigt. Er fordert das Junge zum Spiel auf und stößt es leicht, wenn es darauf eingeht. (Schaller: The Serengeti lion: a study of the predator-prey relations. Chicago: University of Chicago Press 1972)

Tieren sind oft Signale vorhanden, die ihnen helfen, gegenseitigen Kontakt zu halten, wobei möglicherweise keine besondere Botschaft eingeschlossen ist. Die meisten Vögel, die Schwärme bilden, verfügen über derartige Kontaktsignale, bekannte Beispiele sind die Rufe von Gänsen und Finken im oder kurz vor dem Flug. Die Rufe werden zunächst von einzelnen Vögeln ausgestoßen und sind wahrscheinlich ein Ausdruck der Flugmotivation. In *Er redete mit dem Vieh, den Vögeln und den Fischen* beschreibt Lorenz das „Treffen einer Entscheidung" bei einer Gänseschar auf dem Boden. Zunächst beginnt ein Vogel und dann vielleicht noch einige mit Flugrufen. Wenn diese allgemein übernommen werden, startet normalerweise die ganze Schar zum Flug. Wenn aber nur wenige reagieren, werden die ersten Rufer wieder ruhig und die Gänse bleiben auf dem Boden.

Es gibt einige interessante Beispiele für eine ganz bestimmte Art von Signal, dessen Bedeutung darin liegt, nachfolgende Signale zu modifizieren. Dieses Phänomen wurde als **Meta-Kommunikation** bezeichnet und ist am besten aus Spielsituationen bei Karnivoren und Affen bekannt. Abbildung 3.13 zeigt ein erwachsenes Löwenmännchen, das ein Junges zum Spielen auffordert. Seine Haltung mit gesenktem Vorderkörper tritt in keinem anderen Zusammenhang auf und bedeutet, daß alle folgenden aggressiven Bewegungen Spiel sind. Hunde nehmen fast genau die gleiche Haltung ein [45] und wedeln mitunter während spielerischer Kämpfe mit dem Schwanz (wie Darwin bereits in *The Expressions of the Emotions in Man and Animals* bemerkte). Affen zeigen in ähnlichen Situationen ein „Spielgesicht". Spielerische Aggression ist für die Entwicklung von Verhalten bei Karnivoren sehr wichtig, daher war es sicher notwendig, eine Übereinkunft zu entwickeln, die Übung von Anpirschen und Angreifen ohne echten Beschädigungskampf ermöglicht.

Signale mit abgestuften Intensitäten und nicht variable Signale

Abbildung 3.14 stellt verschiedene Stadien einer Imponiergebärde dar, die ein Schwarzkopfhäher bei Kämpfen zeigte. Offensichtlich ist die Reaktion abgestuft, und Brown [72] stellte fest, daß der Vogel in aggressiven Auseinandersetzungen um so stärkeren Widerstand zeigte, je größer der Winkel seines Federkamms war. Wenn der Vogel flieht oder auch bei der Balz liegt der Kamm flach. Die Abstufung von Signalen ist sicher mit vielen Vorteilen verbunden, da auch in ähnlicher Weise die Botschaften in ihrer Intensität abgestuft werden können. Die verschiedenen Rufe von Rhesusaffen z. B., die während aggressiver Auseinandersetzungen auftreten, zeigen in ihrer Abstufung sehr gut an, mit welcher Wahrscheinlichkeit der Rufer angreifen wird (Rowell [403]). Abbildung 5.8, S. 171 zeigt einen ähnlichen Versuch, die abgestuften Gesichtsausdrücke von Katzen zu interpretieren. Die Kommunikation durch Tanz bei Honigbienen, die wir noch ausführlich besprechen werden, ist ein weiteres Beispiel für ein abgestuftes Signalsystem, dessen Inhalt exakt mit seiner Form übereinstimmt.

Es bestehen jedoch einige Nachteile bei Signalen, deren Form sich entsprechend der Umstände ändert. Insbesondere wenn sie nur kurz gesehen werden, kön-

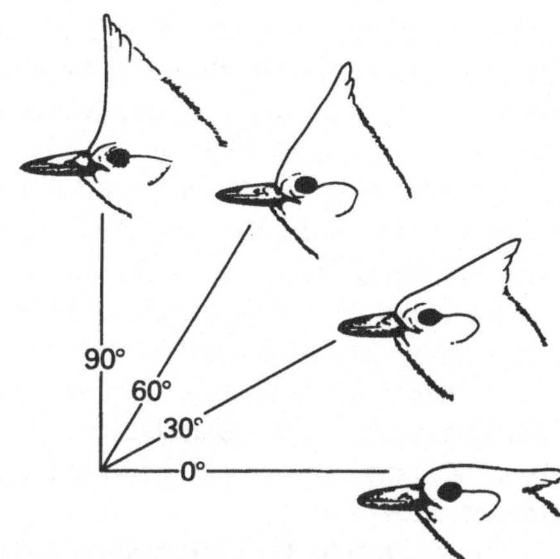

Abb. 3.14. Unterschiedliches Kammstellen bei einem Schwarzkopfhäher (*Cyanocitta stelleri*). Brown benutzte bei diesem abgestuften Signal den Winkel der Kammstellung als Anzeiger für aggressive Handlungstendenzen. (Brown [72])

nen sie für den Empfänger mehrdeutig sein. Viele Signale sind daher in ihrer Erscheinungsform festgelegt oder verändern sich nur wenig (vgl. die Besprechung „typischer Intensität", S. 212). Dazu zählen viele Warnrufe und viele sexuelle Signale, wie Pheromone von Weibchen oder der Gesang von Grillen- und Zikadenmännchen, die dazu dienen, die Geschlechter zusammenzuführen. In solchen Fällen ist es sinnvoll, ein stereotypes Signal zu besitzen. Es wird nur dann hervorgebracht, wenn der Sender absolut paarungsbereit ist. Im Gegensatz dazu sind viele Balzgebärden bei Fischen und Vögeln, die in geringer Entfernung zum potentiellen Partner ausgeführt werden, abgestuft, da diesem recht detaillierte Information über Paarungsbereitschaft, Aggressivität und Furcht mitgeteilt werden muß (vgl. die Besprechung in Kap. 5, S. 181).

Es ist unvermeidlich, daß die Unterscheidung zwischen abgestuften und festgelegten Signalen ungenauer wird, wenn wir uns Kommunikation näher anschauen. Wir haben bereits erwähnt (S. 61), daß Reize als „Pumpen" oder als „Auslöser" wirken können. Kommunikation kann offenbar auch als „Pumpsystem" ablaufen, bei dem sich die Effekte von Signalen allmählich aufstauen und die Antwortwahrscheinlichkeit des Empfängers erhöhen. Ein festgelegtes sexuelles Signal, wie die Balzverbeugung eines Taubenmännchens, hat sicher auch einen abgestuften Effekt auf das Weibchen, da das Signal über mehrere Tage sehr oft wiederholt werden muß, wenn es seine volle Wirkung erreichen soll. Schleidt [421] bezeichnet dies als „tonische Kommunikation" und führt weitere Beispiele dazu an. Vieles hängt von der Funktion der beteiligten Signale ab. Andere Arten festgelegter Signale müssen als Auslöser wirken, wie z. B. Warnrufe, und das Verhalten des Empfängers sofort ändern, wenn sie von Nutzen sein sollen.

Kommunikationssysteme von Tieren verfügen nicht über die unbegrenzten Möglichkeiten der menschlichen Symbolsprache. Sie müssen sich sehr stark auf bestimmte Situationen und auf Signalkombinationen verlassen, um die übertragene Informationsmenge zu erhöhen. Die Anzahl von Informationseinheiten ist sogar bei den Primaten – unseren engsten Verwandten – relativ begrenzt, obwohl ihre Lernfähigkeit und lange Erfahrung in gegenseitiger Gesellschaft (Abb. 3.11 und S. 85) bedeuten, daß ihre sozialen Interaktionen oft sehr gut entwickelt sind. In Kapitel 7, S. 248 werden wir die Versuche, Schimpansen eine Symbolsprache beizubringen, besprechen. Es ist bemerkenswert, daß diese Tiere zwar die komplexen Gesten einer menschlichen Zeichensprache lernen können, Schimpansen in freier Natur jedoch nur wenige Gesten zeigen. Betteln mit ausgestreckter Hand kommt recht häufig vor; Menzel [341] hat während vieler Beobachtungsstunden jedoch nie gesehen, daß Schimpansen mit einer Bettelgeste zur Annäherung aufforderten. Dies war eines der ersten Zeichen, die ein junger Schimpanse bei der Dressur lernte (Gardner und Gardner [164]).

Ein vielbeachteter Unterschied zwischen menschlicher und tierischer Kommunikation liegt in der Möglichkeit der Irreführung. Menschen können täuschen, die Kommunikation bei Tieren jedoch ist so sehr ein direktes Ergebnis ihres eigenen inneren Zustands, daß Irreführen als unmöglich erscheint. Wir können uns z. B. nicht vorstellen, daß ein Vogel einen falschen Alarmruf abgibt. Man kann jedoch einwenden, daß die Augenflecken auf den Flügeln der Motte irreführen. Sie repräsentieren keinen inneren Zustand, sondern sind lediglich ein Auslöser, jedoch einer, der zur Täuschung von Freßfeinden entwickelt wurde. Die zahlreichen Insekten (und andere Tiergruppen), die als Parasiten in Ameisennestern leben, geben alle ihren Ameisenwirten falsche Signale (oft übernormale Signale), aufgrund derer sie ins Nest gelassen werden (vgl. Hölldobler [229]). Der „Trick mit dem gebrochenen Flügel“, mit dessen Hilfe einige auf dem Erdboden nistende Vögel, wie z. B. Kiebitze, Freßfeinde von ihrem Nest weglocken, ist schwerer zu verstehen. Wir wissen zu wenig über den inneren Zustand des Vogels bei diesem Verhalten. Wahrscheinlich ist bewußte Täuschung nicht daran beteiligt, es handelt sich wohl vielmehr erneut um eine „List“ der Evolution.

Das bemerkenswerteste Beispiel evolutionär entstandener Irreführung betrifft die Leuchtkäfer. Die ungepaarten Weibchen von *Photuris versicolor* geben als Antwort auf das Leuchten der Männchen ihre artspezifischen Leuchtmuster ab, worauf die Männchen zu ihnen kommen und mit ihnen kopulieren. Hat sich ein Weibchen gepaart, so leuchtet es nicht mehr, und während der beiden folgenden Nächte ändert sich ihr Verhalten. Sie nimmt mit erhobenen Vorderbeinen und geöffneten Mandibeln eine räuberische Haltung ein. Jetzt beginnt sie erneut zu leuchten, jedoch nicht mit dem Kode ihrer eigenen Art. Sie leuchtet mit dem für eine verwandte kleinere Art der Gattung *Photinus* typischen Muster. Wenn sich nun die *Photinus*-Männchen als Antwort darauf nähern, tötet sie diese und frißt sie auf! Lloyd [301, 302], der diese außerordentliche Art der Täuschung entdeckte, hat die *Photuris*-Weibchen treffend als „Femmes-Fatales“ bezeichnet.

Wie können wir feststellen, ob Kommunikation stattfindet?

Bisher sind wir davon ausgegangen, daß soziale Signale Auslöser für entsprechende Reaktionen sein können. Von der Evolution her müssen wir annehmen, daß die Kommunikationssysteme bei Tieren funktionieren. Wenn wir keine Messungen vornehmen, erfahren wir jedoch kaum etwas über ihre Wirkungsweisen und Grenzen.

Viele Interaktionen zwischen Mitgliedern einer Art schließen eine Vielfalt von Signalmöglichkeiten ein. Oft helfen Experimente, bei denen Attrappen eingesetzt werden oder die in die normale Reizgebung eingreifen, bei der Identifizierung der entscheidenden Kennzeichen eines Kommunikationssystems – und dies ist der erste Schritt zu einer genauen Analyse. Wir haben bereits einige Attrappenexperimente beschrieben (Abb. 3.3 und 3.9), die bewiesen, daß die rote Brust eines Stichlings-männchens und der Schnabelfleck einer Silbermöwe in bestimmten Situationen Hauptbestandteile ihrer Kommunikation sind. In analoger Weise haben Experimente, die zeigten, daß sich Grillenweibchen einem Lautsprecher, aus dem der Gesang von Männchen kam, näherten, die Wirksamkeit akustischer Kommunikation bei Insekten bewiesen. Viele Experimente mit den Geschlechtspheromonen bei Motten lieferten ebenfalls eindeutige Ergebnisse – es gibt wohl keine anderen Reize von Weibchen, die über solch große Entfernungen wirksam sind.

Bei einigen Kommunikationsformen sind jedoch noch weitere Einzelheiten wichtig. Bei monomorphen Vogelarten – Männchen und Weibchen sehen gleich aus – ist die Identifizierung der Geschlechter mit Problemen verbunden. Der einzige auffällige Unterschied zwischen Männchen und Weibchen des Goldspechts, einer amerikanischen Spechtart (*Colaptes auratus*), ist der kleine schwarze „Schnurrbart" des Männchens (vgl. Abb. 3.15). Noble [367] fing das Weibchen eines Paares ein und steckte ihm einen „Schnurrbart" aus schwarzen Federn an. Das Männchen griff sie darauf sofort an und jagte sie aus dem Revier. Nachdem der Schnurrbart entfernt war, wurde sie jedoch gleich wieder als Geschlechtspartner anerkannt. Die Tatsache, daß die Reaktion des Männchens von diesem Merkmal völlig abhängig war, zeigt, daß der Signalwert des Schnurrbarts alle anderen Erkennungsmerkmale übertrifft.

Smith [440] hat ein äußerst bemerkenswertes Beispiel zwischenartlicher Kommunikation bei vier in der Arktis nistenden Möwenarten untersucht. Diese Vögel sind alle vorwiegend weiß und haben einen grauen Rücken. Für den menschlichen Beobachter sind sie schwer voneinander zu unterscheiden; das einfachste Unterscheidungsmerkmal ist wohl das Muster ihrer Flügelspitzen. Genaue Prüfung zeigt jedoch auch Unterschiede in ihrer Augenfarbe. Zum einen variiert die Farbe der Iris, und zum anderen ist, noch auffälliger, der pigmentierte Hautring um die Augen, der unter den geöffneten Lidern zu sehen ist, verschieden gefärbt. Smith fing einige Möwen ein, und es gelang ihm, ihre Augenringe in der für eine andere Art charakteristischen Farbe anzumalen. Geschah dies zu Beginn der Paarungszeit, so wurden die normalerweise voll wirksamen Paarungsbarrieren zwischen den Arten aufgehoben. Ferner trennten sich bereits gebildete Paare oft wieder, wenn die Farbe

Abb. 3.15. Die Köpfe von Männchen (*links*) und Weibchen des Goldspechts. Der schwarze „Schnurrbart" des Männchens ist das entscheidende Kennzeichen bei der Identifizierung der Geschlechter

des Augenringes zu Beginn der Brutzeit geändert wurde, blieben aber zusammen, wenn die Veränderung später geschah. Bei diesen Möwen hängt demnach die Erkennung der Geschlechtspartner entscheidend von der Farbe der Augenringe ab.

Die Identifizierung der bei der Kommunikation benutzten Reize ist der erste Schritt, der zweite ist die Messung der Effektivität solcher Reize; dies ist nicht immer einfach. Oft kann man nicht feststellen, ob keine Reaktion bedeutet, daß der „Empfänger" die Botschaft des „Senders" nicht wahrgenommen hat, oder ob er lediglich aus irgendeinem Grunde nicht reagieren konnte. Dies ist sogar bei sozialen Signalen schwierig, die – wenn sie überhaupt funktionieren – normalerweise eine sofortige Reaktion hervorrufen.

Für sorgfältige und wiederholte Beobachtungen sozialer Verhaltensweisen bei Tieren gibt es keinen Ersatz. Man muß die Wirksamkeit eines Signals aus der Antwort des „Empfängers" bestimmen. In Kapitel 5 werden wir einige solcher Analysen für feindliche Begegnungen zwischen Vögeln beschreiben (vgl. S. 172); hier können wir Chalmers' [88] Arbeit mit der Meerkatze als hilfreiches Beispiel heranziehen.

Meerkatzen sind Affen, die in afrikanischen Wäldern vorkommen. Chalmers beschrieb einige ihrer akustischen und optischen Signale und testete mit der eben

Tabelle 3.1. Verhalten einer dominanten Meerkatze gegenüber einer untergeordneten, nachdem die untergeordnete (a) präsentiert hat und (b) nicht präsentiert hat

Verhalten	Dominantes Tier greift nicht an	Dominantes Tier greift an
(a) Dominantes Tier nähert sich dem untergeordneten, das präsentiert	53	0
(b) Dominantes Tier nähert sich dem untergeordneten, das weder präsentiert noch eine andere Geste zeigt noch einen Laut abgibt	21	9

Tabelle 3.2. Anzahl feindlicher und friedlicher Begegnungen, wenn sich die Meerkatzen einander ohne oder mit Grunzen näherten

Verhalten	Feindlich	Friedlich
Annäherung ohne Grunzen	19	25
Annäherung mit Grunzen	21	30

dargestellten Methode deren Wirksamkeit bei der Kommunikation. Er mußte eine große Anzahl von Begegnungen zwischen verschiedenen Individuen beobachten, um genügend Vergleichsmaterial für Begegnungen mit und ohne Signal zu erhalten. Ein übliches optisches Signal ist das „Präsentieren", wenn untergeordnete Affen – beiderlei Geschlechts – einem dominanteren Tier ihren Rücken zuwenden und es zum Besteigen „auffordern" (vgl. Abb. 8.10 und die Besprechung auf S. 174 und 283). Präsentieren wurde oft als Beschwichtigungsgebärde zur Angriffshemmung interpretiert (S. 174). Tabelle 3.1 zeigt, was geschieht, wenn sich ein dominantes Tier einem untergeordneten nähert, je nachdem, ob dieses präsentiert hat oder nicht.

Nach Präsentieren folgte sehr viel weniger Angriff (auf dem 0,1-%-Niveau statistisch signifikant), und damit scheint das Signal des untergeordneten Tieres tatsächlich seine Wirkung zu haben. Chalmers untersuchte auch die Effekte eines Rufes von Meerkatzen, ein tiefes, wiederholtes Grunzen, das oft ausgestoßen wurde, wenn sich die Affen einander näherten. Das Grunzen scheint die Wahrscheinlichkeit einer feindlichen Begegnung zu verringern, was sich aus den Daten von Tabelle 3.2 ergibt.

Diese Ergebnisse sind zwar überzeugend, jedoch können sie – wie Chalmers selbst betont – allein kein schlüssiger Beweis für Kommunikation durch Präsentieren oder Grunzen sein. Ein Affe kann womöglich auf andere Weise feststellen, ob ein dominantes Tier angreift oder nicht und präsentiert nur gegenüber letzterem. Affen, die nicht angreifen, könnten bei der gegenseitigen Annäherung grunzen, während sich feindliche Affen ruhig einander näherten. Diese Erklärungen treffen wahrscheinlich nicht zu, wir können sie jedoch erst in weiteren Untersuchungen aller Zusammenhänge, in denen diese Signale auftreten, ausschließen.

Die „Tanzsprache" der Honigbiene

Es gibt keine bessere Möglichkeit, diesen Abschnitt über Kommunikation abzuschließen, als die „Tanzsprache" der Honigbiene darzustellen. Sie ist nicht nur eines der bemerkenswertesten Kommunikationssysteme bei Tieren überhaupt, sondern war auch vor kurzem Ursache für eine anhaltende Kontroverse, die aus den eben besprochenen Problemen von Messung und Interpretation entstand.

Die Tatsache, daß Bienen über Blütenbestände kommunizieren müssen, war schon seit Jahrhunderten bekannt. Heute wird damit jedoch immer der Name Karl

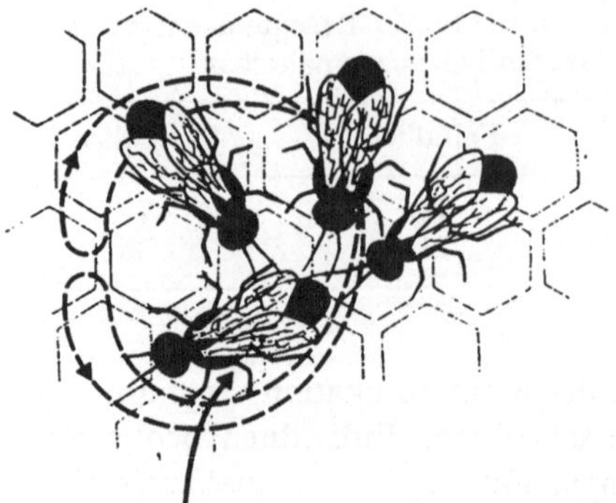

Abb. 3.16. Der „Rundtanz" einer Bienenarbeiterin (*Pfeil*) auf der vertikalen Fläche der Wabe: ihre Bahn wird durch *gestrichelte Linien* angezeigt. Man beachte, wie dicht ihr andere Arbeiterinnen folgen

von Frisch verbunden, der als erster das Wesen dieser Kommunikation aufdeckte. In seinem Buch [156] gibt er einen Überblick über das ganze Tanzsystem. Wie andere vor ihm hatte von Frisch festgestellt, daß es oft viele Stunden dauerte, bevor eine Biene eine bereitgestellte Zuckerlösung fand, sich niederließ und sie aufsaugte. Hatte jedoch eine einzelne Biene einmal die Quelle entdeckt, so kamen innerhalb weniger Minuten viele andere Sammlerinnen – die Information war irgendwie weitergeleitet worden. Von Frisch benötigte etwa zwanzig Jahre sorgfältiger Beobachtung und viele Experimente, bis er mit der Ausarbeitung des Kommunikationssystems von Bienen zufrieden war. Seine Ergebnisse waren so außergewöhnlich und unvergleichlich, daß er selbst sagte, kein guter Wissenschaftler solle sie ohne weitere Bestätigung akzeptieren. Nach dem Zweiten Weltkrieg bestätigten andere Zoologen von Frischs Ergebnisse und nahmen gemeinsam mit ihm einige letzte Experimente vor, so daß heute keinerlei Zweifel mehr über die „Tanzsprache" der Biene an sich besteht.

Von Frisch markierte Sammlerinnen, die an einem Schälchen mit Zuckersirup saugten, und beobachtete ihr Verhalten anschließend, nachdem sie zum Stock zurückgekehrt waren (zu diesem Zweck benutzte er Beobachtungsstöcke mit Glasseiten). Normalerweise nimmt die Sammlerin mit einigen anderen Bienen auf der vertikalen Oberfläche der Wabe Kontakt auf, verteilt die mitgebrachte Zuckerlösung unter sie und beginnt anschließend zu tanzen. Betrachten wir nun zunächst den Fall, bei dem sich die Futterschale, die die Biene besucht hat, in einem Umkreis von 50 Metern zum Stock befindet. Ihr Tanz ist dann schnell und bildet in etwa einen Kreis mit dem Durchmesser ihrer Körperlänge. Die Biene dreht sich abwechselnd nach links und rechts im Kreis. Sie bleibt etwa auf derselben Stelle der Wabe und kann bis zu 30 Sekunden tanzen, bevor sie sich fortbewegt. Andere Sammlerinnen berühren den Körper der Tänzerin oft mit ihren Antennen und folgen genau ihren Bewegungen, indem sie selbst im Kreis laufen (Abb. 3.16). Dieser sogenannte „Rundtanz" stimuliert andere Arbeiterinnen, den Stock zu verlassen und in der Nähe Futter zu suchen. Er scheint die Information „sucht innerhalb von 50 Metern" zu übertragen. Er kann auch einige olfaktorische Kennzeichen mitteilen, da die Tänzerin einen eventuellen Duft der Nahrungsquelle an ihrem Körper und vielleicht sogar in der Zuckerlösung mit in den Stock bringt. Wenn das Zuckerschälchen keinen Geruch hat, kann die Sammlerin eine Duftmarke setzen, indem sie beim Saugen die Nasanoff'sche Duftdrüse ihres Hinterleibs öffnet.

Insofern ist der Bienentanz nicht sehr außergewöhnlich, da viele Ameisen und Termiten ähnlich „aufmerksam machendes" Verhalten zeigen und Pheromone besitzen, die helfen, die Nahrungssuche zu organisieren [505]. Das eigentliche Ausmaß des Kommunikationssystems bei Honigbienen wird erst deutlich, wenn die von der Sammlerin entdeckte Futterquelle weiter als 100 Meter vom Stock entfernt ist.

Wurden die Futterschälchen weiter als 50 Meter vom Stock aufgestellt, konnte von Frisch beobachten, daß sich die Form der Rundtänze allmählich änderte. Zwischen den Wendungen wurde ein kurzer, geradliniger Lauf eingeschaltet, bei dem die Tänzerin ihren Hinterleib schnell hin- und herbewegte. Bei einer Entfernung von etwa 100 Metern wurde der typische „Schwänzeltanz" ausgeführt (vgl. Abb. 3.17). Diese Form des Tanzes blieb bestehen, auch wenn das Schälchen noch weiter, bis zu 5 Kilometern und mehr, entfernt wurde. In neueren Arbeiten wurde gefunden, daß die Biene während des Schwänzellaufs Schallpulse ausstößt (Esch et al. [146]). Von Frisch nahm an, daß dieser Schwänzeltanz noch viel mehr Information überträgt und von den Nachläuferinnen, die jeder Bewegung der Tänzerin folgen, „nachgelesen" wird.

Mit Sicherheit beinhaltet der Schwänzeltanz Information über Entfernung und Richtung der Futterquelle, wobei Entfernung mit bestimmten Merkmalen des Tanzes in Beziehung steht. Von Frisch maß die Geschwindigkeit seiner Ausführung und stellte fest, daß sie mit zunehmender Entfernung abnimmt, zunächst sehr stark und dann allmählich. So werden in 15 Sekunden 9–10 vollständige Kreisläufe ausgeführt, wenn die Nahrung 100 Meter entfernt, aber nur 2, wenn sie 6 Kilometer entfernt ist. Ebenso nehmen Anzahl der Schwänzelbewegungen und Dauer des Schwänzellaufs mit der Entfernung zu. Schließlich erhöht sich auch die Dauer der während des Schwänzeltanzes ausgestoßenen Schallpulse mit der Entfernung. Von Frisch konnte nicht feststellen, welcher dieser möglichen Entfernungsanzeiger für die Nachläuferinnen von Bedeutung war.

Das bemerkenswerteste Kennzeichen des Schwänzeltanzes ist wohl seine Beziehung zur *Richtung* der Futterquelle. Die kleine südostasiatische Biene *Apis florea* ist mit der Honigbiene eng verwandt. Sie baut eine einzelne vertikale Wabe mit einer Plattform am oberen Ende. Lindauer [297] beschreibt, wie sie auf dieser Plattform ihren Schwänzeltanz ausführt. Der Schwänzellauf verläuft in *Richtung* der Futterquelle, d. h., er dient als Zeiger. Gelegentlich tanzen auch Honigbienen auf einer flachen Plattform am Eingang des Stockes, und dann zeigt ihr Tanz, wie bei *Apis florea*, direkt zur Futterquelle (Abb. 3.17a). Von Frisch beobachtete den Bienentanz jedoch an seinem normalen Ausführungsort, der vertikalen Oberfläche der Waben im Stock. Hier stellte er fest, daß die Richtung des Schwänzellaufs während eines Tanzes beibehalten wurde und daß sie bei allen Sammlerinnen, die am selben

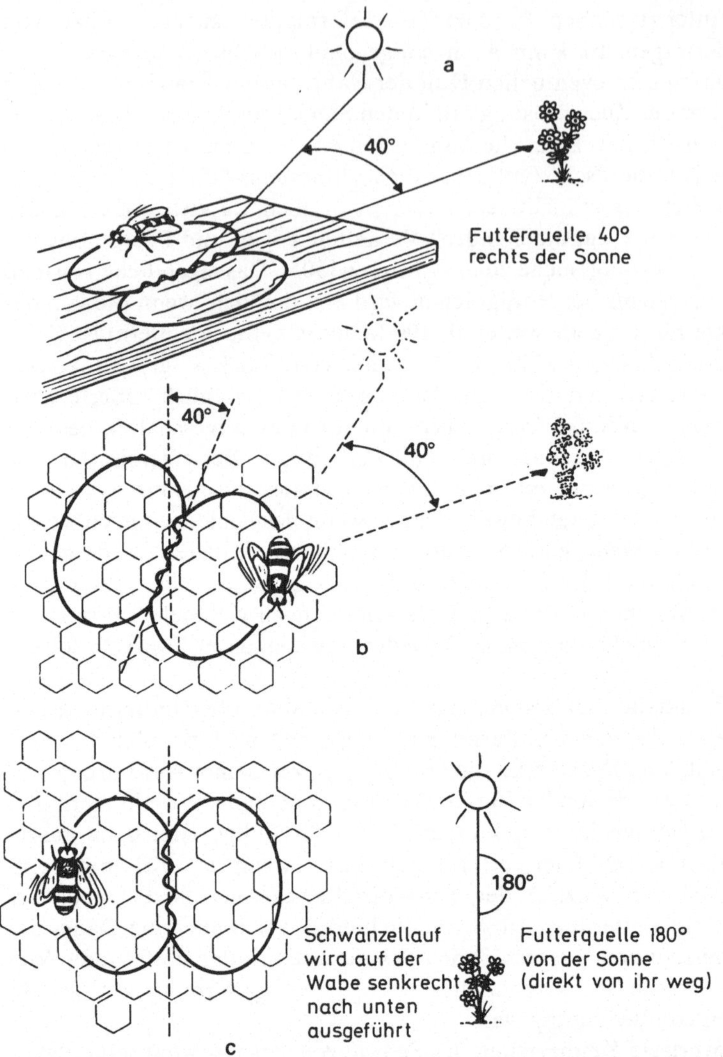

Abb. 3.17 a–c. Der „Schwänzeltanz" der Honigbiene: weitere Einzelheiten werden im Text gegeben. **a** Gelegentlich wird der Tanz auf dem horizontalen Eingangsbrett zum Stock ausgeführt. Der Schwänzellauf „zeigt" direkt zur Futterquelle. **b** Auf der vertikalen Wabe entspricht der Winkel des Schwänzellaufs zur Senkrechten (Schwerkraftrichtung) dem Winkel der Futterquelle zur Sonne. **c** Zeigt die Übereinkunft der Honigbienen, daß der Schwänzellauf auf der Wabe senkrecht nach unten direkt von der Sonne weg bedeutet. Auf gleiche Weise bedeutet nach oben auf die Sonne zu. (Modifiziert nach Curtis, 1968, *Biology*, Worth, New York)

Futterschälchen waren, gleich war. Wenn andere Bienen von anderen Futterschälchen kamen, hatte ihr Schwänzellauf auch dann einen anderen Winkel, wenn die Entfernungen etwa gleich waren; dies wies sehr stark darauf hin, daß der Winkel mit der Richtung zusammenhing. Schließlich fand die entscheidende Beobachtung statt. Von Frisch zeichnete einen ganzen Tag lang Tanz für Tanz der Sammlerinnen auf, die von derselben Futterquelle zurückkehrten. Er stellte fest, daß sich die Richtung des Schwänzellaufs allmählich änderte, und zwar um 15° pro Stunde. Dies konnte nur eines bedeuten, daß die Richtungsangabe mit der Bewegung der Sonne zusammenhing. Abbildung 3.17 b und c zeigen, wie dies geschieht. Die Sammlerin benutzt, wie viele andere Insekten, die Sonne als Kompaß und meldet die Lage der Futterquelle mit Bezug zu ihr. Um zum Futter zu kommen, muß sie z. B. einen Winkel von 40° rechts der Sonne einhalten. Wenn die Biene auf der vertikalen Wabe tanzt, ist die Sonne nicht sichtbar, und sie überträgt den Winkel zur Sonne in den gleichen Winkel zur Schwerkraft. Die „Übereinkunft" der Honigbienen liegt darin, daß der Schwänzellauf senkrecht nach oben eine Richtung direkt zur Sonne bedeutet. Deshalb verläuft der Schwänzellauf der Sammlerin 40° von der Senkrechten nach rechts. Sie verändert diesen Winkel, um ihn der scheinbaren Bewegung der Sonne am Himmel anzupassen. Von Frisch hatte schließlich das Prinzip der Tanzsprache der Honigbienen entdeckt. Es gibt also auch noch ein anderes Tier, dazu noch ein einfaches Insekt, das – neben dem Menschen – auf symbolische Weise Information übertragen kann.

Von Frisch und Mitarbeiter waren von der kommunikativen Bedeutung des Tanzes überzeugt. Sammlerinnen folgten den Bewegungen der tanzenden Biene auf der Wabe, nahmen Tanzrhythmus und Orientierung auf und transformierten dann den Winkel zur Schwerkraft in den entsprechenden zur Sonne. Diese Aussage beruhte auf zahlreichen Experimenten, bei denen eine Reihe von Futterschälchen in einer bestimmten Anordnung aufgestellt wurden. Mit ihrer Hilfe sollte die Genauigkeit festgestellt werden, mit der beim Tanz anwesende Sammlerinnen dessen Informationsgehalt über Entfernung und Richtung interpretierten. Abbildung 3.18 zeigt zwei übliche Versuchsanordnungen. Mit einer Reihe von Schälchen in verschiedenen Entfernungen, aber in gleicher Richtung vom Bienenstock wurde Kommunikation über Entfernung untersucht, mit Schälchen, die in einem Bogen gleich weit vom Bienenstock entfernt waren, die Kommunikation über Richtung. Die Abbildungen zeigen auch typische Ergebnisse dieser Experimente. Die Anzahl der Besuche ist in der Nähe oder in Richtung des ursprünglichen Futterplatzes am größten und nimmt nach jeder Seite rasch ab. (Weitere Einzelheiten der Experimente im Abbildungstext.)

Diese Ergebnisse wurden allgemein als überzeugender Beweis dafür anerkannt, daß das wirkungsvolle Kommunikationssystem der Tanz sei. Nach einer Reihe von Experimenten (vgl. Wells und Wenner [495]) schlugen Wenner und Mitarbeiter jedoch eine Alternativhypothese vor: daß nämlich der Tanz die Sammlerinnen lediglich zum Ausschwärmen und Suchen veranlaßt, und sie die Nahrung dann aufgrund des Geruchs finden.

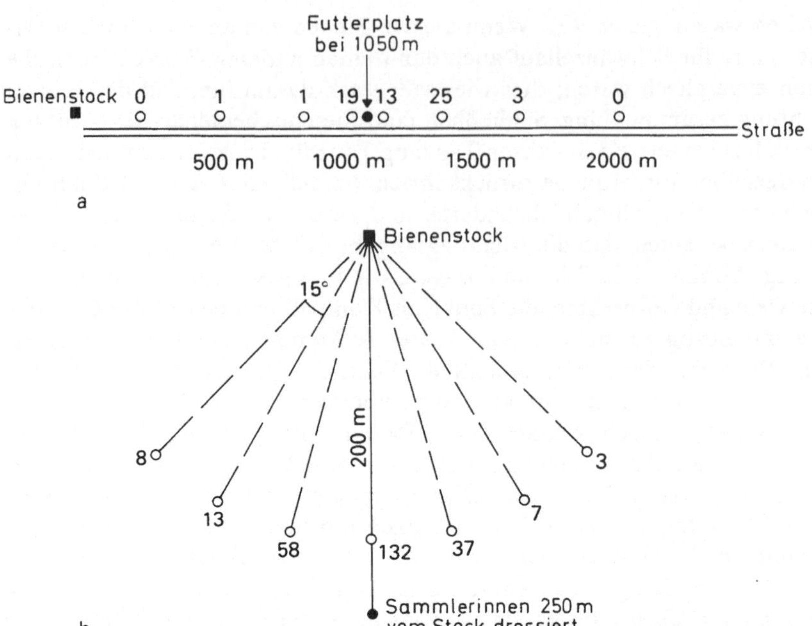

Abb. 3.18 a u. b. Durch von Frisch und Mitarbeiter ausgeführte Experimente zur Kommunikation über Entfernung und Richtung im Schwänzeltanz der Honigbiene. **a** Entfernungstest. Sammlerinnen wurden auf ein Schälchen mit schwach duftendem Futter 1050 m östlich des Bienenstockes dressiert. Anschließend wurde eine Reihe duftender Schälchen ohne Nahrung in unterschiedlichen Entfernungen von 100 m bis 2000 m in der gleichen Richtung vom Stock aufgestellt. Die Erhöhung der Zuckerkonzentration am Futterplatz führte zum Tanz im Stock. Die Bienen, die zu den verschiedenen Duftschälchen kamen, wurden gezählt, jedoch nicht gefangen. Die Zahlen über den Schälchen geben die Anzahl der Besuche während des Tests an — die Schälchen in der Nähe des Futterplatzes wurden am meisten besucht. **b** Richtungstest. Der Vorgang ist ähnlich wie beim Entfernungstest, jedoch wurden hier die Duftschälchen in der gleichen Entfernung, aber in verschiedenen Richtungen vom Bienenstock aufgestellt. Die Schälchen in der Nähe der Dressurstelle erhielten die meisten Besuche. (Modifiziert nach von Frisch [156])

Vor der Besprechung dieser Hypothese müssen wir festhalten, daß Wenners Arbeitsgruppe mit von Frischs Befunden über die Form des Tanzes und seine Beziehung zu Richtung und Entfernung übereinstimmte, jedoch glaubte, daß diese Information nicht kommuniziert wird. Wenn dies so ist, warum hat sich dann überhaupt eine solch bemerkenswerte Beziehung entwickelt? Dieser Einwand scheint berechtigt, stützt sich allerdings nur auf das Argument, daß biologische Phänomene funktionell sein müssen. Wells und Wenner können mehrere Beispiele für Verhalten anführen, das sicher Information enthält, die jedoch von den Artgenossen nicht genutzt wird. Dethier [131] hat die Suchbewegungen von Fliegen beschrieben, die sie nach Entdeckung und Ausschöpfung einer kleinen Futterquelle – z. B. einem Tropfen Zuckerlösung – ausführen. Ihr „Tanz" kann einem menschlichen Beobachter Information über „Form" und Konzentration der Quelle mitteilen, andere Fliegen reagieren jedoch nicht darauf. Mit Sicherheit reagieren andere Bienen auf den Schwänzeltanz, Wenner vermutet mit seiner Hypothese jedoch, daß sie, wie die Sammlerinnen bei Ameisen, dazu angeregt werden, in der Nähe nach Futter zu suchen. Wenner stimmt mit von Frisch darin überein, daß die Sammlerinnen Duftspuren der Futterquelle, die an der Tänzerin haften, von dieser aufnehmen.

In ihrer allgemeinen Ausführungsform ähnelten die Experimente von Wenners Arbeitsgruppe denen von von Frisch. Die Sammlerinnen wurden mit einer Reihe von Schälchen konfrontiert um zu testen, wie sie Entfernung und Richtung herausfinden. Mehr Aufmerksamkeit wurde jedoch olfaktorischen Kennzeichen der Futterquelle und der Windrichtung, die herrschte, während die Bienen auf Suche waren, gewidmet. In einigen Experimenten hatten die Bienen die Wahl zwischen Futterschälchen an Stellen, die zuvor Duft hatten und durch die Tänze angezeigt worden waren, jetzt aber ohne Duft waren, und Schälchen, die noch nie besucht worden, aber gleich weit entfernt waren und Duft hatten. Die große Mehrheit der Sammlerinnen zog letztere vor, obwohl Tänzerinnen ihre Lage nicht hatten anzeigen können. Ein solches Ergebnis ist mit der Hypothese der Tanzsprache unvereinbar. Es ist jedoch bekannt, daß starke olfaktorische Reize im Bienenstock Sammlerinnen manchmal, sogar ohne Tanz, zum Ausschwärmen und Futtersuchen veranlassen. Die hohen Duftkonzentrationen in diesen Experimenten haben vielleicht in dieser Weise gewirkt, und da Tanz kaum beteiligt war, orientierten sich die Sammlerinnen mit Hilfe von Duftschälchen. Bienen können sicher sehr geringe Duftkonzentrationen wahrnehmen und können außerdem durch den Anblick von Bienen an Futterschälchen dorthin gelockt werden.

Während wir zur Geruchshypothese aus dem eben beschriebenen Experiment Alternativen anbieten können, gibt es zahlreiche, von Wenners Arbeitsgruppe durchgeführte Versuche, die überzeugend darlegen, daß Geruch bei der Bestimmung der von den Bienen besuchten Futterschälchen eine Rolle spielen muß. Auch erwies sich die Windrichtung in gewisser Weise als wichtig, was in von Frischs ursprünglichen Experimenten kaum beachtet wurde. In vielen seiner Experimente waren alle Schälchen mit Duft versehen, wir wissen jedoch, daß, selbst wenn dies nicht der Fall ist, Bienen ihre Nahrungsquellen mit ihrem eigenen Duft der Nasanoff'schen Drüse markieren.

Abbildung 3.19 zeigt einen der überzeugendsten Versuche zu dem Effekt, den Anblick und Geruch von Bienen, die sich bereits an Futterschälchen befinden, haben. Dabei wurde mit zwei benachbarten Stöcken gearbeitet, deren Bienen unterschiedliche Farbmuster hatten, so daß man sie leicht unterscheiden konnte. Etwa 200 Meter von den Stöcken entfernt wurden Futterstationen, wie in von Frischs Experimenten zur Untersuchung von Kommunikation über Richtung, fächerförmig aufgestellt; an allen Stationen befand sich mit Duft markierte Zuckerlösung. Die Sammlerinnen des Teststockes wurden lediglich auf die ursprüngliche Futterstation

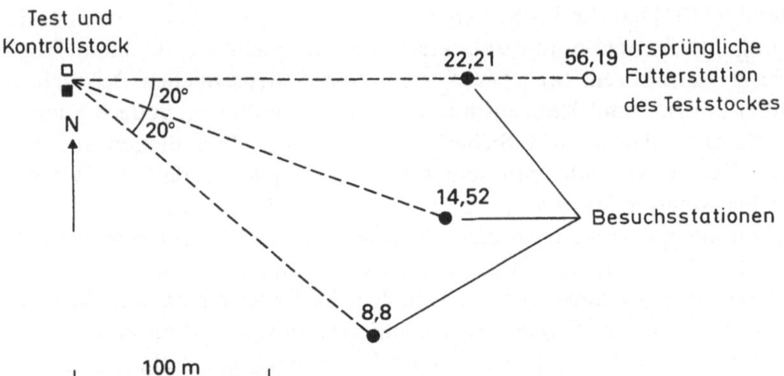

Abb. 3.19. Das im Text beschriebene Zwei-Stock-Experiment. *Die erste Zahl* neben jeder Station gibt die Besuche von Tieren aus dem Teststock in Prozent an; der Kontrollstock war während dieser Zeit abgeschlossen. *Die zweite Zahl* gibt die gleichen Daten an, allerdings als der Kontrollstock geöffnet und seine Tiere auch aktiv waren. Man beachte, wie stark die Besuche des Teststocks auf die mittlere der drei Besuchsstationen ausgerichtet sind, wenn der Kontrollstock geöffnet ist: diese Station war bei den Kontrollbienen am beliebtesten. Während des Tests blies der Wind mit 8 Knoten aus 140°. (Nachgezeichnet aus Johnson, D. L.: *Science*, *155*, 844–847, 1967)

dressiert, die aus dem Kontrollstock entsprechend auf die anderen drei Stationen, jedoch nicht auf die des Teststockes. Im Experiment wurde die Verteilung von Besuchen aus dem Teststock gemessen, (a) wenn der Kontrollstock geschlossen und (b) wenn er offen war. Alle Nachläuferinnen der ursprünglichen Sammlerinnen wurden gefangen, so daß sie nicht zu ihrem Stock zurückkehren konnten. Bei (a) konnten die Bienen aus dem Teststock nur durch die Tänze ihrer Sammlerinnen sowie durch ihren Anblick und den Geruch der Teststation gelenkt werden. Bei (b) kamen Anblick und Duft der Sammlerinnen sowie der Besucherinnen aus dem Kontrollstock an allen Besuchsstationen hinzu. Abbildung 3.19 zeigt, daß Bienen des Teststockes vorwiegend zur Teststation flogen, wenn nur ihr eigener Stock geöffnet war, sich aber gleichmäßiger verteilten, wenn auch die Kontrollbienen aktiv waren. Dieses Ergebnis läßt stark annehmen, daß Anblick und Geruch anderer Bienen unter bestimmten Umständen die Information durch Tanz übertreffen können. Zur Unterstützung dieser Annahme machen Wells und Wenner mit ihrer Kritik an der „Tanzsprache" darauf aufmerksam, daß Bienen beim Besuch einer Reihe von Futterschälchen viele Fehler zeigen (oft noch viel mehr als bei den in Abbildung 3.18 dargestellten Beispielen). Außerdem dauert es oft sehr lange, bis sie die Schälchen finden – länger, als ein direkter Flug aufgrund der genauen Positionsangabe durch den Tanz dauern würde. Derartige Verzögerungen und Irrtümer stimmen mit der Geruchshypothese gut überein.

Von Frisch selbst erkannte, daß Kommunikation durch die „Tanzsprache" nicht frei von Irrtümern ist, was Haldane und Spurway [193] quantitativ analysiert haben. Von Frisch spricht jedoch in vielen seiner Arbeiten von „genauer Information" oder

„exakter Ortung". Bei der Beobachtung eines Schwänzeltanzes fällt allerdings auf, daß sich der Winkel des geraden Laufs zwischen den Wendungen beachtlich verändert. Die Tänzerin befindet sich oft auf einer dicht bevölkerten Wabe und wird von anderen Bienen angestoßen. Wir können die Richtung aufeinanderfolgender Läufe vergleichen und einen entsprechenden Durchschnittswinkel errechnen. Vielleicht können dies auch die Nachläuferinnen, wir dürfen dann aber nicht erwarten, daß die Richtungsangabe völlig exakt ist. Ähnliche Fehler können auch bei Geschwindigkeit und Lauten auftreten, die die Entfernung angeben. Solche Fehler entwerten natürlich die Hypothese über die „Tanzsprache" in keinster Weise, noch beeinflussen sie die Wirkungsweise des Tanzes. Experimente mit kleinen, unauffälligen Futterquellen sind recht unnatürlich. In der Natur gehört die von der Tänzerin angezeigte Futterquelle normalerweise zu einer sehr viel weiter ausgedehnten Ansammlung von Blüten – z. B. eine Limonenplantage oder eine Sommerwiese. Nachläuferinnen finden solche Quellen recht leicht, auch wenn die durch den Tanz vermittelte Information nicht ganz exakt ist.

Nach einigen Jahren Auseinandersetzung in der Literatur (sehr übersichtlich und ansprechend von Gould [173] dargestellt) muß man sagen, daß für jede der beiden Hypothesen der letzte Beweis noch immer fehlt. Die Mehrheit unterstützte von Frischs Auffassung, da man nicht glauben konnte, daß die bewiesene Beziehung zwischen Ausführungsform des Tanzes und Lage der Futterquelle funktionslos sein solle. Die Kontroverse hätte an sich schon einfach entschieden werden können; fast alle Experimente ließen jedoch eine gewisse Unsicherheit zurück, und wenn sie nur darin bestand, daß die Geruchshypothese nur schwer völlig zu widerlegen ist, wenn Bienen Futterschälchen aufsuchen können. Es können immer Duftspuren zurückbleiben.

Man müßte eine Biene haben, die mit einem Schwänzeltanz Richtung und Entfernung einer Futterschale, die sie nie besucht hat, angibt. Die ideale Lösung wäre eine Bienen„attrappe", die man einen Tanz ausführen lassen könnte. Bisher wurden zwar etliche Versuche in dieser Richtung unternommen, es gelang jedoch niemandem, Bienen dazu zu bringen, einer Attrappe in entsprechender Weise zu folgen. Eine äußerst elegante Lösung des Problems wurde vor kurzem jedoch von Gould [173] vorgenommen. Er nutzte folgende Tatsache aus: Wird eine kleine, punktförmige Lichtquelle an der Seite der vertikalen Wabe angebracht, so betrachten die Bienen sie oft als Sonne. Dies bedeutet, daß tanzende Bienen diesen Lichtpunkt genauso behandeln wie die am Nesteingang tanzenden Bienen die Sonne (Abb. 3.17a) und ihren Schwänzellauf „direkt" nach der Futterquelle ausrichten. Daher bedeutet 40° rechts der Lichtquelle 40° rechts der Sonne, auch wenn der Tanz auf der vertikalen Wabe ausgeführt wird. Wenn nun die drei Ocelli, die einfachen Mittelaugen auf der Oberfläche des Kopfes, ausgeschaltet werden, so wird die Lichtempfindlichkeit einer Biene stark vermindert. Es muß sehr viel mehr Licht vorhanden sein, bevor sie ausschwärmen; sie beginnen viel später am Morgen und kommen früher am Abend zurück. Sie benötigen auch sehr viel stärkeres Licht auf der Wabe, nach dem sie ihren Tanz ausrichten können.

Mit Hilfe dieser Reizschwellenveränderung konnte Gould einen entscheidenden Test für die Hypothese der Tanzsprache erstellen. Er ließ Bienen mit ausgeschalteten Ocelli auf einer Wabe mit einer schwachen Lichtquelle tanzen. Sie reagierten jedoch nicht auf das Licht, sondern führten ihren Schwänzeltanz wie normal mit Bezug zur Schwerkraft aus. Ihre Nachläuferinnen mit normalen Ocelli behandelten dagegen das Licht als Sonne. Folglich wurden sie in eine falsche Richtung gelenkt und besuchten in einer fächerförmigen Anordnung Futterschälchen, die um den entsprechenden Winkel abwichen.

Gould ließ in seinen Experimenten die Tänzerinnen mit ausgeschalteten Ocelli immer wieder an demselben Schälchen fressen (dessen Geruch sich im Laufe der Zeit verfestigt haben mußte); die Nachläuferinnen wurden bei ihrer Ankuft an der Futterstelle betäubt. Alle 30 Minuten wurde das Licht auf der Wabe weiterbewegt, so daß auch der offenbar angezeigte Winkel verändert wurde. Die Ergebnisse waren eindeutig: die neuen Sammlerinnen wurden *tatsächlich* in einem entsprechenden Winkel in der Reihe der Futterschälchen abgelenkt. Dieses Ergebnis widerspricht völlig der Geruchshypothese und verteidigt von Frischs ursprüngliche Auffassung.

Es bleiben jedoch noch manche Fragen über die Einzelheiten des erstaunlichen Kommunikationssystems der Honigbiene offen. Zumindest sind wir heute in der Lage, sie klarer zu formulieren. Geruch ist sicher auch ein wichtiger Reiz; wir wissen jedoch, daß Information durch den Tanz, dem die Nachläuferinnen folgen, übertragen wird. Wir werden einige Aspekte der Evolution des Tanzes in Kapitel 6, S. 214 besprechen.

4 Motivation (Handlungsbereitschaft, „Trieb")

Man kann allgemein beobachten, daß ein Reiz, der einem Tier zu verschiedenen Zeiten gegeben wird, nicht immer die gleiche Reaktion auslöst. Innerhalb des Tieres muß sich etwas verändert haben – wir nehmen zusätzlich wirksame Variablen („stimmende Faktoren") an. Diese greifen zwischen zwei meßbare Größen ein, dem Reiz, den wir geben und der Reaktion, die wir erhalten, und beeinflussen die Beziehung zwischen beiden. Derartige Variablen können wir nicht direkt messen. Wie wir sehen werden, liefern uns physiologische Untersuchungen am Gehirn einige Informationen, die Sachlage ist jedoch sehr komplex, und in manchen Fällen haben wir noch keinen Anhaltspunkt über die tatsächlichen Eigenschaften dieser Variablen. Einige Verhaltensforscher lehnen es ab, stimmende Faktoren in ihre Arbeit einzubeziehen, und konzentrieren sich völlig auf direkt beobachtbare Verhaltensaspekte. Die meisten jedoch, die unter recht natürlichen Bedingungen mit Tieren arbeiten, haben die Notwendigkeit erkannt, stimmende Faktoren in Verhaltensuntersuchungen zu berücksichtigen. In diesem Buch haben wir bereits zwei Faktoren mit verschiedenen Eigenschaften erwähnt, die die Beziehung zwischen einem Reiz und der Reaktion, die er hervorruft, verändern. Dies waren „Ermüdung" (S. 9) und „Reifung" (S. 40). Ihnen können wir noch zwei weitere hinzufügen: „Lernen", das wir in Kapitel 7 behandeln, und „Motivation", mit der wir uns hier beschäftigen.

Wir können Veränderungen der Motivation in solchen Situationen erkennen, in denen wir die anderen genannten Faktoren ausgeschaltet haben, und immer noch spontane Veränderungen im Verhalten eines Tieres beobachten. Diese können z. B. eine Veränderung der Antwortschwelle für einen bestimmten Reiz darstellen. Manchmal kann schon ein sehr schwacher Reiz ausreichen, um eine starke Reaktion auszulösen; zu anderer Zeit haben viel stärkere Reize keine Wirkung. Wie in Kapitel 1 erwähnt, ist dies eine Eigenschaft, die Reflexe von komplexem Verhalten unterscheidet, da erstere eher eine konstante, niedrige Auslöseschwelle haben. Im Zusammenhang mit komplexem Verhalten findet man allgemein, daß nicht nur ein Reiz wirksam ist, sondern eine ganze Reihe von Reizen, die funktionell miteinander in Beziehung stehen. Auf diese Weise werden die Antwortschwellen eines Tieres auf alle Reize, die z. B. mit Futter, Freßverhalten oder sexuellen Reizen verbunden sind, gemeinsam steigen oder fallen. Daher sehen viele Forscher, insbesondere Ethologen, Motivationsveränderungen als höchst spezifisch an, da sie die Reaktion eines Tieres in eine bestimmte Richtung lenken. Entsprechend wird das Verhalten eines Tieres so organisiert, daß es ein bestimmtes Ziel erreicht. Wenn z. B. ein Hund für viele Stunden kein Futter erhält, läuft er unruhig umher. Er reagiert sehr stark auf den Geruch oder den Anblick von Futter oder auch auf den Anblick eines Futternapfes oder das Geräusch des Messerschärfens, von denen er weiß, daß sie mit Futter zusammenhängen. In dieser Situation kann er nicht mit einer Wasserschale oder einem Spielball abgelenkt werden, seine Unruhe hält an, bis er gefressen hat.

Es kann jedoch irreführend sein, nur von ganz spezifischen Motivationszuständen auszugehen. Wie wir bereits im letzten Kapitel erwähnten, kann jeder Reiz über die Formatio reticularis eine unspezifische Erregung auslösen. Das Tier wird dabei für eine ganze Reihe von Reizen antwortbereiter. Diese Veränderung können wir als Zunahme der „allgemeinen Motivation" oder, wie es viele Psychologen nennen, des „allgemeinen (An)triebs" bezeichnen. Obwohl dies eine sehr einfache Frage zu sein scheint, ist es jedoch sehr schwierig zu beweisen, ob Motivation eine allgemeine oder spezifische Erscheinung ist. Eine gute Diskussion dieses Problems ist in Kapitel 9 bei Hinde [217] (vgl. auch Grossman [183]) zu finden. Obwohl es mit Sicherheit falsch ist, Motivation für eine bestimmte Handlung als ein in sich geschlossenes System zu betrachten, nehmen wir im folgenden an, daß eine beachtliche Spezifität vorhanden ist und weiter, daß verschiedene Motivationssysteme in Wechselwirkung stehen. Wir werden erörtern, wie derartige Interaktionen das Verhalten beeinflussen.

Eine spezifische Motivation wird oft als „Handlungsbereitschaft" (für ein bestimmtes Ziel) bezeichnet; daher kann man den ungefütterten Hund im obigen Beispiel als sehr handlungsbereit für Fressen ansehen. Dieser Begriff muß mit Vorsicht angewandt werden, da wir Handlungsbereitschaft nicht direkt messen können. In der Regel messen wir lediglich die Reaktion eines Tieres auf verschiedene Reize. Wenn wir feststellen, daß der Hund sehr stark auf Futterreize reagiert, ist es besser zu sagen, daß er eine hohe Freßbereitschaft oder eine niedrige Auslöseschwelle für Freßverhalten zeigt, da wir dies eigentlich beobachten.

Bei uns Menschen sind spezifische Motivationszustände mit starken subjektiven Gefühlen oder Emotionen verbunden, wir wissen jedoch nicht, ob Tiere auf die gleiche Weise empfinden. Alles, was wir sagen können, ist, daß verschiedene physiologische Veränderungen im menschlichen Körper, die allerdings genauso bei Tieren vorkommen, bei uns mit Emotionen verbunden sind: z. B. wird der Mund trocken, Schwitzen setzt ein, der Herzschlag wird beschleunigt usw. Diese Veränderungen sind meist eine Folge der Ausschüttung von Adrenalin in den Blutkreislauf. Obwohl sich die Emotionen wie Ärger, Angst, Begierde subjektiv sehr stark unterscheiden, haben sie viele Eigenschaften dieser physiologischen Erregung, die den Körper auf jede Art heftiger Aktion vorbereitet, gemeinsam.

Da wir Emotion bei Tieren nicht messen können, müssen wir in der Regel aus der Verhaltensbeobachtung auf die Motivationslage schließen. Es ist unvermeidlich, daß hier ein subjektives Element ins Spiel kommt, da wir Motivation mit Bezug zu einer Funktion, die uns als angemessen erscheint, bestimmen müssen. Wenn ein Tier ein anderes angreift, schreiben wir dieses Verhalten aggressiver Motivation zu, wenn es frißt, denken wir an Futtermotivation usw. Eindeutige Fälle wie diese sind, nüchtern betrachtet, nicht sehr schwer zu verstehen, man muß jedoch eingestehen, daß nicht alle Verhaltensweisen so einfach interpretiert werden können.

Einige Charakteristika zielorientierten Verhaltens

Wir erwähnten bereits, daß eine bestimmte Motivationslage ein Tier dazu bringt, sein Verhalten auf ein bestimmtes Ziel zu richten. Wenn wir von der „Absicht zu kommunizieren" sprechen (vgl. vorheriges Kapitel), müssen wir daran denken, daß der Gebrauch des Begriffes „Ziel" bei Tieren problematisch ist. Er kann eine bewußte Absicht in ihrem Verhalten einschließen, die sich einige Forscher weigern, in Betracht zu ziehen. Wir können versuchen, „Ziel" objektiv zu gebrauchen, indem wir es als die Situation definieren, die das betreffende Verhalten beendet. Nach dem Fressen hört ein Hund auf, weiter nach Futter zu suchen. Wenn die Grabwespe *Philantus* ihren Nestgang fertig gebaut hat, hört sie auf zu graben usw. Diese Erklärung ist manchmal befriedigend, es gibt jedoch Situationen, in denen ein Tier seine Anstrengung, ein bestimmtes Ziel zu erreichen, vorzeitig beendet. Ein Hund z. B. hört auf zu fressen, weil er einen anderen Hund sieht, der sich nähert; die Grabwespe hört auf zu bauen, wenn es dunkel wird.

In einigen Fällen möchten wir gerne eine Definition von Ziel anwenden, die eine Art geistiger Vorstellung der erstrebten Situation beinhaltet. Amerikanische Experimentalpsychologen der Dreißiger Jahre standen dieser Frage gegenüber, als sie Ratten beobachteten, die lernten, ein Labyrinth zu durchlaufen. Eine Ratte kann lernen, in einen Teil eines Labyrinths zu gehen, um Wasser, und in einen anderen, um Futter zu erhalten. Wenn sie nach Wasserentzug in das Labyrinth gesetzt wird, durchläuft sie es entsprechend zum Wasser hin. Einige interpretieren derartiges Verhalten als eine Kette von Reaktionen auf die Reize, die durch die aufeinanderfolgenden Biegungen im Labyrinth gegeben werden. Andere dachten im Sinne eines „Erkennungsmusters", d. h. eines Zielkonzepts, das die Ratten zum Wasser führte.

Wir sind wohl dazu geneigt, zielstrebiges Verhalten eher bei Säugetieren anzunehmen als bei Grabwespen. Sicherlich kann man einen Computer so programmieren, daß es aussieht, „als ob" er absichtlich handelt; vielleicht sind die Reaktionen einer Grabwespe nicht komplexer. Wir werden wahrscheinlich nie die Existenz eines bewußten Zieles beweisen können, wollen jedoch das Wort „Ziel" weiterhin benutzen. Hinde und Stevenson [223] und Griffin [180] erörtern diese und andere Fragen, die sich auf die Möglichkeit von Bewußtsein bei Tieren beziehen.

Wenn wir verschiedene Motivationslagen betrachten, können wir recht oft drei Stufen im Verhalten eines Tieres beobachten:
1. Eine Phase des Suchens nach dem Ziel,
2. nachdem das Ziel gefunden ist, auf das Ziel gerichtetes Verhalten,
3. eine Ruhepause, die auf das Erreichen des Zieles folgt.

1. Die Suchphase wird in der Regel als die Phase des „Appetenzverhaltens" bezeichnet. Dies kann man am besten im Hinblick auf Freßverhalten beschreiben. Es kommt kaum vor, daß sich ein hungriges Tier lediglich erheben muß, wenn es fressen will. Es muß Futter suchen und kann dabei zahlreiche und verschiedene Verhaltensmuster zeigen. Dies ist bei Raubtieren, die ihre Beute aktiv jagen, besonders

auffällig. Ihr Jagdverhalten ist veränderlich und wird durch ihre vorherige Erfahrung stark modifiziert.

Es ist oft unumgänglich, wenn wir das tatsächliche Ziel noch nicht kennen, die Art des Appetenzverhaltens zu bestimmen. Tiere, die nach Futter, Wasser oder einem Geschlechtspartner suchen, können sich sehr ähnlich verhalten, in jedem Fall sind jedoch die Reize zur Beendigung des Suchverhaltens höchst spezifisch. Wie oben erwähnt, müssen wir mit unserer Interpretation vorsichtig sein, da für das Ziel irrelevante Ereignisse das Tier zur Veränderung seines Verhaltens veranlassen können.

2. Die zweite Phase ist deutlicher zu erkennen, da sich das Verhalten eines Tieres ändert, sobald die entsprechenden Zielreize wahrgenommen werden. Die variablen Suchmuster werden jetzt von einer Reihe auf das Ziel gerichteter Reaktionen, die oft stereotype, festgelegte Handlungsmuster sind, abgelöst. Sie werden als *Endhandlungen* bezeichnet. Fressen ist die Endhandlung der Nahrungssuche, Trinken für Durst, Kopulation für Sexualverhalten usw.

3. Auf Endhandlungen folgen normalerweise Ruhepausen, in denen ein Tier nicht mehr auf Reize des Zieles reagiert und kein weiteres Appetenzverhalten zeigt. Diese Ruhe bezieht sich natürlich nur auf eine Art von Verhalten; ein Tier kann jedoch nun ein anderes Ziel aktiv verfolgen. In einigen Fällen wird die Reaktionsbereitschaft wieder langsam aufgebaut, so daß zwischen der Zeit nach der letzten Endhandlung und der Erniedrigung der Antwortschwelle für gleiche Zielreize in etwa eine direkte Beziehung besteht.

Appetenzverhalten und Endhandlung sind nützliche Begriffe zur Beschreibung bestimmten Verhaltens, sie können jedoch in einem viel allgemeineren Rahmen angewandt werden.

Man kann z. B. das Nestbauverhalten einer Amsel auf diese Weise erklären. Die Amsel sucht zuerst große Zweige, um dem Nest eine Grundlage zu geben. Wenn diese fertiggestellt ist, werden die Seiten aus feinerem Material weitergebaut und schließlich wird das Nest mit feinem Gras und Haar ausgepolstert. Wir können dieses Verhalten klassifizieren, indem wir sagen, daß das fertige Nest zwar der letzte Zielreiz ist, daß aber auf dem Wege dahin eine Reihe von „Zwischenzielen" vorhanden sind – Nestgrundlage, Wände, Mulde etc. – von denen jedes sein eigenes Appetenzverhalten und seine eigene Endhandlung hat.

Dieses Schema kann auch auf verschiedene Muster des Freßverhaltens angewandt werden. Ein weidendes Pferd z. B. hat sein Futter buchstäblich zu Füßen. Die Phase des Appetenzverhaltens ist kurz oder gar nicht vorhanden, und das Endverhalten des Fressens kann sich über viele Stunden hinziehen, bis das Tier satt ist. Dies unterscheidet sich völlig vom Freßverhalten einer Meise, die winzige Insekten von Blättern pickt. Hier folgt keine Ruhepause auf jede Endhandlung, sondern eine weitere Phase von Appetenzsuchen. Nach einigen hundert solcher Folgen läßt das Appetenzverhalten jedoch nach.

Die Existenz eines identifizierbaren Zieles und eines danach gerichteten Appetenzverhaltens wurden manchmal als Beweis für die Annahme spezifischer Motivationszustände oder „Triebe" herangezogen. Einige Triebe werden als „biogen" bezeichnet, d. h., sie beziehen sich auf ein dringendes biologisches Bedürfnis. Jeder stimmt wohl zu, daß hierzu Fressen und Trinken gehören. Diese Verhaltensweisen passen sehr gut in das oben dargestellte Schema von Appetenzverhalten, Endhandlung und Ruhepause. Viele rechnen sicher auch den „Sexualtrieb" dazu. Zumindest bei Vertebraten paßt er auch recht gut in dieses Schema; es ist jedoch erstaunlich, wie sehr sexuelle Erregung in einigen Fällen von der äußeren Reizsituation beeinflußt werden kann, viel mehr als dies bei Fressen und Trinken der Fall ist. Hale [194] hat z. B. gezeigt, daß sogar geringe Veränderungen bei einem weiblichen Testtier ausreichten, um einen sexuell „erschöpften" Bullen zu einer nochmaligen Besteigung zu erregen.

Im allgemeinen nehmen Ethologen auch Angriffs- und Flucht-„Triebe" an. Wir werden sie im folgenden Kapitel im Zusammenhang mit Revierverhalten besprechen. Sehen wir von Raubtieren ab, bei denen der Angriff auf Beutetiere Teil ihres Freßverhaltens ist, dann zeigen Tiere normalerweise kein Appetenzverhalten für Angriff oder Flucht. Beide Verhaltensweisen hängen auch viel stärker von Außenreizen ab als Fressen und Trinken. Die Angriffstendenz steigt und fällt – Testosteron ist einer der Faktoren, die dies bewirken – zusätzlich wird sie jedoch durch bestimmte Reize sehr schnell erregt und zeigt keine einfache Beziehung zwischen Auslöseschwelle und Zeitdauer seit dem letzten Angriff. Flucht paßt mit Sicherheit nicht in das Standardschema; sie wird fast ausschließlich von Außenreizen kontrolliert. Abgesehen von dieser Kontrolle gibt es keinen Hinweis, daß die Fluchttendenz, außer als Ergebnis von Lernen, zu- oder abnimmt. Tiere hören schnell auf, auf Reize zu reagieren, die sie zuerst zwar alarmierten, die jedoch nicht mit schädlichen Konsequenzen verbunden sind (z. B. Vogelscheuchen). Neue Reize können jedoch wieder starkes Fluchtverhalten hervorrufen. Dies ist eine sehr sinnvolle Anpassung in der natürlichen Situation.

Schlaf, elterliches Verhalten und Erkundungsverhalten wurden alle einmal spezifischen „Trieben" zugeschrieben. Schlaf, von dem wir heute wissen, daß er mit einem besonderen Muster neuraler Aktivität und nicht Inaktivität verbunden ist, paßt oberflächlich gesehen recht gut in das Schema von Appetenzverhalten, Endhandlung und Ruhepause. Unter diesen Gesichtspunkten wurden bisher jedoch Schlaf und die anderen vermuteten Motivationszustände kaum betrachtet.

Experimentalpsychologen benutzen den Begriff „Trieb" eher in einem anderen Sinne, wenn sie sich auf „sekundäre" oder „erlernte (An)triebe" beziehen (ein „primärer (An)trieb" entspricht in ihrer Terminologie denen, die wir gerade besprochen haben). Miller [346] sagt, „Ein Kind, das keine Furcht vor Hunden hatte, lernt sie zu fürchten, wenn es gebissen wird. Dies zeigt, daß Furcht lernbar ist". Vom biologischen Standpunkt aus müssen wir jedoch eher annehmen, daß der spezielle *Reiz* gelernt und dadurch mit dem Fluchtsystem, das bereits bestand, verbunden wird.

Ist das „Triebkonzept" gerechtfertigt?

Bisher haben wir das Triebkonzept oder das Konzept spezifischer Handlungsbereitschaften ohne Kommentar beschreibend benutzt. Wir haben gesehen, daß das, was
als „klassisches Bild" der Ausführung eines „Triebes" bezeichnet werden kann, seltener vorkommt, als man aufgrund der Häufigkeit, mit der dieser Begriff in ethologischen Schriften auftaucht, annehmen könnte. Es ist besonders schwierig, im Verhalten von Invertebraten gute Beispiele zu finden. Wir werden nun genauer betrachten, wann und warum wir solch einen Begriff benötigen.

Die Schwierigkeit mit einem Begriff wie „Trieb" liegt darin, daß er etwas beinhaltet, was wir nicht wirklich rechtfertigen können. Er kann auf zahlreiche verschiedene Verhaltensphänomene ausgedehnt werden, die so falsch eingeordnet werden.
Hinde [213] diskutiert dieses Problem und nennt nicht weniger als sechs Phänomene, die gewöhnlich mit Hilfe von „Trieb" erklärt werden. Drei davon wollen wir genauer betrachten.

Schwankungen in der Reaktionsbereitschaft

Wir haben uns bereits mit diesem Phänomen allgemein beschäftigt. In einigen Fällen ist es leicht, Schwankungen in der Reaktionsbereitschaft auf regelmäßige Veränderungen des physiologischen Zustands eines Tieres zurückzuführen. Man muß nur
wissen, wann ein Tier zuletzt gefressen oder getrunken hat, um abschätzen zu können, wie stark es auf Futter oder Wasser reagieren wird. Fressen und Trinken liefern die deutlichsten Beispiele für Verhalten, das Teil eines Systems ist, das den
Körper in einem Gleichgewichtszustand hält. Wenn das System z. B. Wassermangel
feststellt, nehmen Appetenzverhalten und Reaktionsbereitschaft auf Wasser zu, bis
das Tier getrunken hat. Danach sinkt die Reaktionsbereitschaft, bis Wasser wieder
knapp wird.

Auch die sexuelle Reaktionsbereitschaft ist, insbesondere bei Tieren mit einer
festgelegten Paarungszeit, großen Schwankungen unterlegen; sie zeigen die meiste
Zeit des Jahres über keinerlei Sexualverhalten. Oft stimmt bei einem Tier die Konzentration der Geschlechtshormone im Blut recht gut mit dessen sexueller Reaktionsbereitschaft überein, vgl. S. 152. Unter dem Einfluß männlicher Geschlechtshormone nimmt auch aggressives Verhalten zu, so daß die Männchen stärker auf Reize
reagieren, die Angriffe hervorrufen.

Manchmal wird die Antwortschwelle für eine Reaktion so niedrig, daß die Endhandlungen bereits durch sehr schwache Reize ausgelöst werden können. Für die
Fälle, bei denen das Verhalten ohne äußere Reize zum Durchbruch kommt, benutzte Lorenz den Begriff „Leerlaufhandlung". Tinbergen [460] beschreibt zahlreiche Fälle dieser Art; so machte z. B. ein Star Fang- und Freßbewegungen, obwohl keine Fliege in der Nähe war. Wenn ein *L. striata*-Männchen kein Nistmaterial zur Verfügung hat, führt es in seinem Nistkasten alle Trag- und Plazierungsbewe-
gungen aus, ohne etwas im Schnabel zu haben. Im strengen Sinne kann eine Hand-

lung nie als „Leerlauf" bezeichnet werden, irgendein äußerer Reiz, wie gering auch immer, könnte als Auslöser vorhanden sein. Dieser Begriff lenkt allerdings die Aufmerksamkeit auf die extreme Erniedrigung der Auslöseschwelle, die auftreten kann.

Es ist keine Erklärung, all diese Beispiele von wechselnder Reaktionsbereitschaft einfach einer Veränderung eines „Triebes" zuzuschreiben. Wie schon erwähnt, liegt der Nachteil darin, daß wir so den Eindruck vermitteln können, derartige Veränderungen entstünden alle auf ähnliche Weise. In den meisten Fällen haben wir nur geringe Vorstellungen von den zugrundeliegenden Mechanismen. Wir wissen jedoch, daß es nicht immer dieselben sind. Von Geschlechtshormonen z. B. wurde oft gesagt, daß sie den „Sexualtrieb" erhöhen und damit die Reaktionsbereitschaft auf sexuelle Reizung verändern. Wir wissen, daß diese Hormone zentral auf Gehirnmechanismen wirken können (vgl. S. 150), sie beeinflussen jedoch die Handlungsbereitschaft auch durch Einflüsse auf die Peripherie. Beach und Levinson [43] fanden, daß Testosteron bei Rattenmännchen u. a. die Hautdicke an der Eichel des Penis verringert. Dadurch erhöht sich die Empfindlichkeit für Berührung und kann entsprechend die sexuelle Reaktionsbereitschaft einer Ratte erhöhen.

Wir nehmen an, daß in den meisten Fällen die aus einem Standardreiz resultierende und zum Gehirn weitergeleitete Information konstant bleibt, daß sich jedoch die Reaktionsbereitschaft im Gehirn ändert. Nur in seltenen Fällen können wir dies direkt beweisen. So haben z. B. die schönen Experimente von Dethier und Mitarbeitern gezeigt, daß dies tatsächlich für die Futteraufnahme der Schmeißfliege, *Phormia*, gilt (vgl. Dethier [132]). Wenn die Chemorezeptoren an ihren Füßen Zucker feststellen, wird die Ausstülpung des Rüssels in das Futter ausgelöst; weitere Sinnesorgane bestimmen dann, ob es eingesaugt wird oder nicht. Direkte Ableitungen von den sensorischen Nervenfasern dieser Sinnesorgane zeigen, daß sie sich immer gleich verhalten. Bei der ersten Berührung mit Zucker zeigen sie einen Entladungsausbruch, der jedoch auf die normale Spontanaktivität zurückgeht, wenn das Sinneshaar im Zucker bleibt – das Sinnesorgan adaptiert. Die Adaptationszeit und die Stärke der Anfangsentladung hängen von der Zuckerkonzentration ab. Niedrige Konzentrationen verursachen eine sehr kurze Anfangsentladung mit rascher Adaptation, hohe Konzentrationen führen zu anhaltend starker Entladung mit langsamer Adaptation. Dies gilt sowohl für satte als auch für hungrige Fliegen; eine hungrige Fliege reagiert jedoch eher auf eine verdünnte Zuckerlösung und saugt länger als eine, die gerade erst gefressen hat. Die Antwortschwelle der Fliege verändert sich bei Futtermangel, obwohl ihre sensorische Reizschwelle gleich bleibt.

Spontaneität des Verhaltens

Tiere beginnen oft recht spontan mit einer bestimmten Verhaltensweise. Ein Hund wacht z. B. von selbst auf, streckt sich und sucht nach Futter. Der Begriff „spontan" kann jedoch nie sehr zuverlässig angewandt werden. So kann der Hund z. B. durch Hunger, der über Nervenbahnen von seinem Magen übermittelt wurde, geweckt worden sein. Einige Verhaltensweisen zeigen allerdings ein sehr auffälliges Maß an

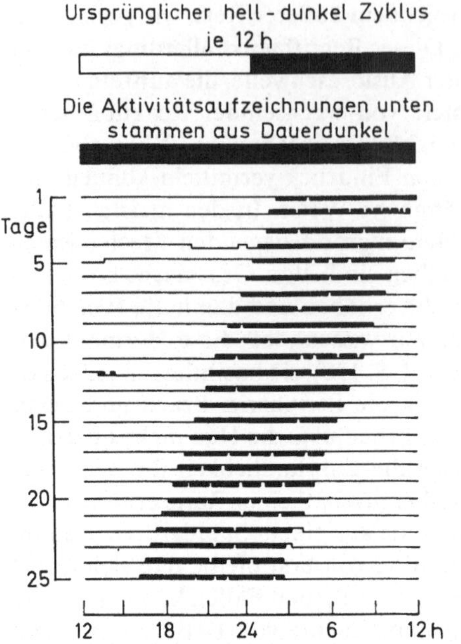

Abb. 4.1. Die spontane Aktivität eines Flughörnchens in einem Laufrad bei völliger Dunkelheit. *Jede Linie* bedeutet eine Aufzeichnung über 24 Stunden. Aktivitätsperioden erscheinen als *breite dunkle Streifen.* Vor diesen Protokollen wurde das Flughörnchen in einem regelmäßigen Zyklus von 12 Stunden hell/12 Stunden dunkel gehalten, wie oben angegeben. Bei völliger Dunkelheit hält es zunächst seinen Rhythmus ein und ist nur während der vorherigen Dunkelperiode aktiv. Ohne äußere Anhaltspunkte setzt sich jedoch sein natürlicher Tagesrhythmus durch, der etwas weniger als 24 Stunden beträgt, und die aktive Phase beginnt in jeder „Nacht" etwas früher. (DeCoursey, P.: *Cold Spr. Harb. Symp. Quant. Biol. 25*, 49–55, 1960)

Spontaneität, und vor allem deshalb scheint das Konzept einer inneren Handlungsbereitschaft oder eines „Triebes" für viele Verhaltensforscher unerläßlich zu sein.

Manchmal laufen die spontanen Verhaltensänderungen nach einem bestimmten Rhythmus ab. Abbildung 4.1 zeigt die Aktivität eines Flughörnchens in einem Laufrad. Jede Reihe stellt 24 Stunden dar, und die dunklen Streifen geben an, wann es aktiv war. Das Flughörnchen ist ein Nachttier, und in der Regel war es von kurz nach dem „Sonnenuntergang" bis zum „Tagesanbruch" aktiv. Zu Beginn der in Abbildung 4.1 dargestellten Protokolle war das Licht permanent ausgeschaltet. Obwohl es jetzt in völliger Dunkelheit lebte, behielt das Flughörnchen eine bestimmte Aktivitätsperiode bei. Sie dauerte fast genauso lange wie die ursprünglichen Dunkelperioden und trat in sehr regelmäßigen Intervallen auf. Es ist jedoch interessant, daß in diesem Fall die Intervallzeit nicht 24, sondern lediglich 23 Stunden beträgt, so daß das Flughörnchen mit seiner Aktivität innerhalb jeder 24-Stunden-Periode etwas früher beginnt. Ein Aktivitätsrhythmus dieser Art wird als *circadian* bezeich-

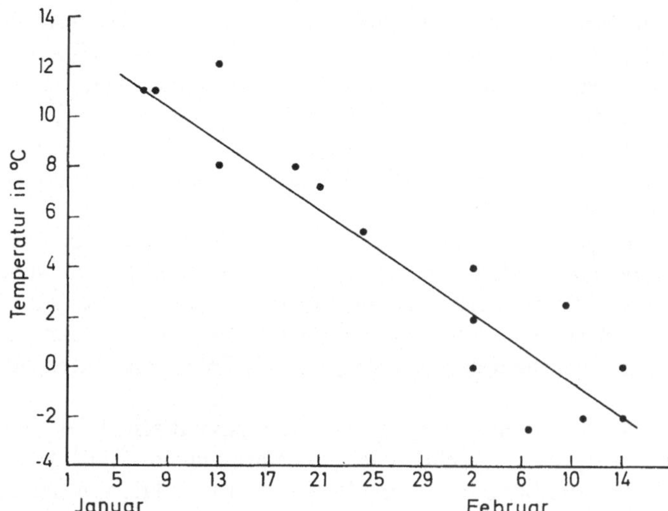

Abb. 4.2. Das Niveau, auf das die Temperatur sinken muß, um bei Männchen der Singammer (*Melospiza melodia*) den Gesang zu unterdrücken. Im Laufe des Frühjahrs müssen die Temperaturen immer niedriger werden. (Nice [365])

net. Tagesrhythmen sind bei Tieren und Pflanzen weit verbreitet und beeinflussen nicht nur Verhalten, sondern alle Aspekte des Stoffwechsels (vgl. Saunders [416]). Sie sind sicher ein extremes Beispiel für Spontaneität von Verhaltensänderungen. Ohne jede Veränderung der Umwelt führt das Flughörnchen sein Verhalten als Reaktion auf eine Art „innerer Uhr" aus.

Neben Tages- gibt es auch Jahresrhythmen, wie z. B. der Beginn der Paarungszeit bei vielen Vögeln und Säugetieren. Im Frühling fängt beispielsweise ein Buchfink-Männchen, das allein in einem Käfig ist, zu singen an, und singt über einige Minuten mit einer Regelmäßigkeit von etwa drei Gesängen pro Minute. Dieser Gesangsrhythmus kann kaum mit irgendwelchen Veränderungen außerhalb des Nervensystems des Vogels in Verbindung gebracht werden. In ihrer Untersuchung über eine amerikanische Singammer (*Melospiza melodia*) fand Nice [365], daß die Gesangsbereitschaft der Männchen bei Frühlingsbeginn allmählich zunimmt. Niedrige Temperaturen wirken gesangshemmend. Nach einigen Jahren konnte Nice bestimmen, wie niedrig die Temperatur sein mußte, bevor der Gesang an einem bestimmten Datum aufhörte. Abbildung 4.2 zeigt eine Graphik ihrer Ergebnisse. Sie besagen, daß während Januar und Februar ein spontaner „Drang" zum Singen zunimmt, und entsprechend strenger muß die Kälte sein, um dies zu unterdrücken.

Früher betrachteten die Experimentalpsychologen das Konzept des „spontanen Verhaltens" mit Skepsis und befürworteten eine Art strengerer Reiz-Reaktions-Organisation. Dies erwies sich jedoch für die Beurteilung von komplexem Verhalten als recht unangemessen. Jetzt hat die Neurophysiologie das Konzept „spontanen Verhaltens" bestärkt und gezeigt, daß Neuronen selbst spontanaktiv sind und ohne jede äußere Reizung regelmäßige Entladungszyklen aufweisen können (vgl. Davis [121]). In Kapitel 1 wurde mit Hilfe von Roeders [396] Arbeit an der Gottesanbeterin gezeigt, wie die Neuronen der Thorax- und Abdominalganglien dieses Insekts spontanaktiv sind, wenn sie nicht durch hemmende Impulse von den Kopfganglien beeinflußt werden. Wenn letzteres nicht der Fall ist, verursachen sie all die Bewegungen, die mit Kopulationsverhalten zu tun haben, ob äußere Reize vorhanden sind oder nicht.

Es gibt keine physiologischen Einwände gegen die Annahme, daß spezifisches Appetenzverhalten spontan als ein Ergebnis erhöhter Aktivität in bestimmten Teilen des Zentralnervensystems entsteht. Derartige Aktivität kann tatsächlich in direktem Sinne unabhängig von äußeren Reizen sein, kann jedoch auch aus Veränderungen des inneren Zustandes, z. B. als Folge von Futter- oder Wasserentzug, resultieren.

Wenn wir eine derartige Spontanaktivität als „Trieb" bezeichnen, benutzen wir den Begriff entsprechend seiner ursprünglichen Bedeutung, d. h. als das, was das Tier „antreibt" oder „drängt", etwas zu tun. Trieb in diesem Sinne kann auch benutzt werden, um z. B. zu beschreiben, wie sich ein hungriges Tier stärker bemüht, Futter zu erhalten. Experimente, die diesen Aspekt von Trieb erläutern, werden später bei der Diskussion von Meßtechniken beschrieben werden.

Die zeitliche Anordnung von Aktivitäten

Das Verhalten eines Tieres ist in der Regel so gut organisiert, daß jedes Muster dann ins Spiel gebracht wird, wenn es am effektivsten ist. Ein Stichlingsmännchen z. B. beginnt mit dem Nestbau, indem es eine Mulde in den Sand gräbt; danach bringt es Material zur Mulde und preßt und formt es zu einer festen Struktur, durch die es schließlich einen Tunnel gräbt, den es dann offenhält.

Diese Folge ist ein Beispiel für eine „Reaktionskette", d. h. das Endergebnis eines Verhaltensmusters stellt den auslösenden Reiz für den Beginn des nächsten dar. So entsteht durch Sandgraben eine Mulde, und eine leere Mulde kann der Reiz für Materialbringen sein. Wir müssen jedoch noch immer erklären, warum der Stichling nur zu Beginn der Paarungszeit Nester baut und sonst nicht auf Nestbaureize anspricht. Die Auslöseschwellen für all diese verschiedenen, aber miteinander verbundenen Verhaltensmuster steigen und fallen wohl gleichzeitig, obwohl es sich hier nicht um eine streng festgelegte Reihenfolge handelt.

Derartige Beispiele wurden mit der Annahme erklärt, daß alle Verhaltensmuster einer Reaktionskette einen gemeinsamen „Trieb" haben. Dies bedeutet, daß sie alle gleichzeitig aktiviert werden, und andere Faktoren – teils innere, teils äußere Reize – bestimmen, welches besondere Muster zu einer bestimmten Zeit auftritt. Abbildung 4.3 beruht auf einer detaillierten ethologischen Analyse dieser Art von Baerends [21] und Mitarbeitern. Sie untersuchten die Brut-, Putz- und Fluchtsysteme der Silbermöwe und die Art und Weise, in der sie miteinander in Wechselwirkung stehen. Wir wollen uns hier nicht mit den Details dieses komplexen Diagramms befassen. Es stellt ein Modell für die Organisation des Verhaltens der Möwe

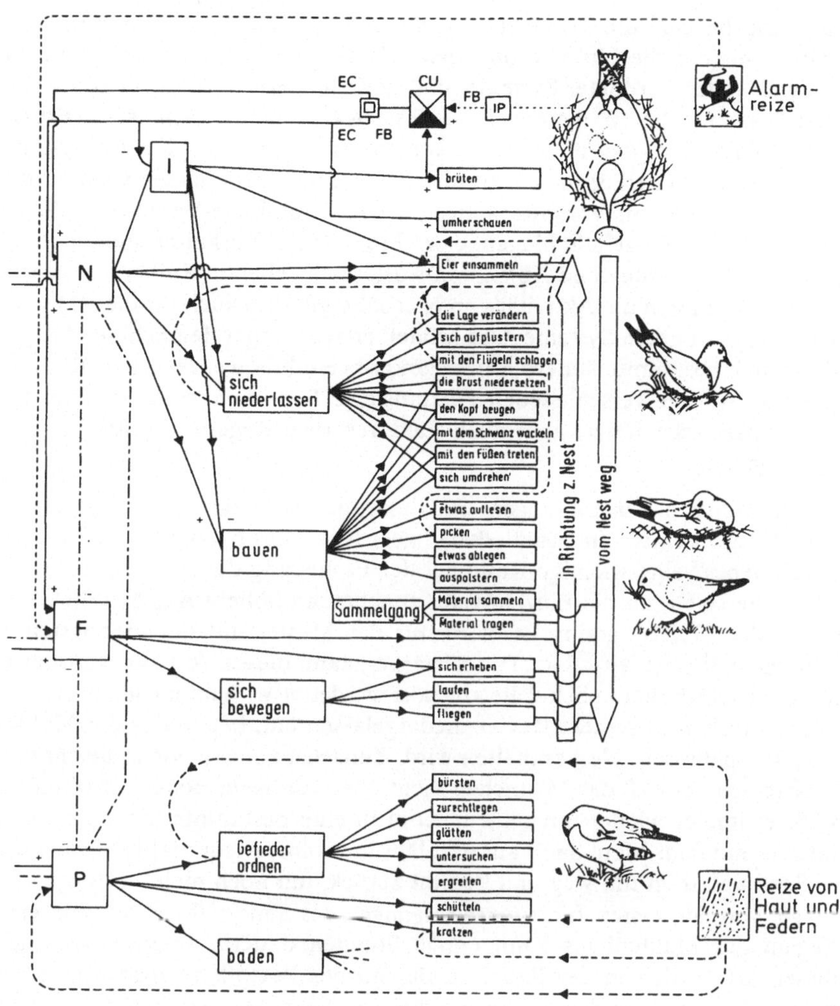

Abb. 4.3. Baerends' Modell der Verhaltenskontrolle einer Silbermöwe am Nest. Es gibt drei Hauptkontrollzentren: Nisten (*N*), Flucht (*F*) und Putzen (*P*). Jedes hat einige spezifische Eingänge und wirkt auf eine Reihe von Unterzentren, die wiederum Gruppen motorischer Verhaltensmuster, deren Bezeichnungen größtenteils deskriptiv sind, kontrollieren (*rechts* in einer Reihe dargestellt). Weitere Einzelheiten im Text. (Baerends [21])

dar; man beachte die im Grunde genommen hierarchische Struktur. Jedes Kontrollsystem (das die Ursache für einen „Trieb" darstellen könnte) kontrolliert die Aktivität untergeordneter Systeme, und diese letzteren wiederum kontrollieren andere Systeme, die in diesem Falle festgelegte Handlungsmuster (Erbkoordinationen) darstellen. Auf diese Weise kontrolliert das oberste Kontrollsystem N (Nisten) das Sichniederlassen, Bauen und Brüten. Sichniederlassen wiederum kontrolliert eine Reihe von Verhaltensmustern wie Seine-Lage-Verändern, Sich-Aufplustern, Mit-den-Flügeln-Schlagen usw. Ein solches Verhaltensmodell erklärt den koordinierten Anstieg und Abfall von Auslöseschwellen in Reihen verwandter Aktivitäten. Wenn sich die Aktivität von N erhöht, gilt dies auch für die Aktivität all seiner untergeordneten Systeme. Das Modell erlaubt ferner den Schluß, daß jede Aktivität durch bestimmte äußere Reize stärker beeinflußt werden kann als durch andere Reize. Auf die verschiedenen Putzmuster z. B. wirken mit ziemlicher Sicherheit musterspezifische Reize, aber auch Faktoren (wie Regen), die für alle in gleicher Weise gelten.

Manchmal haben Ethologen eine derartige Serie von verbundenen Verhaltensmustern nach einer „Intensitätsskala" geordnet. Dies beinhaltet, daß die Stärke eines „Triebes" eine wichtige Rolle bei der Festlegung der Ausführung einer Handlungsserie spielt, da die Einzelmuster zunehmend höhere Auslöseschwellen haben. Wenn der „Trieb" gering ist, wird nur das Muster mit der niedrigsten Auslöseschwelle aktiviert; wird der „Trieb" stärker, kann dieses Verhaltensmuster von dem mit der nächsthöheren Schwelle abgelöst werden usw. Bald nachdem sich ein Stichlingsmännchen in seinem Revier niedergelassen hat, beginnt es die Mulde zu graben, die später sein Nest enthalten wird. Zunächst können wir vielleicht nicht mehr beobachten, als daß das Männchen dicht über sandigem Boden schwimmt. Danach stößt es immer wieder mit seinem Kopf in eine bestimmte Stelle im Sand. Dann saugt es mit dem Maul Sand auf und läßt ihn sofort wieder fallen. Schließlich saugt es Sand auf, trägt ihn weg und kommt zurück, um noch mehr zu holen. Die ganze Folge, von den ersten *Intentionsbewegungen* des Sandgrabens bis zum ernsthaften Beginn des Muldenbaus kann einige Stunden dauern. Intensitätsveränderungen dieser Art werden in der Regel zu Beginn des Fortpflanzungszyklus eines Tieres beobachtet, zu einer Zeit, in der wir ein Ansteigen des „Triebes" erwarten können. Die Annahme, daß derartigen Verhaltensänderungen Motivationsänderungen zugrunde liegen, bedeutet nicht, eine mögliche Rolle von Außenreizen beim Wechsel eines Verhaltensmusters zum anderen unberücksichtigt zu lassen. Reize, die aus der Ausführung eines früheren Musters in der Reihe resultieren, können ein Faktor sein, der den „Trieb" erhöht und somit das nächste Muster aktiviert.

Ein Beispiel, bei dem das Konzept einer Intensitätsskala wohl nützlich ist, entstammt der Arbeit von Gardner [162] über das Freßverhalten bei Springspinnen. Diese Spinnen bauen keine Netze, sondern pirschen sich an ihre Beute heran. Wenn eine hungrige Spinne eine Fliege sieht, wendet sie sich ihr zu („Orientierung"); dann verfolgt sie die Beute, indem sie zunächst schnell läuft, dann aber bei der Annäherung langsamer wird („Verfolgung"). Wenn sich die Spinne innerhalb ihres Sprungbereichs befindet, duckt sie sich, und nach einer kurzen Pause springt sie und landet auf der Fliege.

Orientierung, Ducken und Springen bilden die normale Jagdfolge. Spinnen fangen und fressen viele Fliegen nacheinander, und Gardner zeigte, daß die Reihenfolge verkürzt wird, wenn die Spinne satt ist. Die Folgen gehen in zunehmendem Maße nicht über die Orientierung hinaus; wenn die Spinne allerdings die Verfolgung aufnimmt, duckt sie sich auch und springt. Schließlich hört die Spinne sogar auf, sich nach Fliegen zu orientieren. Auf der Intensitätsskala erscheinen drei Stufen:
1. Auf der geringsten Stufe von Hunger erfolgt keine Reaktion,
2. auf der nächsten Stufe orientiert sich die Spinne nach der Beute,
3. auf der höchsten Stufe geht sie zu Verfolgung mit Ducken und Springen über.

Diese letzten drei Muster sind offenbar eng miteinander verbunden, und Gardner fand keine Hinweise dafür, daß Ducken oder Springen eine stärkere Motivation erfordert als die Verfolgung.

Wir haben hier ein gutes Beispiel für eine angepaßte Folge von Verhaltensmustern, bei der recht gut eine Intensitätsskala angewandt werden kann, die hier auch mit einer anderen Messung von „Triebstärke" übereinstimmt, nämlich der Zeit, seit der die Spinne zum letzten Mal gefressen hat. Nicht alle Handlungsfolgen können auf gleiche Weise betrachtet werden.

Hinde [212] untersuchte das Nestbauverhalten bei Kanarienvögeln. Es beginnt kurz nachdem ein Männchen und ein Weibchen zusammengesetzt wurden und erreicht allmählich seinen Höhepunkt 3 bis 4 Tage bevor die Eier gelegt werden. Das Nest wird vorwiegend von den Weibchen gebaut. Das Bauverhalten kann in eine Anzahl verschiedener Kategorien unterteilt werden wie: Materialsammeln, Zum-Nest-Tragen, Auf-dem-Nest-Ablegen, Zusammenfügen und Nest-Formen. Jede dieser Kategorien wiederum besteht aus einer Reihe mehr oder weniger festgelegter Muster; Zusammenfügen schließt z. B. mehrere verschiedene Muster ein.

Hinde beobachtete immer 30 Minuten lang und zeichnete Häufigkeit und Dauer all dieser Aktivitäten auf. Dabei gibt es einige Parallelen zum Jagdverhalten der Spinne. So werden um so mehr Folgen von Sammeln, Tragen und Flechten ausgeführt, je mehr Zeit mit dem Nestbau zugebracht wird. Der Übergang von einer Aktivität zur nächsten wird nur teilweise durch äußere Reize vom Nest bestimmt; innere Faktoren müssen jedoch auch vorhanden sein. Es ist ferner bekannt, daß alle Nestbauaktivitäten gemeinsam durch einige Faktoren beeinflußt werden; z. B. bewirkt Oestrogen bei allen eine Erhöhung der Auftretenshäufigkeit.

Um diesen Abschnitt zusammenzufassen: das „Triebkonzept" wurde angeführt, um u.a. Schwankungen der Reaktionsbereitschaft auf besondere Reize, die Spontanaktivität von Verhalten und die Art und Weise, in der eine Reihe von Verhaltensmustern zusammengehörige Einheiten bilden, zu erklären. Das Konzept steht und fällt mit seiner Anwendbarkeit; manchmal ist „Trieb", wie beim Freß- oder Trinkverhalten, ein nützlicher Begriff, dessen physiologische Grundlage in gewissem Maß spezifiziert werden kann. In anderen Fällen, wie beim Nestbauverhalten der Kanarienvögel, ist er nutzlos, es sei denn, wir benutzen ihn als Kurzbeschreibung dessen, was wir beobachten.

Motivationsmodelle

Nachdem wir nun einige Charakteristika von zielorientiertem Verhalten, mit denen sich das „Triebkonzept" beschäftigte, besprochen haben, sollten wir nun kurz überlegen, ob wir sie vom Verhalten her erklären können.

Unsere Betrachtung wird sich um zwei der vielen Modelle drehen, die sich mit der Kontrolle des Verhaltens beschäftigen – wir haben bereits einige Aspekte eines anderen, hierarchischen Modells (S. 116) besprochen. Das Ziel eines jeden Verhaltensmodells liegt darin, ein System hypothetischer Komponenten mit besonderen Eigenschaften zu erstellen, die so miteinander verbunden sind, daß ihr „Verhalten" das reproduziert, was wir beobachten. Dieses Verfahren ist nicht so nutzlos, wie es erscheinen mag, da gute Modelle helfen, unsere Gedankengänge zu ordnen und zu Experimenten anregen, die die Zulänglichkeit der Modelle überprüfen können. Wenn wir feststellen, daß ein Modell das Verhalten eines Tieres unter vielfältigen Bedingungen durchweg erklärt, dann kann es uns vielleicht auch etwas über die *Prinzipien* der Aktivität des Nervensystems aussagen. Über das „*Wie*" des Funktionierens erfahren wir dabei jedoch wenig oder gar nichts. Das Nervensystem arbeitet über eine große Anzahl miteinander verbundener Neuronen, und die Erklärung für die Umsetzung der Prinzipien in die Praxis bleibt ein neurophysiologisches Problem. Ein Modell kann Komponenten haben, deren Eigenschaften Telefonrelais, hydraulischen Systemen oder Computern entliehen sind, sofern sie die Ergebnisse liefern, die wir zu interpretieren versuchen. Bei Hinde [215] und den ersten Kapiteln des Buches von Deutsch [134] findet man ausgezeichnete Besprechungen der Prinzipien und Anwendungsmöglichkeiten von Verhaltensmodellen.

Manchmal interpretierten Ethologen ihre Beobachtungen mit Bezug auf ein besonderes Verhaltensmodell, das wir in seiner Endform (dargestellt in Abbildung 4.4) Lorenz [305] verdanken. Er benutzt Komponenten, die einem hydraulischen System entliehen sind. Dieses Modell wird daher oft als „psychohydraulisch" bezeichnet. Lorenz stellt sich vor, daß bei zunehmender Motivation, wie es der Fall ist, wenn ein Tier kein Futter erhält, „aktionsspezifische Energie" angesammelt wird, d. h. Energie, die nur für die Nahrungsaufnahme bestimmt ist und keine anderen Verhaltensweisen beeinflußt. Im Modell wird dies durch eine allmähliche Wasseransammlung in einem Becken (B), das über einen Wasserhahn (Wh) versorgt wird, dargestellt. Der Ausfluß aus dem Becken stellt die motorische Verhaltensaktivität dar, er wird jedoch in der Regel durch ein Ventil (V) kontrolliert, das durch eine Feder (F) geschlossen ist. Das Ventil kann auf zwei Arten geöffnet werden, z. B. durch Gewichte auf der Waagschale (Ws); sie stellen verschiedene Reizstärken dar. Der allmählich ansteigende Wasserdruck im Becken und die Gewichte auf der Waage arbeiten beide in dieselbe Richtung – das Ventil zu öffnen. Je höher der Wasserspiegel ist, desto weniger Gewicht ist erforderlich, und schließlich kann der Wasserdruck allein das Ventil öffnen – eine Leerlaufhandlung. Lorenz stellt die verschiedenen Arten der motorischen Aktivität mit Hilfe eines mit einer Skala (S) versehenen Gefäßes (G) dar. Wenn das Ventil leicht geöffnet ist, sickert etwas Wasser

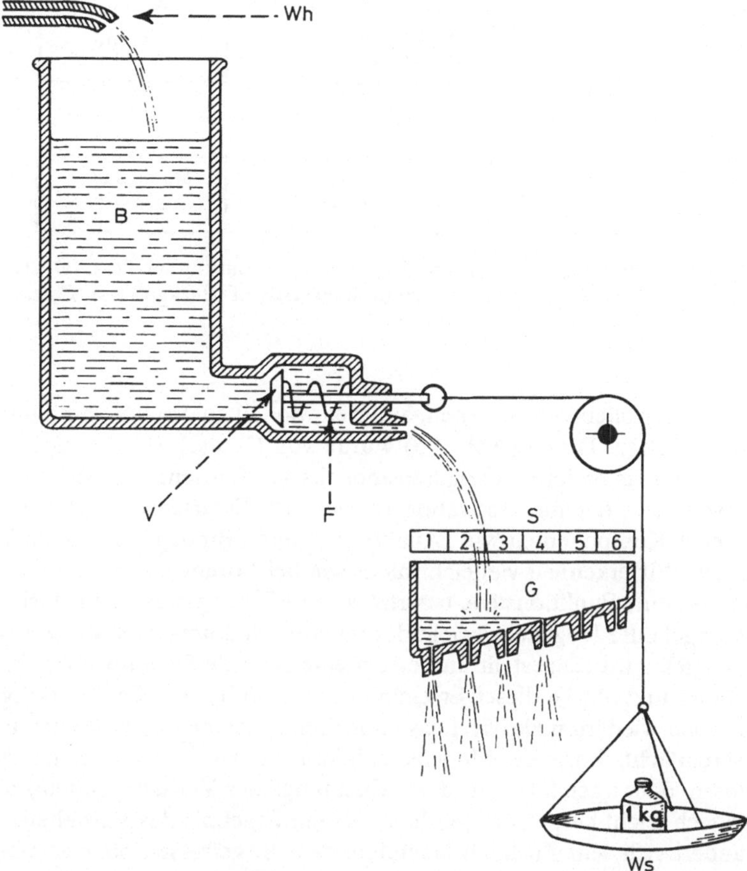

Abb. 4.4. Das „psychohydraulische" Verhaltensmodell nach Lorenz; vgl. Erklärung im Text. (Lorenz [305])

hindurch, das nur bis zum ersten und niedrigsten Loch des Gefäßes reicht. Dies stellt die motorische Aktivität mit der geringsten Auslöseschwelle dar – oft eine Art Appetenzverhalten. Wenn das Ventil weiter geöffnet ist, entleert sich das Gefäß durch andere Löcher, die Aktivitäten mit höheren Auslöseschwellen darstellen und auf der Intensitätsskala höher rangieren. Sobald das Becken leer ist, kann das Verhalten nicht länger ausgelöst werden, unabhängig, wie stark der Reiz ist; Lorenz spricht von der „Erschöpfung" eines Verhaltensmusters.

Dieses psychohydraulische Modell kann regelmäßige Veränderungen in der Reaktionsbereitschaft überzeugend darstellen. Es ist zu beachten, daß die Ruhe, die den Endhandlungen folgt, von der *Ausführung* dieser Handlungen abhängt, da dies der einzige Weg ist, auf dem das Becken geleert werden kann.

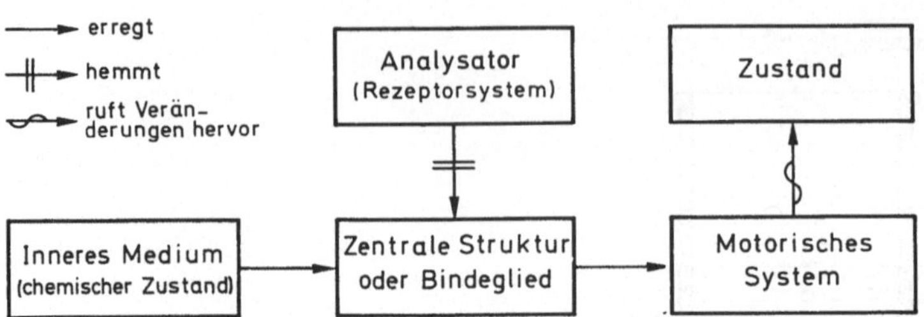

Abb. 4.5. Verhaltensmodell nach Deutsch; vgl. Erklärung im Text. (Deutsch [134], 1960, The structural basis of behaviour. Copyright University of Chicago Press, Chicago)

Nun wollen wir uns einem anderen Modell zuwenden und damit dieselben Fakten erklären. Dieses (Abb. 4.5) wurde von Deutsch [134] ausgearbeitet. Es ist Teil eines umfassenderen Verhaltensmodells für Lernen; hier stellen wir nur den Abschnitt dar, der für Motivation relevant ist. Deutsch benutzt eine Reihe hypothetischer Komponenten wie „Analysator" und „Bindeglied", deren Funktion er definiert. Wir erkennen vielleicht nicht wie bei Lorenz sofort, wie das Modell arbeitet, da es keine Funktionsteile benutzt, seine Wirkungsweise ist jedoch sehr einfach. Ein Mangel oder Ungleichgewicht des inneren Mediums, z. B. Blutzucker- oder Wassermangel, wird festgestellt und erregt eine zentrale Struktur oder ein Bindeglied. Die Dauer und Stärke dieser Erregung hängt von der Größe des Mangels ab. Das Bindeglied wiederum aktiviert das motorische System, das Verhalten hervorruft. (Diese vereinfachte Form des Modells schließt keine äußeren Reize, die das Verhalten auslösen, oder irgendeine Art der „Abstufung" der Verhaltensintensität ein; sie können jedoch leicht hergeleitet werden.) Als ein Ergebnis des Verhaltens eines Tieres verändert sich sein Zustand. Nachdem es z. B. gefressen oder getrunken hat, ist sein Magen mit Nahrung und Wasser gefüllt. Die Zustandsveränderung wird an eine Analysatorkomponente weitergeleitet, die die Aktivität des Bindeglieds abschaltet, so daß es nicht mehr auf Erregung durch das innere Medium reagiert. Diese Hemmung nimmt langsam ab, bis das Bindeglied für Erregung wieder empfindlicher wird. In Kapitel 1, S. 15 haben wir bereits Systeme besprochen, die auf diese Weise arbeiten; das Modell von Deutsch ist eine typische Form der Kontrolle durch negative Rückkoppelung.

Um die Vorzüge dieser beiden Modelle vergleichen zu können, müssen wir prüfen, wie gut beide experimentelle Daten beschreiben. Das psychohydraulische Modell ist das detailliertere von beiden und entspricht sehr gut den Fakten, die sich aus einfacher Beobachtung ergeben. Seine hydraulischen Komponenten wurden kritisiert, da sie zu weit von der tatsächlichen Funktion des Nervensystems entfernt seien. Diese Art der Kritik ist jedoch gegenstandslos. Im Nervensystem gibt es weder Behälter, die sich mit Wasser füllen, noch gibt es „Blöcke", die mit Bindeglied bezeichnet sind; es zählen lediglich die Funktionsprinzipien. Die entscheidende Frage ist, welches Modell den Tatsachen am besten entspricht.

Janowitz und Grossman [254] führten in einer Operation bei Hunden die Speiseröhre durch eine Fistel nach außen. Dies bedeutete, daß, wenn ein solcher Hund fraß, das Futter nach außen und nicht in den Magen gelangte (dies wird als „Scheinfressen" bezeichnet). Der Magen konnte von außen mit Nahrung gefüllt werden, ohne daß der Hund etwas gefressen hatte. Auf diese Weise ist es möglich, den Verhaltensvorgang des Fressens von den normalen Folgen der Nahrungsaufnahme zu trennen. Angenommen, ein Hund mit einer Speiseröhrenfistel dieser Art wird stundenlang ohne Futter gehalten und dann Futter direkt in den Magen gefüllt. Wird sich der Hund so verhalten, als ob er hungrig sei oder nicht? Das psychohydraulische Modell würde vorhersagen, daß er immer noch fressen würde, da das Becken, das mit Wasser gefüllt ist (in diesem Fall aktionsspezifische Freßenergie), sein Ventil nicht geöffnet und das Wasser nicht durch das Gefäß abgelassen hat (Freßverhalten); das Becken bleibt voll. Deutschs Modell sagt voraus, daß der Hund nicht fressen wird. Das Bindeglied wurde zwar vorübergehend erregt, diese Erregung hat jedoch keine Konsequenzen (es wird keine motorische Aktivität ausgeführt), denn der Analysator wird durch den veränderten Zustand (voller Magen) aktiviert und schaltet das Bindeglied ab, so daß keine Freßaktivität auftritt. Janowitz und Grossman stellten fest, daß ihre Hunde nicht fraßen, nachdem ihr Magen von außen gefüllt wurde. Deutschs Modell trifft in diesem Fall daher eher zu als das psychohydraulische.

Die Reize, die von einem gefüllten Magen ausgehen, scheinen der bedeutendste Faktor für das Beenden von Freßverhalten zu sein. Rezeptoren in der Kehle mögen zwar auch eine Rolle spielen, aber ein hungriger, mit einer Fistel versehener Hund wird lange, nachdem er normalerweise aufgehört hätte, immer noch scheinfressen, da kein Futter in seinen Magen gelangt.

Beim Trinken scheinen die Mund- und Schlundrezeptoren wichtiger zu sein als die Magenausdehnung. Bellows [46] fand, daß durstige Hunde nur wenig länger scheintrinken als sie es normalerweise tun würden. Da sie jedoch ihren Wassermangel nicht beseitigen können, fangen sie natürlich bald wieder mit Scheintrinken an. Für sich betrachtet scheinen diese Beobachtungen dem psychohydraulischen Modell recht gut zu entsprechen. Hunde jedoch, deren Magen von außen mit Wasser gefüllt wurde, zeigten bald darauf kein Trinkverhalten mehr, obwohl sie in der Zwischenzeit nicht trinken durften.

Man könnte einwenden, daß Freß- und Trinkverhalten wegen ihrer engen Beziehung zum physiologischen Zustand eines Tieres nicht typisch für andere Verhaltensweisen sind, deren Ziel eher im Verhalten selbst liegt. Vielleicht baut beim Sexualverhalten die Ausführung der Endhandlung den „Trieb" ab. In einem Experiment, bei dem man die Ausführung des Sexualverhaltens von seiner normalen Folge trennen konnte, war dies jedoch nicht der Fall. Beim Stichlingsmännchen nimmt die sexuelle Motivation sofort nach der Befruchtung der Eier ab. Das Männchen kommt direkt nach der Eiablage des Weibchens ins Nest und befruchtet die Eier. Sevenster-Bol [433] hat gezeigt, daß der Befruchtungsvorgang für die Verminderung der sexuellen Motivation nicht notwendig ist. Sie wird bereits abgebaut, wenn sich ein Männchen seinem Nest nähert und die frisch abgelegten Eier wahrnehmen kann. Wieder würde das psychohydraulische Modell im Gegensatz zu dem von Deutsch dieses Ergebnis nicht vorhersagen.

Neuere Befunde bestätigen, daß die Ruhepause nach zielorientiertem Verhalten das Ergebnis eines sensorischen Feedbacks aus dem Zustand ist, der normalerweise signalisiert: „Ziel erreicht"; dies ist für ein Tier sehr sinnvoll. Es dauert zwar eine Zeit, bis die Nahrungsreserven im Kreislauf eines Tieres nach der Verdauung von Futter wieder auf dem normalen Stand sind, sein Magen ist jedoch innerhalb weniger Minuten gefüllt. Daher muß Freßverhalten, lange bevor das physiologische Ziel erreicht ist, beendet werden.

Ein Grund, warum Deutschs Verhaltensmodell befriedigender ist als das psychohydraulische, liegt wohl darin, daß es ein Feedback aus dem Zustand über den Analysator zum Bindeglied, das dadurch abgeschaltet wird, einschließt. Wie wir später noch sehen werden, können wir heute Gehirnteile identifizieren, deren Eigenschaften denen der Komponenten in Deutschs Modell entsprechen.

Ein anderer wesentlicher Einwand gegen das psychohydraulische Modell bezieht sich auf die Annahme gespeicherter Energie zur Darstellung von Motivation. Dazu ist mit ziemlicher Sicherheit kein Gegenstück in der Wirkungsweise des Nervensystems zu finden. Ein Energiemodell dieser Art stellt unvermeidlich Beginn und Ende eines Verhaltens als zwei Aspekte desselben Vorgangs dar – Energie beginnt zu fließen, und Energie ist erschöpft. Wie wir gesehen haben, können die Auslösung von Appetenzverhalten und die Einstellung der Endhandlung mit anschließender Ruhe zwei völlig verschiedene Prozesse sein. Hinde [215] bespricht ausführlich die Nachteile von Energiemodellen der Motivation.

Motivationsmessung bei der Nahrungsaufnahme

Jede Verhaltensuntersuchung, die sich mit Motivation beschäftigt, setzt voraus, daß wir die Intensitätsveränderungen dieser Variablen messen können. Uns interessiert z. B., wie sich gegensätzliche Motivationen beeinflussen und welche Auswirkungen Motivationsstärke auf Lernen hat.

Die Methoden, die wir zur Messung von Motivation anwenden können, hängen sowohl von der Art der Motivation als auch von der Tierart ab. Nehmen wir an, wir wollen das Andauern von Appetenzverhalten oder die Auftretenshäufigkeit von Endverhalten messen. Normalerweise ist es unmöglich, den inneren Zustand eines Tieres direkt zu messen, daher müssen wir uns mit der Messung einer Reaktion zufriedengeben. Diese ist das Ergebnis der Wechselwirkung zwischen einem Reiz und einem Mechanismus, der die Ausführung der Reaktion kontrolliert und dessen Eigenschaften sich mit dem inneren Zustand verändern. Da wir den Reiz konstant halten können, eignet sich diese Art der indirekten Messung in den meisten Fällen ausgezeichnet, Veränderungen des inneren Zustandes zu beschreiben.

Das beste Beispiel zur Betrachtung verschiedener Motivationsmessungen ist sicher das Freßverhalten. Alle Tiere müssen in regelmäßigen Abständen Nahrung aufnehmen. Man kann ihren Motivationszustand leicht kontrollieren, indem man ihnen über verschiedene Zeiträume Futter vorenthält. Die folgende Aufzählung nennt einige Möglichkeiten zur Messung der Freßtendenz z. B. bei Ratten. In abgeänderter Form können sie jedoch auch für andere Tiere angewandt werden. Sie sind alle ebenso zur Messung von Durst geeignet.

1. *Aufgenommene Futtermenge.* Dies ist hauptsächlich eine Messung der Endhandlung. Normalerweise ist es einfacher, die aufgenommene Futtermenge zu wiegen, als z. B. die Anzahl der Freßbewegungen zu zählen. Wird Tieren Nahrung ad libitum vorgesetzt, dann fressen sie mit recht konstanter Geschwindigkeit, bis sie satt sind. Ein offensichtlicher Nachteil dieser Methode ist, daß während der Messung bereits Hunger abgebaut wird. Dies kann ein Störfaktor sein, wenn man untersuchen will, wie ein gemessenes „Hungerniveau" einen anderen Verhaltensaspekt beeinflußt.

2. *Wie bitter kann Nahrung gemacht werden, bevor sie verweigert wird?* Mit dieser Messung versucht man, die Endhandlung Fressen zu verhindern, und testet, bei welcher Konzentration eines Bitterstoffes ein Tier aufhört zu fressen. Chinin ist für uns, ebenso wie für Säugetiere, eine äußerst bittere Substanz. Einer Ratte wurden z. B. eine Reihe winziger Futterkügelchen oder einige Tropfen Kondensmilch, die mit Chinin angereichert waren, gegeben. Die Konzentration wurde allmählich erhöht, und bei einer bestimmten Stufe prüfte die Ratte zwar das Futter mit der Zunge, fraß es jedoch nicht, weil es zu bitter war.

3. *Zugstärke in Richtung Futter.* Bei dieser und der nächsten Meßmethode wird die Ausführung von Appetenzverhalten erschwert. Eine Ratte wird z. B. an einen Gurt gebunden, der wiederum an einer Feder befestigt ist. Wird Futter deutlich sichtbar an das Ende eines Laufganges gelegt, so kann man messen, wie stark die Ratte zieht, um es zu erreichen. Mit einer ähnlichen Apparatur kann man auch die Geschwindigkeit messen, mit der die Ratte zum Futter läuft.

4. *Geduldete Stärke von Elektroschocks.* Wieder wird Futter deutlich sichtbar ausgelegt; um es zu erreichen, muß eine Ratte jedoch ein elektrisch geladenes Gitter überqueren, von dem sie zuvor gelernt hat, daß sie Elektroschocks erhält. Mit variierender Schockstärke läßt sich leicht messen, wieviel die Ratte duldet, um das Futter zu erreichen.

5. *Häufigkeit von Hebeldrücken für eine Futterbelohnung.* Auch dies ist eine Messung von Appetenzverhalten, sie macht sich jedoch ein Verhaltensmuster zunutze, das der Experimentator absichtlich, sozusagen als Meßhilfe, in das Futtersuchverhalten „eingebaut" hat. Die „Skinnerbox" wurde bereits kurz beschrieben (S. 23 und Abb. 2.1). Sie ist eine nützliche Apparatur zur Quantifizierung einer von einem Tier gelernten Reaktion. Eine hungrige Ratte wird in die Box gesetzt und lernt, daß sie ein kleines Futterkügelchen erhält, wenn sie einen Hebel drückt (in Kap. 7 werden wir diese Art von Lernen ausführlicher besprechen). Wenn sie dies vollständig gelernt hat, wird die Apparatur verändert. Jetzt folgt Belohnung nicht mehr auf jeden Hebeldruck, sondern kommt in unregelmäßigen

Abständen, durchschnittlich z. B. alle 30 Sekunden. In der psychologischen Terminologie wird dies als „variable Intervallverstärkung" bezeichnet und bedeutet, daß die Ratte nie weiß, ob ein bestimmter Hebeldruck belohnt wird oder nicht. Überraschenderweise drückt sie bei einer solchen Anordnung den Hebel sehr viel regelmäßiger als zuvor, als jeder Druck belohnt wurde. Da unter diesen Bedingungen die Frequenz des Drückens so konstant ist, kann sie zur Messung für Hunger angewandt werden; man mißt die Frequenz nach verschieden langen Perioden des Futterentzugs.

Außer den eben genannten Möglichkeiten der Messung von Hunger könnten auch noch viele weitere genannt werden. Oberflächlich betrachtet scheinen sie alle dasselbe zu messen. Aus den Unterschieden der Ergebnisse solcher Messungen bei verschieden langem Futterentzug können wir jedoch etwas über die Natur der Freßmotivation erfahren. Es gibt keine Untersuchung, die die fünf eben besprochenen Meßmethoden vereinigt. Miller [347] beschreibt jedoch einige Experimente, von denen drei nicht die gleichen Abhängigkeiten zeigen, nämlich gefressene Menge, erduldete Chininkonzentration und Häufigkeit des Hebeldrückens. Bei einem Nahrungsentzug über eine Zeitspanne von 0–54 Stunden erhöht sich die von Ratten akzeptierte Chininmenge regelmäßig, ebenso die Häufigkeit des Hebeldrückens, die Futteraufnahme erreicht jedoch bereits nach 30 Stunden einen Höhepunkt und nimmt danach leicht ab. Auf diese Weisse signalisiert eine Ratte ihren zunehmenden Hunger, indem sie z. B. Futter akzeptiert, das immer bitterer schmeckt.

Ratten, denen man durch eine kleine Läsion im Gehirn den Teil, der normal Sättigung kontrolliert, entfernt hat, nehmen sehr große Futtermengen zu sich, zeigen jedoch kaum Anzeichen von „Hunger". Sie überfressen sich regelrecht, ein Zustand, der als „Hyperphagie" bezeichnet wird (dies wird in diesem Kapitel noch ausführlicher besprochen). In allen physischen Tests, wie Ziehen in Futterrichtung, sind hyperphagische Ratten durch ihre Fettleibigkeit stark behindert, den Hebel in einer Skinnerbox können sie jedoch leicht drücken. Sie tun dies mit einer viel geringeren Häufigkeit als normale Ratten, wenn beide in der gleichen Zeit zuvor kein Futter erhielten. Ferner sind hyperphagische Ratten beim Fressen sehr „empfindlich". Die kleinste Störung hält sie bereits davon ab, auch akzeptieren sie z. B. weder soviel Elektroschock wie normale Ratten noch soviel Chinin. Man könnte vielleicht argumentieren, daß Ratten mit Gehirnläsion so unnormal sind, daß aus ihren Anomalien keine Schlüsse gezogen werden können. Es scheint jedoch unbestreitbar, daß das, was wir gewöhnlich unter dem Begriff „Hunger" zusammenfassen, eine Anhäufung verschiedener Faktoren ist, wobei Gehirnläsionen einige hervorheben und andere unterdrücken.

Gleiche Beobachtungen gibt es auch für Durst. In Abbildung 4.6 a ist eine Reihe unabhängiger Variablen dargestellt, von denen man erwarten kann, daß sie die Trinkmotivation beeinflussen. Umgekehrt sollte Trinken mit jeder der gezeigten abhängigen Variablen gemessen werden können (wir hätten natürlich auch andere abhängige und unabhängige Variablen wählen können). Wir nehmen an, daß jede unabhängige Variable jede abhängige beeinflußt. Ist dies der Fall, dann können wir auch eine neue Variable einführen, die wir „Durst" nennen (vgl. Abb. 4.6 b). Wir

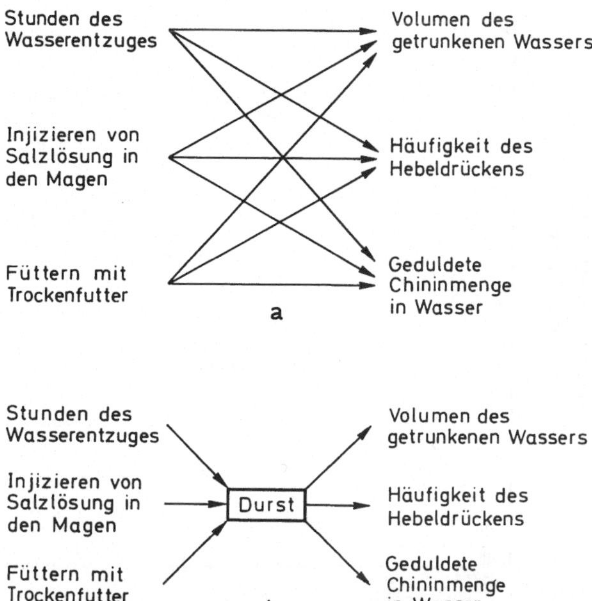

Abb. 4.6 a u. b. Zwei Darstellungsmöglichkeiten der Beziehung zwischen drei unabhängigen Variablen, die Trinkverhalten beeinflussen, und drei abhängigen Variablen, die Trinken messen. Wenn die in **a** dargestellten Beziehungen gelten, und jede unabhängige Variable jede abhängige beeinflußt, dann kann man Modell **a** durch Modell **b** mit der dazwischengeschalteten Variablen „Durst" ersetzen

können dann annehmen, daß alle unabhängigen Variablen Durst und die Motivation zu trinken verstärken, was zu einer Veränderung in allen abhängigen Meßgrößen für Trinken führt.

Wie bei den oben erwähnten Experimenten Millers im Hinblick auf Fressen, entsprechen die Ergebnisse verschiedener Meßmethoden für Trinken einander nicht sehr gut. Abbildung 4.7 stellt die Ergebnisse eines Experiments von Choy dar (vgl. Miller [347]). Er pflanzte bei Ratten Röhrchen direkt in den Magen ein, so daß ihnen Flüssigkeit gegeben werden konnte, ohne daß sie tranken. Choy maß das Trinken bei Ratten, nachdem 5 ml konzentrierter Kochsalzlösung in ihren Magen gegeben wurden. Er zeichnete die Veränderung in den drei Meßgrößen über eine bestimmte Zeitspanne auf. Wenn wir Hebeldrücken allein als Maß nehmen würden, hätten wir den Eindruck, daß bis zu 15 Minuten nach der Gabe von Salzlösung kein Durst auftritt (der Unterschied zwischen Experimentaltieren, denen Salz gegeben wurde, und Kontrollen ist nach dieser Zeit nicht signifikant). Wir müßten weiter folgern, daß Durst demnach mindestens 6 Stunden lang zunimmt. Dies ist jedoch nur ein Teil der Wahrheit; nach 15 Minuten sind die Ratten mit Sicherheit sehr durstig, da sie beginnen, große Mengen Wasser zu trinken, auch wenn sie den Hebel nicht stärker drücken, um an Wasser zu kommen. Die getrunkene Wasser-

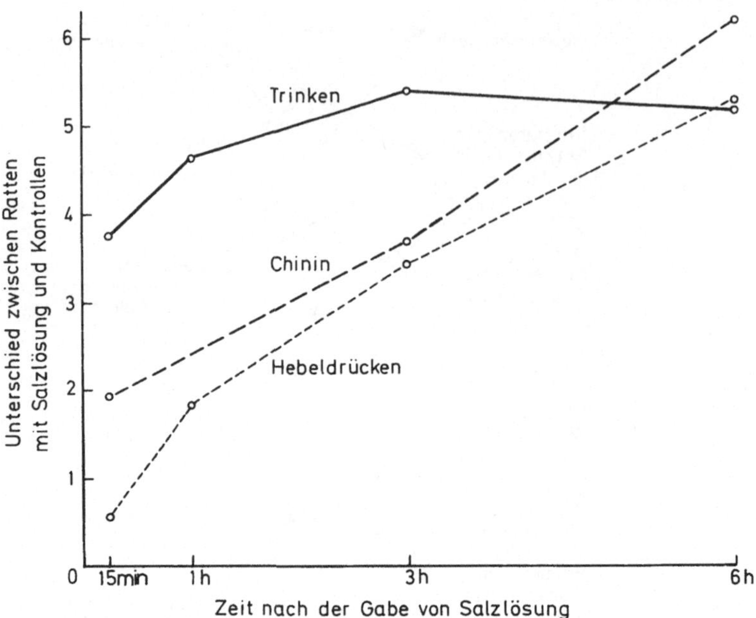

Abb. 4.7. Die Veränderung von drei verschiedenen Meßgrößen für Durst in der Zeit nach der Gabe von 5 ml konzentrierter Salzlösung direkt in den Magen einer zuvor mit Wasser gesättigten Ratte. Die Einheiten auf der Ordinate sind willkürlich; sie stellen lediglich den Unterschied zwischen Kontroll- und Experimentaltieren dar. (Miller [347])

menge nimmt jedoch 3 Stunden nach der Salzgabe ab, Hebeldrücken und die Tolerierung von Chinin im Wasser nehmen weiter zu. Bisher ist noch nicht bekannt, worin die Ursache für die mangelnde Übereinstimmung verschiedener Meßmethoden liegt. Dies heißt jedoch, daß eine Vorstellung von Durst oder Trinkmotivation als eine einfache Einheit nicht gerechtfertigt ist. Diese Art von Daten sind eine notwendige Voraussetzung zur Erkennung des Wesens von Motivation.

Messung anderer Arten von Motivation

Es besteht großes Interesse, die Stärke sexueller, elterlicher und aggressiver Motivation genau zu bestimmen. Es gibt genügend Belege dafür, daß z. B. Angriffs- und Fluchttendenzen gleichzeitig erregt werden und miteinander in Konflikt stehen. Wir benötigen Maßeinheiten für diese Tendenzen, da wir sie nicht einfach mit Schwankungen des inneren Körperzustandes wie bei der Nahrungsaufnahme gleichsetzen können. Bis jetzt haben wir neben der Entzugszeit kaum ein geeignetes Maß, das Motivation außer bei der Nahrungsaufnahme auch noch für andere Tendenzen mißt. Wir erfahren wahrscheinlich nur wenig über das Wesen des Kontrollsystems für Aggression, wenn wir seine Aktivität lediglich als eine Tendenz zu aggressivem Verhalten untersuchen. Man kann jedoch versuchen, Kriterien auszuwählen, die die ganze Bandbreite aggressiver Verhaltensmuster, die ein Tier zeigen kann, wiedergeben. Dies wird sicher bei der Untersuchung von Konfliktverhalten helfen, wenn, wie in Kapitel 5 besprochen, die Aggressionstendenz mit der Fluchttendenz zusammenwirkt.

Manchmal kann man ähnliche Messungen wie bei der Nahrungsaufnahme durchführen. So überqueren z. B. Rattenweibchen ein elektrisch geladenes Gitter, um zu einem Männchen zu kommen. Die Schockstärke, die sie abhalten kann, läßt zyklische Veränderungen erkennen, die ihren Ovulationszyklen entsprechen; auf der Höhe der Paarungsbereitschaft ist ihre Schocktoleranz am größten. Dies ist somit ein Maß für die „Stärke" ihres sexuellen Appetenzverhaltens. Ähnlich kann die Pflegetendenz einer Rattenmutter gemessen werden, indem man sie an einer Feder ziehen läßt, um zu ihren Jungen zu kommen.

Bei einigen Tieren geht der eigentlichen Paarung ein spezielles Balzverhalten voraus. In gewissem Sinne kann Balz als sexuelles Appetenzverhalten betrachtet werden, und da es vor der Paarung häufig wiederholt wird, wird es als Meßgröße für die sexuelle Motivation benutzt. Die Paarung selbst – die Endhandlung – hilft meist weniger, da einer Begattung eine lange Ruhepause folgen kann. Dies schließt „Paarungshäufigkeit" als Meßgröße aus, es sei denn, wir können über eine sehr lange Zeitspanne beobachten.

Inbesondere in den Niederlanden untersuchten einige Wissenschaftler, wie van Iersel [246], Sevenster [432] und Sevenster-Bol [433] ausführlich das Fortpflanzungsverhalten des Stichlings. Sie entwickelten eine Reihe von Methoden, mit denen sie das Zusammenwirken von sexuellen, aggressiven und elterlichen Tendenzen beim Männchen messen konnten. Um sexuelle oder aggressive Tendenzen zu messen, präsentierten sie einem Männchen in seinem Revier einen Testfisch in einer Glasröhre – entweder einen männlichen Rivalen in vollen „Hochzeitsfarben" oder ein paarungsbereites Weibchen. Dann zählten sie eine Minute lang die Anzahl von „Zick-Zack" Balzbewegungen (vgl. Tinbergen [460]) oder von Bissen in Richtung des Testfisches. Aus den genannten Gründen ist es beim Stichling unpraktisch, die Endhandlung der sexuellen Tendenz (Befruchtung) als Maß zu verwenden. Man konnte feststellen, daß die Häufigkeit von Zick-Zack-Bewegungen während eines einminütigen Tests, bei dem sich ein Weibchen in der Glasröhre befand, mit der Tendenz des Männchens, nachfolgend Teile der sexuellen Verhaltenssequenz auszuführen, positiv korreliert. Ist das Weibchen paarungsbereit, so endet sie normalerweise mit der Befruchtung der Eier. Die Häufigkeit von Bissen bei Untersuchungen aggressiver Motivation kann als direkte Messung der Endhandlung betrachtet werden, insofern dieser Begriff auf aggressives Verhalten überhaupt angewandt werden kann.

Einfache Häufigkeitsmessungen dieser Art lassen die „Intensität" der Ausführung von Verhalten außer acht – diese entspricht möglicherweise der Anstrengung einer Ratte beim Ziehen einer Feder, um das Futter zu erreichen. Sevenster [432]

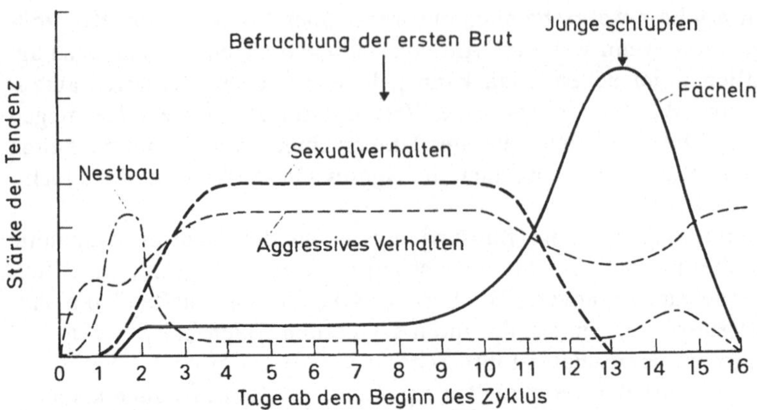

Abb. 4.8. Langzeitschwankungen in den Tendenzen von Nestbau, Sexualverhalten, aggressivem Verhalten und Nestventilation („Fächeln") während des Fortpflanzungszyklus von Stichlingsmännchen. (Sevenster [432])

stellt fest, daß sowohl Zick-Zack-Bewegungen als auch Bisse in ihrer Intensität variieren, die genaue Messung jedoch schwierig ist. Der Mangel an „Intensitätsmessungen" stellt jedoch die Gültigkeit der Häufigkeitsmessungen nicht in Frage, da Intensität und Häufigkeit offenbar positiv korreliert sind. Es ist unwahrscheinlich, daß sich ein äußerst aggressives Stichlingsmännchen mit einigen wenigen, jedoch sehr kräftigen Bissen gegen einen Rivalen zufriedengeben würde.

Manchmal eignet sich die Häufigkeit nicht als Meßgröße. Die elterliche Pflegetendenz eines Stichlings wird z. B. nach Dauer der Durchführung gemessen. Beim „Fächeln" bleibt das Männchen vor dem Nesteingang und schlägt mit den Brustflossen nach vorne und mit dem Schwanz nach hinten. Dadurch steht der Fisch still, wobei eine Wasserströmung durch das Nest und über die sich entwickelnden Eier geleitet wird. Die Eier erhalten somit sauerstoffreiches Wasser. Van Iersel [246] hat gezeigt, daß CO_2 im Wasser um das Nest ein starker Reiz zum Fächeln ist. Es wäre möglich, wenn auch schwierig, die Anzahl der Flossenschläge zu zählen und damit Fächeln als Häufigkeit zu messen. Da die Rate jedoch relativ konstant ist, ist es sehr viel einfacher, die Länge einzelner Fächelfolgen zu messen, sie zu addieren und die elterliche Pflegemotivation als Gesamtzeit pro standardisierter Testphase auszudrücken.

Mit den eben beschriebenen und anderen ähnlichen Meßmethoden war es möglich, Langzeitschwankungen in der Motivation von Stichlingsmännchen während eines Fortpflanzungszyklus aufzuzeichnen (vgl. Abb. 4.8). Der Zyklus beginnt mit einer Nestbauphase, die von einer Phase zunehmender aggressiver und sexueller Tendenzen abgelöst wird; diese bleiben über eine Woche stark ausgeprägt. Nach einer oder mehreren Befruchtungen nimmt die Sexualtendenz ab und die elterliche Pflegetendenz zu, wobei das Männchen viel Zeit mit dem Befächeln des Nestes verbringt.

Abgesehen von diesen Langzeitveränderungen können bei den sexuellen und aggressiven Tendenzen Kurzzeitschwankungen von einer Minute zur anderen auftreten. Im Durchschnitt sind beide Tendenzen während des Fortpflanzungszyklus stunden- oder tagelang ständig stark ausgeprägt, wenn das Männchen Weibchen anbalzt und sein Revier gegen andere Männchen verteidigt. Einzelne Überprüfungen der sexuellen oder aggressiven Tendenzen an einem beliebigen Zeitpunkt während dieser Phase zeigen, daß zwischen ihnen eine negative Korrelation besteht. Ein Männchen, das vor einem Weibchen viele Zick-Zack-Bewegungen ausgeführt hat, richtet nicht viele Bisse nach einem Rivalen und umgekehrt. Ein Grund dafür ist wohl, daß die Ausprägung beider Tendenzen spontanen Schwankungen unterliegt – die eine wird verstärkt, wenn sich die andere abschwächt. Wahrscheinlicher haben Erregung und Ausführung der einen Aktivität einen hemmenden Effekt auf die andere.

Das Wesen von Aggression

Die Beschreibung und Messung von Aggression bringt viele Probleme mit sich, von denen einige hier betrachtet werden sollen. Das aggressive Verhalten von Tieren lenkt allgemein viel Aufmerksamkeit von Psychologen, Psychiatern und Ethologen auf sich, denn Fragen über das Wesen menschlicher Aggression sind für die moderne Gesellschaft von großer Bedeutung. Inwieweit basiert die Aggression beim Menschen auf Vererbung, die von unseren affenähnlichen Vorfahren weitergegeben wurde? Ist die Äußerung von Aggression unvermeidlich, oder kann sie durch bestimmte Erziehungsformen reduziert oder gar eliminiert werden? Die Diskussion derartiger Fragen im Hinblick auf die Menschheit würde uns weit über das Ziel dieses Buches hinausführen; die bisher genannten Beobachtungen an Tieren haben jedoch einen direkten Bezug dazu.

In solch vielbesprochenen Büchern wie Ardreys *Territorial Imperative* [17] und Morris' *Der nackte Affe* und *Der Menschenzoo* wurden ethologische Beobachtungen benutzt, um eine Betrachtung menschlicher Aggressivität in enger Verbindung mit der biologischen Vergangenheit des Menschen zu rechtfertigen. Im wesentlichen basieren sie alle auf Lorenz (vgl. sein Buch *Das sogenannte Böse* [309]), der annimmt, daß Aggression bei Tieren und Menschen das Ergebnis einer vererbten spontanen Tendenz ist, deren Eigenschaften denen der biogenetischen „Triebe" für Nahrungsaufnahme nahezu gleich sind. Eine andere Auffassung ist, daß Aggression zwar eine vererbte Grundlage haben kann, daß sie aber nicht unausweichlich ist, sondern daß ihr Ausdruck ebenso wie der innere Zustand eines Tieres von Erfahrung und äußeren Faktoren abhängt. Barnett und Scott sind die Hauptvertreter dieser Ansicht; Montagu [353] hat Abhandlungen von ihnen und anderen über Lorenz' Buch zusammengefaßt. Reynolds [393] gibt einen sehr ausgewogenen und klaren Überblick über das gesamte Problem des Vergleichs tierischen und menschlichen

Verhaltens; Johnson [259] gibt einen hilfreichen Überblick über das gesamte Gebiet der Aggression.

Welche Ergebnisse aus Verhaltensstudien an Tieren beziehen sich auf dieses Problem? Am Anfang steht die Frage, wie aggressives Verhalten zu definieren ist. Tiere haben normalerweise deutlich sichtbare und stereotype Angriffsmuster; diese können jedoch auch in einigen anderen recht unterschiedlichen Zusammenhängen auftreten. In einigen Fällen hat Aggression eine eindeutige biologische Funktion, z. B. wenn Tiere kämpfen, um ein Revier zu erobern, ihre Jungen zu verteidigen oder Futter zu erhalten. Einige Arten haben eine soziale Organisation, die auf einer stabilen Dominanzhierarchie beruht (vgl. Kap. 8); sie müssen kämpfen, um ihren Status innerhalb einer solchen Gruppe aufrechtzuerhalten. In anderen Zusammenhängen ist Aggression weniger einfach zu erklären. Schmerz ruft Aggression hervor. Ratten greifen z. B. nach einem schwachen Elektroschock einen Käfiggefährten an, den sie zuvor ignoriert haben. Ein ähnlicher Effekt wird durch verschiedene Arten von Frustration bewirkt, und eine Schule von Psychologen nahm an, daß Aggression immer das Ergebnis von Frustration sei (vgl. Miller [345]). Eine Ursache für Aggressivität bei Tieren ist tatsächlich Frustration verschiedener Art. Eine Ratte in einer Skinnerbox greift eine andere in der Nähe angebundene Ratte an, wenn der Hebel, den sie zu drücken gelernt hat, nicht die erwartete Futterbelohnung abgibt. Beim Menschen sind uns ebensolche Frustrationseffekte bekannt – z. B. schlechtgelaunte Fahrer im Verkehrschaos. Demnach ist es äußerst schwierig, jede Art von Aggression in Begriffen von Frustration zu erklären; sicher liegt wohl ein direkterer biologischer Ursprung vor. Bei Raubtieren können die intraspezifischen Kampfmuster denen ähnlich sein, die beim Fangen und Töten von Beute benutzt werden. Interspezifisches Raubverhalten wird jedoch normalerweise nicht als aggressiv betrachtet, sondern man hält es für einen Bestandteil des Freßverhaltens. Am besten ist es wohl, auch für aggressive Verhaltensmuster anzunehmen, daß sie genau wie Bewegungsmuster auf der motorischen Ebene für mehr als ein Motivationssystem „verfügbar" sind. Schließen wir Beuteschlagen von unserer Definition aus, so hat die Ausführung aggressiver Verhaltensmuster eine gemeinsame Funktion: aggressives Verhalten dient dazu, ein anderes Individuum durch Verletzung oder zumindest Drohung zu verdrängen. Wir sollten nicht davon ausgehen, daß die Motivationssysteme für Angriff und Verteidigung völlig getrennt sind. Huntingford [241] hat gezeigt, daß bei Stichlingen eine gemeinsame Ursache für Aggression gegenüber einem rivalisierenden Männchen und Aggression – oder vielleicht sollten wir besser Verteidigungsverhalten sagen – gegenüber Freßfeinden, wie einem kleinen Hecht, vorhanden sein muß. Fische, die sich gegenüber Hechten sehr „kühn" verhielten, kämpften bei Revierauseinandersetzungen am meisten.

Es ist nicht ungewöhnlich, daß sich eng verwandte Arten in ihrem durchschnittlichen Aggressionsniveau, das viele Aspekte ihres Verhaltens beeinflußt, unterscheiden. Dafür gibt es Beispiele von so verschiedenen Tieren wie Stichlingen und Primaten (vgl. Huntingford [242]). Sicher kann natürliche Selektion die Aggression einer Art auf dem bestangepaßten Niveau festlegen. Dies resultiert wohl aus einem Kompromiß zwischen den Bedürfnissen verschiedener Verhaltenssysteme. In den Kapiteln über Konflikt und Evolution werden wir darauf zurückkommen.

Selbst mit diesen Komplikationen ist es möglich, Aggression bei Tieren sinnvoll zu definieren, nämlich Verdrängung anderer Individuen. Es ist viel schwieriger, eine befriedigende Definition menschlicher Aggression zu geben, da unser Verhalten so variabel ist. In Carthy und Eblings Buch [87] vertreten verschiedene Autoren die Ansicht, daß eine ganze Reihe von Verhaltensweisen von Nägelbeißen über verbale Beschimpfungen bis Selbstmord Ausdruck von Aggression seien. Am aggressiven Verhalten einer Straßenbande kann aktive Gewalt beteiligt sein, was ihrer Auffassung von „Revier" entspricht, und kann daher, wenn man sie unter dem Gesichtspunkt ihrer Funktion betrachtet, mit tierischer Aggression verglichen werden. Ein solches Verhalten bringt für die Teilnehmer auch die gleiche Art physiologischer Erregung mit sich, die wir bei Tieren messen können. Nicht alle Verhaltensweisen, die allgemein als aggressiv bezeichnet werden, haben diese Eigenschaften. In der modernen Kriegsführung kann der Knopfdruck eines Einzelnen zur Vernichtung anderer Individuen in großer Entfernung, über die er keine direkte Information hat, führen. Der Knopfdrücker ist in biologischem Sinne nicht aggressiv erregt, und damit widerspricht ein solches Verhalten jeder einfachen Definition auf biologischer Grundlage. Lorenz [309] und Tinbergen [467] haben sich mit dem furchtbaren Dilemma des modernen Menschen beschäftigt, dessen Technologie es ihm erlaubt, Menschen, die er nie zu sehen bekommt, bei lebendigem Leibe zu verbrennen, und somit jeden menschlichen Kontakt ausschließt, der eine solche Handlungsweise hemmen könnte.

Von der Frage der Definition von Aggression wenden wir uns wieder dem ursprünglichen Problem zu, inwieweit nämlich Aggression mit einem biogenen „Trieb" wie Nahrungsaufnahme verglichen werden kann.

Hat Aggression eine vererbte Grundlage?

Heute gibt es zahlreiche Belege dafür, daß viele Tiere, wie immer ihre vorherige Erfahrung auch sein mag, eine Tendenz zu aggressiver Reaktion haben, wenn sie mit neuen Situationen oder Reizen konfrontiert werden. Oft hängen die Situationen und Reize, die Aggression hervorrufen, mit der Erstellung eines Reviers zu Beginn der Brutzeit zusammen. (Im nächsten Kapitel werden wir Territorialverhalten ausführlicher behandeln.) Hier sollten wir zumindest feststellen, daß aggressive Reaktionen zwischen Männchen weit üblicher sind (das männliche Hormon Testosteron erhöht Aggressivität) und daß die Reize, auf die sie reagieren, oft von einem rivalisierenden Männchen ausgehen. Cullen [113] hat gezeigt, daß z. B. Stichlinge, die bereits ab dem Schlüpfen in völliger Isolation aufgezogen wurden, in typischer Weise Reviere errichteten und rivalisierende Männchen angriffen. Wie in Kapitel 2 besprochen, haben Isolationsexperimente Grenzen. Solche Versuche und die Rolle von Aggression in der Organisation von Revierverhalten bei einer solchen Vielfalt von Tieren weisen darauf hin, daß bei der Entwicklung aggressiven Verhaltens die genetische Komponente sicherlich eine sehr wichtige Rolle spielt.

Wir wissen, daß die selektive Zucht Aggressionsniveaus verändern kann. So wurden z. B. Kampfhähne und Siamesische Kampffische speziell auf unnormal hohe Aggression gezüchtet. Lagerspetz [285] züchtete mit Erfolg hohe und geringe Aggression bei Mäusen, und die beiden selektierten Stämme unterschieden sich sehr stark in ihrer Kampfintensität und ihrer Bereitschaft, Eindringlinge anzugreifen. Diese Beispiele zeigen, daß Tierpopulationen normalerweise viele Gene haben, die ihr Aggressionsniveau beeinflussen. Wie wir in Kapitel 6 weiter besprechen werden, beeinflußt Selektion dieser Art Verhalten oft nur im Hinblick auf Intensität und Auftretenshäufigkeit. Sie kann jedoch nicht viel über die Vererbung der Grundmuster aggressiven Verhaltens an sich aussagen.

Selbst wenn wir für die Bereitschaft zur Ausführung aggressiven Verhaltens eine vererbte Grundlage annehmen, dürfen wir Aggression noch nicht als biogenetischen „Trieb" bezeichnen. Wir erwähnten die Schwierigkeiten, normale Veränderungen der Aggressivität einerseits und andererseits die entsprechenden Phasen von Appetenzverhalten, Endhandlung und Ruhephase, wie sie für die Nahrungsaufnahme charakteristisch sind, zu erkennen. Dies führt zu einer zweiten Frage.

Hat Aggression ein Appetenzverhalten?

Mit anderen Worten, suchen Tiere aktiv·den Kampf? Wir kennen alle den Anblick eines erregten Hundes oder einer Katze, die ein anderes Tier, das sie gerade in die Flucht geschlagen haben, weiter verfolgen und keine Anstalten machen, die Auseinandersetzung zu beenden. Begibt sich aber eine Katze aus ihrer Ruhestellung auf die Suche nach einem Gegner? Von Vögeln wird manchmal gesagt, daß sie ihr „Revier patrouillieren" und jeden Eindringling angreifen, auf den sie stoßen. Es ist jedoch nicht sicher, ob ihr Patroullieren durch eine aggressive Motivation verursacht wird. Wir müßten eine erniedrigte Auslöseschwelle für aggressive Reaktionen zeigen können, nämlich wenn ein Vogel seine Revierkontrolle beginnt und bevor er einen Rivalen gesehen hat; die Durchführung derartiger Messungen ist jedoch schwierig.

Nähert man sich der Frage aus einem etwas anderen Blickwinkel, so kann kein Zweifel bestehen, daß aggressives Verhalten unter bestimmten Bedingungen als Bekräftigung wirkt, d. h., ein erregtes Tier zeigt ein entsprechendes Verhalten, wenn es danach die Gelegenheit hat, aggressiv zu reagieren. Die vielleicht schönsten Beispiele dieser Art stammen aus der Arbeit von Thompson mit Kampfhähnen [453] und Siamesischen Kampffischen [452] (beides Tiere, die selektiv auf Aggressivität gezüchtet wurden). Männchen des Kampffisches zeigen gegenüber einem Spiegelbild oder einer Attrappe das vollständige aggressive Imponierverhalten mit gestellten Kiemendeckeln und abgespreizten Flossen. Wenn sie derartige Reize zum ersten Mal sehen, greifen sie sogar an und beißen nach ihnen. Thompson hielt Männchen allein in Aquarien, in denen es möglich war, ihr Spiegelbild plötzlich erscheinen zu lassen, indem man einfach eine Lampe ausschaltete, so daß die Aquarienwand als Spiegel wirkte. Dann dressierte er den Fisch in analoger Weise zu den Ratten in einer Skinnerbox (vgl. S. 23). Letztere mußten einen Hebel drücken, um ein Futterkügelchen zu erhalten, und lernten dies rasch. Bei Thompsons Versuch hing ein Ring ins Wasser, und wenn der Fisch durchschwamm, wurde die Lampe automatisch für einige Sekunden ausgeschaltet. Daraufhin erschien sein Spiegelbild an der Glaswand, auf das der Fisch aggressiv reagierte. Unter diesen Bedingungen lernten die Männchen durch den Ring zu schwimmen, und taten dies einige hundert Mal pro Tag. Dies bedeutet, wenn die Männchen ihre eigene Situation kontrollieren durften, wählten sie die, in der sie sich die meiste Zeit über aggressiv verhalten konnten. Ähnlich lernten Kampfhähne eine Reaktion, die ihnen Gelegenheit gab, aggressive Imponiergebärden zu zeigen. Man mag vielleicht argumentieren, daß die Anwesenheit des Ringes im Aquarium selbst zu einem aggressionsauslösenden Reiz wurde und den Fisch erregte. Thompson zeigte, daß künstliche Gegenstände in Verbindung mit dem Auftreten eines rivalisierenden Männchens später selbst Angriff auslösten. Dennoch scheint die Schlußfolgerung, daß aggressives Verhalten den erregten „Trieb belohnt", unvermeidlich und rechtfertigt einen Vergleich zwischen der Motivation zu kämpfen und Nahrung aufzunehmen.

Folgt der Ausführung aggressiven Verhaltens eine Ruhephase?

Die stereotypen Muster aggressiven Imponierens und aggressiver Angriffe scheinen einer auf ein Zielobjekt – z. B. Rivale – gerichteten Endhandlung zu entsprechen. Nach ihrer Ausführung läßt sich jedoch nur schwer eine regelrechte Ruhephase feststellen. Mäuse fressen z. B. in kurzen, von Pausen unterbrochenen Phasen. Die Länge der Freßphasen nimmt während der ersten Minuten zu, bis die Maus satt ist [499]. Auf diese Weise kann sich die Verhaltensintensität vorübergehend verstärken, bis ein Feedback mit der Meldung „Ziel erreicht" wirksam wird und zur Ruhe führt. Bei aggressivem Verhalten ist eine solche Erregung stark, und nach Beginn des Angriffs wird die Auslöseschwelle des Tieres für weitere Angriffe oft drastisch erniedrigt.

Sevenster [432] und Wilz [508] haben mit der auf S. 127 beschriebenen Methode die Aggression bei Stichlingsmännchen gemessen. Ein bedeutender Befund ist, daß die Tendenz eines Männchens, einen in einer Glasröhre festgehaltenen Rivalen zu beißen, am Ende eines 10minütigen Tests *höher* ist als zu Beginn. Wir erwarten dies sicher nicht, wenn einem Tier 10 Minuten lang eine Futtermenge ad libitum gegeben wird, und in dieser Hinsicht steht die auffällige Zunahme von Aggressivität nach Beginn einer Attacke in starkem Gegensatz zu biogenetischen Motivationen. Wilz hat gute Anhaltspunkte, daß ein Stichlingsmännchen noch mehrere Minuten nach einem Aggressionstest so sehr aggressiv erregt ist, daß es auf ein Weibchen nicht sexuell reagieren kann. Wird ihm, nachdem der aggressive Reiz entfernt ist, ein Weibchen angeboten, so führt er mehrere Aktivitäten aus, die zur Reduzierung von Aggression beizutragen scheinen, so daß das sexuelle Motivationssystem schließlich die Kontrolle gewinnen kann. Hier ist keine eindeutige Ruhephase nach aggressivem Verhalten und der Vertreibung eines Gegners vorhanden. Dauert ein aggressiver Reiz an, so nehmen die Angriffe schließlich ab, eine Reizänderung ruft sie jedoch wieder hervor. Diese Reaktionsverminderung ist wohl eher als Gewöhnung anzusehen (vgl. S. 223) denn als Ruhe aufgrund verminderter Motivation.

Diese von Tierexperimenten stammenden Daten deuten darauf hin, daß, im Gegensatz zum biogenetischen „Trieb“ der Nahrungsaufnahme, die Angriffstendenz oft als Ergebnis der Ausführung aggressiven Verhaltens zunimmt. Diese Schlußfolgerung ist in der Auseinandersetzung über das Wesen der Aggression von beachtlicher theoretischer und praktischer Bedeutung, und zwar insbesondere im Hinblick auf Lorenz' Auffassung von Möglichkeiten, mit denen menschliche und tierische Aggression kontrolliert werden kann. Dies führt zu einer vierten Frage.

Ist Aggression unvermeidlich?

Die Art der Fragestellung bezieht sich auf die Anwendung von Lorenz' psychohydraulischem Modell auf Aggression. Nach diesem Modell liegt die einzige Möglichkeit zur Triebreduktion in der Ausführung von Verhalten, und ohne „Abfluß“ nimmt der Trieb zu.

Wenn Menschen eine vererbte aggressive Tendenz haben, die auf diese Weise arbeitet, dann müssen wir hinnehmen, daß es unmöglich ist, Äußerungen von Aggression zu verhindern. Die beste Strategie wäre wohl, die Umwertung oder Umlenkung aggressiver Tendenzen von physischen Konflikten in weniger schmerzhafte „Ausgänge“ zu unterstützen. Diese Auffassung wird im Prinzip von Lorenz und Ardrey vertreten.

Es gibt zahlreiche Experimente, die für das unvermeidliche Auftreten von Aggression angeführt werden, sie lassen sich jedoch auch in anderer Weise interpretieren. In völliger Isolation aufgezogene Tiere sind manchmal höchst aggressiv. Dies wurde deutlich für Mäuse und Kammhühner gezeigt, wobei Kruijt [278] bei letzteren fand, daß die Vögel nach monatelanger Isolation Federn angriffen und ausgedehnte Kämpfe mit ihrem eigenen Schwanz ausführten. Das Verhalten isolierter Tiere ist jedoch in vielerlei Hinsicht stark verändert, daher darf man diese Beobachtungen nicht als alleiniges Ergebnis eines zunehmenden Aggressionstriebes interpretieren. So sind z. B. isolierte Nagetiere allgemein höchst erregbar. Es ist bekannt, daß bei ihnen hormonale Veränderungen stattfinden – wohl als Ergebnis ihrer Stress-Situation – wobei die Keimdrüsen der Männchen zur erhöhten Sekretion von Testosteron angeregt werden können. Dies kann allein schon eine erhöhte Angriffstendenz hervorrufen.

Lorenz [309] beschrieb Beobachtungen an einem höchst aggressiven Buntbarsch, *Etroplus maculatus*. Durch Versuch und Irrtum fanden Fischzüchter, daß es zur erfolgreichen Brut eines *Etroplus*-Pärchens notwendig ist, ein oder zwei nicht brütende Männchen im Aquarium zu haben, die als „Prügelknaben“ dienen. Das brütende Männchen greift sie von Zeit zu Zeit an, wodurch Aggression innerhalb des Pärchens kaum vorkommt. Wird ein *Etroplus*-Pärchen allein gehalten, so kann es selten erfolgreich brüten, da das Männchen das Weibchen ständig angreift. Diese Beobachtungen wurden von Rasa [391] unter gut kontrollierten Bedingungen bestätigt; Abbildung 4.9 veranschaulicht ihre Ergebnisse. Hat das Männchen keine anderen Männchen zum Angreifen, so steigen die Angriffe gegen das Weibchen stark an. Lorenz [309] und Eibl-Eibesfeldt [143] interpretieren dieses Ergebnis als zunehmen-

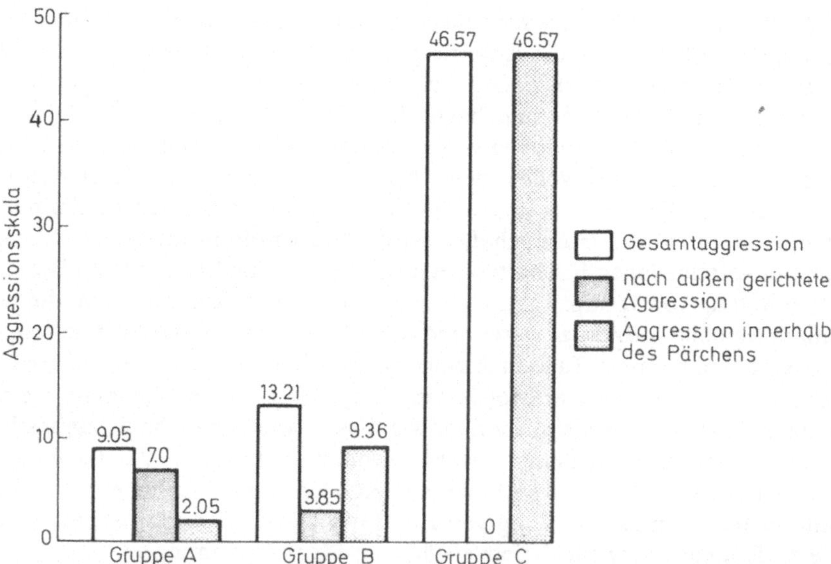

Abb. 4.9. Rasas Daten über aggressives Verhalten beim Buntbarsch, *Etroplus maculatus*. Die „Aggressionsskala" stellt die durchschnittliche Häufigkeit beider Geschlechtspartner in 5-minütigen Phasen dar. Bei Gruppe A wurden die Pärchen zusammen mit anderen Fischen in Aquarien gehalten; bei Gruppe B wurden Pärchen von anderen Fischen getrennt gehalten, konnten sie jedoch durch eine Glasscheibe sehen; bei Gruppe C waren die Pärchen von anderen völlig isoliert. Aggression ist in zwei Kategorien unterteilt, zum einen nach außen auf andere Fische gerichtet, und zum anderen zwischen den Geschlechtspartnern – die einzige Kategorie in Gruppe C. (Rasa [391])

de Aggressivität des Männchens, die einen Ausgang finden muß. Die Erniedrigung der Auslöseschwelle für Angriff schließt jedoch nicht notwendigerweise eine Zunahme von Aggressivität ein. Wie wir im folgenden Kapitel ausführlicher besprechen werden, erregt bei Männchen mit einem Revier die Anwesenheit eines Weibchens zusätzlich zu den sexuellen Reaktionen meist auch Aggression. Entsprechend waren wohl *Etroplus*-Männchen in allen Situationen der von Rasa durchgeführten Experimente stärker erregt. Ihre Aggression wird zu einem gewissen Grad gehemmt, da durch das Weibchen auch sexuelle Motivation entsteht, und wenn andere Fische in der Nähe sind, werden die meisten Angriffe auf sie „umgelenkt". Umlenkung tritt beim aggressiven Verhalten von Menschen und Tieren auf, wenn aus irgendeinem Grunde ein aggressionsauslösender Reiz nicht angegriffen werden kann. Der Chef erteilt z. B. seinem Buchhalter eine Rüge, der dann seine Aggression am Lehrling ausläßt.

Aufgrund von Rasas Experimenten können wir feststellen, daß die Angriffshäufigkeit bei Isolierung des Pärchens stark zunahm. Als Grund dafür nimmt Rasa an, daß das *Etroplus*-Männchen, wie der Stichling, in der Nähe seines Nestes am aggressivsten ist. Das Weibchen bleibt auch dann in der Nähe des Nestes, wenn es angegriffen wird, wodurch das Männchen wohl maximal erregt wird. Unter normalen Bedingungen führen ihn die Angriffe gegen andere Fische vom Nest weg. Da sich diese so weit wie möglich außer Sichtweite begeben, kann die Aggressivität des *Etroplus*-Männchens abnehmen, bevor der nächste Reiz auftritt.

Wenn wir die Konzeptionen von Zunahme und Unvermeidlichkeit der Aggression kritisch betrachten wollen, benötigen wir sehr viel mehr Information über das Verhalten von Fischen, bei denen die Erregung über verschiedene Zeitphasen auf einem absoluten Minimum gehalten wird. Dies wurde in mehreren Untersuchungen mit verschiedenen Fischarten versucht. Clayton und Hinde [100] beobachteten die Erholung von Kampfreaktionen bei Siamesischen Kampffischen, die lange ihrem Spiegelbild ausgesetzt waren und daher nicht mehr darauf reagierten. Die Erholung nahm mehrere Tage in Anspruch. Dies könnte man zwar auf eine allmähliche Zunahme aggressiver Motivation zurückführen, eine Abnahme von Gewöhnung ist jedoch wahrscheinlicher, da wir wissen, wie reizabhängig aggressives Verhalten ist. Ähnliche Messungen wurden von Wilhelmi [501] durchgeführt; er ließ Schwertschwänze (Fische) so lange mit Rivalen kämpfen, bis einer aufgab, und untersuchte dann die Erholung von Kampfverhalten. Wilhelmi nimmt als Ursache für die Erholung entweder Triebverstärkung oder Gewöhnung an.

Im Gegensatz dazu zeigten Heiligenbergs [208] Untersuchungen des Kampfverhaltens bei einem Buntbarsch, *Pelmatochromis*, daß die Kampftendenz nach einigen Tagen ohne jede Erregung *abnahm*. Die Fische hatten zwar zuvor nicht bis zur Erschöpfung gekämpft, diese Ergebnisse unterstützen jedoch die Annahme nicht, daß Aggression immer zunimmt, wenn keine Kampfmöglichkeit besteht.

Lorenz' Konzeptionen wurden auch von mehreren Säugetierforschern kritisiert, da er die Entwicklungsfaktoren, die aggressive Motivation beeinflussen, unterschätzte. Scott [426] zeigte in einem Überblick, daß bei Nagetieren die Aggressionsniveaus, je nach ihren frühen Erfahrungen, auf äußerst eindrucksvolle Weise verändert werden können. Es ist relativ einfach, eine Maus darauf zu dressieren, ein fremdes Tier anzugreifen, während ein anderes Tier derselben Zucht darauf dressiert werden kann, vollkommen ruhig zu bleiben. Die Aggressionsveränderungen als Ergebnis derartiger Erfahrungsunterschiede ähneln denen sehr stark, die Lagerspetz bei ihren Mäusen durch selektive Zucht hervorbrachte. Angesichts solcher eindeutigen Effekte der Aufzucht und der Überlegung, wie zweideutig die Daten von Tieren in anderen Zusammenhängen sind, scheint es keinen Grund zur Annahme zu geben, daß menschliche Aggression unvermeidbar sei. Wir müssen allerdings davon ausgehen, daß der Mensch ein – wahrscheinlich angeborenes – Potential für Aggressivität hat. Die lange Kindheitsphase und die starken Einflüsse, die Eltern und Gesellschaft auf das Individuum haben können, weisen jedoch auf eine Lösung hin.

Die physiologische Grundlage von Motivation

Weitere Verhaltensanalysen zur Motivation sind unbedingt notwendig. Ebenso bedeutend sind jedoch Untersuchungen von Motivation auf physiologischer Ebene sowie der Versuch, Verhalten mit Ereignissen im Nervensystem in Verbindung zu bringen. Die vielversprechendsten Brücken zwischen Neurophysiologie und Verhalten entstanden aus der Arbeit Physiologischer Psychologen – meist Amerikaner – über Motivationsprobleme. Grossman [182] gibt eine gute Einführung in das gesamte Gebiet der Physiologischen Psychologie. Im folgenden werden wir uns mit einigen dieser Arbeiten beschäftigen und beginnen mit der Beschreibung eines Teils des Wirbeltiergehirns, der bei der Kontrolle von Motivation große Bedeutung hat – der Hypothalamus.

Der Hypothalamus

Dieser sehr kleine Teil des Gehirns – im menschlichen Gehirn ist er kleiner als das letzte Glied des kleinen Fingers – hat bei einer Unmenge von Reaktionen grundlegende Bedeutung. Walsh [482] gibt einen ausgezeichneten allgemeinen Überblick über die Physiologie des Hypothalamus, von dem er sagt, „... dieses kleine Zentrum spielt bei der Ausnutzung der Körperfähigkeiten eine dominierende Rolle ... Es ist tatsächlich schwierig, auch nur eine Körperfunktion anzunehmen, die nicht, direkt oder indirekt, vom Hypothalamus abhängt“.

An dieser Stelle müssen wir uns kurz der Neuroanatomie zuwenden (vgl. Romer [397]). Das Gehirn aller Vertebraten ist nach dem gleichen Grundplan aufgebaut. Zu Beginn der Embryonalphase besteht es aus drei Verdickungen am vorderen Ende des Rückenmarks. Diese werden als Prosencephalon, Mesencephalon und Rhombencephalon bezeichnet oder einfacher, als Vorder-, Mittel- und Rautenhirn. Diese Verdickungen entstanden ursprünglich, um die zunehmende sensorische Information verarbeiten zu können, die von den Sinnesorganen des Kopfes zum Zentralnervensystem gelangten. Das Vorderhirn diente ursprünglich dem Geruchssinn, das Mittelhirn dem Sehen und das Rautenhirn dem Gleichgewicht und Hören. Bei den meisten Vertebraten wurden diese ursprünglichen Funktionen weiter ausgedehnt und kompliziert. Die entsprechenden Informationen von den Sinnesorganen laufen jedoch immer noch zunächst zu diesen Gebieten, auch wenn sie danach an andere Stellen weitergeleitet werden.

Das Vorderhirn kann, wie Abbildung 4.10 zeigt, leicht in zwei Abschnitte unterteilt werden. Vom Dach des vorderen Teils haben sich die Cerebralhemisphären entwickelt, die ursprünglich nur für den Geruch zuständig waren, die jedoch heute das gesamte Nervensystem bei den Säugetieren dominieren. Auf dem hinteren Teil des Vorderhirns (Diencephalon = Zwischenhirn) liegt dorsal die Zirbeldrüse. Diese war ursprünglich mit einem Lichtrezeptor oder Pinealorgan verbunden, was bei einigen Reptilien noch immer zu sehen ist. Die dicken Seitenwände des Diencephalons bilden den Thalamus, eine wichtige „Zwischenstation“ im Gehirn, in dem Fa-

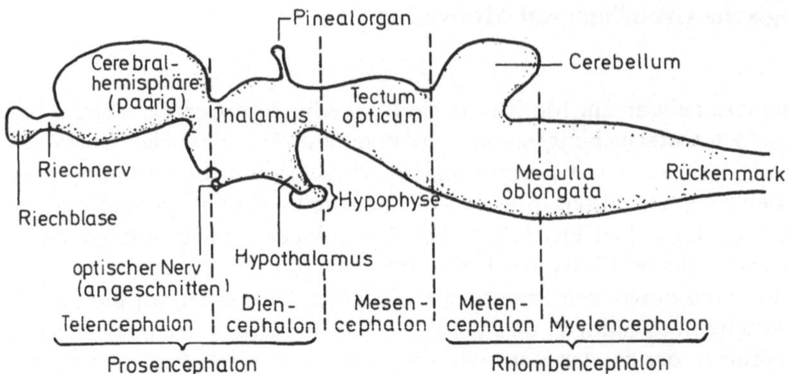

Abb. 4.10. Die Hauptteile des Vertebratengehirns. Während der Entwicklung durchlaufen alle Vertebratengehirne ein Stadium, das diesem sehr ähnlich ist. Bei Säugetieren und Vögeln jedoch wird das ausgewachsene Gehirn durch die stark vergrößerten Cerebralhemisphären und das Cerebellum beherrscht. Diese bedecken den ganzen Rest und lassen den ursprünglichen Aufbau nicht mehr erkennen. (Modifiziert nach Romer [397])

sersysteme in zahlreichen „Kernen" oder Gruppen von Neuronen zusammenlaufen. Unterhalb des Thalamus liegt, wie der Name schon sagt, der Hypothalamus.

Im Hypothalamus sind zwar auch Kerne vorhanden, aber sie sind nicht so gut abgegrenzt wie die im darüberliegenden Thalamus. Es gibt jedoch mehrere gut definierte ein- und auslaufende Fasersysteme; sie verbinden den Hypothalamus mit den Cerebralhemisphären und den weiter hinten gelegenen Teilen des Gehirns. Vom Verhalten her gesehen ist das auffälligste Strukturmerkmal des Hypothalamus seine enge Verbindung mit der Hypophyse. Diese endokrine Drüse, die das gesamte Hormonsystem des Körpers kontrolliert (vgl. S. 148), entsteht aus der Verschmelzung eines Auswuchses des embryonalen Hypothalamus mit einem Auswuchs des embryonalen Munddaches. Die Verbindung zwischen Hypophyse und Hypothalamus enthält sowohl Nerven als auch Blutgefäße. Der Hypothalamus selbst wird sehr stark mit Blut versorgt, und einige seiner Zellen sind sogar mit Kapillaren durchzogen.

Aufgrund seiner Verbindungen mit anderen Gehirnteilen, seiner starken Blutversorgung und seiner Verbindung mit der Hypophyse ist der Hypothalamus sehr gut geeignet, Veränderungen im Körperstoffwechsel festzustellen und Aktivitäten in Gang zu setzen, die sie korrigieren. Mit anderen Worten, er ist ein Teil eines Regelsystems, das die Körperfunktionen im Gleichgewicht hält. Dies wird durch eine ganze Reihe von physiologischen Befunden bestätigt. Eines der empfindlichsten Systeme dieser Art bei Säugetieren oder Vögeln betrifft die Kontrolle der Körpertemperatur. Im Hypothalamus gibt es Stellen, die für Veränderungen der Bluttemperatur äußerst empfindlich sind. Werden diese Gebiete mit Hilfe eingepflanzter Drähte künstlich erwärmt, so beginnt ein Tier zu schwitzen und zu hecheln. Der Hypothalamus setzt über das autonome Nervensystem Schwitzen in Gang. Werden die temperaturempfindlichen Gebiete abgekühlt, so wird der umgekehrte Effekt erreicht.

Ein Tier zittert – eine weitere Reaktion des autonomen Nervensystems (vgl. Walsh [482]).

All dies scheint reine Physiologie zu sein und wenig mit der Untersuchung von Verhalten zu tun zu haben. Regelung von Gleichgewichtszuständen ist jedoch eines der Bereiche, in denen die Grenzen zwischen den traditionellen Forschungsbereichen abgebaut wurden. Im Falle der Temperaturregelung hilft es nicht, Physiologie und Verhalten zu trennen. Wenn z. B. eine Ratte auf die beschriebene Weise plötzlich abgekühlt wird, so setzt Zittern ein, um Wärme zu erzeugen. Wir können dies als Reflexaktivität klassifizieren und, wie in Kapitel 1 beschrieben, dem Gebiet der Physiologie zuschreiben. Wird die Ratte jedoch für längere Zeit gekühlt, so reicht Zittern allein nicht aus, und wenn man ihr Material gibt, beginnt sie, ein Nest zu bauen oder das bereits vorhandene zu vergrößern, um sich zu wärmen. Jetzt wird die Reflexantwort durch komplexes Verhalten unterstützt. Beides wird vom Hypothalamus ausgelöst, und beides ist Teil des Regelsystems der Ratte. Beim Nestbau ist allerdings ein komplizierterer neuraler Mechanismus beteiligt als beim Kältezittern.

Der Hypothalamus und Motivation

Einige der wichtigsten Zusammenhänge zwischen Gehirn und Verhalten wurden in Arbeiten über die Rolle des Hypothalamus aufgedeckt. Aufgrund moderner physiologischer Techniken können Teile des Gehirns mit Elektroden, kontrollierter Injektion chemischer Substanzen oder Läsion sehr kleiner, ausgewählter Gebiete erforscht werden.

Als typisches Beispiel für die Art und Weise, in der solche Untersuchungen die zugrundeliegende Physiologie von Motivation aufdecken, betrachten wir die Rolle des Hypothalamus bei Durst. In lateralen Gebieten sind Zellen vorhanden, die auf erhöhte Konzentration in den zirkulierenden Körperflüssigkeiten reagieren. Sie können zwei Kompensationssysteme in Gang setzen. Das erste über die Verbindung mit der Hypophyse arbeitende System löst die Sekretion des antidiuretischen Hormons (ADH) aus, das die Wasserausscheidung durch die Nieren vermindert. Das zweite System veranlaßt das Tier Wasser zu trinken. Wenn die Verbindung zwischen Hypothalamus und dem Hinterlappen der Hypophyse zerstört ist, kann ADH nicht mehr abgegeben werden. In einer solchen Situation scheiden die Nieren weiter viel Urin aus, und ein Tier nimmt zum Ausgleich viel Wasser auf – ein als *Diabetes insipidus* bekannter Zustand.

Normalerweise entspricht die aufgenommene Wassermenge genau den Bedürfnissen eines Tieres, wenn jedoch der laterale Teil des Hypothalamus entweder elektrisch oder durch Injektion hypertonischer Salzlösung künstlich erregt wird, nimmt das Trinken stark zu. Andersson [9, 10] pflanzte bei Ziegen feine, hohle Nadeln in den Hypothalamus ein. Er ließ die Tiere zunächst so viel Wasser trinken wie sie wollten und injizierte dann konzentrierte Salzlösung. Ein Effekt konnte nur dann festgestellt werden, wenn die Nadelspitze im lateralen Teil des Hypothalamus war. In dieser Region bewirkte das Salz, daß die Ziegen innerhalb ein oder zwei Minuten nach der Injektion begannen, ungeheure Wassermengen aufzunehmen. Diese Tiere, die bereits zuvor ausreichend Wasser getrunken hatten, tranken dann sogar Salz- und bittere Lösungen, die sie normalerweise nicht, auch wenn sie noch so durstig wären, anrühren würden. Dieser Zustand ist nicht mit *Diabetes insipidus* vergleichbar, da die Ziegen keine Wassermengen ausgleichen müssen, die sie durch die Nieren verloren haben. Sie trinken Wasser im Überschuß zu ihren physiologischen Bedürfnissen.

Andersson [11] konnte den gleichen Effekt hervorrufen, indem er den lateralen Teil des Hypothalamus elektrisch reizte. Derartiges Trinkverhalten wird oft als „reizgebunden" beschrieben, da es nur anhält, solange der Reiz (Salzlösung oder elektrischer Reiz) vorhanden ist. Reizgebundenes Trinken wurde auch bei Ratten beobachtet. Die Bedeutung des lateralen Teils des Hypothalamus für Trinken wird auch aus dem Verhalten von Ratten, bei denen dieser Gehirnteil zerstört wurde, deutlich [450]. Solche Tiere nehmen absolut kein Wasser mehr auf. Sie trinken selbst während der letzten Stadien von Dehydrierung nicht und sterben schließlich in der Gegenwart von Wasser, wenn er ihnen nicht künstlich über eine Röhre in den Magen gegeben wird. Es ist faszinierend zu beobachten, daß eine Ratte mit lateraler Hypothalamus-Läsion nicht nur an Wasser uninteressiert ist, sondern sogar eine Aversion dagegen zeigt. Wird Wasser direkt in ihr Maul gegeben, so schluckt sie es nicht, sondern läßt es wieder herauslaufen, indem sie die gleichen Zungen- und Lippenbewegungen macht, wie eine normale Ratte bei einer äußerst bitteren Flüssigkeit.

Diese Effekte von Stimulierung und Ausschaltung legen den Schluß nahe, daß der laterale Hypothalamus für den Zustand verantwortlich ist, den wir verhaltensmäßig als Trinktendenz beobachten. Inwieweit ist dieser Schluß gerechtfertigt? Bevor wir diese Frage besprechen, können wir noch einige vergleichbare Ergebnisse, die auf die Kontrollfunktion des Hypothalamus beim Fressen hinweisen, anfügen.

Säugetiere und Vögel halten normalerweise ihr Gewicht sehr konstant und passen die Nahrungsmengen, die sie aufnehmen, entsprechend an. Gibt man Ratten eine sehr reichhaltige Nahrung, so fressen sie weniger; wird ihr Futter mit unverdaulicher Zellulose gemischt, so fressen sie mehr. Wir haben bereits erwähnt, daß Ratten, bei denen zentrale Gebiete des Hypothalamus (genau gesagt, der ventromediale Kern) zerstört sind, die Kontrolle über ihr Freßverhalten verlieren. Abbildung 4.11 zeigt die Futteraufnahme einer Ratte, deren ventromedialer Kern entfernt wurde, im Vergleich zu einem scheinoperierten Tier. Nach einigen Tagen postoperativen Absinkens der Futteraufnahme beginnt die hirngeschädigte Ratte ungeheure Futtermengen zu fressen – etwa viermal soviel wie normal. Diese sogenannte „dynamische Phase" des Überfressens hält drei Wochen lang an. Danach nimmt die Futteraufnahme langsam ab und bleibt schließlich bei etwa der doppelten normalen Menge. Es erübrigt sich zu betonen, daß diese Ratten äußerst fett und inaktiv werden.

Bei normalen Ratten sorgt die elektrische Reizung des ventromedialen Kerns für eine Verminderung der Nahrungsaufnahme. Daher wurde diese Region des Hypothalamus oft als „Sättigungszentrum" bezeichnet; sie stellt fest, wenn ein Tier ge-

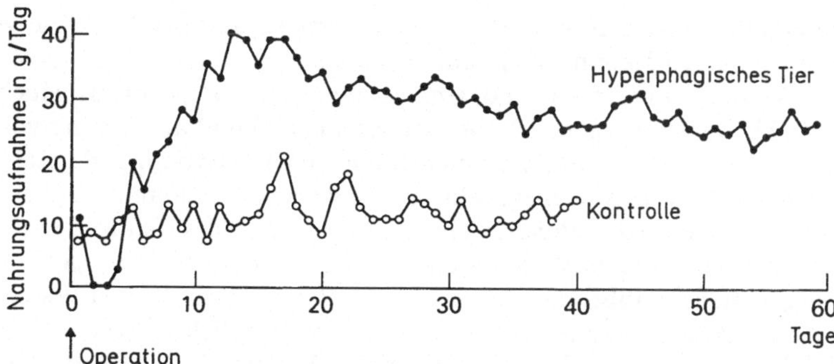

Abb. 4.11. Die tägliche Nahrungsaufnahme normaler Ratten und solcher mit bilateralen Läsionen im ventromedialen Kern des Hypothalamus. Weitere Erklärung im Text. (Teitelbaum, P.: *J. Comp. Physiol. Psychol. 48*, 156–163, 1955)

nügend gefressen hat und hemmt weitere Nahrungsaufnahme (der Begriff „Zentrum" bedeutet hier eine Gruppe von Nervenzellen mit einer gemeinsamen Funktion). Wir können feststellen, daß hyperphagische Ratten nicht *jegliche* Kontrolle über ihre Futteraufnahme verlieren. Abbildung 4.11 zeigt, daß sie schließlich nur noch halb soviel fressen wie in der dynamischen Phase. Sättigung wird mit der Entfernung des ventromedialen Kerns nicht aufgehoben, jedoch wird ihre Auslöseschwelle stark erhöht.

Ein weiteres Zentrum, das in seiner Funktion dem ventromedialen Kern entspricht und Freßverhalten auslöst, liegt im lateralen Hypothalamus und steht mit dem Gebiet für Trinken in enger Beziehung. Bei Ratten haben Experimente, die denen für Durst ähnlich sind, gezeigt, daß dieses „Nahrungszentrum" Appetenzverhalten für Fressen auslöst; durch eingepflanzte Elektroden kann reizgebundenes Freßverhalten hervorgerufen werden, und eine Läsion dieses Gebietes kann trotz vorhandenen Futters zu Verhungern führen. Die Freß- und Trinkzentren sind anatomisch eng miteinander verbunden und wirken auf komplexe Weise zusammen (wegen Details vgl. Teitelbaum und Epstein [450]).

Inwieweit ist das Trink- und Freßverhalten „normal", das wir durch chemische oder elektrische Reizung auslösen? Es wäre wichtig, bei einer Reizung normales Appetenzverhalten bei einem Tier zu beobachten, da sein Freß- und Trinkverhalten lediglich eine Reflexreaktion auf die Reizung neuraler Systeme, die die entsprechenden motorischen Muster kontrollieren, sein könnte. Durch die Reizung anderer Gebiete des Gehirns, z. B. Teile des motorischen Cortex, kann man beispielsweise gut koordinierte Lippen- und Zungenbewegungen hervorrufen.

Einige der Beobachtungen Anderssons scheinen diese Erklärung auszuschließen, da seine Ziege bei Reizung alle Anzeichen normalen Durstes zeigten. Sie suchten in ihrem Gehege nach der Wasserschüssel, d. h., sie zeigten normales Appetenzverhalten und nicht nur „erzwungenes Trinken". Coons et al. [103] fanden, daß Ratten, die reizgebunden fressen, eine neue Reaktion (Hebeldrücken) lernen, um Nahrung zu erhalten, und daß diese Reaktion übertragen und benutzt wird, wenn anschließend dieselben Tiere normal hungrig werden.

Derartige Ergebnisse sind sehr überzeugend, es bestehen jedoch immer noch Zweifel, die vor einiger Zeit von Valenstein [475] und anderen hervorgehoben wurden. Es gibt zahlreiche Experimente, aus denen hervorging, daß Tiere, die reizgebunden fressen und trinken, sehr viel einfacher von ihrem Ziel abgebracht werden können als normal motivierte Tiere. Dies ist zumindest bei Ratten der Fall, die bereits auf eine geringe Veränderung des Futters oder Wassers mit Chinin die Nahrungsaufnahme abbrechen. Ferner ist die Rate, mit der Ratten Wasser lecken, meist sehr konstant. Normaler Wasserentzug führt lediglich zu einer Verlängerung ihrer Trinkphasen, beeinflußt jedoch nicht ihre Leckgeschwindigkeit. White et al. [496] berichten, daß reizgebundene „Trinker" dagegen ihre Leckrate mit der Intensität elektrischer Reizung ändern, was annehmen läßt, daß die motorischen Zentren für Trinken beeinflußt werden.

Zur Lösung dieser Frage benötigen wir weitere Daten; aufgrund der gegebenen Befunde müssen wir davon ausgehen, daß nicht für alle Vertebraten und nicht einmal für alle Säugetiere die gleichen Mechanismen gelten. Es besteht jedoch wenig Zweifel, daß die Grundfunktion des Hypothalamus die Erkennung physiologischer Ungleichgewichte ist. Seine Zellen messen Temperatur, Nahrungs-, Wasser- und Hormonkonzentrationen im Blut. Bei jedem Ungleichgewicht veranlassen die Detektoren entsprechende Reaktionen der Körperphysiologie und des Verhaltens.

Die das Verhalten betreffenden Probleme sind noch immer sehr groß, da wir zwar annehmen können, daß der Hypothalamus für das Ingangsetzen von Motivationszuständen wesentlich ist, jedoch nicht behaupten dürfen, daß er für deren Kontrolle allein verantwortlich ist. Sicher wirken bei dieser Kontrolle auch viele andere Gebiete des Gehirns mit. Grossman [183] faßt die vielfältigen Ergebnisse über die Beteiligung anderer Teile des Vorderhirns an Fressen und Trinken, sexuellem und aggressivem Verhalten zusammen. In vielen Experimenten wurden Gehirnteile zerstört und die daraus resultierenden Verhaltenseffekte beobachtet. Man stellte fest, daß Läsionen in den meisten Gebieten der Cerebralhemisphären die Motivation eines Tieres nicht in einer spezifischen Weise beeinflussen; es gibt jedoch einige bedeutende Ausnahmen. Viele davon betreffen Zerstörungen in den vordersten Teilen der Hemisphären und auch in einer komplexen Reihe von Fasersystemen, die zusammengefaßt als Rhinencephalon oder Limbisches System bezeichnet werden. Diese liegen nahe der Basis der Cerebralhemisphären und sind mit dem Hypothalamus verbunden. Ursprünglich hatten Teile des Limbischen Systems mit dem Geruchssinn zu tun, bei höheren Säugetieren jedoch beeinflußt es Verhalten viel allgemeiner und modifiziert die Aktivität von Hypothalamuszentren.

Man fand, daß Läsionen in den Frontallappen der Hemisphären und im Limbischen System bei Hunden und Katzen und anderen Säugetieren sexuelle- und Freßtendenzen manchmal sehr drastisch beeinflussen. Hunde z. B., bei denen Teile des Frontallappens zerstört sind, fressen heißhungrig, verschlingen ungenießbares Material und werden sehr fettleibig. Katzen mit Läsionen in der Gegend der Amygdala (einem Teil des Limbischen Systems) werden hypersexuell und versuchen, mit einer Vielzahl von Tieren und nichttierischen Objekten zu kopulieren (vgl. Grossman [182]).

Es gibt einige Hinweise dafür, daß im Vorderhirn eine Schleife neuraler Bahnen an der Kontrolle von Fressen und Trinken beteiligt ist. Nervenbahnen, von denen derartiges Verhalten aufgrund von Reizung ausgelöst werden kann, verlassen den Hypothalamus, laufen durch verschiedene Limbische Strukturen und können dann wieder zum Hypothalamus zurückverfolgt werden. Ein solcher Kreis ist natürlich nicht geschlossen – er hat zahlreiche Verbindungen nach außen – vielleicht ist jedoch die fortlaufende Aktivität innerhalb einer solchen Schleife eine Grundlage für einen Motivationszustand.

Zusammenfassung der Befunde über Kontrollzentren

Abschließend wollen wir die Ergebnisse über die neurophysiologische Basis von Motivation zusammenfassen und insbesondere betrachten, ob spezifische Motivationszustände durch die Aktivität einzelner abgegrenzter Zentren im Hypothalamus ausgelöst werden können.

Das Konzept eines „Zentrums" ist recht ungenau, wird jedoch normalerweise für die Bezeichnung einer relativ kleinen Gruppe von Nervenzellen mit einer gemeinsamen Funktion benutzt. Für die Erforschung der Organisation des Gehirns wurden verschiedene Techniken angewandt. Wie wir bereits gesehen haben, besteht eine der üblichsten von Physiologischen Psychologen angewandten Methoden darin, Läsionen zu setzen und deren Effekte auf das Verhalten zu untersuchen. In dem Versuch, bestimmte Zentren durch Läsionen zu lokalisieren, liegen Gefahren, da das Gehirn eine äußerst komplexe Struktur aus winzigen Einheiten ist. Das Einbrennen von Löchern oder Herausschneiden von Stücken ist naturgemäß eine recht grobe Technik. Bei der Entfernung von Zellkörpergruppen werden fast immer einige Fasersysteme beschädigt, die vom oder durch das Gebiet der Läsion führen. Dadurch können andere Gebiete, die durch diese Systeme versorgt werden, aber nicht unbedingt in der Nähe der Verletzungsstelle liegen, beeinträchtigt werden, und dies kann die Interpretation der Ergebnisse erschweren. Reynolds [392] nahm z. B. an, daß der ventromediale Kern des Hypothalamus kein „Sättigungszentrum" sei. Er glaubt, daß die Läsionen zu seiner Ausschaltung zu einer dauernden Störung von Systemen führt, die diesen Kern mit dem lateralen „Nahrungsaufnahmezentrum" des Hypothalamus verbinden. Die Ursache für die Hyperphagie wäre damit die Reizung des letztgenannten Gebietes.

Gregory [178] benutzt einen anschaulichen Vergleich, um die Interpretationsprobleme bei den Ergebnissen von Gehirnläsionen hervorzuheben. Er bespricht, inwieweit die Funktionsweise des Gehirns mit verschiedenen Maschinen verglichen werden kann, und sagt:

„Die Entfernung eines der vielen Widerstände aus einem Radio kann Pfeiftöne hervorrufen, daraus folgt jedoch noch nicht, daß Pfeiftöne direkt von diesen Widerständen verursacht werden oder der ursächliche Zusammenhang sehr direkt ist. Insbesondere sollten wir nicht davon ausgehen, daß die Funktion der Widerstände normalerweise darin besteht, das Pfeifen zu hemmen. Neurophysiologen haben in einer vergleichbaren Situation von ‚Entstörregionen' gesprochen."

Wenn wir Kontrollzentren zufriedenstellend identifizieren wollen, müssen wir die aus Läsionsexperimenten gewonnenen Ergebnisse noch durch andere Versuche untermauern. Angenommen, wir versuchen zu zeigen, daß ein bestimmter Gehirnteil für das Auslösen einer speziellen Verhaltensweise verbunden mit einem bestimmten Ziel verantwortlich ist. Im Idealfall würden wir die in Tabelle 4.1 dargestellten Techniken anwenden und die entsprechenden Ergebnisse auswerten. Diese Reihe von Experimenten ist in gewisser Weise hypothetisch und die angenommenen Ergebnisse sind sehr vereinfacht. Es gibt jedoch vergleichbare Informationen für das laterale Nahrungszentrum im Hypothalamus und das entsprechende ventromediale Sättigungszentrum. Es ist interessant festzustellen, daß diese Zentren offenbar analoge Eigenschaften zu „Bindeglied" und „Analysator" in Deutschs Verhaltensmodell haben (vgl. S. 120 und Abb. 4.5).

Wenn es uns gelingt, derartige Ergebnisse zu erhalten, können wir mit relativer Zuversicht *einen* Aspekt der Funktion einer Gehirnregion identifizieren; wir dürfen jedoch nie annehmen, daß dies der einzige Gesichtspunkt sei. Läsionen im ventromedialen Bereich beeinflussen mit Sicherheit auch noch andere Aspekte des Verhaltens einer Ratte, sie wird weniger ängstlich, zeigt zunehmende Aktivität in neuen Situationen und reagiert stärker auf schmerzhafte Reize (Grossman [184]). Einige dieser Effekte sind sicher am Zustandekommen des Hyperphagie-Syndroms, das nicht einfach als verstärkte Freßmotivation zu verstehen ist, beteiligt. Mit anderen Worten, es gibt keinen Ersatz für eine wirklich gründliche Erforschung aller Verhaltenseffekte nach Gehirnläsionen und -reizung. Hier können Physiologie und Ethologie einander ergänzen.

Die Ergebnisse über Zentren, die andere Verhaltenssysteme als die Nahrungsaufnahme kontrollieren, sind nicht so vollständig. Im vorderen Hypothalamus können wir Gebiete lokalisieren, die aus dem Blut Geschlechtshormone aufnehmen und das Sexualverhalten kontrollieren; es ist jedoch noch problematischer, Zentren für Aggression und Angst abzugrenzen. „Wut"- und Angriffsreaktionen bei Katzen z. B. können durch Reizung vieler verschiedener Gebiete des Hypothalamus und des Limbischen Systems ausgelöst werden. Hier muß man mit der Interpretation besonders vorsichtig sein, da schmerzhafte Reize aller Art „Wut" hervorrufen können, und die Elektroden manchmal Schmerzbahnen erregen. Während einzelne Elemente der Wutreaktion der Katze wie Spucken, Aufstellen der Haare und Krümmung des Rückens von anderen Gegenden des Gehirns ausgelöst werden können, muß der Hypothalamus dennoch intakt sein, wenn all diese Elemente zum vollen Muster integriert werden sollen.

Valenstein [475] und Mitarbeiter haben die Spezifität solcher Zentren in Frage gestellt. Ihr Ansatz führt uns zur Diskussion allgemeiner versus spezifischer Motivationen zurück, mit der dieses Kapitel begann. Sie fanden, daß je nach der Erfahrung eines Tieres in der Versuchssituation verschiedene Verhaltensweisen – Fressen oder Trinken – von derselben Elektrode im lateralen Hypothalamus ausgelöst werden

Tabelle 4.1. Mögliche Techniken zur Erforschung eines postulierten „Zentrums" zur Kontrolle eines bestimmten Verhaltens

Technik	Erwartetes Ergebnis
1. Ausschaltung eines Gebietes im Gehirn	Spezifisches Verhalten wird nicht gezeigt, selbst wenn Bedingungen dafür optimal sind
2. Reizung eines Gebietes {elektrisch / chemisch}	Spezifisches Verhalten wird gezeigt, selbst wenn es völlig unpassend ist
3. Chemische Unterdrückung der Aktivität eines Gebietes	Wie bei 1
4. Aufzeichnung normaler elektrischer Aktivität eines Gebietes im wachen, sich frei bewegenden Tier	Aktivität ist hoch, wenn spezifisches Verhalten ausgeführt wird, und gering, wenn es nicht ausgeführt wird

können. Sie nehmen an, daß Reizung ein Tier allgemein erregt und alle Reaktionen erleichtert, die – um ihren Begriff zu gebrauchen – „vorherrschend" sind. Dieses Vorherrschen kann durch den inneren Zustand eines Tieres und die äußeren Reize beeinflußt werden. Die genauen experimentellen Vorgehensweisen und die Ergebnisse, die sie lieferten, sind zu komplex, um sie hier zu besprechen. Dazu wird empfohlen, den Dialog zwischen Wise [509, 510] und Valenstein et al. [473, 474] in *Science* nachzulesen. Die Notwendigkeit guter Verhaltensstudien und die volle Kenntnis der Reaktionen einer Ratte in verschiedenen Versuchssituationen muß nochmals betont werden.

Die Freß- und Trinkzentren liegen so dicht zusammen, daß beide bei elektrischer Reizung durch Strom von ein und derselben Elektrode beeinflußt werden können. Diese Einflußmöglichkeit ist bei elektrischer Hirnreizung immer eine potentielle Fehlerquelle. Aus diesem Grund haben sich Miller [349], Grossman [181] und andere für die Anwendung chemischer Reizung ausgesprochen. Im Zentralnervensystem gibt es eine sehr große biochemische Variabilität, und dies könnte chemische Reizung sehr viel selektiver machen als Läsionen oder elektrische Reizung. Sowohl elektrische Ladungen als auch chemische Substanzen breiten sich von ihren Applikationspunkten aus und beeinflussen mehrere angrenzende neurale Verschaltungen. Alle Neuronen reagieren allerdings auf elektrische Reize, jeder Schaltkreis jedoch wohl nur auf wenige spezifische Chemikalien. Dies bedeutet, daß aufeinanderfolgende Injektionen einer Reihe verschiedener chemischer Substanzen immer nur jeweils einen „Schaltkreis" beeinflussen und die Ergebnisse dadurch leichter interpretiert werden können. Mit einer solchen Methode hatte Grossman Erfolg, selektiv entweder Fressen oder Trinken hervorzurufen, indem er verschiedene Chemikalien durch dieselbe Nadel in den lateralen Hypothalamus injizierte. Da diese Effekte sehr eindeutig waren, ist es unwahrscheinlich, daß der laterale Hypothalamus so undifferenziert ist, wie Valenstein annimmt.

Welcher Standpunkt in dieser Kontroverse auch vertreten wird, die meisten stimmen darin überein, daß Motivationszentren nicht auf eine kleine, bestimmte Gruppe von Neuronen „festgenagelt" werden können. In diesem Sinne Zentren anzunehmen, ist irreführend, da an allen im Verhalten sichtbar werdenden Gehirnfunktionen wohl größere und differenziertere Gruppierungen von Neuronen beteiligt sind. Die Freß- und Trinkzentren sind vermutlich die besten Annäherungen an den Idealfall, aber selbst hier ist eine genaue Lokalisierung nicht möglich.

Die Arbeit von Teitelbaum und Epstein [450] zeigt, daß die Zellen des lateralen Hypothalamus über eine beachtliche Plastizität verfügen. Ratten, die nach einer Läsion in diesem Gebiet völlig aufgehört haben zu fressen, können wieder zu normalem Freßverhalten gebracht werden, wenn man sie anfangs mit einer für sie angenehmen Flüssigkeit ernährt. Zunächst erhalten sie das Verlangen nach Futter zurück und später die Fähigkeit, ihre Nahrungsaufnahme selbst zu regulieren. Dies muß bedeuten, daß nun Neuronen außerhalb des ursprünglichen Freßzentrums diese Funktion übernommen haben. Die Fähigkeit, Läsionseffekte auszugleichen, ist im Gehirn weit verbreitet; dies schließt eine sehr starre Lokalisierung bestimmter Funktionen aus. Diese Folgerung wird durch die Tatsache unterstützt, die wir bereits im Zusammenhang mit Valensteins Arbeit besprochen haben, daß nämlich Reizung an ein und derselben Stelle bei verschiedenen Gelegenheiten nicht immer zu den gleichen Ergebnissen führt. Von Holst und von Saint-Paul [230] beschreiben dafür zahlreiche Beispiele aus ihrer Arbeit mit Hirnreizung bei Hühnern. Oft konnten sie die veränderten Effekte mit anderen spontanen Veränderungen in der Reaktionsbereitschaft der Vögel auf bestimmte Reize korrelieren. Die Aktivität eines Kontrollsystems beeinflußt die von anderen und kann die Auslöseschwelle an der Stelle der elektrischen Reizung verändern und so bestimmen, in welche „Kanäle" sich die Reizung ausbreitet.

Wir dürfen nicht erwarten, daß künstliche Reizung – oder die natürliche äußere Reizsituation – nur ein einziges, isoliertes Motivationssystem erregt. Im folgenden Kapitel werden wir ausführlicher betrachten, was im Hinblick auf das Verhalten geschieht, wenn zwei verschiedene Systeme gleichzeitig erregt werden.

Hormone und Motivation

Wir haben eben besprochen, wie das Verhalten eines Tieres auf verschiedene Weise mit dem Stoffwechselzustand seines Körpers in Zusammenhang steht. Futter- und Wasserentzug führen zu Verhaltensweisen, die derartige Mängel wieder ausgleichen sollen. Wir stellten fest, daß zu den Verhaltensreaktionen auch hormonale Veränderungen hinzukommen können; Durst führt z. B. zur Ausschüttung des antidiuretischen Hormons aus dem Hypophysenhinterlappen. Nun wollen wir das Zusammenwirken von Hormonen und Verhalten genauer betrachten. Dieser Punkt ist wichtig, da die hormonproduzierenden endokrinen Drüsen und das Nervensystem auf vielfache Weise bei der Koordinierung des Zustandes eines Tieres und seiner Beziehungen zur Außenwelt zusammenwirken. Die Hormone bilden ein chemisches Nachrichtensystem, das wahrscheinlich so alt ist wie das Nervensystem. Tatsächlich kann sich das eine teilweise aus dem anderen entwickelt haben. Im gesamten Tierreich finden wir im Nervensystem neurosekretorische Zellen. Dies sind modifizierte Neuronen, die besondere chemische Substanzen über ihre Axone in den Blutkreislauf leiten können. Oft liegen diese Zellen dicht nebeneinander und bilden Drüsen, wie das Corpus cardiacum bei Insekten, die eng mit Nervensystem und Blutkreislauf verbunden sind. Die Hypophyse von Vertebraten entwickelt sich aus der Verbindung neuralen und epithelialen Gewebes und bleibt eng mit dem Hypothalamus verbunden. Sie reguliert durch verschiedene Hormonausschüttungen alle anderen endokrinen Drüsen und wird selbst wiederum vom Nervensystem kontrolliert. Aufgrund dieses Kontrollsystems kann eine entsprechende hormonale Reaktion auf Umweltveränderungen folgen, die das Nervensystem aufnimmt. Das bekannteste Beispiel ist die Kontrolle der Paarungszeit bei Säugetieren und Vögeln. Veränderte Tageslänge, die durch die Augen wahrgenommen wird, führt zu veränderter Aktivität des Hypothalamus, der die Hypophyse anregt. Diese wiederum schüttet Hormone aus, die verschiedene Wachstumsveränderungen im Körper in Gang setzen, die mit dem Beginn des Paarungszustandes einhergehen.

Bei all ihren Interaktionen ergänzen sich die Funktionen der beiden Kommunikationssysteme, endokrin und nervös. Das Nervensystem kann Information nur durch Folgen von Nervenimpulsen weitergeben. Sein Zustand kann sich sehr schnell ändern, es ist jedoch weniger geeignet, über längere Zeit gleichmäßig eine konstante Botschaft zu übertragen. Es arbeitet auf einer Zeitbasis von Millisekunden bis Minuten. Das endokrine System kann nicht so schnell reagieren, seine Zellen können jedoch eine lange, gleichmäßige Ausschüttung von Hormonen in den Blutkreislauf aufrechterhalten, wenn es sein muß, für Monate. Ferner können Hormone über den Blutkreislauf jede Zelle im Körper erreichen, wogegen das Nervensystem eher nur die Muskeln kontrolliert.

Im Umlauf befindliche Hormone werden im allgemeinen als Hauptmotivationsfaktoren im Verhalten von Tieren betrachtet. Ethologen nahmen oft an, daß sie direkt auf die Kontrollzentren im Gehirn wirken, um Motivationen zu verstärken. Es gibt einige drastische Beispiele, bei denen Hormone bestimmte Verhaltensweisen eines Tieres, sogar unter den unpassendsten Umständen, „erzwingen". Blüm und Fiedler [58] beschreiben, wie z. B. Injektionen des Hypophysenhormons Prolactin (siehe unten) allein gehaltene Fischmännchen (*Crenilabrus ocellatus*) dazu bringen, die elterlichen Fächelbewegungen auszuführen. In Form und Funktion ist es dem auf S. 128 beschriebenen Fächeln des Stichlings ähnlich. Behandelte *Crenilabrus*-Männchen fächeln in einem leeren Aquarium, ohne die normal auslösenden Außenreize wie CO_2-haltiges Wasser, befruchtete Eier, Nest usw. Die Dauer des Fächelns hängt von der gegebenen Prolactindosis ab. Beispiele dieser Art sind überzeugende Beweise für die zentrale Rolle von Hormonen bei der Motivierung. Bevor wir einige Beispiele für die Wirkungsweise von Hormonen besprechen, müssen wir uns kurz mit dem endokrinen System der Vertebraten beschäftigen, insbesondere im Hinblick auf das Verhalten. Ausführlichere Darstellungen sind bei Gorbman und Bern [170] und Austin und Short [18] zu finden.

Die Hypophyse

Die Hypophyse scheidet mehrere Hormone aus, die die Abgabe von Hormonen aus anderen endokrinen Drüsen beeinflussen. Auf diese Weise kontrolliert sie das gesamte endokrine System. Wir werden uns hier hauptsächlich mit den **Gonadotrophen** Hormonen beschäftigen, die auf die Gonaden wirken und Wachstum von Keimzellen und Gonadengewebe hervorrufen, die die Geschlechtshormone ausschütten. Die zwei wesentlichsten Gonadotrophen Hormone sind das **Follikelstimulierende** Hormon (FSH) und das **Luteinisierende** Hormon (LH). Beide wurden nach ihrer Wirkungsweise auf die weiblichen Gonaden (Ovarien) benannt, sie werden jedoch auch von Männchen ausgeschüttet. Bei Weibchen sind beide für das Wachstum der Eier und deren Freigabe in den Eileiter zur Befruchtung notwendig.

Ein drittes für Verhalten wichtiges Hypophysenhormon ist **Prolactin**, auch unter dem Namen **Luteotrophes** Hormon (LTH) bekannt, was eine Vielzahl physiologischer Effekte hat. Wir wissen, daß es bei verschiedenen Klassen von Vertebraten vorkommt, es hat jedoch oft völlig verschiedene Funktionen und „Zielorgane" (die Körperteile, deren Wachstum oder Funktion von diesem Hormon beeinflußt werden). Interessanterweise beziehen sich die meisten seiner Effekte im weitesten Sinne auf „elterliches Verhalten". Wie gerade erwähnt, ruft Prolactin z. B. bei Stichlingsmännchen und einigen anderen Fischen Befächeln der Eier hervor, außerdem Brutbereitschaft bei Hühnern (jedoch nicht bei allen Vögeln), Ausscheidung von Kropfmilch bei Tauben sowie das Wachstum der Milchdrüsen und die Milchsekretion bei Säugetieren.

Der Name Luteotrophes Hormon bezieht sich auf eine andere bedeutende Funktion von Prolactin bei Säugetieren; es wird für die Aufrechterhaltung des Gelbkörpers in den Ovarien benötigt und regt ihn zur Produktion von Progesteron an (siehe unten).

Die Gonaden – Ovarien und Hoden

Seit Jahrhunderten ist bekannt, daß Kastrierung bei Vertebraten, im Gegensatz zu vielen Invertebraten, tiefgreifende Effekte auf Verhalten und Körperform hat. Nur bei den Vertebraten sind die Gonaden wichtige, endokrine Organe, die nach Stimulierung von Hypophysen-FSH und -LH aus besonderen sekretorischen Zellen die Geschlechtshormone ausschütten. Die weiblichen Hormone werden zusammenfassend als **Oestrogene** und die männlichen als **Androgene** bezeichnet. All diese Hormone besitzen ein Steroidgerüst und sind in ihrer chemischen Struktur eng verwandt. Obwohl sich die Steroide verschiedener Vertebratengruppen etwas unterscheiden können, sind sie jedoch normalerweise alle in jeder Gruppe wirksam. Das häufigste von Säugetieren ausgeschiedene Androgen ist das **Testosteron**.

Die Geschlechtshormone sind für die Entwicklung der sekundären Geschlechtsmerkmale und für das Wachstum des Fortpflanzungssystems in Vorbereitung für die Abgabe von Eiern und Sperma verantwortlich. Normalerweise gibt es dauernde Unterschiede im Körperbau von Männchen und Weibchen. Diese werden oft durch das saisonbedingte Wachstum sekundärer Geschlechtsmerkmale unter dem Einfluß vermehrter Geschlechtshormon-Ausscheidung noch verstärkt. Man kann z. B. das ganze Jahr über Hirsche von Hirschkühen unterscheiden, zusätzlich zeigen erstere jedoch noch ein saisonbedingtes Wachstum des Geweihs.

Schließlich müssen wir noch ein weiteres Steroidhormon erwähnen, das von den Ovarien erzeugt wird. Bei einem Säugetier vergrößert sich nach dem Eisprung das leere Follikel und bildet eine auffällige, gelbe Struktur an der Oberfläche des Ovars – das *Corpus luteum* (Gelbkörper). Dieses beginnt **Progesteron** auszuscheiden, unter dessen Einfluß die Uteruswand für die Aufnahme eines befruchteten Eies vorbereitet wird. Progesteron hemmt auch die Kontraktion der Uterusmuskeln, was vermieden werden muß, wenn das Junge ausgetragen werden soll. Progesteron kommt nicht nur bei Säugetieren vor. Strukturen wie das *Corpus luteum* bilden sich auch bei Fischen, Amphibien und Reptilien aus, wir wissen hier jedoch wenig über Vorhandensein oder Wirkungsweise von Progesteron. Bei Vögeln scheidet das Ovar mit ziemlicher Sicherheit auch Progesteron aus, obwohl keine besonderen Gelbkörper vorhanden sind. Es ist bekannt, daß auch Männchen mehrerer Vogelarten Progesteron wahrscheinlich in den Hoden erzeugen.

Wirkung von Hormonen auf das Verhalten

Verhaltensforscher haben sich meist auf die innere Wirkung von Hormonen konzentriert. Diese rufen jedoch oft schnelle Wachstumsveränderungen in ihren verschiedenen Zielorganen hervor. Derartige Veränderungen können, was leicht übersehen wird, Verhalten indirekt beeinflussen.

Bei Säugetierweibchen z. B. bewirkt Oestrogen Wachstum des Uterus, Veränderungen des Vaginalepithels und Wachstum der Milchkanäle. Bei Vögeln bewirkt Oestrogen, manchmal zusammen mit Progesteron, u. a. Vergrößerung des Eileiters. Bei einigen Arten ruft es auch das Abstoßen von Federn an der Körperunterseite und eine Zunahme der Blutversorgung der Haut an dieser Stelle zur Ausbildung eines Brutflecks hervor. Die Milchdrüsen eines trächtigen Säugetieres und der Kropf von Tauben wachsen während der letzten Inkubationsphasen und füllen sich unter dem Einfluß von Prolactin.

Alle diese Zielorgane haben Nervenverbindungen, so daß Information über ihr Wachstum zum Nervensystem rückgemeldet und Verhalten modifiziert werden kann. Lehrman [287] hat gezeigt, daß das Anfüllen des Kropfes mit „Milch" einer der Faktoren ist, die Tauben zur Fütterung ihrer Jungen bereit machen. Betäubte er die Nerven der Kropfwand, so nahm die Fütterungstendenz der Tauben ab, weil sie vermutlich die Kropfausdehnung nicht mehr wahrnehmen konnten.

Durch Hormone hervorgerufene körperliche Veränderungen können ein Tier auf bestimmte Arten von Reizen reaktionsbereiter machen. Komisaruk et al. [273]

haben gezeigt, daß sich bei einem Rattenweibchen unter dem Einfluß von Oestrogen, dessen Konzentration in ihrem Körper bis zum Eisprung zunimmt, das sensorische Feld des perinealen Nerven, der die Genitalregion versorgt, deutlich ausweitet. Dies bedeutet, daß sie auf dem Höhepunkt des Oestrus durch den Penis des Männchens viel leichter gereizt werden kann und ihren Körper in eine für die Kopulation vorteilhafte Stellung bringt. Entsprechend haben Beach und Levinson [43] gezeigt, daß Testosteron bei Rattenmännchen eine Verdünnung der Haut an der Peniseichel bewirkt. Dies bedeutet, daß die taktilen Sinnesorgane effektiver gereizt werden können und die Männchen unter dem Einfluß des Hormons empfindlicher werden. Wir haben gerade erwähnt, wie sich bei einigen Vögeln nach Oestrogenausscheidung der Brutfleck entwickelt. Hinde und Steel [222] fanden, daß Weibchen von Kanarienvögeln auf Reize des Nestes empfindlicher reagierten, nachdem sich der Brutfleck entwickelt hatte; dies beeinflußt ihr Verhalten während des Nestbaus und des Ausbrütens.

Periphere Veränderungen dürfen zwar nicht außer acht gelassen werden, vom Verhaltensstandpunkt aus sind jedoch die wichtigsten Zielorgane für Hormone Gebiete des Zentralnervensystems selbst. Mit Hilfe verbesserter Techniken ist die Erforschung der zentralen Wirkung von Hormonen während der letzten Jahre sehr schnell vorangekommen. Man kann in das Gehirn von Tieren, die so klein sind wie eine Ratte oder eine Taube, hohle Nadeln einpflanzen, ohne die Tiere in ihrer Verhaltensfreiheit einzuschränken. Heute stehen für verschiedene Tierarten Gehirnatlanten zur Verfügung. Mit ihrer Hilfe kann die Spitze einer Nadel mit stereotaktischen Instrumenten auf den Bruchteil eines Millimeters genau plaziert werden. Die exakte Position im Gehirngewebe wird, nachdem die Verhaltensexperimente beendet sind, mit Hilfe histologischer Techniken festgestellt. Bei der Hormongabe werden zwei Methoden angewandt. Erstens werden Hormonlösungen in das Nervengewebe oder in die Ventrikel (Flüssigkeitsräume) im Gehirn injiziert, wovon einer, der dritte Ventrikel, dicht beim Hypothalamus liegt. Zweitens, und viel häufiger, wird die Spitze der Nadel vor dem Einführen mit einer Hormonpaste oder kristallinem Hormon umgeben (vgl. Abb. 4.12). Verfeinerungen dieser zweiten Methode haben es ermöglicht, die Größe der Kontaktfläche des Hormons an der Nadelspitze mit dem Nervengewebe und damit das Ausmaß, mit dem sich das Hormon von der Spitze ausbreitet, genau zu kontrollieren.

In einer heute bereits klassischen Untersuchung dieser Art erforschten Harris und Michael [204] die Rolle von Oestrogen im Sexualverhalten von Katzen. Wenn Katzen paarungsbereit sind, zeigen sie eine sehr charakteristische Haltung, die in gewisser Weise der von paarungsbereiten Rattenweibchen ähnelt (Abb. 2.2). Der Rumpf wird hochgestreckt und der Schwanz zur Seite gebogen. Sowie sich ein Kater nähert, nimmt eine Katze diese Haltung ein und bietet sich zur Kopulation an. Dies steht in völligem Gegensatz zu einer nicht paarungsbereiten Katze, die sofort ausweicht, wenn ihr ein Kater zu nahe kommt. Katzen haben normalerweise drei Paarungszyklen pro Jahr, wobei jeder Phase der im Verhalten sichtbar werdenden Paarungsbereitschaft langsame Veränderungen im Fortpflanzungssystem vorausgehen. Der Uterus wächst, und seine Wände verdicken sich, das Vaginalepithel ver-

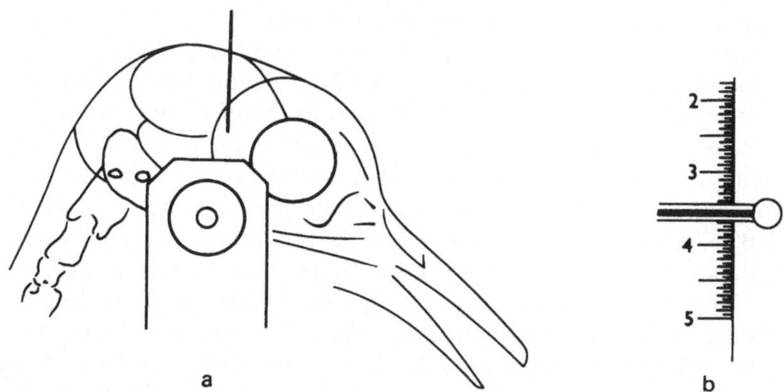

Abb. 4.12. a Seitliche Röntgenaufnahme eines Taubenkopfes. Sie zeigt den Schädel in einem Kopfhalter befestigt. Eine dünne Röhre zur Hormongabe durchdringt die Cerebralhemisphären bis zum vorderen Hypothalamus; **b** zeigt ein Hormonimplantat, das an der Spitze des dünnen Stahlröhrchens befestigt ist. Die großen Einheiten auf der Skala stellen Millimeter dar. (Gezeichnet nach Photographien in Hutchinson [243])

dickt sich ebenfalls und beginnt, Zellen abzustoßen. Erst wenn die körperlichen Veränderungen abgeschlossen sind, zeigt die Katze das typische Paarungsverhalten. Es ist möglich, über lange Zeit wiederholt kleine Dosen von Oestrogen in den Blutkreislauf kastrierter Katzen zu injizieren und das normale Wachstum des Fortpflanzungssystems vollständig hervorzurufen, das Verhalten ändert sich jedoch dabei nicht [344]. Daraus folgt, daß bei Katzen die Auslösung des Paarungsverhaltens *nicht* von einer nervösen Rückmeldung aus dem Fortpflanzungssystem abhängt, d. h., die peripheren Effekte von Oestrogen sind an den Verhaltensänderungen nicht beteiligt.

Harris und Michael haben dies durch Hormonimplantate eindeutig bestätigt. Andererseits fanden sie, daß eine Nadel, deren Spitze mit einem sich langsam auflösenden Oestrogen umgeben ist, in bestimmten Teilen des Hypothalamus kastrierter Katzen oft starkes Paarungsverhalten auslöst. Am auffälligsten ist, daß diese Katzen Paarungsverhalten zeigen, obwohl ihr Fortpflanzungssystem völlig unentwickelt bleibt. Es ist unvermeidlich, daß beim Einführen der Nadel Gehirngewebe durchdrungen wird. Daher müßte man eine Reihe von Kontrollexperimenten durchführen, bevor man endgültig behaupten kann, daß der beobachtete Effekt allein auf eine Oestrogeneinwirkung im Hypothalamus zurückzuführen ist. Harris und Michael zeigten dies in einer Versuchsreihe. Sie erhielten bei 13 von 17 Katzen mit Implantaten in den Hypothalamus Paarungsverhalten, jedoch kein Paarungsverhalten bei 18 Implantaten in andere Gehirnteile. Ferner wurde dieses Verhalten nur gezeigt, wenn die Nadel mit Oestrogen überzogen war; andere Substanzen hatten keinen Effekt.

Paarungsbereitschaft kann im hinteren Teil des Hypothalamus in einem relativ großen Gebiet ausgelöst werden, weiter vorne jedoch sind nur Implantate in einem einzigen Gebiet über dem optischen Chiasma (vgl. Abb. 4.10) wirkungsvoll. Dies entspricht dem Beispiel für das bereits besprochene Phänomen, bei dem durch Reizung an verschiedenen Stellen, die alle mit denselben Fasersystemen verbunden sind, dieselben Effekte hervorgerufen werden können. Die Auslösungsorte für Sexualverhalten sind recht begrenzt; es ist jedoch wohl mehr als nur eine Gruppe von Neuronen beteiligt. Diese Neuronen scheinen eine besondere Anziehung für Oestrogen zu haben, das sie aus dem Blutkreislauf aufnehmen. Michael [343] fand, daß injizierte, radioaktive Oestrogene in genau den gleichen Gebieten des Hypothalamus angereichert waren, in denen Implantate Effekte ergaben.

Eines der Probleme, die durch Harris' und Michaels Experimente aufgeworfen wurden, betrifft die Verzögerung zwischen der Implantierung von Oestrogenen und dem Auftreten des Paarungsverhaltens. Dies variierte zwischen 4 und 106 Tagen; wenn jedoch einmal Paarungsverhalten aufgetreten war, hielt es bei Katzen mit langer Latenzzeit ebenso wie bei den anderen, oft über 6 bis 8 Wochen. Wahrscheinlich hängt die Latenz mit der Verteilungsgeschwindigkeit des Hormons von der Nadelspitze zu den reaktionsbereiten Neuronen zusammen.

Untersuchungen mit anderen Tieren haben die Schlußfolgerungen aus den Katzenexperimenten allgemein bestätigt. Durch die Arbeit von Hutchison [243] und Komisaruk [272] mit Implantierungen bei Tauben wurden z. B. Gehirnregionen entdeckt, die für Hormone besonders empfindlich sind. Die Implantierung von Testosteron in den vorderen Hypothalamus und den präoptischen Kern (so genannt, weil er direkt vor dem Eingang des optischen Chiasmas liegt) bewirkt bei kastrierten Taubenmännchen Balzverhalten und Aggressivität. An den gleichen Stellen implantiertes Progesteron unterdrückt diese Verhaltensmuster und bewirkt eine zunehmende Brutmotivation – ein direktes Sichtbarwerden des Antagonismus zwischen Progesteron und Testosteron, den wir bereits erwähnt haben.

Thiessen und Yahr [451] bestätigten die Rolle des Hypothalamus nicht nur beim Auslösen von Balz und Kopulation, sondern auch beim gesamten Fortpflanzungsmuster. Sie arbeiteten mit der mongolischen Rennmaus (Gerbil), bei der die Männchen ihr Revier mit einer öligen Absonderung aus einer Drüse an ihrer Bauchseite markieren. Kastrierung führt zur Rückbildung der Drüse und zum Verschwinden des Markierungsverhaltens. Testosteron-Implantierungen – wieder in das bereits erwähnte präoptische Gebiet – oder winzige Injektionen in die lateralen Ventrikel bewirken, daß kastrierte Gerbilmännchen wieder die vollständigen Markierungsmuster zeigen. Ihre Bauchdrüsen jedoch bleiben völlig unentwickelt, da nicht genügend Testosteron in den Blutkreislauf gelangt. Somit besteht kein Zweifel über die zentrale Kontrolle von Markierungsverhalten.

Im Hinblick auf die zentrale Wirkung von Hormonen auf das Verhalten bleiben jedoch noch viele Fragen offen. So treten z. B. bei den Latenzzeiten für die Verhaltensmuster Unregelmäßigkeiten auf. Wie bereits erwähnt, benötigen Oestrogen-Implantierungen bei Katzen oft viele Tage, um wirksam zu werden. Oestrogeninjektionen in Muskeln zeigen jedoch bei Tauben bereits innerhalb von 30 Minuten ihren maximalen Effekt auf das Verhalten (Vowles und Harwood [480]). Bevor wir derartig unterschiedliche Ergebnisse interpretieren können, müssen wir sehr viel mehr über das Wesen der zentralnervösen Zielorgane wissen und darüber, wie die Hormone sie erreichen.

Auf S. 147 beschrieben wir Experimente, die die Fächelzeit eines Fischmännchens mit der gegebenen Prolactinmenge in Verbindung brachten. Einige von Hutchisons [244] Versuchen mit Testosteron-Implantierungen bei Tauben liefern den Beweis, daß sich das Verhalten eines Männchens mit der Zunahme der Hormonkonzentration im Hypothalamus verändert. Der erste Teil der sexuellen Verhaltenssequenz – Anbieten des Nestes – tritt bei den geringsten Konzentrationen auf und wird von den intensiveren Elementen – Verbeugen und Jagen – verdrängt, wenn größere Mengen gegeben werden. Dies läßt annehmen, daß vom Verhalten her gesehen, manchmal eine quantitative Beziehung zwischen Hormonniveau und Motivation besteht. Arbeiten über das Verhalten von Taubenweibchen bestätigen dies. Cheng [91, 92] fand, daß bei einem Weibchen, dessen Ovarien entfernt wurden und das damit ohne Oestrogen war, die verschiedenen sexuellen Verhaltensmuster nacheinander verschwanden. Als Oestrogen in langsam steigenden Dosen injiziert wurde, traten sie in umgekehrter Reihenfolge wieder auf.

An komplexen Verhaltenssequenzen sind oft mehr als nur verschiedene Konzentrationen eines einzigen Hormons beteiligt. Es bestehen immer Wechselwirkungen; wie Hormone Verhalten beeinflussen, so beeinflußt umgekehrt Verhalten das Ausmaß und die Art von Hormonsekretión. Ein relativ einfacher Fall liegt bei einigen Säugetierweibchen vor – z. B. Katzen und Kaninchen – die erst dann ovulieren, wenn sie sich gepaart haben. Für die Ausschüttung von LH aus der Hypophyse und das Ingangsetzen der Ovulation ist der Kopulationsreiz erforderlich.

Einige der besten Beispiele für das Zusammenwirken von Hormonen und Verhalten kommen wieder von Tauben. Seit mehr als 50 Jahren ist bekannt, daß Tauben normalerweise keine Eier legen, wenn sie allein oder mit anderen Weibchen gehalten werden, jedoch sofort damit beginnen, wenn ein Männchen hinzukommt. Dies bedeutet, daß die Sekretion der Hypophyse durch die Anwesenheit eines Männchens beeinflußt wird. Einfache Tests zeigen, daß der Anblick eines Männchens zur Ovulation ausreicht, vorausgesetzt, es kann das Weibchen anbalzen. Dabei erzielt ein Männchen, das die typischen Balzverbeugungen ausführt, selbst wenn es durch eine Glasscheibe vom Weibchen getrennt ist, sehr viel mehr Wirkung als ein kastriertes und daher inaktives Männchen im selben Käfig.

Lehrman und Mitarbeiter haben bei der Ringeltaube die Einflüsse von Verhalten und Hormonen auf den Fortpflanzungszyklus untersucht. Wenn Männchen und Weibchen getrennt in großen Gitterkäfigen gehalten werden, zeigen sie kaum Anzeichen für Fortpflanzungsaktivitäten. Wird jedoch ein Pärchen zusammen in einen Käfig gesetzt, beginnt innerhalb weniger Minuten die Balz; dies kennzeichnet den Beginn eines Fortpflanzungszyklus. Die Vögel balzen und paaren sich, bauen ein Nest, legen Eier, wechseln sich beim Ausbrüten ab, füttern die Jungen, bis sie das Nest verlassen und sich selbst ernähren können; dann beginnt die Balz von neuem und der Zyklus wiederholt sich. Eine Folge dauert etwa 6 Wochen. In jeder Phase sind Verhalten und physiologische Verfassung eines Vogels an die augenblicklichen Bedürfnisse angepaßt und bereiten ihn außerdem auf die nächste vor. Unsere bereits dargestellten Überlegungen zur zeitlichen Abfolge von neuraler und endokriner Kontrolle lassen darauf schließen, daß hormonale Veränderungen auftreten müssen. Lehrmans Arbeit zeigt, wie diese mit äußeren Reizen und dem Verhalten der Tauben zusammenhängen. Wir können hier die Ergebnisse einer ganzen Reihe schöner Experimente nur zusammenfassen; Lehrmann [288, 289] gibt eine ausführlichere Darstellung und weitere Literaturangaben.

Ein Taubenmännchen ist normalerweise, sowie es mit einem Weibchen zusammengesetzt wird, zur Balz bereit. Dies bedeutet wohl, daß seine Hoden aktiviert werden und Testosteron ausscheiden. Von der Balz ausgehende optische Reize aktivieren beim Weibchen Zentren des Hypothalamus, die die Hypophysensekretion kontrollieren und die Ausschüttung von FSH und LH veranlassen. Diese regen das Wachstum des Ovars an, das seinerseits Oestrogen ausscheidet, unter dessen Beeinflussung das Fortpflanzungssystem des Weibchens zu wachsen beginnt. Nach etwa einem Tag suchen beide Vögel einen Nistplatz aus und beginnen zu bauen. Der Beginn des Nestbaus kann mit erhöhter Sekretion von Geschlechtshormonen zusammenhängen, was jedoch noch nicht endgültig geklärt ist. Die Balz hält während des Nestbaus an und schließlich kopulieren die Vögel. Wenn das Nest fertig ist, wird die Bindung des Weibchens daran immer größer. Das Ovar beginnt mit der Sekretion von Progesteron, das zur Auslösung des Brutverhaltens notwendig ist, und nachdem die Hypophyse LH ausgeschüttet hat, beginnt das Weibchen mit der Eiablage. Jetzt steigt auch der Progesteronspiegel im Männchen und wirkt dem Testosteron entgegen, so daß Balz und Aggression aufhören und das Ausbrüten der Eier möglich wird. Die Vögel wechseln sich auf den Eiern ab, und nach einigen Tagen des Brütens sind an ihrem Kropf die ersten Zeichen von Wachstum zu erkennen, was anzeigt, daß die Hypophyse mit der Ausschüttung von Prolactin begonnen hat. Das Brüten selbst löst dies wahrscheinlich durch Feedback zum Hypothalamus aus, der die Hypophyse „anschaltet". Prolactin führt nicht nur zu Kropfwachstum, sondern hemmt auch die Ausschüttung von FSH und LH, was wiederum die Sekretion von Geschlechtshormonen beendet. Damit tritt vorerst kein Sexualverhalten mehr auf. Nach 14 Tagen schlüpfen die Jungen und werden mit Kropfmilch gefüttert. Zunächst ist sie unvermischt, nach einigen Tagen kommt jedoch dem Wachstum der Jungen entsprechend zunehmend festes Futter zur Milch hinzu. Nach 10 bis 12 Tagen verlassen die Jungen das Nest. Zu diesem Zeitpunkt nehmen elterliches Füttern und Prolactin-Ausscheidung bereits ab. Sowie die Prolactinkonzentration im Blut fällt, können FSH und LH ausgeschüttet werden, und das Männchen beginnt bald wieder mit seiner Balz.

Einige Experimente zur Ausarbeitung dieser Verhaltenssequenz lieferten auffällige Ergebnisse. Normalerweise erfolgt die Sekretion von Prolactin, nachdem die Tauben einige Tage auf den Eiern gesessen haben. Der Kropf eines Männchens entwickelt sich jedoch bereits, wenn er nur sein Weibchen beim Brüten sehen kann, auch wenn er nicht selbst brütet! Hier führt ein spezifischer optischer Reiz zur Sekretion eines spezifischen Hormons, jedoch nur, wenn sich das Männchen in einem besonderen physiologischen Zustand befindet. Er muß sich zuvor am Nestbau beteiligt haben, denn wenn er zu Beginn des Zyklus vom Weibchen getrennt wird, entwickelt sich sein Kropf nicht, selbst wenn er sie beim Brüten sehen kann.

Der allgemeine Ablauf des Brutzyklus bei Tauben ist für alle Vögel typisch, die Einzelheiten der Hormonwirkung in verschiedenen Stadien können sich jedoch unterscheiden. Somit ist bei der Taube sicher die Ausschüttung von Progesteron für den Beginn des Brütens wichtig, während Prolactin darauf fast keine Wirkung hat. Andererseits kann bei Hühnern Prolactin allein Brutverhalten auslösen.

Die Beziehung zwischen Hormonen und Motivation war während der Evolution Veränderungen unterworfen. Auch die Außenreize, die im Fortpflanzungszyklus als Auslöser wirken, variieren von Art zu Art. Sie sind an die besonderen Umstände, die beim Brüten einer Art herrschen, angepaßt. Die natürliche Selektion liefert einige eindrucksvolle Variationen des Grundschemas. Kuckucksweibchen z. B. bauen kein Nest, sondern reagieren auf das Nestbauverhalten ihres Wirts. Ihre Ovulation ist so geregelt, daß sie in mehrere Nester von Wirtsvögeln, wenn diese die Eiablage beendet haben, je ein Ei legen können (Chance [89]).

5 Konfliktverhalten

In diesem Kapitel werden wir uns mit Situationen beschäftigen, in denen der normale Verhaltensablauf auf verschiedene Weise unterbrochen wird. Ein Tier kann z. B. versuchen, ein Ziel zu erreichen, dies wird aber vereitelt. Eine hungrige Ratte sieht am Ende eines Laufganges Futter, ihr Weg ist jedoch durch eine Glasplatte versperrt, oder ein in einem Raum gefangener Vogel versucht vergeblich, durch die Fensterscheiben zu entkommen. Eine andere Situation ist die, in der gleichzeitig zwei verschiedene Handlungstendenzen erregt werden. Angenommen, die hungrige Ratte kann Futter sehen und ihr Weg ist nicht versperrt, sie hat jedoch kurz zuvor an der Stelle, an der sich das Futter befindet, einen Elektroschock erhalten. Das Futter reizt sie zwar sich zu nähern, die Erinnerung an den Schock hält sie jedoch zurück.

Man kann bei den ersten Beispielen, bei denen nur eine Handlungstendenz vorliegt, von „Blockierung" sprechen; im letzten Fall, in dem zwei Handlungstendenzen einander widerstreben, von „Konflikt". Tatsächlich bestehen jedoch große Überschneidungen. Man nimmt an, daß es „reine" Blockierung nicht gibt, da bereits schon die Frustration zur Vermeidung der frustrierenden Situation führt und auf diese Weise ein „Appetenz-Aversions-Konflikt" entstehen kann. Dies kann aufgrund mangelnder Beweise heute noch nicht entschieden werden. Wir können jedoch Blockierung und Konflikt auf jeden Fall gemeinsam betrachten, da sie ähnliche Verhaltensweisen bewirken und die gleichen physiologischen Veränderungen im Körper hervorrufen können.

Die Beschäftigung mit Konfliktsituationen ist unerläßlich, da, entgegen der allgemeinen Auffassung, nicht nur Menschen Frustrationen ausgesetzt sind und zwischen verschiedenen Zielen hin- und hergerissen werden. Auch im Tierreich läuft nicht alles reibungslos ab. Im folgenden werden wir sehen, daß die natürliche Auslese eine Anzahl von Möglichkeiten geschaffen hat, mit Konfliktsituationen fertig zu werden. Im allgemeinen dauern Konflikte in der Natur nur kurz an; es ist jedoch leicht, ein Tier im Labor einem Dauerkonflikt auszusetzen. Psychologen haben derartige Situationen eingehend untersucht; sie können möglicherweise menschliche Neurosen erklären, die z. T. aus solch einem Dauerkonflikt entstehen.

Hier werden wir uns auf „natürliche" Konflikte in biologisch relevanten Zusammenhängen beschränken und uns vorwiegend mit Verhaltensforschung an Vertebraten befassen. Zum Schluß werden wir noch kurz versuchen, einen Zusammenhang mit Neurosen bei Tieren herzustellen.

Streß

Zunächst müssen wir uns mit den körperlichen Veränderungen beschäftigen, die in Konfliktsituationen auftreten können. Wir fassen sie unter dem Begriff „Streß" zusammen, da körperliche Reaktionen auf ein breites Spektrum von „Streßauslösern" (z. B. verhinderte Flucht, Übervölkerung, extreme Kälte und Hitze) sehr ähnlich sind. Barnett [29] beschreibt die physiologischen Veränderungen, die mit Streß einhergehen, und weist darauf hin, daß die meisten von ihnen dazu dienen, das empfindliche Gleichgewicht des Körperstoffwechsels wiederherzustellen, wenn es gestört wurde.

Bei mittlerem Streß ist die Aktivität des autonomen Nervensystems (vgl. Romer [397] wegen struktureller Details), das Eingeweide und glatte Muskulatur versorgt, erhöht. Es innerviert auch die adrenergen Drüsen, die Nebennieren, die aus einem inneren Mark (versorgt durch die autonomen Nervenfasern) und einer äußeren Rinde bestehen. Die Erregung des Nebennierenmarks über die autonomen Nervenfasern führt zur Ausschüttung des Hormons *Adrenalin* in den Blutkreislauf. Dies wiederum bewirkt Veränderungen in zahlreichen Körperteilen – die Schweißdrüsen der Haut beginnen mit der Absonderung, Haare stellen sich, das Herz klopft schneller, die Atmung wird schneller und tiefer, und das Blut wird vom Verdauungskanal in die Muskeln geleitet. Diese Veränderungen wurden bereits im letzten Kapitel erwähnt, da sie auch beim Ausbruch von Angriffs-, Flucht- und Sexualverhalten auftreten; sie bereiten den Körper auf jede Art notwendig werdender Aktivität vor. Auf kurze Konfliktsituationen reagiert der Körper mit einem Adrenalinausstoß, wenn jedoch die Streßsituation anhält, setzt eine weitere Reaktion ein. Dabei wird die Nebennierenrinde zur Ausschüttung ihrer Hormone angeregt, und zwar nicht direkt durch die Nerven wie das Mark, sondern durch ein anderes, das *Adrenocoticotrophe* Hormon (ACTH), das in der Hypophyse produziert wird. Hierbei gibt das Nervensystem ebenso wie bei der Adrenalinausschüttung den Anstoß zur Reaktion. Streß aktiviert Zellen im Hypothalamus, der selbst wiederum die Hypophyse zur Ausschüttung von ACTH anregt. Es ist noch nicht ganz geklärt, wie Nebennierenrindenhormone dazu beitragen, daß sich ein Tier an Streß gewöhnen kann. Einige von ihnen greifen in den Glukose-Stoffwechsel ein und dienen möglicherweise dazu, die Reservestoffe des Körpers zu mobilisieren. Es gibt auch einige Verhaltensnachweise dafür, daß ACTH selbst dazu beiträgt, Angst abzubauen. Was immer sie auch bewirken mögen, die Ausschüttung von Nebennierenrinden-Hormonen ist äußerst stark. Die Rindenzellen entleeren sich und, falls der Streß anhält, vergrößern sich die Nebennieren manchmal um 25%, wobei das gesamte Wachstum allein in der Rinde stattfindet.

Tiere unter Dauerstreß werden ernsthaft krank und können sterben. Barnett [29] zeigte, daß eine wilde Ratte, die nicht vom Territorium eines dominanten Rattenmännchens entkommen kann, oft nach einigen Stunden sporadischer Angriffe stirbt, obwohl sie keinerlei Wunden hat. Dauerstreß durch Übervölkerung wurde als ein Grund dafür angesehen, daß natürliche Populationen nach einer Zeit ungewöhnlich hoher Individuenzahlen häufig eine rasche Abnahme zeigen (Chitty [93],

Christian [94]). Tod in Verbindung mit Streß ist sicher ein normales Kennzeichen des Lebenszyklus einiger kurzlebiger Tiere. Ein äußerst bemerkenswertes Beispiel liefert eine kleine Beutelmaus *Antechinus stuartii*, bei der die Männchen nur knapp ein Jahr leben; sie sterben alle innerhalb von drei Wochen nach der Paarung. Während der Paarungszeit sind die Männchen untereinander sehr aggressiv, und es ist bekannt, daß der Stoffwechsel ihrer Nebennierenrindenhormone während dieses Verhaltens verändert ist. Wenn *Antechinus*-Männchen allein in Käfigen gehalten werden, leben sie länger als normal (Bradley et al. [65]).

Die verschiedenen genannten physiologischen Veränderungen können als aufeinanderfolgende Stufen einer Skala des „Erregungszustandes" angesehen werden. in Kapitel 3 wurde erwähnt, wie jeder einlaufende Reiz über die Formatio reticularis zur Aktivierung von höheren Gehirnzentren führt; dies ist die Stufe, bei der ein Tier anfängt „aufzupassen". Falls die Reize stark und andauernd sind, setzt der Hypothalamus die Aktivität des autonomen Nervensystems in Gang; Adrenalin beginnt zu zirkulieren, das Tier wird stark erregt und zeigt so etwas wie „Emotionen". Die letzten Stufen dieser Skala sind, wie soeben erwähnt, solche mit intensiver und andauernder Erregung, die zur Ausschüttung der Nebennierenrindenhormone führen, wobei ein Tier starke Streßerscheinungen zeigt (Einzelheiten vgl. Hokanson [228]).

Wir werden noch feststellen, daß die Kenntnis der zugrundeliegenden physiologischen Veränderungen bei der Interpretation einiger Verhaltensweisen, die in Konfliktsituationen auftreten, nützlich ist.

Revierkonflikte

Der beste Weg, an natürliches Konfliktverhalten heranzugehen, ist wohl der über das Revierverhalten, denn immer dort, wo zwei Reviere aneinandergrenzen, entstehen unweigerlich Konflikte. Man kann Revier am besten als ein „verteidigtes Gebiet" definieren. In der Regel besetzen Männchen zu Beginn der Brutzeit ein Gebiet und verteidigen es gegen andere Männchen der gleichen Art. Dieses Verhalten ist bei den Vertebraten weit verbreitet. Viele Fische und Eidechsen haben Reviere, ebenso die große Mehrheit der Vögel und viele Säugetiere, besonders die Karnivoren. Revierverhalten ist wahrscheinlich bei den Amphibien am seltensten, aber auch hier gibt es Beispiele. Sporadisch tritt Revierverhalten auch bei Invertebraten auf, bei Insekten, wie z. B. Grillen und Libellen und bei der Winkerkrabbe.

Wir sind noch immer weit von einem vollen Verständnis der eigentlichen Bedeutung von Revieren entfernt. Etwas, dessen Besetzung und Verteidigung ein Tier so viel Zeit und Energie kostet, muß einen hohen Selektionswert haben. Es wurden etliche Möglichkeiten der Revierfunktion in Erwägung gezogen; die Mehrheit geht davon aus, daß die Verteilung der Population auf einzelne Reviere mit der Nahrungssicherung zu tun hat. Die genaue Struktur dieser Beziehung ist jedoch noch immer umstritten. Verschiedene Argumente können bei Lack [284], Wynne-Edwards [514] sowie in Band 98 der ornithologischen Zeitschrift *Ibis*, der eine Reihe von Artikeln über die Rolle des Reviers bei verschiedenen Vogelarten enthält, nachgelesen werden. In Kapitel 8 wird dieses Problem im Zusammenhang mit sozialer Organisation diskutiert.

Da die Struktur von Revieren so unterschiedlich sein kann, muß auch der Zusammenhang, der zwischen Revier und Nahrungsversorgung besteht, nicht immer der gleiche sein. Einige Raubvögel verteidigen ein Gebiet von mehr als zwei Quadratkilometern, in dem sie ihre gesamte Nahrung finden. Das Revier der Silbermöwe beschränkt sich innerhalb der Möwenkolonie auf einige Quadratmeter um ihr Nest. Beim Raubvogel besteht ein direkter Zusammenhang zwischen Nahrungsgrundlage und Revier, die Möwe aber findet in ihrem Revier kein Futter. Ihr Revierverhalten trägt jedoch dazu bei, die Größe der Möwenkolonie in Grenzen zu halten und damit die Anzahl der Individuen zu kontrollieren, die in der näheren Umgebung Futter suchen.

Außer für eine gesicherte Nahrungsgrundlage hat Revierhaltung noch andere Selektionsvorteile, die bei einigen Arten während der Evolution eine bedeutende Rolle gespielt haben dürften. Dazu zählen Erleichterung der Paarbildung und größere Sicherheit vor Freßfeinden und Krankheiten. Wir müssen uns hier auf die Verhaltensweisen beschränken, die mit der Revierhaltung einhergehen. Ein Revierbesitzer muß sich gegen seine Artgenossen aggressiv verhalten. Im vorangegangenen Kapitel haben wir besprochen, daß Aggression auch in anderen Situationen auftritt, z. B., wenn Tiere um Futter kämpfen oder innerhalb einer Gruppe eine „Hackordnung" aufstellen; am deutlichsten tritt sie jedoch zu Beginn der Paarungszeit auf, wenn Reviere gegründet werden.

Aggression allein reicht jedoch nicht aus. Wenn Tiere nur aggressiv wären, würden sie viel zu viel Zeit und Energie beim Kämpfen verschwenden und sich dabei selbst zugrunderichten. Außerdem verhielten sie sich sowohl ihrem Partner und ihren Jungen als auch einem Rivalen gegenüber zu aggressiv. Snow [442] berichtet von einem Amselmännchen, das zu Beginn der Paarungszeit äußerst aggressiv war und ein großes Revier eroberte. Es lockte ein Weibchen an, die Aggression zwischen den Partnern nahm jedoch nicht so rasch ab, wie es normal der Fall ist, und das Männchen griff das Weibchen länger als einen Monat immer wieder an. Seine Attacken waren so hartnäckig, daß sie mehrere Tage lang nicht mit dem Nestbau beginnen konnte.

Es ist klar, daß diese Art von Aggression zu einem Fehlverhalten führte. Bei einer Haushuhnart ist ein noch deutlicherer Fall zu beobachten. Der Hahnenkampf ist an vielen Orten der Erde, wo die absichtliche Auslese nach Kampffähigkeit schon seit Jahrhunderten durchgeführt wird, noch immer ein beliebter Sport. Kampfhähne haben eine sehr starke Beinmuskulatur, lange Sporen und einen stark verkleinerten Kamm, der bei normalen Hähnen leicht verwundbar ist. Ihr Temperament entspricht ihrem Körperbau – sie sind sehr aggressiv. Ein normaler Hahn greift in seinem Revier jeden Eindringling an und verjagt ihn, und dieser zieht sich auch sofort zurück. Ein Kampfhahn jedoch, der in das Revier eines dominanten Haushahns einer anderen Zucht gesetzt wird, greift den Revierbesitzer sofort an und verjagt ihn. Die unvermeidliche Folge dieser abnormalen Aggression ist, daß

Kampfhähne schwer zu züchten sind, weil auch die Hennen aggressiv sind und durch die Kämpfe viel Zeit verloren geht.

Kampfhähne hätten in freier Wildbahn nur geringe Überlebenschancen, denn hier hat die natürliche Selektion dafür gesorgt, daß Aggression nicht allzu stark ausgebildet wird, und sie hat die Entwicklung einer ausgleichenden Tendenz unterstützt – die Flucht. Die meisten Tiere fliehen zwar vor Freßfeinden, hier haben wir es jedoch mit Fluchtverhalten zu tun, das durch einen Reviergegner ausgelöst wird.

Bei Frühlingsbeginn fängt eine Gruppe Vogelmännchen nach einigen Tagen Gezänks an sich niederzulassen, und zwar jedes in einem Revier, in dem es dann dominant ist. Männchen, die später kommen und sich auch niederlassen wollen, müssen hart kämpfen und gewinnen wahrscheinlich nur ein kleines Gebiet. Reviere sind mit Gummischeiben verglichen worden – je mehr sie zusammengepreßt werden, desto stärker können sie dann weiterem Druck standhalten. Jedes Männchen ist im Zentrum seines Reviers am aggressivsten. Wenn es sich vom Zentrum wegbewegt, nehmen seine Angriffe gegen einen grenzüberschreitenden Nachbarn ab, und ein Punkt wird erreicht, an dem Angriffs- und Fluchttendenz dem Nachbarn gegenüber gleich stark sind. Diesen Punkt können wir als Reviergrenze bezeichnen. Durch sorgfältige Beobachtungen einer Population von Männchen kann man einen Plan erstellen, auf dem die Reviergrenzen durch die Punkte laufen, an denen dieser Ausgleich zwischen Angriffs- und Fluchtverhalten bei benachbarten Vögeln besteht. Abbildung 5.1 zeigt solch eine Revieraufteilung bei einer Population von Fitissen; es gibt ähnliche Karten für Stichlinge in einem großen Aquarium.

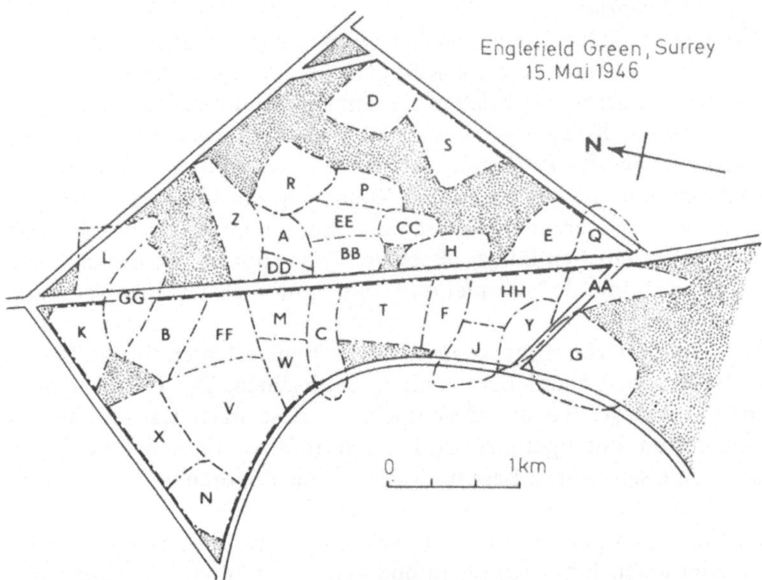

Abb. 5.1. Revieraufteilung einer Population von Fitissen in einem Birkenwald. Die Reviergröße variiert von unter 800 m² bis über 4000 m². Die *grauen Zonen* waren nicht besetzt. (Nach: May [338])

Zusammenfassend kann man sagen, daß die Errichtung eines Reviers sowohl Angriffs- als auch Fluchtverhalten einschließt. Wenn ein Tier an der Reviergrenze auf seinen Nachbarn trifft, entstehen meist gleichzeitig Angriffs- und Fluchttendenzen und bilden die Basis für eine Konfliktsituation.

In solch einer Situation kann ein Tier die verschiedensten Verhaltensweisen zeigen (oft wird der Begriff „agonistisches Verhalten" benutzt, um all die verschiedenen Arten von Reaktionen zusammenzufassen, die gewöhnlich bei Kampf- und Revierverhalten auftreten). Wir können tatsächlich Angriff oder Flucht oder deren Intentionsbewegungen beobachten – das Tier kann zwischen ihnen wechseln oder eine Art Kompromißbewegung oder -haltung zeigen.

Einige Arten agonistischen Verhaltens haben sich im Verlauf der Stammesgeschichte zu Imponiergebärden weiterentwickelt, die sowohl dazu dienen, den Rivalen einzuschüchtern als auch ernsthafte Kämpfe auf ein Minimum zu reduzieren. Eine dieser Imponiergebärden – „Drohen" – wird später genauer besprochen werden; zunächst wollen wir den Kampf selbst näher betrachten.

„Reiner" Angriff und „reine" Flucht

Beim Kämpfen können wir Angriffs- und Fluchtverhalten beobachten, wobei jedes auf die Ausschaltung des anderen hinwirkt. Unter natürlichen Bedingungen sind lang anhaltende Kämpfe sehr selten, da sich der schwächere zweier Rivalen gewöhnlich rechtzeitig abwendet und flieht, bevor er ernsthaft verletzt wird. Die Individuen, die schnell eine unvermeidliche Niederlage einsehen, werden von der Selektion eindeutig bevorzugt. „Wer kämpft und wegläuft, kann an einem anderen Tag wieder kämpfen." Das Kampfverhalten hat sich z. T. zu einem recht formalen Wettstreit entwickelt, bei dem zwei Rivalen jeweils die Stärke des anderen einschätzen können, ohne sich ernsthaft zu verletzen. Lorenz [309] beschreibt die Maulkämpfe bei verschiedenen Buntbarschen. Bei *Tilapia natalensis* imponieren die Gegner bei der Annäherung mit weit geöffneten Mäulern, haken sich am Kiefer ihres Gegners ein und zerren (Abb. 5.2). Bei der verwandten Art *T. mossambiqua* drücken die Kontrahenten mit geöffneten Mäulern gegeneinander. In beiden Fällen zieht sich der schwächere Fisch bald zurück und akzeptiert seine Niederlage. In analoger Form gebrauchen einige Huftiermännchen, z. B. Hirsche und Ziegenböcke, ihr Geweih bzw. ihr Gehörn, um einander zurückzudrängen. In der Regel werden diese Fortsätze von Jahr zu Jahr größer. Geist [166] zeigte, daß manchmal allein die Größe des Gehörns bei der Auseinandersetzung zwischen Männchen symbolischen Wert hat, und daß ein Männchen nicht versuchen wird, sich mit einem anderen zu messen, dessen Gehörn viel größer ist als sein eigenes.

Manchmal treten an der Grenze zwischen zwei Revieren sogenannte „Pendelkämpfe" auf, bei denen Angriff und Rückzug einander schnell abwechseln. Derartige Kämpfe kann man bei Buntbarschen beobachten, die sich über eine unsichtbare Linie in ihrem Aquarium hin- und herjagen. Das gleiche kommt auch bei Vö-

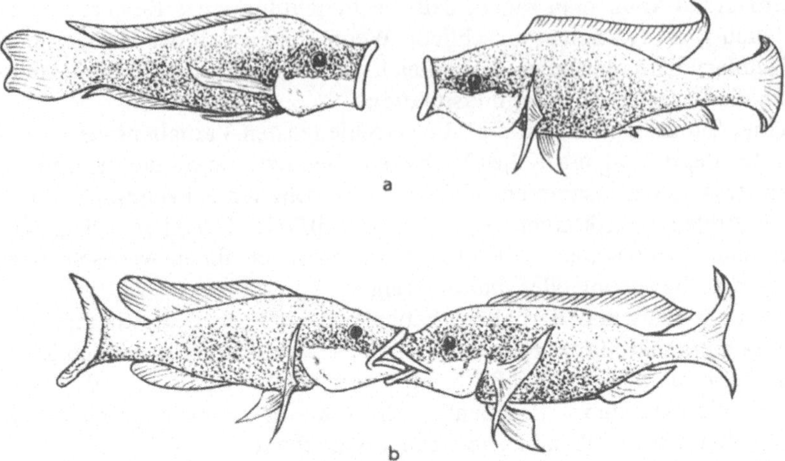

Abb. 5.2 a u. b. Grenzkampf bei *Tilapia natalensis*. Die Rivalen nähern sich einander und imponieren mit offenem Maul **a,** dann zerren sie mit eingehakten Kiefern **b.** (Baerends und Baerends-van Roon [22])

geln vor; ein Männchen fliegt ohne Zögern auf einen Eindringling zu, der daraufhin flieht. Sobald aber die Jagd beide Vögel über die Grenze zwischen ihren Revieren führt, ändert sich ihr Verhalten sofort, und der Jäger wird zum Gejagten. Die Schnelligkeit, mit der bei Pendelkämpfen Angriff auf Flucht folgen kann, zeigt, wie sehr beide Tendenzen von der äußeren Situation beeinflußt werden.

In der Regel bleibt ein siegreiches Tier, das seinen Feind vertrieben hat, eine zeitlang höchst aggressiv. In diesem Zustand kann es seine Aggression umleiten und einen anderen Nachbarn oder seinen eigenen Partner angreifen, der normalerweise unbeteiligt wäre.

Drohverhalten

Verschiedene Arten von „Kompromißverhalten" treten auf, wenn Angriffs- und Fluchttendenzen oder, allgemeiner gesagt, Zu- und Abwendung gleichzeitig und in gleicher Stärke hervorgerufen werden. Ein Tier kann z. B. ziemlich ruhig an seinem Platz bleiben und nur angedeutete Vor- und Rückwärtsbewegungen machen. Es kommt auch vor, daß es seinen Körper zur Seite dreht, und der Kopf sich trotzdem noch hin- und herbewegt. Verhalten dieser Art ist zu beobachten, wenn man sich langsam einem Vogel nähert, während er seine Jungen im Nest füttert. Ein ähnlicher Konflikt zeigt sich bei einem Octopus, dem immer dann Elektroschocks gegeben werden, wenn er versucht, Krabben in seinem Aquarium anzugreifen. Er nä-

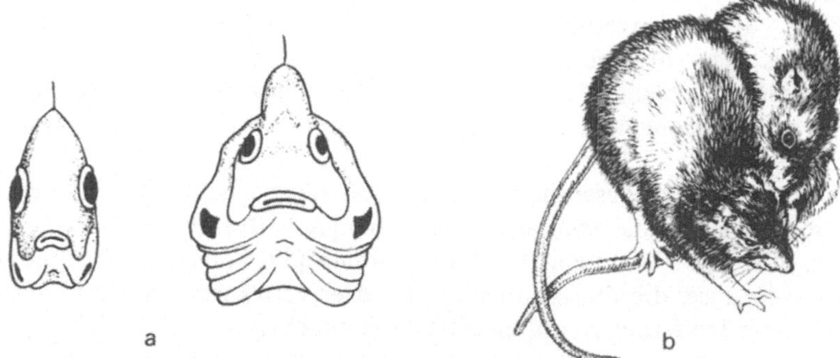

Abb. 5.3 a u. b. Drohgebärden. **a** Frontale Drohstellung bei *Cichlasoma meeki* (*rechts*) im Vergleich zum normalen Aussehen (*links*). (Baerends und Baerends-van Roon [22]). **b** Seitliche Drohstellung bei Rattenmännchen. (Barnett [28])

hert sich der nächsten Krabbe schließlich zögernd und seitwärts; die Hälfte seiner Tentakel bleibt am Gehäuse, die anderen greifen nach der Krabbe, aber auch seitlich und nicht direkt. In der Körperhaltung des Octopus ist sehr deutlich ein Kompromiß zwischen Angriffs- und Rückzugsbewegungen zu erkennen.

Viele territorialen Tiere nehmen gewöhnlich bei Grenzauseinandersetzungen besondere Körperhaltungen ein. Zwei Heringsmöwen können sich z. B. einander nähern ohne zu kämpfen. Jede nimmt eine Haltung der „Stärke" an, wie in Abbildung 5.4 a zu sehen ist, und steht ihrem Rivalen entweder direkt gegenüber oder dreht sich zur Seite und läuft parallel zu ihm. In einer ähnlichen Situation werden zwei Buntbarschmännchen, *Cichlasoma meeki*, bei der Annäherung langsamer und verharren einander zugewandt mit weit abgespreizten Kiemendeckeln (Abb. 5.3 a). Zwei feindliche Ratten wenden sich zur Seite, wenn sie aufeinandertreffen, und drehen sich mit gewölbtem Rücken und leicht gesträubtem Fell umeinander (Abb. 5.3 b).

Die Ethologen sprechen hier von „Drohverhalten", und Grenzkämpfe sind oft nicht mehr als gegenseitiges Drohen, gefolgt von beiderseitigem Rückzug. Drohverhalten ist ein eindrucksvoller Ersatz für echten Kampf. Dies wurde einmal kurz und treffend folgendermaßen formuliert: Drohverhalten bedeutet nicht, „sprich leise, aber habe einen großen Stock in der Hinterhand", sondern eher, „brülle dir die Kehle aus dem Leib, aber laufe lieber weg, wenn dein Gegner nicht beeindruckt ist!"

In der klassischen Verhaltensforschung wird Drohverhalten als Ergebnis zweier sich widersprechender Motivationen angesehen – eines Konflikts zwischen gleichzeitig erregter Angriffs- und Fluchttendenz, wobei sich keine von beiden durchsetzen kann. Diese Behauptung soll anhand dreier Belege gestützt werden.

1. Drohverhalten tritt in der Regel an der Reviergrenze auf. Dabei besteht, wie wir bereits gesehen haben, aller Grund zur Annahme, daß beide Handlungstendenzen gleichzeitig erregt werden. Zu diesem Beleg aus einer Verhaltenssituation

kommt ein weiterer hinzu, nämlich die Beobachtung, daß in der Regel Angriff und Flucht dem Drohverhalten vorausgehen bzw. folgen. Gerade dies kann man erwarten, wenn diese beiden Motivationen im Drohverhalten sichtbar werden. Wahrscheinlich führt eine Veränderung im Schwellenwert der beiden Handlungstendenzen zu den beobachteten, oft raschen Übergängen von einem Verhalten zum anderen.

2. In diesem Zusammenhang gibt es weitere Hinweise für die Ursachen von Drohverhalten, und zwar aus der unabhängigen Beeinflußbarkeit der Intensität von Angriffs- und Fluchttendenz. Blurton-Jones [59] hatte eine Gruppe völlig zahmer Kanadagänse, die ihn ignorierten, wenn er vertraute, alte Kleidung trug. Trug er einen weißen Kittel, so griffen die Gänse ungehemmt an; sie flohen jedoch, wenn er mit einem Besen erschien (er wurde benutzt, um die Gänse für die Nacht in ihr Haus zu treiben). Die bekannte Drohhaltung der Gänse (gesenkter Kopf mit gestrecktem Hals, Zischen etc.) trat nur auf, wenn Blurton-Jones sowohl einen weißen Kittel trug als auch einen Besen bei sich hatte!

3. Schließlich gibt es auch noch Belege aus einer besonderen Form von Drohverhalten, in der sowohl Angriffs- als auch Fluchtelemente gleichzeitig sichtbar werden, und das deshalb als „ambivalent" bezeichnet wird. Die Drohgebärde von Rhesusaffen illustriert dies sehr deutlich. Ein Tier sitzt oder steht seinem Konkurrenten gegenüber; in der Haltung seiner Gliedmaßen zeigt sich ein Kompromiß zwischen Annäherung und Rückzug, und das Tier bewegt seinen Kopf schnell vor und zurück.

Bei einigen Tieren, z. B. bei der Heringsmöwe (Abb. 5.4 a), war eine detaillierte Analyse der verschiedenen Drohgebärden möglich. Eine Möwe nähert sich ihrem Gegner mit relativ hochgerecktem, leicht nach vorn geneigtem Hals und nach hinten gesenktem Kopf und Schnabel. Die Flügelgelenke sind vom Körper abgespreizt und das Gefieder ist leicht aufgeblasen. Aufgrund der guten Kenntnis des gesamten Verhaltensrepertoires der Möwe ist es möglich, hier einige Elemente des Angriffsverhaltens zu identifizieren. Möwen gehen normalerweise zum Angriff über, indem sie mit den Flügeln schlagen und versuchen, ihren Gegner zu picken. Der hochgereckte Kopf und der nach unten zeigende Schnabel sehen wie die ersten Stadien eines Angriffs aus. Wenn eine Möwe zu fliegen beginnt, werden die Flügelgelenke erst im letzten Moment abgespreizt; somit dürften die erhobenen Gelenke in der Drohgebärde auch ein Zeichen für Angriff sein. Aber die Möwe greift nicht an, etwas hält sie zurück. Es werden auch Elemente von Fluchtverhalten sichtbar, besonders, wenn sich zwei Rivalen sehr nahe kommen. Der Kopf geht immer mehr zurück, der Schnabel wird gehoben, das Gefieder legt sich an; außerdem kann der Vogel seinem Gegner auch seine Flanke zuwenden und sich parallel zu ihm bewegen, nicht frontal. Diese Seitwendung sieht wie ein Fluchtelement aus. Die Möwen ziehen ihren Kopf nach hinten und legen ihr Gefieder wie vor dem Flug an. Tatsächlich kann diese „aufrechte" Drohhaltung, wie sie genannt wird, mehrere Erscheinungsformen annehmen, je nachdem, wie viele Angriffs- und Fluchtelemente gezeigt werden. Man nimmt an, daß diese Variationsbreite Veränderungen in der Intensität der zugrundeliegenden Angriffs- und Fluchttendenzen widerspiegelt. Abbildung 5.5

Abb. 5.4. a Die aufrechte Drohstellung der Heringsmöwe. **b** „Geduckte" Beschwichtigungshaltung der gleichen Art (vgl. S. 173). Sie stellt das nahezu perfekte Gegenstück zur Drohhaltung dar. Der Kopf wird tief über eingezogenem Hals gehalten, und der Schnabel zeigt nach oben, während die Flügel eng an den Körper gepreßt sind, so daß die Flügelgelenke – bei der Drohhaltung deutlich sichtbar – vollständig verdeckt sind. (Photos von N. Tinbergen)

zeigt drei Stufen der „Aufrechthaltung" bei der Silbermöwe, die „aggressiv", „einge-
schüchtert" bzw. „ängstlich" genannt werden können, da sie zunehmend Fluchtelemente aufweisen.

Die gesamte Analyse des Drohverhaltens bei Möwen stammt von Tinbergen und
seinen Mitarbeitern, denen es zu verdanken ist, daß die Möwen eine der bestunter-
suchten Vogelgruppen sind. Über diese Arbeit gibt Tinbergen [465] einen ausgezeichneten Überblick.

Nicht alle Drohhaltungen können als Mischung von Angriffs- und Fluchtele-
menten interpretiert werden. Einige beinhalten Elemente, die ihren Ursprung in
den physiologischen Nebeneffekten von Konflikten zu haben scheinen. Die Ausschüttung von Adrenalin und die Aktivierung des autonomen Nervensystems führt,
wie wir bereits gesehen haben, zu einer tieferen und schnelleren Atmung. Deshalb
müssen Fische in einer Konfliktsituation ihre Kiemendeckel weiter abspreizen.
Morris [355] nimmt an, daß darin der Ursprung von Drohgebärden liegt; die abgespreizten Kiemendeckel, wie bei *Cichlasoma*, unterstreichen dies. Andere Tiere,
einschließlich einiger Amphibien, Reptilien und Vögel, blasen Luftsäcke auf, wenn
sie imponieren. Die tropischen Fregattvögel z. B. haben an der Kehle Luftsäcke.
Diese sind normalerweise recht unauffällig, aber beim Imponieren werden sie sehr
groß und grellrot (vgl. Abb. 3.12, S. 88). Bei Vögeln und Säugetieren ist das Sträuben von Fell oder Federn eine andere wesentliche Folge der Aktivität des autonomen Nervensystems in einem Konflikt. Dies ist die Grundlage sehr vieler Drohgebärden. Bei Vögeln haben sich sehr auffällige Kämme oder Halskrausen entwickelt,
die beim Drohen aufgestellt werden. Säugetiere sträuben ihr Fell, wie in der bekannten Drohhaltung von Katzen und Hunden. Morris führt viele andere Beispiele
an, bei denen durch die stammesgeschichtliche Auslese eindrucksvolles Imponierverhalten entwickelt wurde, das auf der physiologischen Reaktion des Körpers auf
einen Konflikt beruht.

In bezug auf das Drohverhalten gibt es noch einen weiteren Aspekt, der betrachtet werden sollte. Es wurden bereits verschiedene Formen von Drohverhalten
beschrieben, die mit der wechselnden Stärke der Fluchttendenz zusammenhängen
(Abb. 5.5), manche Tiere jedoch verfügen über mehrere getrennte Drohhaltungen,
die einander nicht überlappen. Wenn wir von der allgemeinen Annahme ausgehen,
daß Drohverhalten dann auftritt, wenn Angriffs- und Fluchttendenzen gleich stark
ausgebildet sind, wie ist diese Interpretation dann noch haltbar, wenn es verschiedene Arten von Drohverhalten gibt?

Es ist möglich, daß durch die verschiedenen Haltungen verschiedene Grade der
Angriffs- und Fluchttendenzen ausgedrückt werden. Damit es überhaupt zum Drohen kommt, müssen beide etwa gleich sein. Wir werden dann annehmen, daß, wenn
beide schwach sind, Haltung A auftritt, wenn beide aber stark sind, Haltung B. Auf
S. 164 wurde bereits gesagt, daß „reiner" Angriff und Flucht die häufigste Folge von
Drohen ist. Man müßte ein Tier beobachten, das die Haltung A und B annehmen
kann, und sehen, was es nach A oder B tut. Wenn wir eine bestimmte Art von Inter-

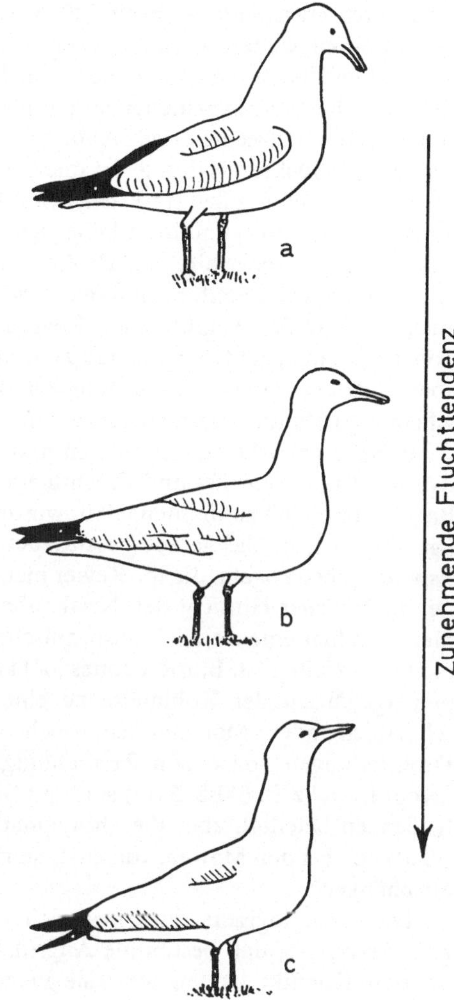

Abb. 5.5. a „Aggressive", **b** „eingeschüchterte" und **c** „ängstliche" aufrechte Drohstellung bei der Silbermöwe. (Tinbergen [465])

aktion zwischen Angriffs- und Fluchttendenzen annehmen – und dies ist nur eine Annahme – dann müssen wir, wenn beide Tendenzen stark sind, die Drohhaltung B erwarten, und Drohen würde eher von Angriff oder Flucht gefolgt als bei Haltung A. Wenn bei A beide Tendenzen schwach ausgeprägt sind, treten dann eher andere Verhaltensweisen auf – z. B. Fressen oder Putzen –, weil die Kontrollmechanismen dieser Handlungen jetzt weniger „Widerstand" gegen die der Angriffs- und Fluchttendenzen zu überwinden haben.

Tinbergens [465] Arbeitsgruppe hat diese Annahmen untersucht und erkannte, daß sie nicht unumschränkt gelten. Unter natürlichen Bedingungen ist es sehr schwer festzustellen, ob das Verhalten eines Vogels nach der Drohgebärde nicht etwa durch etwas anderes beeinflußt wird. Es gibt außerdem, wie wir später noch sehen werden, weitere Verhaltensweisen (Übersprungbewegungen), die durch einen Konflikt entstehen, sie können auch auf Drohverhalten folgen. Moynihan [358] hat versucht, die vier verschiedenen Drohhaltungen der Heringsmöwe zu erklären, nämlich die „aufrechte" (vgl. Abb. 5.4) die „schräge", die „vorwärts gerichtete" und die „geduckte" Haltung. Er interpretiert ihre Auslösung wie oben, wobei die „geduckte" Stellung den stärksten Konflikt zwischen Angriff und Flucht ausdrückt. Stout [160, 446, 447] und Mitarbeiter haben mit der Beringmöwe gearbeitet, die ein sehr ähnliches Repertoire von Drohgebärden hat. Wie Moynihan klassifizieren sie die verschiedenen Stellungen danach, wie stark sie zum Angriff führen. Sie haben auch die Zahl der Angriffe eines Revierinhabers bei jeder Drohstellung eines Eindringlings untersucht. Sie nehmen zwar an, daß nur die Angriffsmotivation variiert, aber trotzdem halten sie es für möglich, daß eine gegensätzliche Tendenz die in Erscheinung tretende Angriffstendenz hemmen kann.

In neueren Arbeiten an Möwen und anderen Vögeln wird darauf hingewiesen, daß nicht nur Angriffs- und Fluchttendenzen, die bisher unter dem gemeinsamen Begriff „Drohen" zusammengefaßt wurden, an bestimmten Körperhaltungen beteiligt sein dürften. Das gerade beschriebene „Ducken" bei Möwen ist solch ein Fall. Es kommt bei Vögeln, die ihr Revier nicht verlassen wollen, sehr häufig vor und ähnelt in mancher Hinsicht den Nestbaubewegungen. Es erscheint sinnvoll anzunehmen, daß hier eine ziemlich unspezifische Tendenz, nämlich an „Ort und Stelle" zu bleiben, beteiligt ist. Blurton-Jones [60] kam durch eine detaillierte Analyse der Imponiergebärden der Kohlmeise zu einem ähnlichen Ergebnis. Hier bestimmten schließlich andere Motivationen, welche Haltung eingenommen wurde, obwohl alle Drohstellungen von einem Reiz abhingen, der Angriffstendenzen hervorrief. Bei „Kopf hoch" z. B. (Abb. 5.6 a) sind mit Sicherheit sowohl Flucht- als auch Angriffstendenzen beteiligt, aber die „horizontale" Haltung (Abb. 5.6 b) scheint, wie das „Ducken" bei den Möwen, von einer starken Tendenz, an Ort und Stelle zu bleiben, abzuhängen.

Diese ethologische, hier besprochene Betrachtungsweise des Drohverhaltens geht davon aus, daß bestimmte Angriffs- und Fluchtsysteme bestehen, die miteinander in Konflikt geraten, wenn sie gleichzeitig erregt werden. Wie im letzten Kapitel erwähnt, nahmen die Ethologen in der Regel bestimmte „Triebe" an. Diese „Konflikthypothese" des Drohverhaltens, wie sie genannt wurde, hat natürlich die Kritik derjenigen hervorgerufen, die die Annahme einzelner Kontrollsysteme und abgegrenzter „Triebe" ablehnen.

Einige Kritiker wiesen darauf hin, daß Drohverhalten nicht unbedingt aus einem Konflikt zwischen Hauptkontrollsystemen des Verhaltens entstehen müsse. Andrew [12, 15] betont, wie physiologische Erregung in Konfliktsituationen zu verschiedenen Verhaltensformen führen kann, von denen einige, wie z. B. das Aufblasen des Gefieders, oft in Drohstellungen zu sehen sind. Es wurden bereits einige andere Beispiele dieser Art erwähnt. Er hat auch Primatenlaute und -mimik eingehend untersucht und nimmt an, daß viele Drohelemente von einfachen Reflexbewegungen herrühren, die z. B. die Augen schützen und Luft aus den Lungen stoßen.

Abb. 5.6 a u. b. Varianten der **a** „Kopf-hoch"- und **b** der „horizontalen" Stellung bei der Kohlmeise, *Parus major*. (Blurton-Jones [60])

In diesen Fällen sind Andrews Vorschläge überzeugend, und sicherlich sollten wir unnötig komplizierte Erklärungen für Drohverhalten vermeiden, wenn einfachere Hypothesen ausreichen. Allerdings spiegeln sich in den verschiedenen Erklärungsweisen die verschiedenen Erscheinungsbilder des Verhaltens, deren Ursachen erklärt werden müssen. Wenn man sich einen Aspekt einer Drohstellung genauer ansieht, z. B. das Drohgesicht eines Rhesusaffen, kann wohl jedes Ausdruckselement als das Ergebnis peripherer Verteidigungsreflexe interpretiert werden. Jedoch schließt, wie oben beschrieben, die gesamte Drohgebärde eine charakteristische Kompromißhaltung der Gliedmaßen und ein Vor- und Zurückschnellen des Kopfes und manchmal des ganzen Körpers ein. Dies läßt dann darauf schließen, daß noch weitere zentrale Kontrollsysteme beteiligt sind und um die Verhaltenskontrolle des Tieres konkurrieren. Bei der Heringsmöwe haben wir bereits das gleiche Zusammenwirken verschiedener Körperteile des Tieres beschrieben, die schließlich die Drohgebärde ausmachen.

Ein besonders gutes Beispiel für zwei unabhängige Systeme, die den gesamten Ablauf eines Imponierverhaltens bestimmen, ist in Wileys [500] Arbeit über den Imponiergesang bei Staren zu finden. Der Trauergrackel ist ein großer Stärling, dessen Imponierverhalten sowohl auf rivalisierende Männchen als auch auf Weibchen gerichtet ist (vgl. Abb. 5.7). Der Imponiergesang variiert in seiner Form und schließt Körperbewegungen (von Beinen, Schwanz, Kopf, Flügeln) ein. Wir sind jedoch am meisten an den Veränderungen zweier Komponenten interessiert – dem Winkel der Schnabelstellung und dem Grad des Anhebens der teilweise gespreizten Flügel. Wiley untersuchte Schnabel- und Flügelstellung beim Imponiergesang gegen-

Abb. 5.7. Ein Trauergrackel-Männchen führt vor einem Weibchen rechts neben ihm einen Imponiergesang aus. (Nach einer Aufnahme von R. H. Wiley)

über Männchen und Weibchen und fand einen deutlichen Unterschied. Beim Imponieren gegenüber Männchen war der Schnabel höher gerichtet, gegenüber Weibchen waren es die Flügel. Die Trauergrackel haben eine ganz bestimmte aggressive Stellung, bei der der Schnabel nach oben gerichtet ist. Es ist daher sinnvoll anzunehmen, daß die Schnabelstellung beim Gesang die Stärke der Aggressionstendenz im Männchen widerspiegelt. Eine andere Motivation, möglicherweise die sexuelle, beeinflußt das Anheben der Flügel. Diese beiden Motivationen können die Art und Weise des gesamten Imponierverhaltens recht unabhängig voneinander beeinflussen. Wileys Ergebnisse stehen sicherlich im Einklang mit der Konflikthypothese.

Eine andere Kritik gegen diese Hypothese bezieht sich auf die Ergebnisse einiger Hirnreizungsexperimente. Aus dem Verhalten, das sie hervorrufen, ist klar, daß Angriffs- und Fluchttendenzen einander hemmen. Es kann daher ohne weiteres gefolgert werden, daß sich die dazugehörenden neuralen Mechanismen ebenso gegenseitig hemmen. Wie wir in Kapitel 1 gesehen haben, können durch Hemmungsmechanismen plötzlich einsetzende, aber nicht abrupt erscheinende Übergänge von einer Verhaltensform zur anderen bewirkt werden. Belege aus der Verhaltensbeobachtung zeigen, daß sich Angriffs- und Fluchttendenzen in einer recht stabilen Balance halten und trotzdem Verhaltenselemente von beiden gleichzeitig zum Ausdruck kommen können. Bis jetzt kennen wir jedoch den neurophysiologischen Hintergrund noch nicht, und wir haben noch keine genaue Vorstellung darüber, wie aus der Balance zwischen beiden Tendenzen verschiedene Drohgebärden hervorgehen können. Leyhausen [293] hat aufgrund von Verhaltensbeobachtungen eine kontinuierliche Reihe von Drohgebärden bei der Katze aufgestellt, in der unterschied-

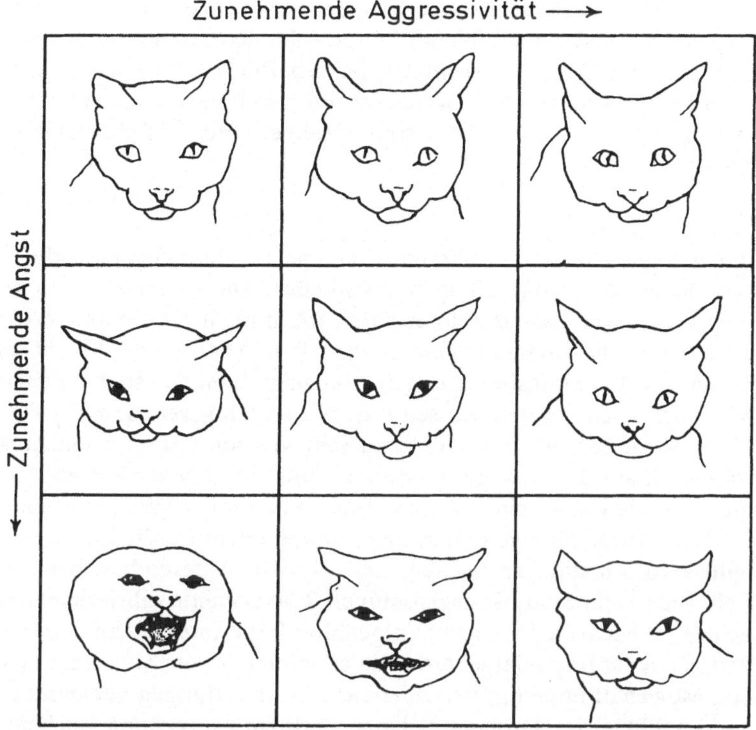

Abb. 5.8. Änderungen in der Mimik der Katze und ihre angenommene Motivationsgrundlage. (Leyhausen [293])

liche relative Stärken von Angriffs- und Fluchttendenzen sichtbar werden. Die mit diesen Gebärden verbundene Mimik ist in Abbildung 5.8 dargestellt. Brown und Hunsperger [74] haben Angriff, Flucht und Drohung bei der Katze untersucht, indem sie in den Hypothalamus und in einige andere Stellen des Gehirns Reizelektroden eingesetzt haben. Sie nehmen nicht an, daß Angriff und Flucht eigene Systeme haben, da die Hirnteile, in denen sie erzeugt werden können, miteinander und mit Gebieten, die Drohen hervorrufen, überlappen. Es war ihnen nicht möglich, durch elektrische Reizung jemals „reines" Angriffsverhalten auszulösen; ihm ging immer Drohen voraus. Sie konnten Drohverhalten auch an einzelnen, weit auseinanderliegenden Reizpunkten im Hypothalamus und den Amygdala hervorrufen.

Wie schon erwähnt, ist die Interpretation von Hirnreizungsexperimenten problematisch, und es ist nicht immer leicht, das Verhalten, das durch Elektroden ausgelöst wurde, mit spontanem Verhalten in Beziehung zu bringen. Man kann aus Brown und Hunspergers Ergebnissen getrennte, in Wechselwirkung stehende Angriffs- und Fluchtsysteme nicht ausschließen; die Vorstellung von einer einheitlicheren Basis von Drohgebärden jedoch ist sehr bedeutend. Delius [126] konnte bei Mö-

wen durch einzeln eingesetzte Elektroden Drohgebärden auslösen. Darüber und
über all die anderen Probleme, die mit der Konflikthypothese zusammenhängen,
gibt Baerends [20] einen ausführlichen Überblick. Für den Verhaltensbereich ist sie
noch immer sehr hilfreich, wenn wir auch weitere Forschungsergebnisse abwarten
müssen, bevor wir in der Lage sind, Drohverhalten auf physiologischer Basis zu erklären.

Drohen als Signal

In der Regel kann ein erfahrener Ethologe aus dem augenblicklichen Verhalten eines Tieres auf das darauffolgende schließen. Die Analyse der aufrechten Drohstellung bei Möwen basiert auf der guten Kenntnis ihres Gesamtverhaltens; sie macht
es möglich, die Intentionsbewegungen von Angriff und Flucht zu identifizieren.
Wenn wir Intentionsbewegungen erkennen können, so können dies sehr wahrscheinlich auch die Artgenossen tun. Wir haben gesehen, daß viele Drohstellungen
durch besondere Auslösestrukturen sehr viel auffälliger gemacht werden; sie verstärken damit die Bewegung oder Haltung. Drohgebärden sind gute Beispiele für
die am Ende von Kapitel 3 beschriebenen Kommunikationssysteme.

Dort wurde gezeigt, daß es nicht immer leicht ist, die in sozialen Signalen bein-
haltete Information zu messen, und dies ist insbesondere bei Drohgebärden der
Fall. Man kann zwar die gegenseitigen Reaktionen rivalisierender Männchen beobachten, es bedarf jedoch recht ausgefeilter Experimente, um den Informationsgehalt
verschiedener Imponiergebärden zu erkennen. Stouts Mitarbeiter [160, 446, 447] haben Möwenattrappen in verschiedenen Drohstellungen verwendet, um Kommuni-
kationseffekte des Drohens bei der Beringmöwe zu untersuchen. Die Attrappen
wurden in das Revier eines Pärchens gesetzt. Dies ist eine recht unnatürliche Situation, da sich der Eindringling den Revierinhabern nicht vom Rande des Reviers her
nähert, sondern sich bereits mitten im Revier befindet, wenn die Möwen nach ihrer
Abwesenheit zurückkehren. Sie fanden, daß Drohhaltungen der Attrappe, die unter
anderen Umständen als äußerst aggressiv galten, weniger oft und mit größerer Latenz angegriffen wurden als weniger aggressive. Man nahm an, daß eine Drohgebärde den Revierinhabern ihren aggressiven Gehalt vermittelte, und diese am hef-
tigsten angriffen, wenn sie am wenigsten Vergeltungsschläge zu fürchten hatten.
Stout und Mitarbeiter stellten fest, daß die Kopfhöhe über dem Boden der wichtigste Gradmesser der Aggression ist – je tiefer der Kopf, desto aggressiver die Haltung. So wurden Attrappen in „aufrechter" Haltung sofort angegriffen, solche in
„geduckter" Haltung nur zögernd. Und umgekehrt, je tiefer der Kopf der Attrappe
war, desto öfter machten die Revierbesitzer während der Begegnung Abwendungs-
bewegungen. Die Schnabelstellung, die sich in natürlichen Situationen ändert (vgl.
Abb. 5.5), hatte im Vergleich zur Kopfhöhe wenig Effekt. Allerdings waren einige
Laute von Bedeutung. Wurden mit Hilfe eines Lautsprechers Rufe von den Attrappen ausgesandt, so bewirkte ein bestimmter rhythmischer Ruf, der für die Duckhal-
tung typisch ist, verstärkte Latenz der Angriffe gegen alle Attrappen, unabhängig
von der Stellung. Kein anderer Ruf war so effektvoll, was verdeutlicht, daß dieser
Duck- oder Stößelruf ein äußerst aggressives Signal ist.

Stokes [445] gibt eine der ausführlichsten Darstellungen der kommunikativen Bedeutung von Drohstellungen beim agonistischen Verhalten der Blaumeise. Er beobachtete sie im Winter beim Zank um das Futter und zeichnete verschiedene Elemente ihrer Drohstellungen auf, die Schnabel-, Hauben-, Gefieder-, Flügel-, Schwanz- und Körperhaltung einschlossen. Stokes ordnet die einzelnen Elemente nicht allein dem Angriffs- oder dem Fluchtverhalten zu, sondern glaubt eher, daß überall beide Tendenzen beteiligt sind. Bestimmte Kombinationen der Einzelelemente waren häufiger als andere und machten manchmal das nachfolgende Verhalten des Vogels durchaus vorhersagbar. So flohen Blaumeisen, die Rivalen mit gesträubtem Häubchen begegneten, in 94% der Fälle und griffen nie an. Andererseits war es viel schwieriger, Angriffsverhalten vorauszusagen; keine Kombination von Elementen erlaubte mehr als 48% richtige Vorhersagen.

Stokes maß die Reaktionen eines Vogels auf einen Rivalen, der eine bestimmte Haltung angenommen hatte, wobei er jedoch die tatsächlichen Angriffe auf einen Gegner wegließ. Wenn ein Vogel A eine „Angriffskombination" von Elementen zeigte, so erhöhte dies signifikant die Fluchthäufigkeit seines Rivalen B, obwohl, wie wir gerade gesehen haben, B unnötigerweise geflohen sein dürfte. Wenn A eine „Fluchtkombination" zeigte, erhöhte sich die Angriffshäufigkeit von B nicht, sondern er neigte eher dazu, A zu ignorieren. Wahrscheinlich hatte er erkannt, daß A keine echte Drohhaltung am Futternapf annahm. Wir benötigen dringend weitere quantitative Informationen dieser Art, um den Aussagewert der beschreibenden Daten über Drohverhalten, die wir bereits für eine ganze Anzahl von Arten haben, zu vergrößern.

Beschwichtigungsgebärden

Es bietet sich an, an dieser Stelle die Beschwichtigungsgebärden zu nennen, da sie mit dem Drohverhalten in Beziehung stehen und weitere Mechanismen zur Kampfabschwächung darstellen. Ihre Aufgabe scheint darin zu bestehen, das Angriffsverhalten in solchen Situationen zu vermindern oder gar zu hemmen, in denen eine Flucht von Nachteil ist. Es wurde bereits erwähnt, daß ein aggressiv erregtes Männchen seine Aggression auf sein Weibchen umlenken kann, für dies mag es aber nachteilig sein, aus dem Revier zu fliehen. Auch Jungvögel können Opfer solch umgelenkter Angriffe werden, und sie beschwichtigen eher, als daß sie fliehen. Einige soziale Tiere, wie Wölfe, Paviane und Haushühner, erstellen eine feste Hierarchie oder „Hackordnung" unter den Gruppenmitgliedern (vgl. Kap. 8, S. 267). Wenn diese einmal feststeht, treten Kämpfe selten auf. Die dominanten Tiere müssen nur noch drohen oder sich lediglich dem rangniederen Tier nähern, und letzteres gibt, oft mit einer Beschwichtigungsgebärde, nach. Bei Affen und Wölfen wurde oft beobachtet, daß sich rangniedere Tiere den dominanten mit einem Beschwichtigungsritual nähern, ohne daß eine Drohgeste voranging. Dieses Verhalten trägt zum Zusammenhalt der Gruppe bei, was für das Überleben all ihrer Mitglieder äußerst wichtig ist (vgl. Schenkels [418] Beitrag zur Unterwerfung bei Wölfen).

Zur Zeit basieren die meisten unserer Belege über Beschwichtigung lediglich auf Verhaltensbeschreibungen, aber dennoch sind sie recht überzeugend. Beschwichtigung scheint auf zwei verschiedene Arten zu wirken. Einmal kann die Angriffstendenz beim Angreifer gehemmt werden, indem in ihm eine Konfliktsituation hervorgerufen wird. Rangniedere Paviane beiderlei Geschlechts drehen sich vom Angreifer weg und präsentieren die Genitalien. Manchmal werden sie kurz bestiegen, aber oft läßt sie der dominante Pavian einfach gehen; er „akzeptiert" das Genitalpräsentieren als eine Unterwerfungsgeste. In Kapitel 3 (S. 95) wurden Chalmers' [88] Beobachtungen über die Effektivität des Genitalpräsentierens bei Meerkatzen beschrieben; einer der wenigen Fälle, in denen quantitative Messungen über Beschwichtigung vorliegen (vgl. auch Abb. 8.10).

Eine andere Tendenz, die dem Angriff durch Beschwichtigung entgegenwirkt, ist mit elterlichem Fürsorgeverhalten verbunden. Vögel benutzen oft kindliches Verhalten zur Beschwichtigung. Bei Möwen und anderen Vögeln geht der Paarung Futterbetteln voraus. Es baut offensichtlich die Aggressivität des Männchens ab, indem es seine Fürsorgebereitschaft weckt.

Diese zweite Art von Beschwichtigungsgebärde unterscheidet sich so stark wie möglich von der Drohgebärde. Drohgebärden verstärken verschiedene Auslöser, aber Beschwichtigungsgebärden verdecken sie. Bei der Lachmöwe betonen alle Drohgebärden die dunkle Gesichtsmaske. Wenn sich ein Weibchen im Revier seines Partners niederläßt, drohen sie einander nur kurz an, nach ein bis zwei Sekunden jedoch heben beide ihren Kopf und drehen ihn vom anderen weg – sie verstecken die Gesichtsmaske. Die Dreizehenmöwe droht mit dem gelben Schnabel und öffnet ihn oft, um das grelle Rot des Mundinneren zu zeigen. Bei der Beschwichtigungsgebärde wird der Kopf vom Gegner weg und nach unten gedreht, um den Schnabel zu verstecken. Abbildung 5.4 b illustriert die Beschwichtigungsgebärde der Heringsmöwe, die diesem Typ angehört und das fast exakte Gegenstück zur Drohhaltung in Abbildung 5.4 a ist. Dieses Beispiel verbindet beide Beschwichtigungsarten, da die Antidrohhaltung sowohl beim Futterbetteln der Jungvögel als auch bei der Balz der Erwachsenen auftritt.

Es gibt auch bei Säugetieren Beispiele für Beschwichtigungsgebärden gegen Drohungen. Wölfe drohen, indem sie die Zähne fletschen, die Ohren stellen und knurren. Ein unterlegenes Tier oder eines, das einen ranghöheren Wolf beschwichtigen will, legt seine Ohren an und dreht den Kopf weg, es präsentiert also nicht die Zähne, sondern den Nacken; Haushunde tun oft genau dasselbe, wenn sie bestraft werden.

Beschwichtigungsgebärden stellen wie Drohgebärden Signale zwischen Tieren dar. Die Frage, warum Beschwichtigung effektiv sein kann, ist noch ungelöst. Der Beschwichtigende ist verwundbar, und dennoch greift das dominante Tier sehr selten weiter an. Es ist abwegig, bei Tieren Mitleid zu vermuten, denn wenn sie aus ihrer natürlichen Umgebung genommen und zusammengepfercht werden, töten sie einander oft. Man nimmt an, daß Aggressionshemmung durch Beschwichtigung in der Selektion begünstigt wird. Tiere, bei denen dies nicht der Fall ist, sind sehr leicht überaggressiv und so mißangepaßt wie der Kampfhahn. Paviane z. B. müssen einer Gruppe angehören um zu überleben, denn Einzelgänger werden in der Regel von Leoparden oder Löwen getötet. Die Selektion begünstigt jedes Verhalten, das zum Zusammenhalt der Gruppe beiträgt, so auch das Beschwichtigungs-System. Chance [90] hat gezeigt, daß Beschwichtigungsgebärden helfen, bei dem Rangniederen Streß zu reduzieren. Die „angstauslösenden Reize", die auf ihn wirken, werden nämlich durch seine Abwendung vom ranghöheren Tier vermindert. Auf diese Weise wird die Fluchttendenz genügend reduziert, so daß das rangniedere Tier bei der Gruppe bleiben kann.

Übersprungbewegungen

Wir wenden uns nochmals Konfliktsituationen zu und besprechen dabei einige andere Verhaltensweisen, die dabei beobachtet werden können. Tinbergen [461] bezeichnete eine Vielfalt von Verhaltensmustern als „Übersprungbewegungen". Ihr auffälligstes Merkmal ist, daß sie in der Situation, in der sie auftreten, völlig „fehl am Platz" zu sein scheinen.

So wenden sich z. B. zwei Haushähne mitten in einer kämpferischen Auseinandersetzung kurz voneinander ab und picken auf den Boden; manchmal picken sie dabei Steine oder Körner auf und lassen sie wieder fallen. Wenn ein Stichlingsmännchen vergeblich ein Weibchen umworben hat, schwimmt es zum Nest, obwohl keine Eier darin vorhanden sind, und macht die für die Brutpflege typischen „Fächelbewegungen", die das Nest mit frischem Wasser versorgen. Eine brütende Seeschwalbe zeigt einige kurze Putzbewegungen, bevor sie vor einem sich nähernden Eindringling wegfliegt. Eine durstige Taube, der der Zugang zu ihrer Wasserschale durch eine Glasscheibe versperrt ist, pickt daneben auf den Boden.

Bei all diesen Beispielen kann man annehmen, daß entweder eine Handlungstendenz im Tier blockiert wird, oder es sich in einem Konflikt zwischen zwei entgegengesetzten Handlungstendenzen befindet. Das Auftreten einer kurzen Freßbewegung mitten in einer kämpferischen Auseinandersetzung überrascht, da es nicht zu den vorhandenen Handlungstendenzen – Angriff und Flucht – zu passen scheint. In der Regel sind Tiere konsequent, und eine bestimmte Verhaltensweise setzt sich eine Zeitlang ohne Unterbrechung fort. Weiterhin erscheint die Putzbewegung der Seeschwalbe, bevor sie ihr Nest verläßt, oft als „gezwungen" und unvollständig, ebenso die Freßbewegung der kämpfenden Hähne, die, wie erwähnt, zwar Körner aufpicken, sie aber nicht hinunterschlucken.

Der offensichtliche, aber subjektive Schluß daraus ist, daß das Tier unter Druck steht, wenn es diese Bewegungen ausführt. Persönliche Erfahrung, sehr vorsichtig angewandt, kann hier helfen, tierisches Verhalten zu verstehen. Wir wissen alle, daß wir, wenn wir aufgeregt sind, ganz unbewußt völlig irrelevante Dinge tun. Leute sitzen selten ruhig im Wartezimmer eines Zahnarztes oder vor einem Prüfungszimmer. Sie sind nervös, rücken Krawatte oder Haar zurecht, zünden Zigaretten an und sprechen unnötigerweise schnell und lebhaft. Man kann auch leicht die „Zähigkeit" einer Cocktailparty daran erkennen, wieviel Kartoffelchips und Nüsse gegessen wurden. Niemand ist hungrig, im Gegenteil, aber Essen baut irgendwie die Spannung ab, die entsteht, wenn man mit fremden Menschen zusammen ist.

Bei diesen Beispielen treten oft Anzeichen physiologischer Erregung zusammen mit einer erhöhten Aktivität des autonomen Nervensystems auf. Dadurch werden erhöhter Puls, Schwitzen und die bekannten Effekte psychologischen Drucks auf Darm und Blase hervorgerufen. Manchmal kann man bei Tieren ähnliche Veränderungen beobachten, wenn sie offenbar unsinnige Bewegungen machen.

Der Begriff „Übersprungbewegung" bezieht sich auf eine Theorie von Tinbergen und Kortlandt (vgl. Tinbergen [461]). Sie besagt, daß bei der normalen Verhaltenskontrolle ein gewisses Maß an „nervöser Energie" freigesetzt wird, um ein Verhaltensmuster A auszulösen. Diese Freisetzung der Energie kann auf zwei Arten unterbrochen werden. Entweder fehlen die entsprechenden Reize für A, oder ein anderes Verhaltensmuster B wird angeregt, dessen Ausführung mit A unvereinbar ist. Wenn diese Unterbrechung auftritt, muß die Energie, die zu A gehört, einen anderen Ausgang finden und wird über Kanal C „umgeleitet"; Verhaltensmuster C erscheint dann als Übersprunghandlung. Tinbergens Theorie entstand aus einem „psychohydraulischen" Motivationsmodell, wie es in Kapitel 4 besprochen wurde (Zeigler [520] gibt einen guten Überblick über das gesamte Konzept der Übersprungbewegung). Sie hat der Forschung einen hilfreichen Anstoß gegeben, war jedoch bei einer Anzahl von Fällen unzureichend.

In der Theorie wurde zwischen einem Verhaltensmuster, z. B. Putzen im Normalfall, und dem gleichen Verhaltensmuster als Übersprungbewegung unterschieden. Im ersten Fall würde das Putzverhalten seinen eigenen Vorrat an nervöser Energie aufbrauchen, im letzteren würde der Kontrollmechanismus für das Putzverhalten die umgelenkte Energie von einem anderen Muster erhalten. Dies schließt ein, daß Putzen als Übersprungbewegung stattfinden kann, ohne daß weder von innen noch von außen eine Aktivierung seines Kontrollmechanismus vorausgegangen ist, d. h. ohne jede Putztendenz oder äußeren Putzreiz.

Viele Beobachtungen haben jedoch ergeben, daß dies nicht immer der Fall ist. Sie lassen annehmen, daß die Kontrolle eines Verhaltensmusters und der Einfluß, den äußere Reize darauf haben, ähnlich sind, gleich unter welchen Umständen das Verhalten stattfindet. Räber [387] fand z. B., daß Truthähne beim Kampf oft Übersprungfressen oder -trinken zeigten; welches Verhaltensmuster auftrat, hing davon ab, ob Futter oder Wasser für die Vögel erreichbar war. Van Iersel und Bol [247] beobachteten nistende Seeschwalben in einem Konflikt zwischen den Tendenzen, auf ihrem Nest zu bleiben oder zu fliehen. Sie fanden, daß die Übersprungputzbewegung verstärkt auftrat, wenn die Schwalben nasse Federn hatten – ein normaler Putzreiz. Sevenster [432] ahmte einen Effekt der Eientwicklung im Stichlingsnest nach, indem er mit Kohlensäure angereichertes Wasser durch das Nest leitete. Dies erhöhte die Übersprungfächelbewegungen, die ein Männchen bei der Balz machte.

Manchmal kann auch die Störung oder die Konfliktsituation selbst, die zu Übersprungbewegungen führt, die dafür relevanten Reize verstärken. Deaux und Kakolewski [125] haben gezeigt, daß, wenn man Ratten kurz in die Hand nimmt, dieser Streß zur abrupten Veränderung der Salzkonzentration in den Körperflüssigkeiten – ein normales Anzeichen für Wassermangel – und damit zu einer kurzen Trinkphase führt. Dies kann von Verhaltensbeobachtern leicht als „Übersprungtrinken" bezeichnet werden. Die in einer Konfliktsituation entstandene physiologische Erregung kann Schwitzen und Aufrichten von Fell und Gefieder bewirken, wobei beides wahrscheinlich Hautreizung verursacht. Es ist daher sicher kein Zufall, daß Putz- und Pflegeverhalten so häufig als Übersprungbewegungen vorkommen. Andrew [12] stellte fest, daß die Federstellung bei Vögeln in einer sexuellen Konfliktsituation derjenigen bei Vögeln ähnelte, die er in einem warmen Raum hielt und die versuchten sich abzukühlen.

Alle quantitativen Messungen von Übersprungbewegungen erfordern strenge Kontrollen. Ohne triftigen Grund soll man kein Verhaltensmuster Übersprungbewegung nennen, dies gilt besonders dann, wenn so etwas wie Putzverhalten im Spiel ist, da sich Vögel in sehr vielen Situationen putzen.

Einige Versuche von Rowell [402] zeigen, was man tun kann. Er arbeitete mit Buchfinken in Vogelhäusern und benutzte zwei Methoden, um einen Angriffs-Flucht-Konflikt hervorzurufen. Zum einen wurde der Balg einer Eule vor das Vogelhaus gesetzt, die das Haßverhalten der Buchfinken hervorrief (in Kap. 1 beschrieben). In den Vogelhäusern befanden sich viele Sitzstangen, die es den Vögeln erlaubten, sich in verschiedenen Entfernungen von der Eule niederzulassen. Im zweiten Fall wurden hungrige Vögel verwendet, die vorher gelernt hatten, aus einem Futternapf am anderen Ende des Vogelhauses zu fressen. Während dieser Tests leuchtete im Futternapf ein grelles Licht auf, wenn ihn die Vögel erreichten, so daß Flucht ausgelöst wurde. In beiden Fällen flogen die Vögel zwischen den Stangen hin und her und näherten sich erst allmählich der Eule oder dem Futternapf, zogen sich aber gleich danach wieder zurück. Nach einer Pause auf einer weiter entfernten Stange näherten sie sich allmählich wieder usw. Im Fall der Eule kann man annehmen, daß sich die Buchfinken in einem Konflikt zwischen Angriffs- und Fluchttendenz befanden, während beim Futternapf Hunger- und Fluchttendenz miteinander in Konflikt gerieten.

Die Pause auf einer Sitzstange stellt eine kurze stabile Phase dar, in der sich Angriffs- und Fluchttendenz eines Vogels gerade die Waage halten. Rowell maß die Pausenlänge und fand, daß die Vögel in beiden Konfliktsituationen auf mittleren Sitzstangen – weder zu nah noch zu weit entfernt – öfter und länger ruhten. Dieser Teil des Vogelhauses entspricht in vieler Hinsicht der Reviergrenze. Hier konnte man am ehesten Übersprungbewegungen erwarten.

Rowell beobachtete, daß Buchfinken während ihrer Pausen auf mittleren Sitzstangen häufig Putzbewegungen zeigten. Man käme jedoch zum gleichen Ergebnis, wenn das Putzverhalten ziemlich regelmäßig immer dann auftauchte, wenn ein Vogel eine Pause macht und sonst nichts tut – je länger die Pause, desto mehr Putzen. In Kontrollversuchen mit Vögeln ohne Konflikt fand Rowell, daß dies wirklich der Fall war. Aus diesen Kontrollen konnte er jedoch berechnen, wie oft man Putzen bei einer mittleren Pausenlänge erwarten kann. Die Häufigkeit des Putzens pro Pausenlänge war signifikant höher, wenn die Vögel in einer Konfliktsituation waren. Dieses zusätzliche Putzen war also tatsächlich „Übersprungputzen". Das Be-

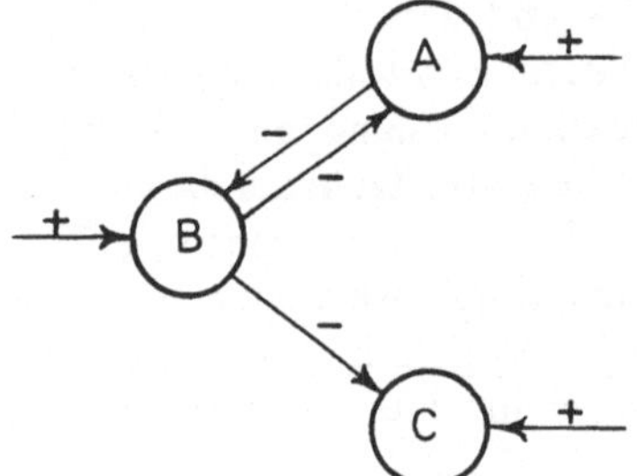

Abb. 5.9. Diagramm der „Enthemmungs"-Hypothese nach van Iersel und Bol. Vgl. Erklärung im Text

feuchten des Gefieders führte zu einer Zunahme von Putzen sowohl in Konflikt- als auch in konfliktfreien Situationen. Somit stimmt Rowells Arbeit mit der vorhergenannten darin überein, daß Übersprungbewegungen durch äußere Reize gefördert werden.

Van Iersel und Bol [247] nehmen dies auch in ihrer „Enthemmungs"-Hypothese für den Mechanismus von Übersprungbewegungen an. Sie wird in Abbildung 5.9 veranschaulicht. „Zentrum A" kontrolliert die Ausführung von Verhaltensmuster A, „Zentrum B" die von B. Die beiden Zentren hemmen sich gegenseitig (aus den beiden Minus-Pfeilen ersichtlich), so daß Muster A und B nicht gemeinsam auftreten können. Eines oder beide wirken hemmend auf ein drittes „Zentrum C". Angenommen A und B werden gleichzeitig erregt, so hemmen sie sich gegenseitig in ihrer Aktivität und keines kann seine hemmende Wirkung auf Zentrum C aufrechterhalten, so daß dieses Verhaltensmuster C in Gang setzen kann. Es ist jetzt einfach, A, B und C in dem Diagramm durch entsprechende Handlungstendenzen zu ersetzen. Wir müssen uns jedoch bewußt sein, daß dies nur aufgrund von Verhaltensbeobachtungen gerechtfertigt ist, da wir den physiologischen Hintergrund des Enthemmungssystems noch nicht kennen. Van Iersel und Bol nehmen in ihrer Untersuchung an Seeschwalben an, daß Brut- und Fluchttendenz sich gegenseitig hemmen. Putzverhalten, das vorher durch Brut- oder Fluchttendenz oder beide gehemmt wurde, trat auf, wenn die beiden Handlungstendenzen gleich stark waren. In Rowells Versuchen mit Buchfinken gerieten Hunger- und Angriffstendenz mit Fluchttendenzen in Konflikt, was wiederum Putzverhalten auslöste.

Die Enthemmungshypothese kann nur Übersprungbewegungen erklären, die als Ergebnis eines Konflikts zweier unvereinbarer Handlungstendenzen auftreten. Tinbergen [461] nahm ursprünglich an, daß auch die Frustration einer einzelnen Handlungstendenz zu Übersprungbewegungen führen könne. Später hat McFarland [313] Trinkverhalten bei durstigen Tauben verhindert, indem er sie z. B. durch eine Glasscheibe vom Wasser trennte. In dieser Situation trat „Übersprungpicken" auf, genau wie bei den Appetenz-Aversions-Konflikten in Rowells [402] Experimenten. Rowell und auch van Iersel und Bol [247] glauben nicht, daß es „Vereitelung" von Handlungen in reiner Form gibt. Sie nehmen an, daß Frustration selbst schon bestrafend wirkt und deshalb zur Vermeidung führt. Es gibt jedoch keinen echten Beweis, daß dies immer der Fall ist. McFarland [314] diskutiert dieses Problem ausführlicher und geht von einem anderen Mechanismus für Übersprungbewegungen aus. Seine Theorie besagt, daß das Gehirn ständig die tatsächlichen Ergebnisse seiner Verhaltensbefehle mit der inneren „Erwartung" vergleicht (diese Erwartung kann entweder während der Entwicklung in das Nervensystem eingebaut werden, oder sie muß gelernt werden – sie wird aber sicher durch Erfahrung modifiziert). Das Konzept des Vergleichs einer Verhaltensäußerung mit einer inneren Erwartung begegnete uns bereits bei der Besprechung der Entwicklung von Vogelgesang, S. 54. Hier verglich der singende Vogel seine Lautäußerungen mit einer inneren „Schablone", die effektiv als ein Erwartungsmuster für den richtigen Gesang benutzt wird. McFarland nimmt an, daß z. B. eine Taube, die in einer Situation schon einmal gefressen hat, eine entsprechende „Erwartung" über das Ergebnis dieser Situation hat. Normalerweise stimmen Erwartung und Ergebnis überein – der Vogel pickt in einem vertrauten Futternapf und füllt seinen Kropf mit Körnern usw. Es gibt jedoch zwei Möglichkeiten, in denen dies fehlschlagen kann. Erstens kann der Futternapf mit einer Glasscheibe bedeckt sein – eine Frustrationssituation. Zweitens kann die Taube gleichzeitig einen anderen Verhaltensbefehl erhalten, nämlich z. B. das Gebiet um den Futternapf zu meiden, da sie früher dort unangenehme Erfahrungen gemacht hat. Dieser zweite Befehl ruft eine zweite Erwartung hervor, und eine Konfliktsituation entsteht. In beiden Fällen gibt es keine Übereinstimmung zwischen dem gezeigten Verhalten des Tieres und dessen Erwartung oder Erwartungen über den Handlungserfolg. Dann kommt, entsprechend der Theorie, ein höheres Gehirnzentrum ins Spiel, das die Verhaltensbefehle bestimmt. Solange Erwartung und Ergebnisse übereinstimmen, bleibt der Verhaltensbefehl stabil und ändert sich nur, wenn sich äußere oder innere Faktoren ändern. Nimmt diese Übereinstimmung ab, so steigt im höheren Zentrum die Tendenz, die Aufmerksamkeit einem anderen Befehl zuzuwenden, und es erscheint eine andere Verhaltensweise – die Übersprunghandlung.

McFarlands Theorie beinhaltet eine Umlenkung der Aufmerksamkeit, was einer Enthemmung gleichkommt, die sowohl auf Frustrations- als auch auf Konfliktsituationen angewandt werden kann. Außerdem schließt diese Theorie die Beeinflussung von Übersprunghandlungen durch normale äußere und innere Faktoren ein, die diese Handlungen auch in anderen Situationen beeinflussen. McFarland behauptet, er könne die Umlenkung von Aufmerksamkeit, die mit den Übersprungbewegungen einhergeht, auch im Verhalten zeigen. In einer Konflikt- oder Frustrationssituation bleiben seine Tauben entweder stehen und fixieren ihr Zielobjekt, z. B. den Futternapf, oder bleiben stehen und schauen umher. In der letzteren „Erwartungshaltung" neigen sie dazu, sich zu putzen oder auf den Boden zu picken.

Einige Fragen hinsichtlich des Ausgangs einer Konfliktsituation bleiben noch offen. Wenn sich z. B. Angriff und Flucht gegenseitig hemmen, was bestimmt dann, ob Drohverhalten oder z. B. Übersprungputzen auftritt? Hängt es von der absoluten Stärke der Angriffs- oder Fluchttendenz ab oder von der relativen Stärke zueinander oder von irgendeinem anderen Faktor? Einige Anhaltspunkte liefern Kruijts [278] Beobachtungen beim Kammhuhn. Wenn Männchen kämpfen, treten mehrere verschiedene Verhaltensmuster auf. Kruijt fand, daß, je nachdem, ob ein Vogel ge-

wann oder verlor, die Häufigkeit, mit der die Muster erschienen, sehr verschieden
war. So trat, um ein extremes Beispiel zu nennen, das Bodenpicken bei den Gewin-
nern viermal so häufig wie bei den Verlierern auf, während es für das Putzverhalten
gerade umgekehrt war. Die Annahme liegt nahe, daß Bodenpicken aus stärkerer
Aggressivität resultiert als Putzen, und daß Vögel, die sich putzen, eher zur Flucht
motiviert sind. Sollen wir diese Verhaltensmuster nun als Übersprungbewegungen
betrachten, die aus verschieden starken Konflikten zwischen Angriff und Flucht resultieren, oder spiegeln sie eher einzelne Motivationszustände wider? Bodenpicken
könnte aus einer umgelenkten Aggression bei überlegenen Vögeln entstehen und
Putzen aus der eher gestreßten Lage eines Verlierers. Bisher können weder Verhaltensbeobachtungen noch Physiologie diese Frage angemessen beantworten.

Wahrscheinlich müssen für die Entstehung einer Übersprungbewegung die Frustration oder das Gleichgewicht zwischen zwei gegensätzlichen Tendenzen lange genug anhalten, um ihren Durchbruch zu erlauben. Wenn z. B. eine Tendenz gegenüber einer anderen, mit der sie in Konflikt steht, rasch zunimmt, bleibt während der
kurzen Gleichgewichtsphase keine Zeit für das Auftreten einer Übersprungbewegung.

In diesem Zusammenhang weist Rowell auf die Bedeutung hin, die Enthemmung beim Wechsel von einer Verhaltensweise zur anderen spielen kann. Er beschreibt, daß Buchfinken oft einen Verhaltenszyklus von 20 Minuten zeigen, bei
dem sich Schlaf- oder Ruhephasen auf der Sitzstange mit Freßphasen auf dem Boden abwechseln. Ziemlich lange Putzphasen treten besonders beim Aufwachen auf,
wenn wohl die Freßtendenz gegenüber dem Schlafen langsam verstärkt wird. Putzen ist hier möglicherweise das Ergebnis von Enthemmung, genau wie in den Konfliktsituationen, die wir betrachtet haben.

Mit anderen Worten, Putzen ist eine recht „untergeordnete" Aktivität. Das Gefieder kann auch dann in Ordnung gehalten werden, wenn ein Vogel sich nur putzt,
wenn er keine anderen starken Handlungsbereitschaften hat. Infolgedessen wird es
in Phasen auftreten, in denen weder die eine noch die andere starke Tendenz das
Verhalten bestimmt. Ist diese Pause zwischen starken Handlungstendenzen kurz, so
kann Putzen die Merkmale einer Übersprungbewegung haben, ist sie aber lang, wie
im eben genannten Beispiel, würden wir dies in der Regel als „normales" Putzen
bezeichnen.

Übersprungbewegungen sind ein charakteristisches Merkmal der Organisation
von Verhalten. Es besteht „Konkurrenz" um die Verhaltenskontrolle eines Tieres.
Verschiedene Faktoren, wie gegenseitige Hemmung zweier Tendenzen, die äußere
Reizsituation und vielleicht sogar die Stellung oder Bewegung, die ein Tier gerade
zeigt [296], können die Übernahme der Verhaltenskontrolle durch eine andere Tendenz erleichtern. Wenn sich eine Tendenz verstärkt, ist es sehr wahrscheinlich, daß
sie die Kontrolle übernimmt, ob nun ein Konflikt vorhanden ist oder nicht. McFarland [313] hat gezeigt, daß hungrige Tauben in einer Frustrationssituation mehr
Übersprungfressen zeigen, da ihr Verhalten in jeder Beziehung stark futterorientiert
ist.

Zum Schluß sei bemerkt, daß die natürliche Selektion die Übersprungbewegung genau wie mehrdeutige Körperhaltungen so modifiziert hat, daß sie als soziale Signale benutzt werden können. Dies wird im nächsten Kapitel behandelt, da das Balzverhalten die besten Beispiele dafür liefert.

Balz als Konfliktverhalten

Eines der bedeutendsten Untersuchungsgebiete der Ethologie ist das Balzverhalten der Tiere. Balz kann als spezielle Verhaltensmuster definiert werden, die gewöhnlich einer Paarung vorausgehen. Sie ist im Tierreich bei den Arthropoden und den Vertebraten am weitesten verbreitet, ansonsten tritt sie jedoch nicht sehr häufig auf. Eine der Funktionen der Balz ist, das Verhalten von Männchen und Weibchen zu synchronisieren, so daß die Kopulation stattfinden kann. Die Gesamtsynchronisation des Fortpflanzungsverhaltens wird über das endokrine System durch Tageslänge oder Temperatur erreicht; es ist jedoch noch eine viel genauere gegenseitige Verhaltensabstimmung notwendig, und zwar deshalb, weil die Nähe eines potentiellen Partners nicht nur sexuelle Motivation erregen kann, sondern auch andere, die mit dem Geschlechtsverhalten unvereinbar sein können. Bei einigen Arthropoden wie Spinnen kann dies in dramatischer Weise beobachtet werden, da das Männchen von dem größeren Weibchen leicht als Beute betrachtet wird! Seine Balz stellt ein Signalsystem dar, das zum einen seine Identität beweisen und zum anderen das Weibchen ruhig stellen soll, damit die Paarung ablaufen kann. Die Balz der Arthropoden unterscheidet sich, soweit wir wissen, in Ursprung und spezieller Funktion sehr stark von der der Wirbeltiere, mit der wir uns hier vorwiegend beschäftigen werden. Ausführlichere Beschreibungen des Sexualverhaltens bei Arthropoden können bei Evans [148] und Manning [326] nachgelesen werden.

Bei Wirbeltieren, die Reviere verteidigen, kann die erste Reaktion eines Männchens auf ein Weibchen außer den sexuellen auch Angriffs- und Fluchtelemente beinhalten. Dies trifft sogar auch dann zu, wenn deutliche Unterschiede im Aussehen der Geschlechter bestehen (Geschlechtsdimorphismus) und ein Weibchen leicht von einem in das Revier eindringenden Männchen zu unterscheiden wäre (vgl. S. 271). Manchmal wird das Weibchen angegriffen, und trotzdem flieht es oft nicht, sondern verhält sich ruhig und nimmt eine Beschwichtigungshaltung ein. Wir haben ein entsprechendes Beispiel bereits beim Paarungsverhalten des höchst aggressiven Buntbarsches *Etroplus* (vgl. S. 134) kennengelernt. Bei einigen Vögeln, wie den Buchfinken, wird das Weibchen nach der Paarbildung dominant, und das Männchen läßt darauf in seinem Verhalten deutliche Anzeichen von Angst erkennen.

Bei der Balz können auch gleichzeitig Angriffs- und Fluchttendenzen vorkommen. Der Zick-Zack-Tanz des Stichlingsmännchens wird häufig durch echte Angriffe auf das Weibchen unterbrochen. In ähnlicher Weise umtanzt ein Hahn eine Hen-

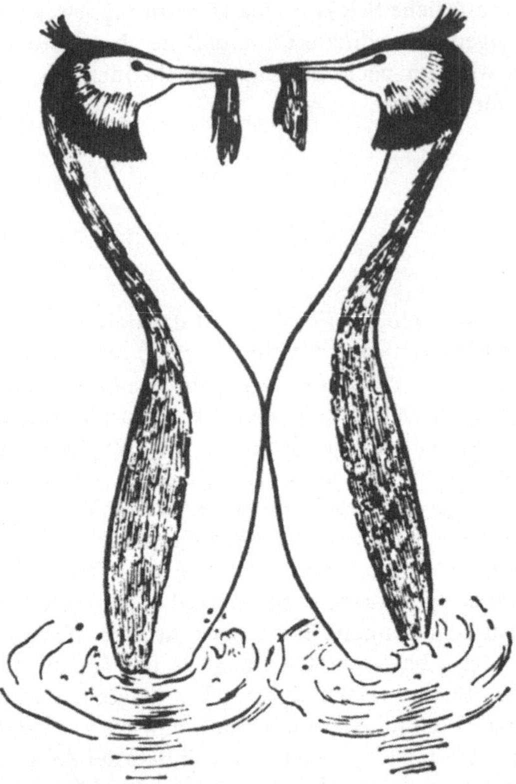

Abb. 5.10. Haubentauchermännchen und -weibchen, *Podiceps cristatus*, beim gegenseitigen Präsentieren von Nestmaterial. (Nach: Huxley [245])

ne genauso, wie er es gegenüber anderen Hähnen bei Kampfbeginn tut. Wie schon auf S. 169 beschrieben, zeigt das Gesangsimponieren von Starmännchen sogar dann ein gewisses Maß an Aggressivität, wenn es in einer Balzsituation vor einem Weibchen ausgeführt wird. Umgekehrt wird die Kopulation bei Buchfinken manchmal unterbrochen, wenn sich das Weibchen umdreht und angreift und das Männchen flieht. Bei Tieren mit dauernder Paarbindung nehmen Aggression und Angst in gleichem Maße ab, wie sich die Partner kennenlernen, selten verschwinden sie jedoch ganz.

Lorenz [309] hat die Bedeutung solcher Aggression für die „Paarbindung" bei vielen Wirbeltieren hervorgehoben. Diese Aggressivität ist, obwohl sie zwischen Männchen und Weibchen entstanden sein mag, hauptsächlich nach außen gegen benachbarte Tiere gerichtet. Oft greifen Männchen dann Männchen und Weibchen die Weibchen an; ihre Zusammenarbeit bei der Verteidigung des Reviers scheint die Bindung zwischen ihnen zu verstärken. Einige Vögel haben eine wechselseitige Balz entwickelt, die die gleiche Funktion erfüllen soll, so z. B. die eleganten Imponiergebärden von Haubentauchermännchen und -weibchen, die erstmals vor mehr als 50 Jahren von Julian Huxley [245] beschrieben und analysiert wurden (vgl. Abb. 5.10). Ihr eindrucksvolles Verhalten erreicht im frühen Stadium des Brutzyklus, wenn sich das Paar gemeinsam niederläßt, einen Höhepunkt. Es hält jedoch in gewissem Maße den ganzen Sommer über an. Ein verbreitetes Merkmal der Vogelbalz ist auch das Füttern des Weibchens durch das Männchen. Dies läßt sich aus einer Beschwichtigungsgebärde herleiten, die dem Futterbetteln von Jungvögeln ähnelt und vom Weibchen ausgeführt wird, wenn es das Revier des Männchens betritt (vgl. S. 173).

Der Abbau von Aggression ist sicher ein wichtiger Aspekt der Balz bei Wirbeltieren. Coulson [104] hat gezeigt, daß bei der Dreizehenmöwe – einer in Klippen brütenden Möwe – der Bruterfolg größer ist, wenn Vögel sich wieder mit demselben Partner und nicht mit einem neuen paaren. Erstere legen ihre Eier eindeutig früher, da sie sich schneller gemeinsam niederlassen können. Dreizehenmöwen sind sehr aggressiv, und zu Beginn der Paarungszeit ist auch zwischen den Partnern sehr viel Aggression vorhanden.

Wir erwähnten bereits, daß sich Balzfüttern offenbar aus der Aggressivität gegenüber dem ins Revier eindringenden Weibchen und dessen Beschwichtigungsgebärde herleiten läßt. Es überrascht daher nicht, daß man im Balzverhalten noch andere Angriffs- und Fluchtelemente erkennen kann. Die Balz von Buchfink- und Schneeammermännchen ähnelt einem Fluchtverhalten, da sie dem Weibchen nicht entgegentreten, sondern mit gespreizten Flügeln von ihm weglaufen. Der Zick-Zack-Tanz des Stichlings entwickelte sich wohl aus einem Wechsel zwischen Angriffen auf das Weibchen und Hinführung zum Nest. Manchmal kann, wie erwähnt, der „Zick“-Teil der Bewegung immer noch als echter Angriff enden.

Aufgrund der vorangegangenen Beschreibung kann man annehmen, daß in der Balzsituation ein Konflikt zwischen Sexualverhalten und Angriffs- oder Fluchttendenzen vorliegt und daß Balz daher oft durch kurzes Auftreten von Putzen oder anderen Verhaltensmustern, die Übersprungbewegungen ähneln, unterbrochen wird. Bei einigen Tieren hat die natürliche Selektion offenbar bestimmte Bewegungen, die ursprünglich als Übersprungbewegungen auftraten, so modifiziert, daß sie jetzt einen normalen Bestandteil der Balz bilden. Morris [357] beschreibt Bewegungen des Grasfinken, die offenbar verschiedenen Stadien der Modifizierung von Übersprung-Schnabelwetzen entsprechen (weiteres darüber in Kapitel 6, S. 210 und Abb. 6.9). Einige der schönsten Beispiele sind bei Enten zu finden, bei denen Lorenz [304] und seine Schüler eine Entwicklung von Übersprungputz- und Trinkbewegungen zu Imponiergebärden nachweisen konnten. In dieser Beziehung haben sich einige Arten weiter entwickelt als andere. In allen Fällen jedoch entstanden Auslöser, die die Wirkung der Balz noch verstärken. Beim Balzputzen z. B. führt der Erpel den Schnabel an seinen bunten Flügelfedern entlang, wobei der Flügel in der Regel angehoben wird (Abb. 5.11).

Es ist noch nicht genau bekannt, wie diese oder eine andere Art des Balzimponierens wirkt. Bei den eben dargestellten Beispielen hat wahrscheinlich die Selektion diejenigen Muster modifiziert, die das Weibchen am stärksten sexuell erregen

Abb. 5.11. Balzputzen bei vier Entenarten; in jedem Fall soll die Putzbewegung die grelle Markierung der Flügel hervorheben. (Lorenz [304])

oder es wenigstens von der Flucht abhalten. Es gibt jedoch zumindest zwei weitere Funktionen des Balzverhaltens, in denen andere Arten von Selektionsdruck sichtbar werden. Da ist einmal die Forderung nach sexueller Isolation (ausführlicher dargestellt auf S. 215), die sehr spezifisches Balzverhalten begünstigt. Zweitens kann das Balzverhalten eines Männchens durch sexuelle Selektion (vgl. S. 189) beeinflußt sein, die oft die Ausbildung auffälliger Auslöser und Gebärden begünstigt, um möglichst viele Weibchen anzulocken.

Wahrscheinlich ist die gesamte Balz aus einer Kombination dieser und anderer Faktoren entstanden, wobei jede Art ihre eigenen Besonderheiten hat. Balzverhalten ist ein faszinierendes Studienobjekt. Außerdem trägt es zur Veranschaulichung einer ganzen Anzahl von Verhaltensprinzipien bei. Dem Leser wird empfohlen, weitere Informationen Tinbergens [463] und Bastocks [32] Büchern zu entnehmen.

Dauerkonflikte und „experimentelle Neurose"

Zu Beginn dieses Kapitels wurde erwähnt, daß Experimentalpsychologen Konfliktsituationen bei Tieren wegen ihrer möglichen Verbindung zu menschlicher Neurose untersucht haben. Die „natürlichen" Konflikte, die beschrieben wurden, halten kaum lange an. Wenn zwei Handlungstendenzen miteinander in Konflikt geraten, gewinnt in der Regel eine recht schnell Priorität gegenüber der anderen. Revier- oder Balzkonflikte werden gewöhnlich innerhalb weniger Minuten auf irgendeine Weise gelöst. Dagegen können im Versuch Konflikte auf unbestimmte Zeit ausgedehnt und dem Tier keine Möglichkeit gegeben werden, der Situation zu entfliehen.

Gewöhnlich wird ein Appetenz/Aversionskonflikt in der Art aufgebaut, wie es Rowell [402] bei den Buchfinken tat. Z. B. wurde Tieren ein Elektroschock gegeben, wenn sie sich Futter näherten. Masserman [337] dressierte Katzen darauf, eine Schachtel mit Futter zu öffnen, wenn ein Licht aufleuchtete. Später traf die Katzen manchmal ein starkes Luftgebläse, wenn die Futterschachtel geöffnet war. Unter diesen Bedingungen war das Verhalten der Tiere oft stark gestört. Einige Katzen wurden übererregbar, andere saßen tagelang apathisch in der Ecke. Sie zeigten fast alle akute Streßerscheinungen mit erhöhtem Blutdruck, gesträubtem Fell und Magenverstimmungen.

Eine ähnliche Art von Störung kann hervorgerufen werden, wenn man Tiere mit einem unlösbaren Problem konfrontiert. Pawlow [378] beschrieb verschiedene „Experimentalneurosen" bei Hunden in seinen Versuchen mit konditionierten (bedingten) Reflexen (vgl. Kap. 7). Sie entstanden dann, wenn ein Hund dafür belohnt wurde, daß er z. B. mit einer Beinbewegung auf einen *runden* Lichtfleck antwortete, aber bestraft wurde, wenn er dies auf einen *elliptischen* hin tat. War diese Unterscheidung einmal gelernt, so wurde der elliptische Fleck über mehrere Versuche allmählich dem runden angeglichen. An einem bestimmten Punkt konnte der Hund die beiden nicht mehr unterscheiden. In dieser Situation wurden einige Hunde äußerst unruhig, andere antworteten auf jeden Reiz, egal welcher Art, und wieder andere hörten überhaupt auf zu reagieren und schliefen ein.

Keine der eben beschriebenen Verhaltensstörungen wurde bis jetzt unter ethologischen Gesichtspunkten analysiert. Zweifellos können einige Verhaltensmuster als Übersprungbewegungen betrachtet werden und sind ähnlich entstanden, aber Verhaltensstörungen gehen weit darüber hinaus. Wenn Wassermans Katzen während einer Streßphase dazu gezwungen wurden, Milch mit Alkohol zu trinken, so zogen sie diese auch später unverfälschter Milch vor und suchten dadurch offenbar die vorübergehende Erleichterung. Es dauerte oft Monate, bis sie zum Normalverhalten (der normalen Aversion gegen Alkohol) zurückfanden; dies war nur möglich, wenn sie nicht mehr im Labor gehalten wurden.

Es ist bekannt, daß Streß aus einem anhaltenden Konflikt heraus oft stark genug ist, um physischen Schaden anzurichten. Bei Tieren entstehen Magengeschwüre oder Tumore in der Hypophyse. In solchen Fällen ist es unmöglich, die Reaktion als irgendwie adaptiv (der Situation angepaßt) zu betrachten. Das bedauernswerte Tier befindet sich in einer Situation, aus der es keinen Ausweg gibt. Es überrascht nicht, daß sich kein Mechanismus entwickelt hat, mit Dauerkonflikten fertig zu werden. Er würde in der Natur kaum einen selektiven Vorteil bieten, da Flucht aus einer Konfliktsituation fast immer als letzter Ausweg bleibt.

6 Evolution

In diesem Buch sind wir bereits von einer biologischen Betrachtungsweise ausgegangen, in der die adaptive Rolle des Verhaltens im Leben eines Tieres betont wurde. Dabei wurden die Konzepte der Evolution berücksichtigt und angewandt; ein gewisses Überschneiden dieses Kapitels mit anderen ist daher unvermeidbar.

Wir werden uns hier auf einige ausgewählte Aspekte der stammesgeschichtlichen Entwicklung des Verhaltens – insbesondere auf ihren Zusammenhang mit der Genetik – sowie auf einige verhaltensbedingte Einflüsse auf den Verlauf der Evolution beschränken *. Sogar die einfachsten Tiere können durch ihr Verhalten ihre Umgebung so verändern, daß sie ihnen zusagt. Damit modifizieren sie die Kräfte der Selektion, die auf sie wirken. Holzläuse begeben sich von trockenen an feuchte Stellen, wo sie besser überleben können, Blaumeisen brüten im Laubwald, weil sie da am meisten Futter finden, usw.

Natürlich verlassen sich Tiere nicht nur darauf, aus einem vorhandenen Angebot einen Lebensraum auswählen zu können; viele verändern äußere Bedingungen so, daß sie ihren Bedürfnissen entsprechen. Biber z. B. bauen Dämme, um tieferes Wasser zu haben, Termiten verhindern Austrocknung bei der Futtersuche, indem sie in einem trockenen Gebiet gedeckte Wege bauen. Sowohl Termiten als auch Bienen verfügen über etliche stereotype Verhaltensmuster für den Bau von Nestern oder Bienenstöcken, deren physikalische Eigenschaften – z. B. Temperatur, Helligkeit, Feuchtigkeit – sehr streng unter Kontrolle gehalten werden.

Die Angepaßtheit des Verhaltens

Wir wissen, wie anpassungsfähig das Verhalten der Tiere – innerhalb morphologischer Grenzen – ist. Es bedarf jedoch oft detaillierter Untersuchungen, um die Vollkommenheit dieser Anpassung aufzuklären.

In Europa gibt es z. B. mindestens zwei Arten von Maulwurfsgrillen (*Gryllotalpa*), große, höhlengrabende Insekten. Die Männchen zirpen in ihren Höhlen unter der Erde. Wie bei vielen Grillen und Heuschrecken ist das Zirpen höchst artspezifisch (es spielt sicherlich eine Rolle in der sexuellen Isolation zwischen den Arten,

---

* Eine ausführlichere Besprechung vieler Punkte dieses Kapitels kann in Manning [327] und in Brown [73] nachgelesen werden.

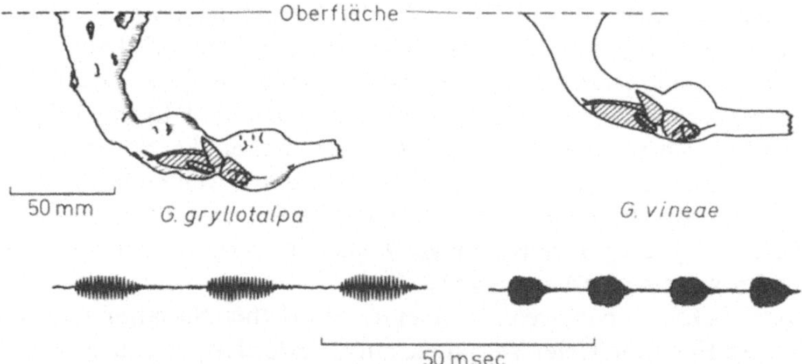

Abb. 6.1. Seitenansicht zweier Maulwurfsgrillen-Männchen (*Gryllotalpa*), die verschiedenen Arten angehören. Sie sitzen in der Zirpstellung, Kopf nach unten, in ihren Höhlen. Die Form ihrer Höhlen ähnelt einem exponentiellen Horn. *G. vineae* (*rechts*) hat einen ebeneren Gang und zirpt viel lauter. In beiden Fällen entspricht die Form des Horns der Zirpfrequenz (die Oszillogramme sind unten dargestellt), so daß sie äußerst wirkungsvoll nach außen abgestrahlt werden kann. (Bennet-Clark [48])

vgl. S. 215). Gesangsmerkmale werden zum Teil durch Struktur und Größe der Vorderflügel bestimmt, die schnell aneinander gerieben werden, um Schall zu erzeugen. Ein Chitinkamm am hinteren Rand des linken Flügels streicht über die gezackte Ader an der Unterseite des rechten Flügels (die „Feile"). Bei zwei von Bennet-Clark [47, 48] untersuchten Arten lag bei *G. gryllotalpa*, einer Art mit kleinen Flügeln, flachen Zacken und leisem Zirpen, die Grundfrequenz innerhalb einzelner Gesangsimpulse (vgl. Abb. 6.1) bei etwa 1600 Hz, bei *G. vineae* jedoch, einer Art mit größeren Flügeln, tiefen Zacken und viel lauterem Gesang, bei 3500 Hz.

Hier können wir den direkten Zusammenhang zwischen Verhalten und Morphologie erkennen, die Anpassung der Maulwurfsgrille geht jedoch noch darüber hinaus. Die Männchen jeder Art graben ihre Höhlen auf eine andere Weise, wie in Abbildung 6.1 dargestellt. Bennet-Clark zeigte, daß die Höhle die Form eines exponentiellen Horns mit einer Verdickung an seiner Basis hat. Ihre physikalischen Gegebenheiten sind der Gesangsfrequenz angepaßt, wodurch diese mit maximaler Wirkung abgestrahlt wird. Wenn das Männchen singt, befindet es sich mit dem Kopf nach unten in der Höhle, so daß der Ton genau am Anfang des Horns erzeugt wird (vgl. Abb. 6.1). Flügelstruktur, Gesangs- und Grabverhalten der Maulwurfsgrille sind einander genau angepaßt, um den wirkungsvollsten Gesang zu erzeugen; dadurch werden die Weibchen zu den Höhlen der Männchen gelockt, wenn sie darüber fliegen.

In einem weiteren Beispiel für die Genauigkeit, mit der sich Verhaltensweisen entwickelt haben, um mit den Anforderungen des Lebensraumes eines Tieres fertig zu werden, wollen wir uns noch einmal mit der Gewohnheit von Lachmöwen, die leeren Eischalen aus ihrem Nest zu entfernen, beschäftigen. (Die Reize, die dabei eine Rolle spielen, wurden auf S. 70 beschrieben). Möwen, die zum ersten Mal brüten, tragen sofort Eischalen weg, obwohl sie sie in keiner anderen Situation jemals aufpicken. Dies ist eine Tätigkeit, die jedes Jahr etwa 5 Minuten in Anspruch nimmt, und mag deshalb als trivial erscheinen. Dennoch haben Tinbergen und seine Mitarbeiter [468] klar gezeigt, daß die Beseitigung der Eischalen für die Tarnung des Nestes wichtig ist. In Möwenkolonien fallen die Küken häufig Krähen, Wieseln und Füchsen zum Opfer. Diese Räuber entdecken die Nester und Küken viel leichter, wenn die Schalen mit ihrem Geruch und den weißen Eihäuten (vgl. Abb. 3.6) in der Nähe sind. Die natürliche Selektion hat somit dafür gesorgt, daß Möweneltern diese kurze, aber lebenswichtige Verhaltensweise immer ausführen. Ganz sicher dürfen wir eine Verhaltensweise − so trivial sie auch scheinen mag − nie als funktionslos abschreiben, wenn sie in einer natürlichen Situation regelmäßig auftritt.

Die Funktion vieler Verhaltensmuster erfordert, daß sie genau zu denen anderer Individuen passen. Die meisten Beispiele für Kommunikation, die in Kapitel 3 besprochen wurden, beinhalten solch gegenseitige Anpassung. Beim Balzimponieren z. B. haben die Reaktionen eines Partners Selektionswirkung auf die Verhaltensweisen des anderen und umgekehrt.

Tschanz und Hirsbrunner-Scharf [472] konnten sehr schön zeigen, wie die Reaktion von Alk-Eltern und -Jungen einander angepaßt sind. Sie untersuchten zwei Arten, Trottellumme und Tordalk, die in denselben Klippen nisten, aber verschiedene Plätze auswählen. Trottellummen nisten dicht nebeneinander auf flachen Simsen, während Tordalke einzeln in Felsspalten oder kleinen Höhlen nisten. Junge Trottellummen nehmen meist eine ziemlich aufrechte Haltung ein und halten sich vom Sims fern, der gewöhnlich feucht und mit Guano (Vogeldung) bedeckt ist. Die Ruhestellung der Tordalkküken ist eher horizontal. Die Spalten, in denen sich ihre Nester befinden, sind trockener und geschützter. Dieses Verhalten ist unabhängig von Erfahrung und ändert sich nicht, wenn sich Küken beider Arten auf der gleichen Oberfläche befinden oder wenn sie in einer fremden Umgebung ausgebrütet werden, nachdem die Eier von Trottellummen und Tordalken ausgetauscht wurden.

Die Eltern beider Arten bringen ihren Jungen Fische, aber die Art, in der sie sie darbieten, ist auffallend verschieden (vgl. Abb. 6.2 und 6.3). Der Tordalk bringt mehrere Fische und steht ziemlich passiv, wenn sein Junges nach ihnen pickt. Eltern und Küken haben genügend Platz und werden während des Fütterns nicht gestört. Trottellummen bieten einen einzelnen Fisch an, Schwanz zuerst, und schützen das fressende Küken mit Flügeln und Füßen. Das Küken läßt den Fisch durch seinen Schnabel gleiten und verschlingt ihn dann kopfüber. Diese Fütterungszeremonie bietet Schutz und verhindert, daß der Fisch dem Küken auf dem dicht bevölkerten Sims weggenommen wird.

Nachdem Tschanz und Hirsbrunner-Scharf die Eier von Trottellummen und Tordalken ausgetauscht hatten (ein Vorgang, der nur durch allmähliches Auslöschen ihrer Zeichnung über mehrere Tage vor dem Tausch durchführbar war), konnten sie die Reaktionen von Küken und Pflegeeltern beobachten. Alle verhielten sich zuerst arttypisch, was beim Füttern große Probleme ergab, besonders für die jungen Tordalken, deren Reaktionen auf die Fütterungszeremonie der Trottellummen recht unzweckmäßig waren. Es dauerte mehrere Tage, bis Pflegeeltern und Küken lernten, sich teilweise einander anzupassen. Viele Küken starben jedoch da-

Abb. 6.2. Ein Tordalk beim Füttern. Das Junge pickt nach den Fischen im Schnabel eines seiner Eltern. (Tschanz und Hirsbrunner-Scharf [472])

bei. Diese Ergebnisse zeigen die große Bedeutung der aufeinander abgestimmten Reaktionen von Eltern und Jungen für das Überleben. Wir sind uns wahrscheinlich solch entwickelter Anpassung nicht immer bewußt, wenn wir den normalerweise glatten Verlauf des Zusammenwirkens des Verhaltens von Eltern und Jungen beobachten. Offensichtlich reicht bei vielen Tieren Lernen und Übung für das Überleben allein nicht aus.

Es ist äußerst eindrucksvoll, mit welcher Präzision natürliche Selektion Tiere mit einem angepaßten Verhaltensrepertoire ausstatten kann. Dennoch müssen wir uns bewußt sein, daß Evolution allein betrachtet kaum bestimmte Eigenschaften und besondere Verhaltensweisen vorteilhaft beeinflussen kann. Schließlich sind es die ganzen Organismen, die zählen. Durch die Selektion werden nicht die Variationen gefördert, die nur einer einzelnen Eigenschaft zur bestmöglichen Ausprägung verhelfen, sondern diejenigen, die den besten Kompromiß mit all den anderen schließen können.

Wie in Kapitel 3, S. 70 erwähnt, kann man künstliche Auslöser herstellen, die effektiver sind als ein natürlicher. Letzterer mag z. B. Teil eines Schmetterlingsflügels sein, der ja auch zum Fliegen dient. Die Selektion muß daher einen Kompromiß schließen, der unterhalb des Maximums für den Auslöser liegt. Ähnlich ist es auch mit den Hochzeitsfarben und -gesängen von Vogelmännchen. Das auffallende Gefieder und der Gesang, die ein Weibchen anlocken, können ebenso einen Feind

Abb. 6.3. Eine Trottellumme bringt ihrem Jungen Futter: ein einzelner Fisch wird Schwanz voraus angeboten. Das Küken nimmt ihn, führt ihn durch seinen Schnabel, dreht den Fisch und verschlingt ihn mit dem Kopf zuerst. (Tschanz und Hirsbrunner-Scharf [472])

aufmerksam machen. Die meisten Männchen hören deshalb mit ihrem Gesang auf, sobald das Weibchen zu nisten beginnt, und einige verlieren in der Herbstmauser ihr Brutkleid. Es muß offenbar ein Kompromiß zwischen Fortpflanzungserfolg und Feindgefährdung hergestellt werden. Er kann je nach den Gegebenheiten auf verschiedenen Ebenen stattfinden. Polygame Arten, wie Fasane, bei denen sich nicht alle Hähne fortpflanzen und einer sich mit mehreren Hennen paaren kann, haben ein sehr auffälliges Brutgefieder entwickelt und behalten es das ganze Jahr über. Fasanhähne haben jedoch mit der Brutpflege oder der Aufzucht der Jungen nichts zu tun, dies ist die Aufgabe der unauffällig gefärbten Hennen. Ein prachtvoll gefärbter Hahn, der in einer Saison sechs Hennen anlockt und sich mit ihnen paart, bevor er einem Fuchs zum Opfer fällt, wird auf jeden Fall mehr Nachkommen hinterlassen als ein weniger auffälliger Hahn, der zwar 10 Jahre lebt, aber nie zur Paarung kommt!

Tinbergen und Mitarbeiter haben in mehreren schönen Beispielen an Möwen gezeigt, daß sich deren Verhalten wechselnden Umweltbedingungen anpassen mußte. Cullen [112] hat z. B. in seiner Untersuchung der Dreizehenmöwe (*Rissa tridactyla*) zahlreiche Unterschiede zu anderen Möwen gefunden. Dreizehenmöwen nisten auf engen Klippensimsen und schützen so ihre Eier und Jungen vor Feinden, denen viele am Boden brütende Möwen zum Opfer fallen. Geeignete Simse sind je-

doch rar, und daher finden heftige Auseinandersetzungen um Nistplätze statt. Beide
Geschlechter sind in die andauernden Kämpfe verwickelt. Oft fallen die Gegner mit
verhakten Schnäbeln ins Wasser und fahren sogar dort noch fort, sich gegenseitig
mit den Flügeln zu schlagen. Solch ernste und anhaltende Kämpfe sind bei anderen
Möwen allgemein unbekannt. Der hohe Grad der Aggressivität bei Dreizehenmöwen beeinflußt nicht nur ihre Kämpfe, sondern auch ihr Balzverhalten. Die offene
Aggressivität zwischen den Geschlechtern setzt sich bis spät in die Brutzeit fort. Um
dieser Aggressivität entgegenzuwirken, sind Beschwichtigungsgebärden ebenso gut
ausgebildet (vgl. S. 173). Sie bestehen darin, daß der Kopf vom Gegner abgewandt
und der Schnabel gesenkt wird – ein Beispiel für die Art der „Antidroh-Beschwich-
tigung", die in Kapitel 5 besprochen wurde. In diesem Kapitel haben wir auch die
gängigste Form von Drohen, nämlich das „Ducken" behandelt, das eine starke Motivation andeutet, an Ort und Stelle zu bleiben. Die Besetzung und Verteidigung des
Nistplatzes muß bei Dreizehenmöwen hartnäckig sein. Entsprechend hat die Selektion einen Kompromiß zwischen Angriffs- und Fluchttendenzen entwickelt, der
stärker als bei anderen Möwen zum Angriffsverhalten neigt.

Cullens Untersuchung zeigte sowohl bei Erwachsenen als auch bei Jungtieren
eine Anzahl anderer Verhaltensänderungen, die alle auf den ursprünglichen Wechsel zum Klippenbrüten zurückgeführt werden können. Später haben Cullen und
Ashmole [115] und Hailman [191] eine ähnliche Reihe von Anpassungen bei der in
Klippen nistenden kleinen Noddiseeschwalbe und bei der Gabelschwanzmöwe gefunden.

Weitergabe von Verhaltenstraditionen

In Kapitel 2 wurden Entwicklung und Art und Weise besprochen, mit denen sowohl genetische als auch umweltbedingte Faktoren zur endgültigen Form des Verhaltens erwachsener Tiere beitragen. Verhalten kann sich nur fortentwickeln, wenn
es sich ändert und wenn solche Veränderungen von einer Generation zur nächsten
weitergegeben werden. Dabei kann die natürliche Selektion beteiligt sein, indem sie
einige Varianten bevorzugt, die sich so ausbreiten und andere auslöscht. Die meisten morphologischen und physiologischen Veränderungen können nur auf eine Art
und Weise entstehen, nämlich durch genetische Variationen, die neue Mutationen
oder Rekombinationen bereits vorhandener Gene einschließen.

Bei der Evolution des Verhaltens kommt noch ein weiterer Faktor hinzu, da ja
ein Tier bestimmte Verhaltensmuster von seinen Eltern oder anderen Gruppenmitgliedern lernen kann. Später kann es umgekehrt selbst zum Vorbild werden, nach
dem seine Jungen ihr Verhalten modifizieren können. Angenommen, ein Tier lernt
ein vollkommen neues Verhaltensmuster, das sich aus irgendeinem Grund als erfolgreicher erweist als das bisher typische, so kann dieses Muster an die nachfolgen-
den Generationen weitergegeben werden und allmählich das alte ersetzen, ohne
daß genetische Veränderungen beteiligt wären.

Wir wollen die Behandlung der Evolution mit einigen Beispielen dieser relativ seltenen, aber u. U. wichtigen Form von Verhaltensänderung bei Tieren beginnen. Diese „kulturelle Evolution" ist uns vom menschlichen Verhalten her bekannt, und viele würden jetzt sicher sagen, daß fast alle bedeutenden menschlichen Verhaltensweisen auf diese Art innerhalb einer Gesellschaft von einer Generation zur anderen weitergegeben werden. Die verschiedenen Sprachen sind ein deutliches Beispiel für eine anhaltende kulturelle Tradition, die bei verschiedenen Völkern verschiedene Verhaltensweisen aufrechterhält.

Sicher ist kulturelle Evolution nur bei Tieren möglich, die ihr Verhalten durch Nachahmen und Üben ändern können. Es überrascht nicht, bei den übrigen Primaten, unseren engsten Verwandten, Beispiele dafür zu finden. Intensive Langzeitstudien an Japanischen Makaken *Macaca fuscata* haben gezeigt, daß einige Unterschiede im Verhalten bei Affenhorden tatsächlich kulturellen Ursprungs sind. Die Affen fressen gerne Mais, Süßkartoffeln und anderes Futter, das ihnen hingelegt wird. Die Kartoffeln sind oft mit Erde überzogen, die die Affen in der Regel mit ihren Händen abreiben. Eines Tages sahen Beobachter, wie ein junges Weibchen seine Kartoffeln in einem Bach wusch. Es behielt diese Gewohnheit bei, die zuerst von einem seiner Jungen und allmählich von fast allen jüngeren Mitgliedern seiner Horde nachgeahmt wurde. Man konnte ganz deutlich eine „waschende Teilkultur" von den anderen unterscheiden. Eine ganze Reihe von Unterschieden in den Ernährungsgewohnheiten zwischen einzelnen Horden ist auf ähnliche Weise entstanden (Frisch [155] gibt einen Überblick über einige dieser Arbeiten). Es scheint wenig Zweifel darüber zu bestehen, daß die Untersuchung anderer Primatengruppen zu entsprechenden Beobachtungen führen wird, und zwar nicht nur im Hinblick auf Freßgewohnheiten, sondern auch was den Gebrauch einfacher Werkzeuge betrifft, der sicherlich in jeder Generation junger Schimpansen durch Nachahmung der Eltern neu gelernt wird. Möglicherweise gibt es auch eine kulturelle Weitergabe einiger Besonderheiten sozialer Verhaltensmuster (vgl. Guilmet [186] und McGrew und Tutin [318]).

Wir können die Weitergabe von „Kultur" bei Primaten als gegeben annehmen, es gibt jedoch auch zunehmend Hinweise dafür, daß sie, wenn auch sporadisch, bei anderen Wirbeltieren vorkommt (siehe auch Galef [159]). Die verschiedenen Gesangsdialekte beim Dachsammerfink (*Zonotricha leucophrys*) werden auch sicher durch Tradierung beibehalten, wie auf S. 53 beschrieben. Das junge Männchen formt die Details seines Gesangs nach dem Gesang seines Vaters und dem der Nachbarn. Wir wissen, daß es bei Aufzucht in einem anderen Gebiet einen anderen Dialekt entwickeln würde.

Norton-Griffiths [370, 371] hat einen bemerkenswerten Fall von Tradierung der Freßgewohnheiten beim Austernfischer, *Haematopus ostralegus*, entdeckt. Diese Küstenvögel ernähren sich hauptsächlich von Muscheln, und sie haben zwei Methoden entwickelt, mit denen sie diese öffnen. Die eine besteht darin, auf die Unterseite der Muschel zu klopfen, die zu diesem Zweck von den Felsen auf festen Sand transportiert wird. Bei der zweiten Methode wird der Schnabel in die leicht geöffnete Muschel gesteckt, die immer noch am Felsen haftet und von Meerwasser bedeckt ist. Norton-Griffiths fand, daß jeder Austernfischer nur eine Methode zum Öffnen anwendet. Die Jungvögel folgen ihren Eltern zu den Muschelbänken und übernehmen die gleiche Technik, die sie danach ausschließlich anwenden. Verschiedene Muschelbänke eignen sich unterschiedlich gut für eine der beiden Methoden, und die Austernfischer wählen diejenigen aus, die ihrer eigenen Technik am besten entsprechen. Dieses unterschiedliche Verhalten beim Öffnen von Muscheln entweder durch Hämmern oder Aufstechen kann als Grundlage für eine echte „kulturelle Isolation" der beiden Vogelgruppen angesehen werden, obwohl die Austernfischer neben den Muscheln noch andere Nahrungsquellen haben, wie Norton-Griffiths zeigte. Tradierung von neuen Freßgewohnheiten bei Vögeln wurde auch in dem bekannten Öffnen von Milchflaschen durch Meisen [220] beschrieben und in der Art, wie Grünfinken (*Chloris chloris*) Samenkörner aus den unreifen Früchten von *Daphne mezereum* holen, einer Pflanze, deren reife Früchte unzugängliche Samen haben [381].

Die Tradierung von Verhalten kann sicher auch dessen Evolution beeinflussen, weil sich die Kräfte der Selektion, die auf die Tiere wirken, ändern können. Hardy [200] hat dies an einem anschaulichen, wenn auch hypothetischen Beispiel illustriert. Angenommen eine Primatengruppe lebt in einem Gebiet, das ans Meer grenzt, und fängt an, an der Küste nach Futter zu suchen. Zuerst wird am Strand Futter gesammelt, dann auch im tieferen Wasser. Die Gewohnheit breitet sich wie das Futterwaschen aus. Somit hätte eine Primatengruppe durch Tradierung begonnen, Nahrung aus dem Meer aufzunehmen (einige Horden Japanischer Makaken *schwimmen* tatsächlich im Meer). Dies wird sofort den Ablauf der Selektion ändern – Haarverlust, Entwicklung von Fettschichten unter der Haut, Schwimmfüße, physiologische Anpassung an Tauchen – jede dieser und weitere Anpassungen an das Wasser, die bisher völlig irrelevant und wahrscheinlich höchst nachteilig waren, können plötzlich einen äußerst selektiven Wert erhalten, einfach weil sich das Verhalten geändert hat.

Wir kennen bisher keine Beispiele mit solch großen Auswirkungen wie in diesem hypothetischen Fall, derartige Effekte gibt es jedoch sicherlich bei den Primaten, auch wenn sie noch unentdeckt sind. Trotz ihrer gelegentlichen Bedeutung kommt die Tradierung jedoch bei Tieren nicht sehr häufig vor, und in der Regel geht die Verhaltensevolution durch Selektion an genetischen Variationen vonstatten. Bevor es sinnvoll ist, die verschiedenen Formen von Veränderungen, die während der Evolution aufgetreten sind, zu besprechen, müssen wir uns mit der Genetik des Verhaltens beschäftigen.

Gene und Verhalten

Gene enthalten die Information, die bestimmt, welche Proteine eine Zelle herstellt. In der biochemischen Genetik sind kausale Verbindungen zwischen Genen und untersuchten biochemischen Variationen oft eng und offensichtlich. Es ist jedoch

bereits schwieriger, die Verbindung zwischen Genen und morphologischen Veränderungen herzustellen. Bei der Verhaltensgenetik jedoch ist die „Entfernung" zwischen Genen und dem Endprodukt, das untersucht wird, am größten. Sehr viele
verschiedene Dinge können das Verhalten beeinflussen, z. B. der allgemeine Stoffwechselzustand eines Tieres, die Stärke der Hormonsekretion, die Physiologie und
Morphologie der Muskeln und des Nervensystems. In diesem Labyrinth muß man
versuchen, genetische Unterschiede mit Verhaltensunterschieden auf eine sinnvolle
Art in Beziehung zu bringen. Die Vielfalt von Verhaltensphänomenen trägt zur weiteren Komplizierung bei, da uns genetische Effekte auf Motivation, Lernen, allgemeine Handlungsbereitschaft, Empfindlichkeit für spezielle Reize, Ausführung festgelegter Handlungsmuster u. a. bekannt sind. Derartige Schwierigkeiten konnten
zwar nicht verhindern, daß es auf dem Gebiet der Verhaltensgenetik große, interessante Fortschritte gibt (vgl. Überblicke von Fuller und Thompson [157] und Ehrman und Parsons [142]), wir haben jedoch noch kein zusammenhängendes Wissen.

Verhalten schließt die Kontrolle einer Reihe verschiedener Körpersysteme ein.
Die Fruchtfliege *Drosophila*, die genetisch besser bekannt ist als jedes andere Tier,
liefert gute Beispiele dafür, wie Gene Verhalten beeinflussen können. Bei *Drosophila* sind viele Hunderte von mutierten Genen mit ihrer Lage auf den Chromosomen
bekannt. Das sogenannte „*Bar-Gen*" z. B. reduziert die Anzahl der Facetten im Netzauge, „*white*" reduziert die Augenpigmente, „*forked*" und „*hairy*" beeinflussen die
Anzahl und die Struktur der Borsten, „*vestigial*" und „*dumpy*" verändern die Form
der Flügel, „*yellow*" und „*black*" beeinflussen die gesamte Pigmentierung des Körpers.

All diesen Genen wurden Namen gegeben, die ihre auffälligsten Effekte grob
beschreiben. Sie haben sicher auch noch andere Effekte, die manchmal in Tests
über Stoffwechsel, Fruchtbarkeit, Lebensdauer u. a. zutage treten. Bei den meisten
der obengenannten Gene wurde auch gezeigt, daß sie Auswirkungen auf das Paarungsverhalten haben. Männchen, in denen sie vorkommen, sind weniger erfolgreich, Weibchen zur Paarung anzulocken, als normale Männchen. Obwohl diese
oberflächliche Beschreibung diese Gene alle in den gleichen Verhaltenszusammenhang bringt, ist es offensichtlich, daß sie auf sehr verschiedenen Wegen zum gleichen Endergebnis führen. „*Bar*" und „*white*" beeinflussen das Sehen – mutierte
Fliegen können nicht so gut sehen wie normale. Sie haben sowohl Schwierigkeiten,
Weibchen ausfindig zu machen, als auch während der Balz optische Reize von ihnen wahrzunehmen. Borsten sind taktile Sinnesorgane, und Männchen, die die
Gene „*forked*" und „*hairy*" besitzen, weisen in dieser Beziehung Mängel auf. Ein
wichtiger Teil des Balzverhaltens des normalen *Drosophila*-Männchens ist die Flügelvibration, bei der es einen Flügel seitlich ausstreckt und ihn in der Horizontalen
vibrieren läßt. Dies reizt die Sinnesorgane an der Antennenbasis der Weibchen.
Männchen mit den Genen „*vestigial*" und „*dumpy*" haben stark mißgebildete Flügel, die nicht normal vibrieren können. Daher überrascht es nicht, daß ihr Paarungserfolg gering ist. Es ist weniger einleuchtend, warum Männchen mit „*yellow*" und
„*black*" länger zur Paarung brauchen als normale. Es ist nicht ihre unnatürliche
Farbe, die die Weibchen abhält, denn bei vollständiger Dunkelheit haben sie eben-

sowenig Erfolg. Es gibt zwar keine auffälligen Mangelerscheinungen in den Sinnesorganen oder Flügeln, aber die Tests, die dies beweisen könnten, wurden bisher
noch nicht durchgeführt. Die Gene wirken möglicherweise auf das Nervensystem,
die Muskeln oder den allgemeinen Stoffwechsel.

Bis vor kurzem konnte man normalerweise den Weg, über den ein Gen Verhalten beeinflußt, nicht identifizieren, es sei denn, der Effekt war sehr groß. Die Gene
für Mikrocephalie (Kleinköpfigkeit) und Phenylketonurie beim Menschen führen
zu großen Defekten in Struktur und Biochemismus des Gehirns mit starken geistigen Defekten als Folge. Bei Mäusen ist eine Anzahl von Genen bekannt, die den
Gleichgewichtssinn beeinflussen. Die „Tanzmäuse" drehen sich im Kreis, wenn sie
gestört werden, andere zeigen andauerndes Kopfschütteln oder -kreisen. Dieses
Verhalten kann mit strukturellen Defekten im Innenohr und in Gehirnzentren, die
für die Gleichgewichtswahrnehmung verantwortlich sind, in Beziehung gebracht
werden. Solche Defekte sind groß und schädlich und stehen in ihrem Ausmaß in
keiner Beziehung zu den genetischen Veränderungen. Diese sind wohl klein und
waren während der Evolution in anderer Hinsicht sicher auch vorteilhaft.

Ikeda und Kaplan [248, 249] beschrieben eine weniger auffällige Verhaltensänderung bei *Drosophila*. Sie untersuchten eine Reihe von Mutanten, die als „hyperki-
netisch" bezeichnet werden. Die betroffenen Fliegen zucken in betäubtem Zustand
verstärkt mit den Beinen, und außerdem machen sie beim Laufen ruckartige Bewegungen. Mit Hilfe verfeinerter neurophysiologischer Methoden lokalisierten sie im
lateralen Teil der Thoraxganglien Gruppen von Motoneuronen mit einer außergewöhnlich hohen Spontanaktivität. Plötzliche Entladungsausbrüche dieser Neuronen
können völlig unabhängig von äußeren Einflüssen sein. Ikeda und Kaplan scheinen
tatsächlich die neuralen Stellen der Genwirkung lokalisiert zu haben. Wahrscheinlich ist die Membranphysiologie dieser Zellen verändert, mit dem Ergebnis einer
außergewöhnlich hohen Entladungsrate. In diesem Fall können wir tatsächlich die
Verhaltensänderungen – wenn auch immer noch recht auffällige – mit genetischen
Effekten auf die Neurophysiologie erklären.

Zahlreiche Gene wurden bisher lediglich aufgrund von Verhaltenscharakteristika identifiziert und kartiert. Eine Population von *Drosophila* wird z. B. einer stark
mutagenen Chemikalie ausgesetzt, und ihre Nachkommen werden dann nach bestimmten Verhaltensänderungen aussortiert. Mutationen kommen selten vor, und
daher muß eine sehr große Anzahl von Fliegen überprüft werden. Die Auswahlver-
fahren sind entsprechend einfach. Normale Fliegen laufen z. B. zum Licht, wenn sie
gestört werden. Man kann daher die mutierte Fliege, die dies nicht tut, leicht erkennen. Normale Fliegenmännchen paaren sich innerhalb weniger Minuten mit einem
Weibchen; diejenigen, bei denen dies nicht der Fall ist, können für weitere Untersuchungen isoliert werden.

Benzer [50] und Mitarbeiter haben Auslesetechniken entwickelt, um Gene zu
isolieren, die Phototaxis, Chemotaxis, Tagesrhythmik, Balzverhalten, Lernfähigkeit
usw. beeinflussen. Solche Mutanten liefern äußerst wertvolles Material zur Korrelation von Verhalten und Genwirkung. In manchen Fällen ist es sogar möglich, den
Ort der Genwirkung zu ermitteln. Dies kann durch die Anwendung ausgefeilter ge-

netischer Manipulationen erreicht werden, die bei *Drosophila* „Mosaik"-Individuen produzieren, bei denen einige Zellen von der zu untersuchenden Mutation beeinflußt sind, während der Rest normal bleibt (vgl. Hotta und Benzer [233, 234]). Wenn man eine Reihe von Mosaiktieren untersucht, bei denen verschiedene Körperregionen durch Mutationen beeinflußt wurden, kann man annehmen, daß diese Teile dann Gene besitzen, die diese Veränderungen hervorrufen. Die Gene, die z. B. den Tagesrhythmus beeinflussen, können nur im Gehirn des Insekts wirksam werden (man kann die gleiche Methode anwenden, um Nervenzentren zu untersuchen, die geschlechtsspezifische Verhaltensmuster erzeugen [234]).

Die Untersuchung einzelner Genwirkungen ist ein bedeutender Schritt in der Verhaltensgenetik. Wir müssen jedoch auch die Vererbung von Verhaltensmustern selbst untersuchen, wenn wir die Mechanismen der Evolution des Verhaltens verstehen wollen. Dabei werden oft die Methoden der klassischen Genetik angewandt. Tiere mit unterschiedlichem Verhalten werden gekreuzt, und die Effekte in der F1- und F2-Generation, bei Rückkreuzungen usw. beobachtet.

Eine Schwierigkeit, die sofort entsteht, ist die Auwahl passender „Verhaltenseinheiten" für die genetische Analyse, eines der Probleme, das die Genetiker schon immer hatten. Mendels geniale Idee war, bei seinen Erbsen eindeutige Eigenschaften auszuwählen, die leicht ausgewertet werden konnten. In diesem Fall entsprach jede „Einheit" – Größe, Samenfarbe, Beschaffenheit des Samenmantels etc. – einem einzelnen Gen; die Warhscheinlichkeit, solch eine einfache Entsprechung auch für das Verhalten zu finden, ist jedoch gering.

Für die Auswahl von Verhaltenseinheiten können keine Regeln aufgestellt werden, und die günstigsten werden wohl in den genetischen Tests selbst gefunden. Festgelegte Handlungsmuster bieten sich sofort an, da sie eindeutig und recht einfach auszuwerten sind. Wir wissen auch, daß ihre Entwicklung kaum durch die Umwelt beeinflußt wird. Sie sind phylogenetische Einheiten, dies heißt jedoch nicht unbedingt, daß ihre genetische Grundlage einfach ist, sondern es besteht in der Tat Grund zur Annahme, daß sie in ihrer Entstehung vom Einfluß mehrerer verschiedener Gene abhängen. Einfachere Genmuster scheinen jedoch die Auslösung und die Häufigkeit des Auftretens solcher starrer Verhaltensweisen zu kontrollieren und zeigen uns damit die Strukturmerkmale dieser Verhaltenseinheit.

Rothenbuhlers [400, 401] Arbeit mit Honigbienen ist eines der wenigen guten Beispiele. Bestimmte Bienenstämme werden als „hygienisch" bezeichnet, weil die Arbeiterinnen eine Zelle mit einer toten Larve öffnen und diese beseitigen. „Unhygienische" Stämme reagieren nicht auf diese Weise; die Arbeiterinnen kümmern sich nicht um die Zellen. Die Hybriden dieser Stämme sind alle unhygienisch, und somit ist dies eine dominante Eigenschaft. Rothenbuhler kreuzte die Hybriden mit einem rezessiven, hygienischen Stamm zurück und erhielt folgendes bemerkenswerte Ergebnis. Von 29 rückgekreuzten Kolonien fand er:

1. Neun Kolonien öffneten die Zellen einer toten Larve, aber berührten diese nicht;
2. sechs öffneten die Zellen nicht, aber beseitigten tote Larven aus Zellen, die vom Experimentator geöffnet wurden;

3. acht öffneten weder Zellen noch beseitigten sie Larven, d. h., sie waren unhygienisch;

4. sechs öffneten Zellen und entfernten Larven, d. h., sie waren hygienisch.

Die Häufigkeiten, mit denen diese vier Gruppen auftraten, weisen keine signifikanten Unterschiede auf. Es ist möglich, dieses Ergebnis durch das Vorhandensein von zwei Allelpaaren zu erklären, von denen das eine die Ausführung der Zellenöffnung bestimmt, das andere die Beseitigung einer toten Larve. Die „unhygienischen" Allele sind dominant, wir bezeichnen sie mit „Ö" für Öffnen und „B" für Beseitigen; ihre „hygienischen" Allele sind dann „ö" und „b". Arbeiterinnen des hygienischen Volkes müssen die genetische Struktur ööbb haben, die des unhygienischen Volkes ÖÖBB. Alle Arbeiterinnen und Königinnen der F1-Hybriden haben damit ÖöBb und sind unhygienisch. Da die männlichen Bienen (Dronen) haploid sind, also nur einen Chromosomensatz haben (vgl. S. 202), mußte Rothenbuhler 29 verschiedene F1-Dronen mit doppelt rezessiven, hygienischen Königinnen paaren, um die Rückkreuzungsgruppen zu erhalten. Diese Dronen mußten alle vier möglichen Allelpaare, nämlich ÖB, öb, Öb und öB repräsentieren, und das Ergebnis war wie folgt:

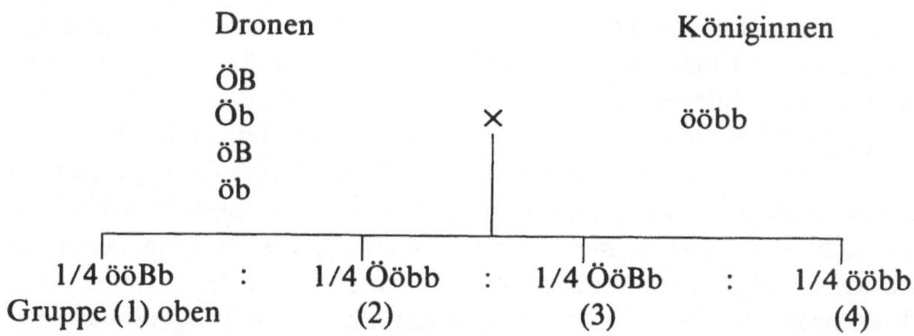

Die Einfachheit dieses Ergebnisses besagt nicht unbedingt, daß ein einziger Genort die komplexe neurale Verschaltung des festgelegten Handlungsmusters für Öffnen und Beseitigen der toten Larven bestimmt. Rothenbuhler konnte zeigen, daß unhygienische Arbeiterinnen diese Handlungen zwar ausführen, jedoch mit sehr geringer Häufigkeit, und daß sie stärker gereizt werden müssen. Die Allele Ö und ö fungieren als „Schalter", die die Schwelle für das Öffnen nach dem „Alles-oder-Nichts-Prinzip" bestimmen.

Es gibt noch weitere Beispiele für festgelegte Handlungsmuster, die entweder vollständig oder gar nicht vererbt werden. Das Balzimponieren bei Enten besteht aus einer Reihe von Handlungen, von denen die meisten mit kleinen Abänderungen in der ganzen Familie beobachtet werden können. Eines dieser Handlungsmuster nennt Lorenz [304] das „Ab-Auf", bei dem ein Erpel seinen Schnabel untertaucht und dann plötzlich wieder seinen Kopf hebt, so daß das Wasser spritzt. Dieses Verhaltensmuster kommt bei der gelbschnabeligen Krickente (*Nettion flavirostre*) oder der Spießente (*Anas acuta*) nicht vor, aber bei einigen verwandten Arten. Das „Ab-Auf" tritt jedoch in seiner typischen Form bei den F1-Hybriden dieser beiden Arten wieder auf [308, 481]. Dies ist wohl am ehesten damit zu erklären, daß der für die Struktur des „Ab-Auf" notwendige Gensatz zwar noch immer in den beiden Eltern vorhanden ist, die natürliche Selektion jedoch durch Erhöhen der Auslöseschwelle sein Wirksamwerden gelöscht hat. Dieser Schwellenwechsel wird wohl in jeder Art durch verschiedene Gene bewirkt. Wenn sie in den F1-Hybriden kombiniert sind, vermindert sich ihr Einfluß, was die Auslöseschwelle erniedrigt und das Ab-Auf wieder erscheinen läßt. Zur Bestätigung dieser Hypothese müßten nun F2-Hybriden und Rückkreuzungen untersucht werden, leider sind die Hybriden jedoch, wie gewöhnlich, meist unfruchtbar.

Wir haben zwei Beispiele beschrieben, bei denen Gene Auslöseschwellen beeinflussen und wie ein „Schalter" wirken, der bestimmt, ob ein Handlungsmuster auftritt oder nicht. „Schaltgene" sind aus anderen Zusammenhängen [434] bekannt, in denen sie das Wirksamwerden von als Gruppe vererbten Genen kontrollieren. Einige Schmetterlinge haben Flügelmuster entwickelt, die denen übelschmeckender Arten sehr ähnlich sehen. Auf diese Weise sind sie vor Freßfeinden besser geschützt. Es ist bekannt, daß viele Gene die Entwicklung dieser Nachahmungsmuster bestimmen, aber nur ein einzelnes Schaltgen entscheidet, ob sie wirksam werden oder nicht. In ähnlicher Weise kann man für den Verhaltensbereich erwarten, daß die natürliche Selektion die Verbindung von Genen begünstigt, die alle zu einem allgemeinen Merkmal beitragen, das voll ausgebildet in Erscheinung treten muß, um überhaupt von Nutzen zu sein. Je enger solche Gene miteinander gekoppelt sind, desto geringer ist die Gefahr, daß einige von ihnen dem Individuum verlorengehen. Ewing [150] gibt uns ein Beispiel dafür. Er fand, daß die spezifische Art des „Balzgesangs" (durch die Flügelvibration des Männchens hervorgerufen) bei *Drosophila pseudoobscura* und *D. persimilis* durch das X-Chromosom bestimmt wird. Männchen der F1-Hybriden erzeugen den „Gesang" ihrer Mutterart, da sie von ihr das X-Chromosom erhalten. An der Festlegung der Gesangseigenschaften müssen zahlreiche Gene beteiligt sein, und ihre Gruppierung auf dem X-Chromosom ist wohl kaum zufällig. Man kann annehmen, daß derartige Gruppen für die Vererbung festgelegter Handlungsmuster charakteristisch sind. Dazu sind jedoch noch mehr Untersuchungen notwendig. Es ist allerdings nicht leicht, geeignete Versuchsobjekte zu finden.

Sehr interessant ist, daß die Reihenfolge, mit der eine Anzahl festgelegter Handlungsmuster normalerweise auftritt, in Hybriden oft unterbrochen wird, obwohl die Muster selbst intakt bleiben. Das ungewöhnliche Nestbauverhalten hybrider Unzertrennlicher (auf S. 50 beschrieben) ist ein solcher Fall. Ebenso haben Lorenz [307] und Ramsay [389] mit dem Balzverhalten von Enten treffende Beispiele beschrieben. Der Stockentenerpel (*Anas platyrhynchos*) verfügt, wie andere Enten, die sich von der Wasseroberfläche ernähren, über ein Repertoire von zehn äußerst stereotypen Balzmustern; einige sind in Abbildung 6.4 dargestellt. Die gezeigte Folge – „Schnabelschütteln, Grunzpfiff, Schwanzschütteln" – wird von Lorenz als „Pflichtfolge" bezeichnet; Ramsay erwähnt jedoch, daß bei der Stockente und auch bei der nahe verwandten Dunkelente (*Anas rubipres*) gelegentlich „Schwanzschütteln, Schnabelschütteln, Grunzpfiff" auftritt. Bei hybriden Erpeln dieser beiden Arten

Abb. 6.4. Eine häufige Folge stereotyper festgelegter Handlungsmuster bei der Balz von Stockenten-Erpeln. Hybride Erpel zeigen zwar diese Verhaltensmuster auch, jedoch ist die Reihenfolge oft unnormal (vgl. Text). (Lorenz [307]. The evolution of behavior, Scientific American, Copyright 1958 aus Scientific American, alle Rechte vorbehalten)

sah er „Grunzpfiff, Schwanzschütteln, Schnabelschütteln" sowie andere Kombinationen, die bei den Eltern nicht vorkamen. Es ist offensichtlich, daß die genetische Bestimmung der Reihenfolge der Einzelhandlungen unabhängig ist. Für eine abschließende Beurteilung ist jedoch zu wenig über die beteiligten Verhaltensmechanismen bekannt. Franck [153] bespricht auf der Grundlage seiner Arbeit mit hybriden Schwertträgern (*Xiphophrus*) eine Reihe anderer Beispiele für abnormale Kombinationen festgelegter Handlungsmuster; er gibt auch einen hilfreichen Überblick über Beobachtungen an Hybriden im allgemeinen.

Während die oben besprochenen „Schaltgene" dramatische Veränderungen in der Auslöseschwelle der Verhaltensmuster bewirken, findet man jedoch häufiger Gene, die relativ kleine quantitative Veränderungen hervorrufen. Wir erwähnten bereits den geringeren Paarungserfolg von männlichen *Drosophila melanogaster*, die das Gen „yellow" tragen. Bastock [31] zeigte, daß ihre Balz wegen geringerer Flügelvibration die Weibchen weniger stimuliert. Männchen mit dem Gen „yellow" führen dieses festgelegte Handlungsmuster zwar in der gleichen Weise, jedoch weniger häufig aus wie normale Männchen. Bei *Drosophila* sind noch viele andere Beispiele dieser Art bekannt.

Bei anderen Tieren wurden für die Untersuchungen entweder Inzuchtstämme oder sorgsam nach Verhaltensunterschieden ausgewählte Stämme verwendet. Unterschiedliche Auftrittshäufigkeiten festgelegter Verhaltensmuster können auch hier quantitativ gemessen werden. So zeigen verschiedene Inzuchtstämme von Mäusen [316] und Meerschweinchen [175] derartige Unterschiede in ihrem Sexualverhalten. Scott und Fuller [428] nennen zahlreiche Beispiele für den Haushund, bei dem die verschiedenen Rassen das Ergebnis einer Kombination von Auswahl und Inzucht sind. Domestikation mit zeitweiliger intensiver Selektion hat zu sehr wenig Veränderung angestammter Verhaltensmuster geführt, was ein Beweis für deren bemerkenswerte Stabilität ist. Das gesamte Verhaltensrepertoire domestizierter Hunderassen ist, zwar mit unterschiedlich häufigem Auftreten, auch beim Wolf vorhanden. Terrier bellen z. B. häufig, Spaniels seltener und Wölfe und Afrikanische Jagdhunde (Basenjis) fast nie. Ähnliche Häufigkeitsunterschiede liegen für alle anderen Muster vor.

Durch sorgfältige Auslese ist fast immer eine quantitative Änderung von Verhaltensmustern möglich. Wir haben bereits die unterschiedliche Abstufung von Aggression durch Selektion bei Mäusen beschrieben (S. 132). Auf ähnliche Weise und mit bemerkenswerter Geschwindigkeit – in nur drei Generationen Selektion – konnte Wood-Gush [511] die Häufigkeit, mit der Hühner bestimmte sexuelle Verhaltensmuster ausführten, wesentlich verändern. Manning [324] züchtete *Drosophila* über mehrere Generationen getrennt nach schneller und langsamer „Paarungsgeschwindigkeit" (vgl. Abb. 6.5). Die Paarungsgeschwindigkeit ist eine komplexe Eigenschaft, die die Interaktion von Männchen und Weibchen einschließt. Die Analyse zeigte, daß das Verhalten beider Geschlechter durch Selektion quantitativ verändert wurde. Die Männchen aus Zuchten, die sich schnell paaren, führen sehr intensive Balzbewegungen häufiger aus als die aus langsamen Zuchten. Entsprechend akzeptieren Weibchen aus schnellen Zuchten Männchen aus ihrer eigenen oder aus anderen Zuchten eher als Weibchen aus langsamen Zuchten.

Durch die Selektion können nicht nur die Häufigkeit des Auftretens festgelegter Verhaltensmuster, sondern auch genauso „allgemeinere" Aspekte des Verhaltens, wie Bewegungsaktivität und „Emotionalität", verändert werden. Rundquist [408] selektierte z. B. zwei verschiedene Rattenstämme, die entweder starke oder geringe Aktivität in einem an ihrem Käfig befestigten Laufrad zeigten, das sie jederzeit betreten konnten. Er erhielt kaum Veränderungen in Richtung Aktivitätserhöhung. Nach 12 Generationen brachten es jedoch Ratten des wenig aktiven Stammes im Durchschnitt nur auf 6000 Raddrehungen innerhalb von 15 Tagen, im Vergleich zu über 100 000 Drehungen bei normalen Ratten. Obwohl uns keine Einzelheiten bekannt sind, dürften derartige Unterschiede verschiedenste Auswirkungen auf das Verhalten der Ratten haben. Dies ist auch der Fall bei Unterschieden der „Emotionalität", die Broadhurst [68, 69] eingehend untersucht hat. Er züchtete Ratten, die „emotionale" und „nicht emotionale" (oder, wie er sie nennt, „reaktive" und „nicht reaktive") Antworten in leicht furchterregenden Situationen zeigten – sie wurden in einer Arena grellem Licht ausgesetzt. Wir haben bereits diese Art von Test erwähnt, als wir die Auswirkungen früher Erfahrung auf die Emotionalität besprachen (vgl. S. 27). Als „reaktiv" werden die Ratten bezeichnet, die stark defäkieren und, oft geduckt, an einem Platz verharren. Diese Tiere haben wahrscheinlich eine hohe physiologische Reizbarkeit (vgl. S. 157) im Vergleich zu den „nicht reaktiven" Ratten, die nicht defäkieren, sondern in der Arena umherlaufen. Broadhurst erzielte eine starke Selektionswirkung, und die reaktiven und nicht reaktiven Stämme unterschieden sich im Verhalten und in physiologischen Bereichen sehr deutlich. Reaktive Ratten z. B. lernten langsamer eine einfache Vermeidungsreaktion auf Elektroschock [70] – ihre starke Erregung wirkte störend auf das Lernen (vgl. S. 236).

Der Erfolg von Selektionsexperimenten weist darauf hin, daß in natürlichen Populationen zahlreiche Gene das Verhalten quantitativ beeinflussen. Durch die natürliche Selektion werden zwar optimale Reaktionen aufrechterhalten, die große Variabilität bietet der Selektion jedoch noch genügend Angriffspunkte. Variationen im Verhalten stellen das Rohmaterial für die Evolution dar. Wie wir später sehen werden, ist es relativ leicht, die in der sogenannten „Mikro-Evolution" aufgetretenen Verhaltensänderungen (z. B. in den frühesten Stadien der Artentrennung) mit den Auswirkungen von Mutationen und der gerade beschriebenen künstlichen Se-

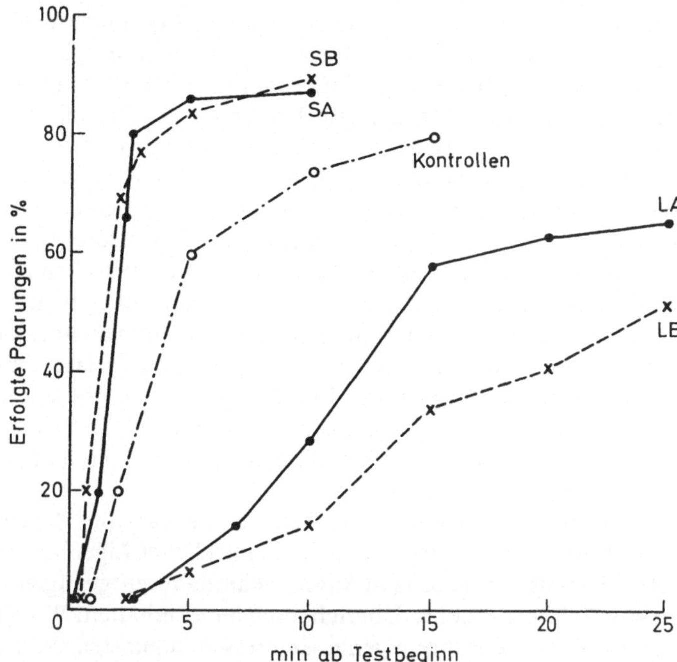

Abb. 6.5. Die Paarungsgeschwindigkeit von Gruppen aus je 50 Paaren *Drosophila melanoga-ster* aus zwei für schnelle Paarung selektierten Zuchten SA und SB und zwei für langsame Paarung selektierten LA und LB, verglichen mit unselektierten Kontrollen. Diese Beispiele stammen aus der 18. selektierten Generation. Fast 80% der schnellen Zuchten haben sich bereits gepaart, bevor die ersten der langsamen Zucht mit der Paarung beginnen. (Manning [324])

lektion in Verbindung zu bringen. Vor der Betrachtung der Mikroevolution soll jedoch noch ein anderer, das Verhalten stark beeinflussender Aspekt der Genetik und Evolution behandelt werden.

„Verwandtschaftsselektion" und Gesamtfitness

Samuel Butler schrieb in *Erewhon* (1872) „Ein Huhn ist das Hilfsmittel eines Eies ein neues Ei zu erzeugen". Eine Behauptung, die äußerst exzentrisch erscheinen mag, jedoch eine bedeutende biologische Tatsache enthält. Man kann durchaus argumentieren, daß es nur unsere Gene seien, die Nachkommen hervorbringen und zurücklassen, und unser ausgewachsener Körper lediglich eine gut entwickelte Verpackung sei, die sie schützt und ihre Erfolgschancen erhöht. Dawkins vertritt diesen Standpunkt mit Eifer und Humor in seinem Buch *The Selfish Gene* [122]. Um seine

Nützlichkeit zu erkennen, müssen wir dieses Argument nicht unbedingt in toto akzeptieren. Wenn wir eher die Gene als den Organismus eines Individuums als Selektionseinheiten betrachten, dann können wir Fortpflanzung und elterliches Fürsorgeverhalten als Hilfsmittel für den Fortbestand der Gene ansehen. Jeder Nachkomme hat im Durchschnitt mit jedem Elternteil je eine Hälfte der Gene gemeinsam, und zwei Nachkommen sorgen – wieder im Durchschnitt – dafür, daß die Frequenz (Häufigkeit) eines Gens von Generation zu Generation gleich bleibt. Bis zu diesem Punkt scheint das obige Argument recht theoretisch zu sein, da wir wie üblich von sich selbst reproduzierenden Individuen ausgehen könnten. Aber die Theorie der Genselektion zieht noch weitere Möglichkeiten in Betracht, denn eigene Gene treten nicht nur in unmittelbaren Nachkommen auf, sondern auch in anderen Verwandten. Daher J. B. S. Haldanes Bemerkung nach einigen kurzen Kalkulationen auf der Rückseite einer Menükarte: „Ich bin bereit, mein Leben zugunsten von vier Enkeln oder acht Cousins ersten Grades zu beenden!" In diesen beiden Fällen enthält jede der Verwandtengruppen im Durchschnitt die entsprechenden Gene des eigenen Gensatzes.

Aus dieser Betrachtung resultiert das bedeutsame Konzept, daß die Selektion „Altruismus" – die Aufopferung augenblicklicher Eigeninteressen oder sogar des eigenen Lebens – begünstigen kann, wenn dadurch genügend mit dem Individuum verwandte Tiere erhöhte Überlebenschancen erhalten. Wir kennen solches Verhalten von Eltern, die ihre eigenen Interessen zugunsten ihrer Kinder aufgeben; wir können dies jedoch nun auch auf Verwandte ausdehnen. Die Fitness eines Individuums kann grob mit der Zahl seiner Nachkommen gleichgesetzt werden. Die Fitness eines Gens (oder Genotyps) schließt alle Träger dieses Gens ein, dies nennen wir „Gesamtfitness". Smith [439] gibt einen ausgezeichneten modernen Überblick über die Evolutionstheorie und benutzt den Begriff „Verwandtschaftsselektion" sowohl im Hinblick auf direkte Nachkommen als auch auf andere Verwandte.

Die Verwandtschaftsselektion bezieht sich oft auf Gene, die Verhalten gegenüber anderen Tieren beeinflussen, und seit kurzem ist das Interesse an ihrer Rolle bei der Entwicklung aller Arten von sozialem Verhalten stark angestiegen. Ein Großteil dieses Interesses kann auf zwei wichtige Veröffentlichungen von Hamilton [199] zurückgeführt werden. Er wandte sich einem Problem zu, das die Zoologen schon lange verwirrte. Wirkliches soziales Leben bei Insekten, d. h. Völker mit überlappenden Generationen, unfruchtbaren Arbeiterinnen und gemeinsamer Fütterung der Jungen (vgl. S. 260) hat sich nur bei zwei Ordnungen entwickelt, den Isopteren (Termiten) und den Hymenopteren (Ameisen, Bienen und Wespen). Bemerkenswert ist, daß dieses Verhalten bei Hymenopteren mindestens elfmal unabhängig voneinander entstand. Die Entwicklung sozialer Lebensformen ist sicher nicht einfach, sonst würde man dies bei viel mehr Insekten erwarten können. Die Ordnung der Hymenopteren scheint besonders dafür geeignet zu sein.

Hamilton machte auf die Bedeutung der einzigartigen Geschlechtsbestimmung bei Hymenopteren aufmerksam. Sie zeigen „Haplo-Diploidie". Die Männchen sind haploid und entwickeln sich aus unbefruchteten Eiern, die Weibchen sind diploid und entwickeln sich normal aus befruchteten Eiern. Ein diploider Organismus erhält die Hälfte seiner Chromosomen von seiner Mutter, die andere Hälfte von seinem Vater. Wenn er Gameten bildet, so durchlaufen die Zellen, die sich zu Spermien oder Eiern entwickeln, jeweils eine „Reduktionsteilung" (Meiose), bei der die Chromosomenzahl halbiert wird. Die homologen mütterlichen oder väterlichen Chromosomen paaren sich und tauschen genetisches Material aus. Danach werden sie zufällig auf die Tochterzellen verteilt. Dies bedeutet, daß jeder Gamet einen vollständigen haploiden Chromosomensatz hat. Das Verhältnis von mütterlichen und väterlichen Chromosomen ist in den Gameten verschieden, im Durchschnitt stammen jedoch 50% von jedem Elternteil. Wenn ein haploides Hymenopteren-Männchen Gameten bildet, dann findet keine Reduktionsteilung statt. Infolgedessen sind alle Gameten identisch und enthalten einfache Abbildungen des gesamten Chromosomensatzes.

Eines der auffälligsten Kennzeichen einer Hymenopteren-Kolonie ist, daß sie in der Regel aus einer einzigen Familie besteht – einer Königin mit ihrer großen, vorwiegend weiblichen Nachkommenschaft. Hamilton untersuchte die Auswirkungen der Haplo-Diploidie auf die genetischen Beziehungen innerhalb solch einer Familie. Da normale Nachkommen von jedem Elternteil einen haploiden Chromosomensatz erhalten, können wir sagen, daß die genetische Verwandtschaft zu Mutter oder Vater ½ ist. Wie wir oben beschrieben haben, unterscheiden sich die Gameten eines jeden Nachkommen zwar in ihrer genetischen Struktur, aber im Durchschnitt enthalten sie zu 50% väterliche und mütterliche Gene. So ist der durchschnittliche Verwandtschaftsgrad der Geschwister ½ × ½ (vom Vater) + ½ × ½ (von der Mutter) = ½. Daher ist man, soweit es die Gene betrifft, mit einem Geschwister genauso nahe verwandt wie mit einem Elternteil.

Eine Honigbiene entwickelt sich, wenn ihre Mutter, die Bienenkönigin, ein Ei befruchtet. Ihr Verwandtschaftsgrad zur Mutter ist ½ wie normal, dies gilt jedoch nicht für die Töchter untereinander. Da alle Gameten vom Vater, der haploiden Drohne, identisch sind, haben die Tochterbienen 50% ihrer Gene gemeinsam von ihm. Sie haben auch 50% ihrer Gene, die sie von der Mutter erben, gemeinsam; damit ist ihr durchschnittlicher Verwandtschaftsgrad ½ (vom Vater) + ½ × ½ (von der Mutter) = ¾. Hymenopteren-Weibchen haben somit mit ihren Geschwistern mehr Gene gemeinsam als mit ihrer Mutter.

In der Hymenopteren-Gesellschaft pflanzen sich nur wenige Töchter fort; die meisten sind unfruchtbare Arbeiterinnen und helfen ihrer Mutter, die wenigen privilegierten Jungköniginnen aufzuziehen. Wie Hamilton jedoch betont, ist dies für die Vermehrung ihrer Gene nur von Vorteil. Wenn im Hinblick auf die Evolution ein junges Weibchen die Wahl hätte, die Kolonie zu verlassen und selbst seine Töchter aufzuziehen, oder zu bleiben und seiner Mutter bei der Aufzucht von noch mehr Geschwistern zu helfen, so sollte sie wohl letzteres wählen.

Obwohl es für die Entwicklung sozialer Lebensformen bei den Insekten sicher noch weiterer Vorbedingungen bedarf (vgl. Kennedy [267]), besteht wenig Zweifel an Hamiltons Aussage, daß Haplo-Diploidie eine wichtige Rolle für die bemerkenswerte Entwicklung bei Hymenopteren gespielt hat. Über den Mechanismus der Geschlechtsbestimmung kann Verwandtschaftsselektion besonders stark wirken (vgl. auch Wilson [506]).

Unter Berücksichtigung der Verwandtschaftsselektion kann man die Evolution sozialen Verhaltens und insbesondere offensichtlichen „Altruismus" oder Selbstaufopferung unter einem anderen Blickwinkel betrachten. Selektion kann das Aufgeben der eigenen Fitness für nicht verwandte Tiere nicht fördern, daher muß es, wenn Verwandtschaftsselektion wirksam werden soll, einen Weg für die Identifizierung von Verwandten geben. Dies ist bei sozialen Insekten oder bei langlebigen Tieren, die, wie z. B. die Primaten, in kleinen Gruppen leben (vgl. Kap. 8), kein Problem. Bei Tieren, die sich nach der Paarungszeit trennen und nachher keinen Kontakt mehr haben, ist es jedoch sehr viel schwieriger.

Vögel bieten hier einige interessante Vergleiche. Viele tropische und subtropische Arten sind relativ seßhaft, und ihre Nachkommen verteilen sich nicht sehr. Ganz im Gegenteil dazu verteilen sich in der Regel die Vögel der gemäßigten Zone und wandern im Winter oft in wärmere Gegenden. Im Hinblick auf diese Unterschiede ist es besonders interessant, daß das in Abbildung 6.6 dargestellte Phänomen bei tropischen Vögeln weit verbreitet ist. Drei erwachsene Buschblauhäher (*Aphelocoma coerulescens*), einer in Florida, Kalifornien und Mexiko vorkommenden Art, sind am Nest (Abb. 6.6) und helfen bei der Aufzucht von Jungen; nicht alle können die tatsächlichen Eltern sein. Die „Helfer" sind manchmal Jungvögel der letzten Brut, manchmal sind es jedoch auch Nachbarn, deren eigenes Nest zerstört wurde (die Sterblichkeit im Nest ist bei vielen tropischen Arten sehr hoch). Im Unterschied dazu werden in den gemäßigten Zonen Helfer fast nie beobachtet.

Das Verhalten der Helfer ist leicht im Sinne der Verwandtschaftsselektion zu erklären. Die Jungvögel helfen ihren Eltern, noch mehr Nachkommen aufzuziehen, mit denen sie ebenso nahe verwandt sind, wie sie es mit ihren eigenen Jungen wären. Sehr oft sind Jungvögel beim Brüten relativ erfolglos. Es könnte für sie durchaus sinnvoll sein, sogar im Sinne des individuellen Vorteils, in der Nähe des elterlichen Nests zu bleiben und Erfahrung in der Futtersuche etc. zu sammeln, indem sie bei der Fütterung der nächsten Brut helfen. Da wir wissen, daß bei diesen Arten die Nachkommen in der Nähe des elterlichen Nests bleiben, könnten sogar benachbarte Vögel einige Gene gemeinsam haben. Wenn das eigene Nest verloren ist, ist es möglicherweise besser, den Verlust abzuschwächen und den entfernt verwandten Nachbarn bei der Aufzucht deren Jungen zu helfen, als selbst nochmals mit dem Brüten zu beginnen. Keine dieser Aussagen gilt in nennenswertem Maße für die Arten in den gemäßigten Zonen, die sich weitläufiger verteilen und oft nur Zeit haben, eine einzige Brut aufzuziehen. Es ist leicht, derartige Erklärungen zu geben; sie sind bis jetzt jedoch weder bewiesen noch sind sie unumstritten. Zahavi [518] hat gegen die Verwandtschaftsselektion Stellung bezogen und berichtet, daß bei den von ihm untersuchten Langschwanz-Droßlingen die Helfer am Nest ihrer Eltern mehr schaden als nützen, da sie Verwirrung stiften und Freßfeinde anlocken. Für die Hypothese der Verwandtschaftsselektion ist es wichtig zu zeigen, daß Nester mit Helfern erfolgreicher sind, als solche ohne sie. Im Augenblick haben wir jedoch zur Beant-

Abb. 6.6. Drei erwachsene Buschblauhäher (*Aphelocoma coerulescens*) am Nest. Sie sind beringt und können als zwei Elterntiere mit ihrem einjährigen, aus einer vorherigen Brut stammenden Jungen identifiziert werden. Letzteres hilft nun seine jungen Geschwister im Nest aufzuziehen. Weitere Erklärungen im Text. (Wilson [507])

wortung dieser Frage zu wenig gute Daten (eine ausführliche Diskussion mit weiteren Beispielen ist in Brown [73] zu finden).

Man könnte behaupten, daß „Helfen" kein besonders treffendes Beispiel für das Wirken der Verwandtschaftsselektion sei, da hierbei sehr wenig Selbstaufopferung nötig ist. Es gibt mehrere Beispiele, bei denen das Opfer offensichtlicher ist. Eines der auffälligsten ist im Sexualverhalten wilder Truthähne zu sehen, das von Watts und Stokes [489] untersucht wurde. Die Hähne jeder Brut bleiben in Gruppen von zwei oder drei zusammen und imponieren synchron gegenüber Weibchen auf dem allgemeinen Paarungsplatz. Nur das dominanteste Männchen einer Gruppe von Brüdern paart sich mit den Weibchen, die durch die Balz angelockt werden. Die anderen lassen ihm den Vortritt und sind dadurch effektiv steril. Wie bei vielen Vögeln mit Gruppenbalz (vgl. die Beschreibung für Birkhähne auf S. 269), haben jedoch nur sehr wenige Truthähne allein Erfolg, Weibchen zur Paarung anzulocken. Verwandtschaftsselektion fördert das Verhalten niederrangiger Männchen, ihre Brüder bei der Balz zu unterstützen und damit deren Paarungserfolg zu vergrößern. Auf diese Art vergrößern sie ihre Gesamtfitness.

Verwandtschaftsselektion ist ein nützliches Konzept, das unser Verständnis für die Evolution des Verhaltens erweitert hat. Vielleicht liegt der Hauptnachteil des Konzepts darin, daß es beinahe zu einfach wird, alle möglichen nicht nachprüfbaren Hypothesen aufzustellen, um mit ihnen bisher kaum verstandene soziale Interaktionen zu erklären. Wie wir bei der Betrachtung der „Helfer" gesehen haben, ist es ferner nicht immer möglich, Vorteile für das Individuum von denen für die Gruppe zu trennen. Mit Vorsicht betrachtet kann die Verwandtschaftsselektion jedoch wichtige Fragen aufwerfen, die dann in Tests überprüft werden können. Wie wir in Kapitel 8 besprechen werden, bietet sie auch wichtige Ansätze zum Verständnis von Sozialverhalten.

Die Mikroevolution des Verhaltens

Mit dem Begriff „Mikroevolution" werden die ersten Phasen der Auseinanderentwicklung von Populationen, die zur Entstehung neuer Arten führt, beschrieben. Es ist relativ einfach, die bei der Mikroevolution einer Gruppe beteiligten Verhaltensänderungen mit den genetischen Veränderungen, die gerade beschrieben wurden, in Beziehung zu setzen.

Wenn man das Verhalten verwandter Arten vergleicht, kann man in der Regel die gleichen festgelegten Handlungsmuster (Erbkoordinationen) erkennen. Diese Muster sind genauso homolog wie die Skelettelemente der verschiedenen Wirbeltiergruppen – sie wurden von einem gemeinsamen Vorfahren in jeder Art weitervererbt. Die Ausführungsmuster selbst wurden jedoch durch die Selektion auf verschiedene Arten modifiziert. Die häufigsten Veränderungen beziehen sich (a) auf die Ausführungshäufigkeit der Muster und (b) auf ihre Form oder „Betonung". Die erste Kategorie ist mit den zwischenartlichen Unterschieden, die eben erläutert wurden, vergleichbar und bedarf kaum weiterer Erklärung. Nur noch einmal drei Beispiele: Die Enten verfügen über ein gemeinsames Repertoire an Balzmustern, die bei jeder Art mit anderer Häufigkeit auftreten. Einige führen bestimmte Verhaltensmuster nicht aus, obwohl sie das genetische Material dafür haben. Bei *Drosophila* gibt es ähnliche Unterschiede. Das häufigste Balzmuster ist bei *D. melanogaster* z. B. die Flügelvibration, bei *D. simulans* das „Scheren" – ein Muster mit synchronisierten Bewegungen beider Flügel [323]. Clark et al. [95] beschrieben Häufigkeitsunterschiede zwischen homologen Balzmustern bei zwei tropischen Süßwasserfischen, dem Schwertträger und dem Platy.

Veränderungen durch Mikroevolution hinsichtlich der Ausführungsweise von Verhaltensmustern sind gleichermaßen verbreitet. Sie zeigen sich z. B. beim Imponierverhalten in der unterschiedlichen Art der „Betonung". Dies sollen zwei Beispiele verdeutlichen (weitere sind in Manning [325] zu finden). In Abbildung 6.7 ist ein typischer Fall am Beispiel des „Langrufes" bei Möwen zu sehen (er entspricht dem Reviergesang bei Sperlingsvögeln). Bei beiden dargestellten Möwenarten tritt während des Rufens die gleiche Folge von Kopfbewegungen auf, es werden jedoch verschiedene Teile der Folge unterschiedlich betont, und dies bewirkt das charakteristische „Aussehen". Crane [106] hat das Balzverhalten der Winkerkrabbe (*Uca*) in einer vergleichenden Untersuchung eingehend beschrieben. Die Männchen graben

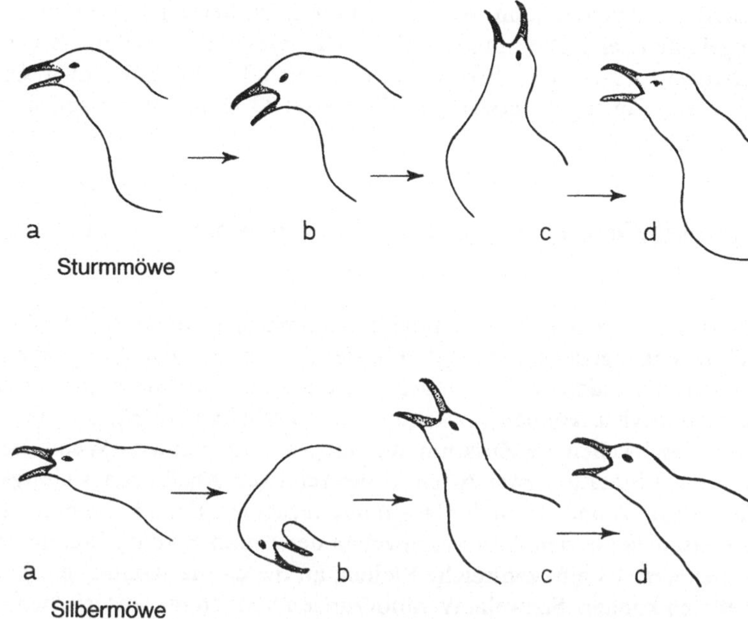

Abb. 6.7 a – d. Betonungsunterschiede während des „Langrufs" zweier Möwenarten. Die Folge läuft von links nach rechts ab. Bei Beginn ist der Kopf in der Schräghaltung **a**, er wird ruckartig gesenkt, sobald der Vogel zu rufen beginnt **b** und wird dann zurückgezogen **c**, wenn die Rufe anhalten. Wenn sie aufhören, wird der Kopf allmählich wieder gesenkt **d**. Die Sturmmöwe betont Haltung **b** wenig, jedoch **c** stark; bei der Silbermöwe ist es umgekehrt. (Tinbergen [465])

am Strand Höhlen und halten sich am Eingang auf. Eine ihrer Scheren ist viel größer als die andere und grell gefärbt. Kommt ein Weibchen in die Nähe, so winken sie rhythmisch mit dieser Schere und versuchen, es anzulocken. Die exakte Form des Winkens ist zwar artspezifisch, die Gattung kann jedoch aufgrund von morphologischen und Verhaltenskriterien in zwei weitere Untergruppen aufgeteilt werden. Die eine Gruppe, die Crane die „Vertikalwinker" nennt, streckt ihre Schere nur wenig aus und hebt sie lediglich hoch und nach vorne. Die „Seitwinker" strecken ihre Schere zur Seite und senken sie und beschreiben eine mehr oder weniger kreisförmige Bahn.

Der Einfachheit halber haben wir nur zwei Möglichkeiten für Verhaltensmodifikationen besprochen – Auftretenshäufigkeit und Aussehen eines Verhaltensmusters, normalerweise treten sie jedoch meist gemeinsam und zusammen mit anderen Abwandlungen auf. Eine Vielzahl von Modifikationen ist z. B. in der Verbreitung verschiedener Muster des Grillengesangs von einem gemeinsamen Ursprung zu erkennen (vgl. Alexander [3]). Grillengesänge variieren in Amplitude, Länge und Tonfrequenz, wodurch eine große Anzahl von Zirp-Lauten mit unterschiedlichen Eigenschaften entstehen kann. Ähnliches muß auch bei der Evolution des Vogelgesangs abgelaufen sein. Die Singdrossel *Turdus ericetorum* wiederholt z. B. charakteristischerweise jeden Teil ihres Gesangs zwei- oder dreimal, bevor sie zum nächsten übergeht. Ein enger Verwandter, die Amsel *T. merula*, tut dies nicht.

Eigenschaften genetischer und mikroevolutionärer Veränderungen

Es ist den Versuch wert, einmal zu untersuchen, ob in der Vielfalt der eben beschriebenen genetischen und mikroevolutionären Änderungen ein gemeinsamer Faden vorhanden ist. Wir haben den quantitativen Charakter der Änderungen betont, und viele können hinsichtlich des Verhaltens direkt mit Veränderungen der Auslöseschwellen in Zusammenhang gebracht werden. Wenn sich in einer bestimmten Situation zwei Arten in der relativen Ausführungshäufigkeit der Verhaltensmuster A und B von der Norm unterscheiden, dann kann man als Ursache dafür Unterschiede in den Auslöseschwellen der A und B kontrollierenden Mechanismen annehmen. Es gibt zahlreiche Stellen, an denen die Kontrollmechanismen Einfluß nehmen können. Schwellenveränderungen können im sensorischen, im motorischen und im Antriebsbereich oder in einer Kombination von diesen auftreten. Veränderungen der Auslöseschwellen können auch durch Gene bewirkt werden, die das Nervensystem direkt beeinflussen – wie bei der auf S. 195 beschriebenen überaktiven Mutante von *Drosophila* – oder mehr indirekt durch Gene, die den Stoffwechselumsatz oder die Hormonsekretion beeinflussen. Diese wirken dann ihrerseits auf das Nervensystem. Manchmal sind die Indizien für eine direkte Beeinflussung des Nervensystems sehr stark. So bleiben die Unterschiede in der Ausführungshäufigkeit verschiedener sexueller Handlungsmuster von Inzuchtstämmen beim Meerschweinchen unverändert, sogar nach der Injektion von Sexualhormonen [185] oder Schilddrüsenhormonen, die den Grundumsatz des Stoffwechsels erhöhen [395]. Die Stämme scheinen sich in den Auslöseschwellen der Sexualmechanismen im Gehirn zu unterscheiden.

Es ist nicht schwierig, Veränderungen in der Erscheinungsform oder Geschwindigkeit von Verhaltensmustern mit entsprechenden Veränderungen der Auslöseschwellen zu erklären. Jedes festgelegte Handlungsmuster muß irgendein Koordinationszentrum besitzen, dessen Struktur und Eigenschaften vererbt werden. Es liefert bei Aktivierung ein stereotypes Muster für niedere Zentren, diese kontrollieren dann einzelne Muskeln und Muskelgruppen. Das Koordinationszentrum bringt jede Muskelgruppe in der richtigen Reihenfolge, zur richtigen Zeit und für die richtige Dauer ins Spiel. Das Ergebnis hängt von einer äußerst feinen Koordination der Auslöseschwellen ab, und zwar sowohl innerhalb des Koordinationszentrums selbst als auch zwischen den verschiedenen motorischen Zentren für die Kontrolle der Muskeln. Der Ausgang des Koordinationszentrums kann vollkommen „vorbestimmt" sein; er kann aber auch durch Rückmeldung von den Muskeln bei der

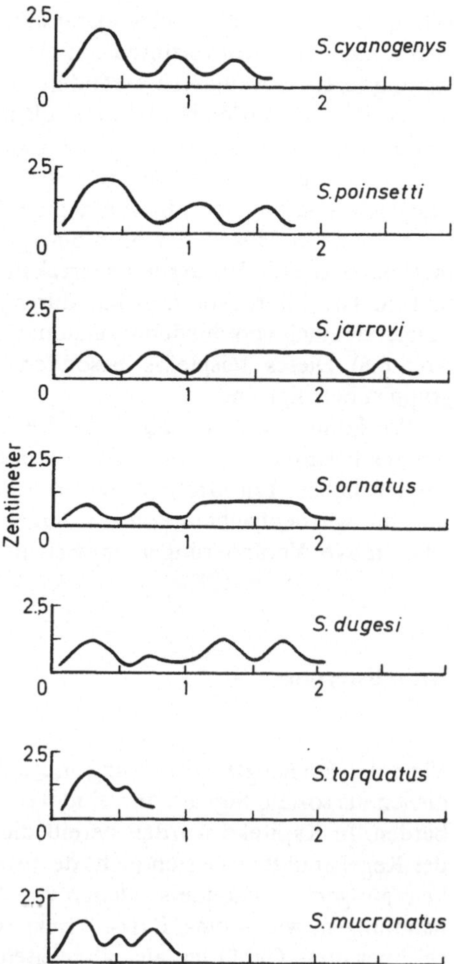

Abb. 6.8. Die spezifischen Auf- und Abbewegungen des Kopfes einiger Eidechsen (*Sceloporus*). Die Bewegungen des Kopfes sind als Linien dargestellt, die Auslenkungsstärke auf der vertikalen Achse, und die Zeit auf der horizontalen Achse. Veränderungen in Amplitude, Geschwindigkeit und Dauer der Bewegungen sind deutlich zu erkennen. (Hunsaker [240])

Ausführung des festgelegten Handlungsmusters modifiziert werden. Bei Insekten sind Zentren bekannt, die wahrscheinlich aus kleinen Gruppen von Nervenzellen bestehen und z. B. die Grillengesänge [238, 239] und den Heuschreckenflug [504] kontrollieren. Sie liefern, auch wenn sie isoliert sind, ihr normales Muster, das jedoch durch Rückmeldung modifiziert werden kann. Hoyle [235] bespricht die verschiedenen Kontrollmechanismen im Detail zusammen mit seinen eigenen Arbeiten (vgl. auch Kap. 2, S. 41).

Genetische Veränderungem, die entweder innerhalb des Koordinationssystems oder in einer der untergeordneten Muskelgruppen auf die Auslöseschwellen wirken, verändern damit die Erscheinungsform eines festgelegten Handlungsmusters. Muskeln können z. B. früher oder später aktiviert werden, länger oder kürzer aktiv sein oder können ihre Antwortintensität und Geschwindigkeit in Abhängigkeit der Aktivierung ihrer Nervenfasern verändern. Abbildung 6.8 zeigt sehr schön das im Verhalten sichtbar werdende Ergebnis solcher Veränderungen aus Hunsakers [240] Arbeit an Eidechsen. Männchen der Gattung *Sceloporus* bewegen bei der Balz ihren Kopf rhythmisch auf und ab. Dies tun sie auch, wenn sie einer anderen Eidechse begegnen, quasi als ein Identitätssignal für ihre Art. Jede Art verfügt nämlich über ein besonderes Muster der Kopfbewegung. Es besteht aus mehreren Muskelkontraktionen, die die Vorderbeine strecken und dabei Kopf und Schultern heben und senken. Die Mikroevolution hat durch eine Reihe der obengenannten Veränderungen deutlich verschiedene Versionen des Gesamtverhaltens hervorgebracht (vgl. Abb. 6.8). Dieses Beispiel ist besonders klar, da im wesentlichen nur zwei Muskelgruppen beteiligt sind.

Wir können folgern, daß Gene, die die Auslöseschwellen innerhalb des Nervensystems beeinflussen, bei der Evolution des Verhaltens eine äußerst wichtige Rolle gespielt haben. Ein Großteil der erstaunlichen Vielfalt festgelegter Verhaltensmuster, die wir beobachten können, haben sich wohl durch die Anhäufung geringer quantitativer Veränderungen entwickelt, genau wie der Körperbau der Tiere.

Ritualisierung

Viele der festgelegten Handlungsmuster, deren Entwicklung wir betrachtet haben, dienen als soziale Signale und sind Teil von Droh-, Balz- und Beschwichtigungsgebärden. In Kapitel 5 wurden bereits die Ursprünge solcher Muster besprochen. In der Regel entfalten sie sich nicht de novo, sondern entwickeln sich aus „Intentionsbewegungen" – besonders solchen von Angriff und Flucht – oder aus Übersprunghandlungen, wie Atem-, Putz-, Trink- oder Freßbewegungen. Tinbergen [461] bezeichnet diese Gebärden als „abgeleitete Handlungen" und bringt damit ihre Herkunft von anderen Verhaltensweisen zum Ausdruck. Der Entwicklungsprozeß, der sie zu sozialen Signalen modifiziert, wird „Ritualisierung" genannt. Diese Bezeichnung verdanken wir Julian Huxley [245], der sie einführte, um die Entwicklung der ausgeprägten gegenseitigen Imponiergebärden von Haubentaucher-Männchen und -Weibchen zu benennen (vgl. S. 183 und Abb. 5.10). Diese Form des Imponierens ist offenbar aus Nestbaubewegungen entstanden. Andere Imponiergebärden wurden im Laufe der Evolution so stark verändert, daß wir keinen Vergleich mehr mit weniger modifizierten Beispielen haben und somit nicht auf ihren Ursprung schließen können. Dies ist sicher bei einigen Balzbewegungen der tropischen Finken (*Erythrurae*), die in Abbildung 6.9 dargestellt sind, der Fall. Zebrafinkmännchen (a) wetzen oft während der Balz ihren Schnabel an der Sitzstange – wahrscheinlich eine nicht ritualisierte Übersprunghandlung. Beim verwandten *L. striata* (b) und Muskatfink (c) beugt sich das Männchen und hält sich mit gesenktem Kopf dicht neben

Abb. 6.9 a–c. Schnabelwetzen bei der Balz dreier Grasfinkenarten. **a** Zebrafink, bei dem die Bewegung nicht ritualisiert ist; das Männchen setzt gerade dazu an, seinen Schnabel an der Sitzstange zu wetzen; **b** *L. striata* und **c** Muskatfink, bei beiden wurde die nahezu gleiche Bewegung ritualisiert. Bei diesen Arten verharrt das Männchen für einige Sekunden in seiner Position, und das ritualisierte Schnabelwetzen sieht nun eher wie eine Verbeugung aus. In allen drei Fällen ist der links dargestellte Vogel das Weibchen. (Gezeichnet nach Fotografien in Morris [357])

dem Weibchen, Die Ähnlichkeit dieser Haltung mit einer Phase des Schnabelwetzens ist recht auffällig, und Morris [357] nimmt an, daß die Verbeugung ein stark ritualisiertes Muster ist, das von letzterem abstammt.

Ritualisierung beinhaltet all die Auslöseschwellen- und Häufigkeitsveränderungen, die wir gerade besprochen haben, und besonders auch Veränderungen in Erscheinungsform und Betonung. Soziale Signale müssen auffällig sein, daher ist das Aussehen der meisten sehr stark übertrieben. Sie sind auch mit besonders entwickelten Auslösern verbunden, die ihre Wirkung verstärken (vgl. die Beispiele in Abb. 5.3 und 3.11). Gute Überblicke zur Ritualisierung von Intentionsbewegungen werden von Daanje [116] und Andrew [13] gegeben; Tinbergen [461] und Morris [355] behandeln auch noch andere Arten abgeleiteter Handlungsmuster.

Im Zusammenhang mit der Ritualisierung müssen hier noch zwei weitere Punkte genannt werden. Zunächst das von Morris [356] stammende Konzept der *typischen Intensität*. Wenn soziale Signale so effektiv wie nur möglich sein sollen, müssen sie klar und unmißverständlich sein. Aus diesem Grund ändert sich in vielen Fällen, auch bei unterschiedlicher Reizstärke, ihre Erscheinungsform nicht. Ein Bandfink-Männchen hat eine charakteristische, „aufgeplusterte" Balzstellung. Bei schwachen Reizen nimmt es diese Haltung nur kurz ein, bei starken Reizen jedoch bleibt es in dieser Haltung und beginnt mit dem Balztanz. In beiden Fällen, wie in Abbildung 6.10 gezeigt, ist die Imponiergebärde nahezu identisch, d. h., sie wird mit typischer Intensität ausgeführt. Gebärden und Bewegungen mit typischer Intensität sind leichter zu erkennen, aber entsprechend vermitteln sie weniger Information über den Motivationszustand des Signalgebers. Sowohl das Ausbilden als auch das Nichtausbilden einer typischen Intensität muß Vorteile haben. Welches der beiden Konzepte sich entwickelt, hängt wohl von den bestimmten Umständen ab, in denen die Imponiergebärde wirksam werden soll.

Der zweite Punkt, den wir noch nennen müssen, ist die *Emanzipation* ritualisierter Verhaltensmuster. Bei der Entenbalz z. B. sind Muster beteiligt, die eindeutig auf das Übersprungputzen (Abb. 5.11) und -trinken zurückzuführen sind. Den Argumenten in Kapitel 5 (S. 183) folgend können diese Verhaltensmuster ursprünglich durch Enthemmung aufgetreten sein, und zwar als direkte Folge eines Konflikts zwischen sexuellen und Angriffs- bzw. Fluchttendenzen bei der Balz eines Männchens. Man nimmt an, daß bei Vorfahren dieser Männchen Übersprung-Putz- und -Trinkbewegungen bei gleich starken Handlungstendenzen in einem Konflikt auftraten. Die Männchen, die diese Übersprungbewegungen am regelmäßigsten ausführten, waren wohl bei der Paarung erfolgreicher. In irgendeiner Weise dienten diese Verhaltensmuster dazu, die Aufmerksamkeit des Weibchens aufrechtzuerhalten und es vielleicht sexuell zu erregen. Bei ihren Nachkommen war Konflikt jedoch wohl keine Voraussetzung mehr für das Auftreten von Putz- und Trinkmustern bei der Balz. Sie sind jetzt nahezu unveränderliche Bestandteile der Balz und in ihrer Erscheinungsform stark modifiziert. Tinbergen [461] nimmt an, daß sie von ihren ursprünglichen Kontrollmechanismen „emanzipiert" sind und jetzt allein durch Sexualmechanismen kontrolliert werden.

Abb. 6.10 a u. b. Die aufgeplusterte Balzhaltung des Bandfink-Männchens. Diese beiden Aufnahmen stellen den sehr geringen Unterschied zwischen der weniger intensiven Form **a** und der intensiveren Form **b** dar. Die Haltung entwickelte eine „typische Intensität" und tritt, wenn sie überhaupt gezeigt wird, in nahezu maximaler Weise auf. Das geringe Ausmaß der Intensitätsunterschiede ist am besten zu erkennen, wenn man die Haltung der beiden balzenden Männchen mit der des nicht balzenden Männchens links unten vergleicht. Die Vögel rechts sind jeweils Weibchen. (Morris [356])

Die beiden Hauptkriterien für die Feststellung von Emanzipation eines Verhaltensmusters sind (a), daß es außerhalb einer für das Ursprungsmuster typischen Situation auftritt – es wird nicht mehr durch die früher wirksamen Reize ausgelöst, und (b) daß Schwankungen in der Bereitschaft, das angenommene Ursprungsmuster auszuführen, keinen Einfluß auf die Handlungsbereitschaft des emanzipierten Musters haben. Das erste Kriterium ist das gleiche, das auch zur Erklärung von Übersprunghandlungen herangezogen wird, während das zweite davon ausgeht, daß z. B. die Stärke des Durstes die Häufigkeit des Balztrinkens eines Erpels nicht beeinflussen sollte. Es gibt zwar wenig stichhaltige Beweise für das Zutreffen dieser Kriterien, aber dennoch besteht an der Tatsache der Emanzipation wenig Zweifel. Zur Zeit haben wir allerdings keine Vorstellung über die Faktoren, die beim Emanzipationsprozeß eine Rolle spielen (vgl. Diskussion von Emanzipation in Drohgebärden, Blurton-Jones [60]).

In unserer Besprechung von Übersprungbewegungen auf S. 180 erwähnten wir die Notwendigkeit einer relativ stabilen Balance von gegenläufigen Tendenzen, wenn eine Übersprungbewegung Zeit zum „Durchbruch" haben soll. Es gibt wahrscheinlich einen Grenzbereich, in dem der Ausgleich beider Konflikttendenzen groß genug ist, so daß sich ein anderes Verhaltenssystem rasch zeigen kann; eine derartige Balance kann jedoch nie lange anhalten. Rowell [402] nennt diesen Bereich „effektiven Ausgleich". Ein erster Schritt zur Ritualisierung mag in der Vergrößerung des Bereichs des effektiven Ausgleichs zweier Konflikttendenzen liegen, was die Auftretenshäufigkeit einer Übersprungbewegung erhöht. Blest [57] bespricht einige Emanzipationsprobleme im Detail und das Ritualisierungskonzept im Allgemeinen.

Bisher haben wir bei der Erörterung der Ritualisierung diesen Begriff allein für die Entwicklung von Balz- und Drohgebärden angewandt, für die er ursprünglich benutzt wurde. Jedoch kann man auch in anderen Zusammenhängen die opportunistische Eigenschaft der Selektion beobachten, ein bestimmtes Verhaltenselement als Rohmaterial für die Ritualisierung eines anderen Verhaltensmusters zu benutzen. Viele tropische Süßwasserfische wie Gouramis und Kampffische bauen Nester aus Luftblasen. Ein Männchen füllt sein Maul an der Wasseroberfläche mit Luft und stößt mit Speichel umhüllte Blasen aus. Es formt sie zu einer Traube, die zwischen Wasserpflanzen an der Oberfläche treibt. Nach Balz und Paarung bringt das Männchen die befruchteten Eier in das Blasennest. Braddock und Braddock [64] nehmen an, daß der Bau von Blasennestern eine Folge der Evolution von Luftatmung ist. Diese Gewohnheit entwickelte sich in einem ganz anderen Zusammenhang, nämlich als eine Reaktion auf den geringen Sauerstoffgehalt in tropischen Gewässern. Anfangs schnappte der Fisch oft an der Oberfläche nach Luft. Wenn er es tat, sind seinem Maul in der Regel einige Blasen entwichen und blieben eine Weile an der Wasseroberfläche erhalten. Von da an ist es nicht schwierig, sich weitere Zwischenstadien vorzustellen, bis schließlich Blasennester zu einem sauerstoffhaltigen Schutz für die Entwicklung der Eier entstanden.

Ein anderes bemerkenswertes Beispiel für evolutionären Opportunismus ist die „Tanzsprache" der Honigbiene, die wir ausführlicher in Kapitel 3, S. 95 besprachen. Die Grundlage dieses Kommunikationssystems liegt in der Fähigkeit der Honigbiene, ihren Orientierungswinkel zur Sonne auf der senkrechten Wabe in denselben Winkel zur Schwerkraft zu übertragen. Diese Fähigkeit scheint auf den ersten Blick äußerst ungewöhnlich zu sein und ein einzigartiges Evolutionsereignis zu benötigen. Wir wissen jedoch jetzt, daß Licht und Schwerkraft bei der Orientierung der meisten Insekten die entscheidende Rolle spielen und daß ihre Transponierung nichts Außergewöhnliches ist. Sind z. B. Ameisen in einem bestimmten Winkel zum Licht auf einem horizontalen Brett gelaufen, so ändern sie diese Richtung abrupt, um einem entsprechenden Winkel zur Schwerkraft zu folgen, wenn das Licht plötzlich ausgeschaltet und das Brett in die Vertikale gekippt wird (vgl. Vowles [478]). Bestimmte Käfer verhalten sich analog. Es ist durchaus möglich, daß die Honigbienen ein Orientierungssystem modifiziert haben, das allen Insekten gemeinsam ist. Soweit wir wissen, benutzen keine weiteren Insekten diese Fähigkeit zur Kommunikation, obwohl die Möglichkeit durchaus bestünde. Da die Honigbienen bei der Futtersuche äußerst effektiv sein müssen, konnte die natürliche Selektion dieses erstaunliche Kommunikationsmodell aus recht unscheinbaren Anfängen entwickeln.

Sexuelle Isolation

Unter natürlichen Bedingungen kreuzen sich verwandte Arten normalerweise nicht, weil es für sie nachteilig ist. Obwohl Hybriden in mancher Hinsicht besonders „kräftig" sein können, sind sie in der Regel ganz oder z. T. unfruchtbar. Auch wenn sie fruchtbar sind, haben sie kaum den Paarungserfolg ihrer Elternarten. Letztere haben einen Gensatz, der über viele Generationen an den Lebensraum optimal angepaßt wurde. Die Ausstattung des Gensatzes der Hybriden für die beiden Lebensräume der Eltern ist jedoch nicht so gut, da er einen Kompromiß darstellt. Bei Pflanzen sind mehrere Fälle bekannt, in denen die Hybriden zweier Arten in neue Lebensräume eingedrungen sind und sehr erfolgreich waren; wenn überhaupt, so kommt dies bei Tieren äußerst selten vor.

Folglich besteht in der Wahl eines Artgenossen für die Paarung ein starker Selektionsvorteil. Dies gilt insbesondere für Weibchen. Männchen können sich in der Regel mehrmals im Leben paaren, einige Insektenweibchen jedoch paaren sich z. B. nur einmal. Wenn sie auf das falsche Männchen reagieren, sind sie effektiv steril. Man findet daher, daß Weibchen Paarungspartner allgemein besser unterscheiden können als Männchen. Weibchen können sich, im Gegensatz zu Männchen, keine Risiken leisten. Für Männchen jedoch wäre eine zu genaue Unterscheidung nachteilig. Es ist für sie besser, gelegentlich eine unfruchtbare Paarung zu riskieren, als die Chance einer fruchtbaren zu verpassen. Bei *Drosophila* z. B. sind die Weibchen viel selektiver als die Männchen, und oft ist es ihre aktive Abwehr, die zwischenartliche Hybridisierung verhindert.

Sexuelle Isolation kann als „Verhaltensschranke gegen Hybridisierung zwischen Arten oder Populationen" definiert werden. Sie stellt eine Art des allgemeineren Phänomens der Fortpflanzungsisolation dar (bei Mayr [339] ausführlich behandelt) und ist einer der wichtigsten Wege, über den Verhalten die Evolution von Tierpopulationen beeinflussen kann.

Die Wahrscheinlichkeit, mit der sich zwei verwandte Arten unter natürlichen Bedingungen begegnen, variiert stark. Selbst wenn zwei Arten im gleichen Gebiet vorkommen, werden sie sehr selten den gleichen Teil des Habitats bewohnen, die Konkurrenz zwingt sie zur Spezialisierung. In Großbritannien bewohnen Zilpzalpe (*Phylloscopus collybita*) und Fitisse (*P. trochilus*) dieselben Wälder und nisten beide auf dem Boden. Zur Nahrungssuche jedoch begibt sich der Zilpzalp in die hohen Bäume, der Fitis in das niedrigere Geäst von Bäumen und Büschen. Sie spezialisieren sich eindeutig. Auf den Kanarischen Inseln, wo der Fitis nicht vorkommt, nimmt der Zilpzalp dessen ökologische Nische auch ein.

Offenbar ist die Auswahl eines charakteristischen Habitats für eine Art Teil der normalen Fortpflanzungsisolation. *Drosophila pseudoobscura* und *D. persimilis* sind zwei eng verwandte Arten, deren Verbreitungsgebiet sich im Südwesten der Vereinigten Staaten stark überlappen. Sie können, insbesondere bei niedrigen Temperaturen, im Labor gekreuzt werden. Es wurden jedoch Zigtausende von Fliegen in der Natur gefangen und untersucht und kein Hybride gefunden. Die beiden Arten besetzen in einem Gebiet verschiedene Mikrohabitate, *Pseudoobscura* trockenere und hellere, *Persimilis* kühlere und feuchtere, und dadurch bleiben sie wirksam isoliert. Sogar im Labor akzeptieren *Pseudoobscura*-Weibchen nicht sofort *Persimilis*-Männchen und umgekehrt, weil ihre Balzgesänge so verschieden sind (vgl. S. 198). Bei den meisten Tieren kommt zur Isolation durch die Besetzung eines speziellen Habitats noch die Entwicklung äußerst spezifischer Signale hinzu, mit deren Hilfe Tiere Artgenossen manchmal aus beachtlicher Entfernung erkennen können.

Bei den Insekten sind es die Grillen, Heuschrecken und Zikaden und bei den Wirbeltieren die Frösche und Kröten, deren Männchen spezielle Paarungsrufe aussenden, die die Weibchen in der Paarungszeit anlocken (vgl. Alexander [2] für Insekten und Blair [53] für Anuren). Es kommt vor, daß eine ganze Anzahl verschiedener Arten das gleiche Gebiet bewohnt und Froschmännchen mehrerer Arten von dem gleichen kleinen Teich aus rufen. Die Artspezifität der Rufe ist erstaunlich, und die Weibchen reagieren nur auf die ihrer eigenen Männchen. Es besteht wenig Zweifel, daß die Vielfalt der Rufe in den meisten Fällen ein direktes Ergebnis der Selektion ist. Blair z. B. beschreibt zwei Froscharten, *Microhyla olivacea* und *M. carolinensis*, die im Süden der USA weit verbreitet sind, erstere mehr im Westen, letztere mehr im Osten. An den äußersten Rändern ihrer Verbreitungsgebiete, wo nur eine Art vorkommt, sind ihre Paarungsrufe sehr ähnlich. Mehr im Zentrum, wo sich die beiden Arten überlappen und sich an den gleichen Teichen paaren, haben sich die Rufe auseinanderentwickelt und sind sehr speziell. Gelegentlich werden in der Natur Hybride gefunden, und Blair hat gezeigt, daß es außer den Rufen kaum eine Paarungsschranke gibt. Bei allen Anuren klammern sich die Männchen an fast jedes Objekt entsprechender Größe und versuchen zu kopulieren. Wenn Weibchen mit Männchen der falschen Art zusammengesetzt werden, akzeptieren sie diese sofort.

Perdeck [380] beschreibt ähnliches für die eng verwandten Heuschrecken *Chorthippus brunneus* und *C. biguttulus*. Sie gleichen sich morphologisch sehr und treten in dem gleichen Gebiet auf. Ihre Gesänge sind jedoch sehr spezifisch, und die Weibchen werden, um es nochmals zu betonen, nur von dem Gesang ihrer eigenen Männchen angelockt. Wenn sie mit Tonbandaufnahmen ihres arteigenen Gesanges zu fremden Männchen gelockt werden, laufen Balz und Kopulation normal ab, und es entstehen Hybriden.

In Fällen wie dem eben genannten scheint es gut möglich, daß zwei Populationen mit ähnlichen Lockrufen nach vielen Generationen geographischer Trennung sich wieder überlappen. In der Zwischenzeit haben sie sich jedoch in vielerlei Hinsicht auseinanderentwickelt. Die Selektion unterstützte dann die Auseinanderentwicklung der Rufe, da Hybriden unvorteilhaft sind. Alexander und Bigelow [5] beschreiben die Lockgesänge einer großen Vielfalt von Grillen und Heuschrecken, die zusammen im Osten der USA leben. Sie stellten fest, daß sie alle – mit einer Ausnahme – verschiedene Lockgesänge haben (manchmal waren Arten einander morphologisch so ähnlich, daß sie erst durch den Gesang unterschieden werden konnten). Die Ausnahme bilden die beiden Grillenarten *Acheta pennsylvanicus* und *A. veletis*, die in genau dem gleichen Gebiet leben und identische Lockgesänge haben. Dies ist jedoch die Ausnahme, die die Regel bestätigt. Veletis und Pennsylvanicus paaren sich jeweils im Frühling bzw. im Herbst, und daher rufen die Männchen zu völlig verschiedenen Jahreszeiten und locken die Weibchen zur Paarung an. Diese beiden Arten haben sich aus einem gemeinsamen Vorfahren auseinanderentwikkelt, indem sie sich auf einen frühen und einen späten Fortpflanzungszyklus spezialisierten. Die Tatsache, daß während der Evolution ihre Gesänge identisch blieben, zeigt, daß ohne starken Selektionsdruck Gesänge konstant bleiben, wahrscheinlich weil Veränderungen leicht „mißverstanden" werden können. Den überzeugendsten Beweis für diese Folgerung liefern drei Grillen der Spezies *Gryllus, G. campestris* in Europa, *G. bermudiensis* auf Bermuda und *G. firmus* im Osten der USA. Sie sind seit vielen Tausenden von Generationen voneinander getrennt und haben sich in ihrem Aussehen beachtlich auseinanderentwickelt, ihre Gesänge jedoch blieben nahezu identisch [4].

Zwischen dem Ruf eines Männchens und der Reaktion eines Weibchens besteht eine gegenseitige Anpassung. Wenn die Selektion die Auseinanderentwicklung von Rufen begünstigt, dann stellen Veränderungen im Verhalten des einen Geschlechts einen Selektionsdruck für das andere Geschlecht dar, und es muß sich entsprechend anpassen. Plötzliche, große Veränderungen sind nachteilig, weil es für das andere Geschlecht zu „schwierig" ist, ihnen zu folgen.

Lock- und Paarungsrufe sind nur eine Art sexueller Isolationsmechanismen. Andere Tiergruppen erkennen ihre Artgenossen an Geruch, Farbmuster oder irgendeiner Merkmalskombination. Das Farbmuster ist offenbar bei einigen Vögeln bedeutsam. Mehrere Entenarten, deren Erpel sehr spezifische Farbmuster haben, können so am gleichen Teich zusammenkommen und dort balzen.

Geruchsunterschiede sind für die sexuelle Isolation bei Insekten von großer Bedeutung. Einige unbegattete Mottenweibchen locken die Männchen durch ihren äußerst spezifischen Geruch an [423]. *Drosophila*-Männchen nähern sich einem Weibchen und betasten es mit den Vorderbeinen. Dies ist ein starker Hinweis, daß sich die Geschlechter auf chemischem Wege erkennen [325].

Wenn wir die Gesangsmuster einmal ausschließen, wird das Balzverhalten selbst wahrscheinlich weniger zur Identifizierung benutzt. Die Unterschiede zwischen engen Verwandten sind, wie wir gesehen haben, meist nur graduell. Die Selektion scheint bei der Auseinanderentwicklung äußerst effektvoll und spezifisch über Farb- und Duftänderungen zu wirken. Balzmuster können dadurch zur sexuellen Isolation beitragen, daß durch die Bewegungen und Haltungen spezifische Farben oder Düfte auffällig präsentiert werden.

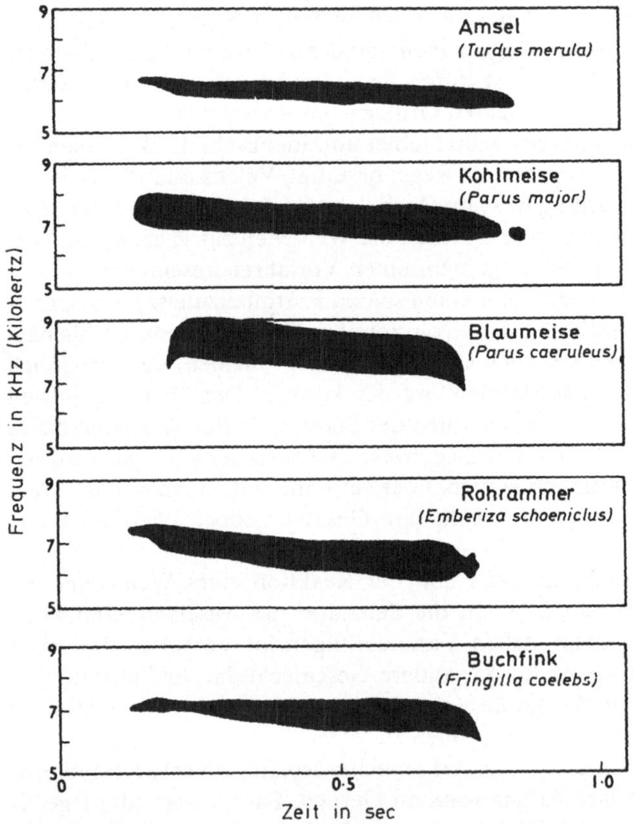

Abb. 6.11. Schallspektren (Sonagramme) der Alarmrufe von fünf Sperlingsvogelarten aus drei verschiedenen Familien. Sie sind erstaunlich ähnlich in Form und Tonhöhe und haben die gemeinsame Eigenschaft, schwer lokalisierbar zu sein. (Marler und Hamilton [333])

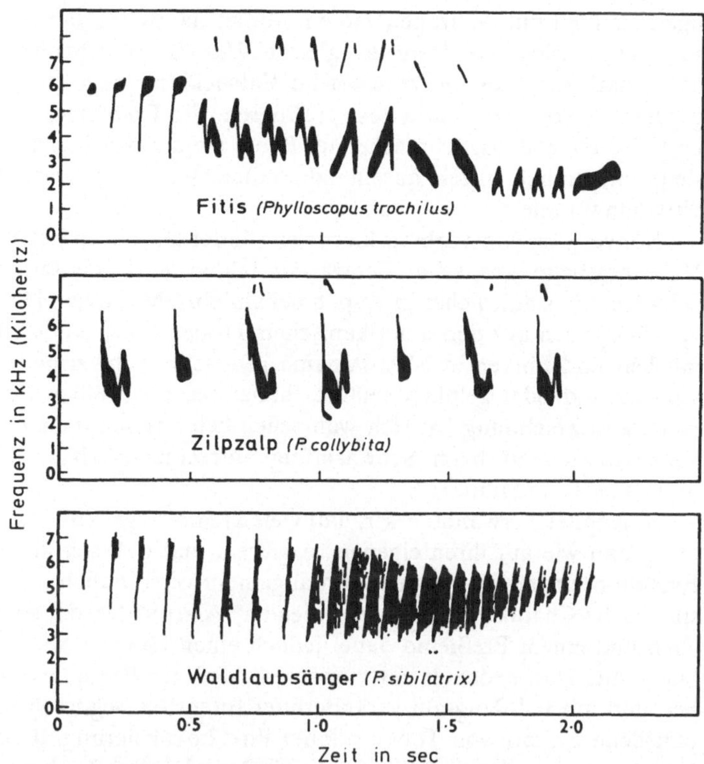

Abb. 6.12. Schallspektren (Sonagramme) der Gesänge dreier sehr eng verwandter europäischer Singvogelarten. Die drei ähneln sich im Gefieder sehr und teilen das gleiche Habitat. Daher dienen ihre Gesänge, wohl zumindest teilweise, als Mittel zur sexuellen Isolation. Sie unterscheiden sich auffällig in Form und Qualität, teilen jedoch die Eigenschaft leicht lokalisierbar zu sein. (Marler und Hamilton [333])

Die genannten Beispiele der sexuellen Isolation zeigen uns sehr deutlich, wie die Evolution von Verhaltensunterschieden als Hilfsmittel zur Artenunterscheidung genutzt werden kann. Es muß jedoch erwähnt werden, daß die Selektion manchmal gerade die entgegengesetzte Tendenz unterstützt und Tiere einander immer ähnlicher werden läßt. Das Phänomen der Müllerschen Mimikry ist ein bekanntes Beispiel. Viele übelschmeckende Insekten (z. B. Raupen des Jakobskrautbärs, Marienkäfer) oder solche mit Stacheln (z. B. Wespen, Hummeln) sind mit auffälligen Streifen oder Flecken schwarz und gelb oder schwarz und orange gefärbt. Die gleichen Farbmuster treten bei einigen Fischen, Amphibien, Eidechsen und Schlangen auf – jedesmal mit einem wirksamen Verteidigungsmechanismus verbunden. Die Selektion begünstigt ein übelschmeckendes oder giftiges Tier, das auffällig gefärbt ist und sich auch auffällig verhält oder zumindest nicht versucht, sich zu verstecken. Die Freßfeinde lernen schnell aus einer unangenehmen Erfahrung und vermeiden künftigen Kontakt mit derartigen Tieren. Müller nahm an, daß es kein Zufall war, daß so viele verschiedene Tiere die gleiche Warnfärbung benutzen. Der Schluß liegt nahe, daß die Selektion eine solche Entwicklung begünstigt, da die Tiere dann gegenseitig von dem Warneffekt profitieren. Ein Freßfeind, der die eine Art auffällig gefärbter und übelschmeckender Beute meidet, wird auch andere meiden, ohne sie probieren und einzeln auseinanderhalten zu müssen – eindeutig eine vorteilhafte Situation für alle.

Konvergenz von Farbmarkierungen findet man auch bei Vogelarten,die für die Nahrungssuche gemischte Schwärme bilden (wir werden die Bedeutung von Schwärmen ausführlicher in Kap. 8 behandeln). Moynihan [359] nennt eine Anzahl von Beispielen aus den amerikanischen Tropen. U. a. bilden Prachtmeisen, Grasmücken und Finken in West-Panama gemischte Schwärme. Die Vögel sind meist schwarz und/oder gelblich gefärbt, manchmal mit weißen Markierungen. Die gemeinsame Zeichnung hat sich wahrscheinlich speziell dazu entwickelt, den Gruppenzusammenhalt beim Schwarmflug aufrechtzuerhalten. Moynihan bezeichnet dies als „soziale Mimikry".

In Kapitel 3 erwähnten wir, daß viele kleine Vögel auf den Warnruf anderer Arten genau wie auf ihren eigenen reagieren, und daß sich diese Rufe während der Evolution einander anglichen, um allgemein verständlich zu sein. Marler [329] bespricht die Charakteristika eines „idealen" Alarmrufes, der so weit wie möglich reichen und einem Freßfeind dabei jedoch einen Hinweis zur Ortung des Rufers geben sollte. Dies bedeutet unter anderem, daß der Ruf eine konstante Tonhöhe haben und mit sich langsam verändernder Intensität beginnen und enden sollte. Der plötzliche Einsatz von Tönen erlaubt ihre Lokalisierung, da eine Möglichkeit der Vertebraten zur Schallokalisation darin besteht, den Zeitunterschied, mit dem der Schall auf jedes Ohr trifft, zu vergleichen. Abbildung 6.11 zeigt Schallspektren (Sonagramme) kleiner Vögel aus drei verschiedenen Familien. Die Rufe sind sich äußerst ähnlich und besitzen die obengenannten Eigenschaften. Sie stehen in auffälligem Kontrast zu Abbildung 6.12, in der wir die Reviergesänge dreier europäischer Singvogelarten sehen. Hier haben die Forderungen nach Abgrenzung sexueller Isolation zu deutlichen Unterschieden zwischen engen Verwandten, die im gleichen Gebiet leben, geführt.

7 Lernen

Bisher haben wir uns mit Lernen nur im Zusammenhang mit den gerade zur Diskussion stehenden Aspekten des Verhaltens beschäftigt. Nun soll das Lernen selbst im Mittelpunkt der Betrachtung stehen. Lernen beinhaltet eine oft lang andauernde Verhaltensänderung, und es wäre durchaus gerechtfertigt gewesen, es schon vorher als eine Form der Verhaltensentwicklung zu besprechen. In diesem Kapitel werden wir das Phänomen Lernen im allgemeinen sowie seine diversen Erscheinungsformen betrachten und dabei auch die unterschiedliche Lernfähigkeit verschiedener Tiergruppen berücksichtigen.

Thorpe [457] definiert Lernen als „... den Prozeß, der sich in einer adaptiven Veränderung des individuellen Verhaltens als Ergebnis einer Erfahrung zeigt". Diese Definition macht auf zwei bedeutende Merkmale aufmerksam. Erstens, das Ergebnis von Lernen sind normalerweise adaptive Verhaltensänderungen. In Kapitel 2 besprachen wir, daß ein Tier sowohl durch Lernen als auch durch Instinkt mit einer Reihe auf seine Umwelt angepaßten Verhaltensmustern ausgestattet werden kann. Normalerweise treten beide Möglichkeiten kombiniert auf, und folglich haben sie vieles gemeinsam. In dem einen Fall handelt es sich um die Selektion von Individuen, die bei der Evolution einer Tierpopulation die besten Gene haben, im anderen um die Selektion der besten Verhaltensreaktionen während des Lernprozesses eines Individuums. Russell [410, 411, 412, 413] stellt die Analogie zwischen Lernen und Evolution äußerst umfassend und aufschlußreich dar.

Der zweite wichtige Ansatzpunkt, der von Thorpes Definition ausgeht, ist der, daß Lernen ein *Prozeß* ist, den wir in der Regel nicht direkt messen können. Was wir messen, ist die Erinnerung als Ergebnis eines Lernvorgangs. Da wir uns besser mit Menschen verständigen können, sind sie für die Lernforschung in vieler Hinsicht besser geeignet als Tiere. Es ist z. B. möglich, unser Gedächtnis auf zwei Arten zu testen: durch „Reproduktion", d. h. beispielsweise durch Aufsagen oder Aufschreiben einer Liste sinnloser Silben, die wir vorher gelernt haben, oder durch „Wiedererkennen", d. h., wir nennen aus einer Reihe sinnloser Silben, die auch unsere gelernten enthält, diejenigen, die wir erkennen. Von der Aufgabenstellung her ist Wiedererkennen immer leichter als Reproduzieren, da Reize gegeben werden, die, wie wir sagen, „unserem Gedächtnis nachhelfen" und die Erinnerung erleichtern. Wenn wir eine Ratte darauf dressiert haben, ein Labyrinth zu durchlaufen, können wir nicht von ihr verlangen, ihren Weg auf Papier aufzuzeichnen. Die einzige Möglichkeit zu überprüfen, was sie gelernt und behalten hat, ist, sie wieder in das Labyrinth zu setzen und ihr Verhalten zu beobachten. Wenn die Ratte Fehler macht, haben wir kein Mittel festzustellen, ob sie nicht gelernt hat, oder ob sie gelernt hat und sich nur nicht erinnern kann. Diese Schwierigkeit konfrontiert uns mit dem Problem der Lernmechanismen. Was geschieht im Nervensystem, wenn ein Tier etwas lernt?

Wenn ein Jungvogel zum erstenmal den Alarmruf seiner Eltern hört und sich duckt, benutzt er dazu vorgegebene, vererbte Nervenbahnen in seinem Gehirn, durch die ein spezieller akustischer Reiz leichten „Zugang" zu dem motorischen System hat, das die Duckbewegung kontrolliert. Wenn eine Ratte lernt, den Hebel in einer Skinnerbox zu drücken, müssen neue Nervenbahnen beteiligt werden, weil der Hebel vor dem Lernen keine besondere Reaktion hervorrief. Wir wissen auch, daß die alleinige Konfrontation der Ratte mit dem Hebel nicht ausreicht, sondern daß eine Bekräftigung stattfinden muß. Ein Teil der Lernmechanismen speichert das Ergebnis der Reaktionen der Ratte, und wenn das Ergebnis „gut" ist, erhöht sich die Wahrscheinlichkeit, daß diese Reaktionen bei einer Wiederholung der Situation wieder auftreten. Weiter ist bekannt, daß im Nervensystem eine mehr oder weniger dauerhafte Speicherung des Gelernten vorhanden ist, die in zukünftigen Fällen „befragt" oder abgerufen werden kann.

Die Suche nach dem Speicher oder der Gedächtnisspur und den physiologischen Mechanismen, die ihrer Ausbildung zugrunde liegen, ist schon jahrzehntelang Gegenstand intensiver Forschung. Dies ist sicherlich eines der ungelösten Hauptprobleme der Biologie, Fortschritte auf diesem Gebiet zu erzielen ist jedoch nicht einfach. Wir werden Lernen hier nur im Zusammenhang mit Verhalten betrachten. Einen ausführlichen Überblick über Probleme von Lernmechanismen haben Rosenzweig und Bennett [398] herausgegeben.

Bis vor kurzem wurden die Untersuchungen über Lernen bei Tieren vor allem von Experimentalpsychologen durchgeführt. Bald nachdem J. B. Watson den neuen „Behaviorismus" gegründet hatte, beschäftigte man sich ein halbes Jahrhundert eingehend mit den Lernfähigkeiten der weißen Laborratte. Aus dieser Arbeit entwickelten sich verschiedene Lehrmeinungen über Lernen, wie z. B. die von Hull, Tolman und Skinner. Jede hat versucht, ein System von Gesetzmäßigkeiten des Verhaltens aufzustellen, die mehr oder weniger genau vorhersagen lassen, unter welchen Bedingungen Lernen auftritt. An dieser Stelle werden wir sie jedoch nicht ausführlich erörtern. Ausführliche Darstellungen von Lerntheorien geben Munn [360] in seinem klassischen Handbuch über die Ratte und Broadbent [67]. Diese Lerntheorien waren bis vor kurzem jedoch insofern unzulänglich, als sie sich allzu stark auf ein oder zwei domestizierte Arten beschränkten, die weiße Ratte und die Taube.

Arten des Lernens

Lernen findet bei den verschiedensten Tieren unter den unterschiedlichsten Bedingungen statt. Bei einigen Schulen der Psychologie stand die Vorstellung im Mittelpunkt, daß es allgemeingültige „Gesetze des Lernens" gibt, die immer Anwendung finden, wo Lernen stattfindet. Dieser Standpunkt wurde in letzter Zeit stark angegriffen. In den Büchern von Seligman und Hager [431] und Hinde und Stevenson-Hinde [224] finden sich überzeugende Argumente der verschiedensten Autoren dafür, daß sich die Lernfähigkeiten eines Tieres genau wie all seine anderen Verhaltensweisen in der Evolution herausgebildet haben müssen, um seinen besonderen Erfordernissen zu entsprechen. Wir können nicht erwarten, daß, außer auf einer sehr allgemeinen Ebene, Lernen bei der Honigbiene dem Lernen bei Tauben entspricht. Allgemeingültig sind wohl die Eigenschaften der am Lernen beteiligten logischen Operationen. Wenn eine Honigbiene lernt, daß ein schwarzer Fleck auf einem weißen Hintergrund eine Futterschale anzeigt, und eine Taube lernt, auf einen blauen Hebel zu picken, um Futterkörner zu erhalten, dann gibt es tatsächlich einen Gesichtspunkt, in dem sich ihr Lernen gleicht. Auf jeden Fall ist es für unsere Betrachtung hilfreich, verschiedene Arten von Lernvorgängen zu unterscheiden. Wir müssen uns dabei bewußt sein, daß jede Art von Klassifizierung wohl kaum mehr als eine Reihe von Abstraktionen darstellt. Sie müssen nicht unbedingt mit den natürlichen Gegebenheiten übereinstimmen, besonders wenn eine Vielzahl von Tierarten betrachtet wird.

Wir werden hier die Klassifizierung von Thorpe [457] übernehmen. Die folgende Darstellung basiert zum Großteil auf seinem Buch, das noch sehr viel mehr Details und ausführliche Literaturangaben enthält. Der besondere Wert von Thorpes Buch, obwohl heute schon etwas veraltet, liegt in der Abhandlung des gesamten Tierreichs. Seine Klassifizierung von Lernen zusammen mit weiteren gebräuchlichen Synonymen lautet:

1. Gewöhnung

Assoziatives Lernen
2. Konditionierter Reflex Typ I bzw. konditionierte Reaktion Typ I (CR), „klassische Konditionierung" oder „respondente Konditionierung".
3. „Versuch und Irrtum" und konditionierte Reaktion Typ II, darunter fällt auch größtenteils „instrumentelle Konditionierung" oder, nach Skinner, „operante Konditionierung".

4. Latentes Lernen
5. Lernen durch Einsicht
6. Prägung

Wir haben Prägung bereits in Kapitel 2 besprochen, da sie heute eher unter dem Aspekt der Individualentwicklung verstanden wird, denn als eine bestimmte Art des Lernens. Die anderen Lernkategorien können der Reihe nach behandelt werden.

Gewöhnung

Da Gewöhnung in gewisser Hinsicht die einfachste Art des Lernens ist, bietet es sich an, sie als erste zu besprechen. Bei der Gewöhnung handelt es sich nicht wie bei anderen Lernarten um den Erwerb neuer Reaktionsweisen, sondern um den

Verlust bereits vorhandener. Wenn einem Tier wiederholt ein Reiz ohne Belohnung oder Bestrafung gegeben wird, so wird die Reaktion darauf immer schwächer. Vögel ignorieren nach kurzer Zeit die Vogelscheuche, vor der sie anfangs flohen. Eine über eine Glasplatte kriechende Schnecke zieht sich sofort in ihr Haus zurück, wenn auf das Glas geklopft wird. Nach einer Weile kommt sie wieder heraus und bewegt sich weiter. Auf ein zweites Klopfen zieht sie sich wieder zurück, kommt jedoch schneller wieder hervor. Wenn wir in dieser Weise fortfahren, wird die Reaktion der Schnecke immer schwächer, bis sie schließlich ganz verschwindet.

Eine Untersuchung von Clark [96, 97] über den Borstenwurm, *Nereis,* zeigt einige der typischen Kennzeichen von Gewöhnung. *Nereis* ist ein Meereswurm, der normalerweise in einer Höhle oder Röhre lebt, die er in den Schlamm brackiger Flußmündungen baut. Wenn er sich von der Schlammoberfläche ernährt, schauen der Kopf und die vorderen Segmente aus der Röhre hervor. In dieser Situation verursachen eine ganze Reihe plötzlicher Reize den schnellen Rückzug des Wurmes in seine Röhre. Im Labor konnte Clark die Würmer leicht in Glasröhren in flachen Wasserbasins halten. Er fand, daß Zittern des Beckens (mechanischer Schock), Berührung des Kopfes, plötzlich vorbeiziehender Schatten und eine Vielzahl anderer Reize raschen Rückzug in die Röhre bewirkten, daß aber die meisten Würmer innerhalb einer Minute wieder herauskamen. Wurden diese Reizgaben in Abständen von einer Minute wiederholt, so nahm der Prozentsatz der reagierenden Würmer immer mehr ab, bis sich keiner mehr zurückzog. Clark fand, daß Gewöhnung schneller eintritt, wenn Reize dicht hintereinander gegeben wurden. Zum Beispiel bedurfte es bei einem grellen Lichtblitz weniger als 40 Versuche mit Abständen von einer halben Minute, aber 80 Versuche waren nötig, wenn die Intervallzeit 5 Minuten betrug. Der Gewöhnungserfolg hing auch von der Beschaffenheit des Reizes ab: mechanischer Schock, Schatten, Berührung und Lichtblitz hatten jeweils eine charakteristische Gewöhnungsrate. Ferner war Gewöhnung in starkem Maße „reizspezifisch". Abbildung 7.1 zeigt, daß die Verminderung der Reaktion auf einen wiederholten mechanischen Schock unabhängig von der Reaktion auf einen Schatten ist. In dieser Hinsicht ähnelt das Verhalten der Würmer dem der jungen Buchfinken in Prechtls [383] Experimenten (vgl. S. 10).

Es gibt eine Anzahl anderer Vorgänge, die mit Gewöhnung verwechselt werden können, da sie auch zu einer Reaktionsverminderung führen. Ergebnisse, wie in Abbildung 7.1 dargestellt, schließen jede Möglichkeit einer Reaktionsverminderung durch Veränderung der Motivationslage oder durch muskuläre Ermüdung aus, es ist jedoch oft sehr schwierig, Adaptation der Sinnesorgane auszuschalten. Viele Sinnesorgane reagieren auf wiederholte Reizung schließlich nicht mehr. (Auf S. 111 besprachen wir die Adaptation der chemosensorischen Haare der Schmeißfliege, *Phormia.*) Nachdem wir unsere Kleidung angelegt haben, verlieren wir etwa innerhalb einer Minute das Gefühl für sie, da die taktilen Rezeptoren der Haut nicht mehr antworten. Bei *Nereis* jedoch konnte Clark die Adaptation der Sinnesorgane als eine Erklärung für die Reaktionsabnahme ausschließen. Wenn der Wurm z. B. mit einer Sonde berührt wurde, zog er sich nach kurzer Zeit nicht mehr zurück, er

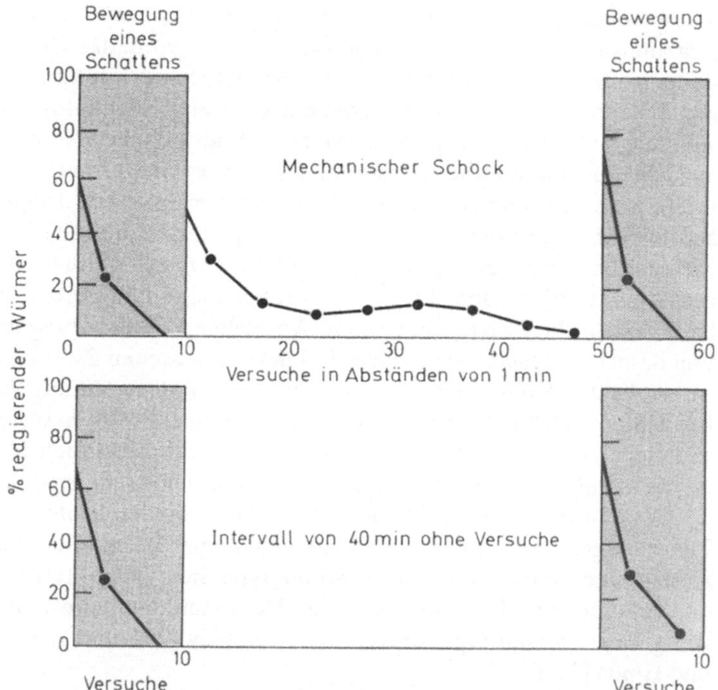

Abb. 7.1. Das Ausmaß der Gewöhnung für zwei verschiedene Reize bei *Nereis*. Die gemessene Reaktion ist der plötzliche Rückzug des Wurmes in seine Röhre. Die Versuche wurden in Abständen von einer Minute durchgeführt. Die dunklen Gebiete stellen die Reaktion von 20 Würmern auf einen sich bewegenden Schatten dar. Nach 10 Versuchen hörten sie alle auf zu reagieren, nach einer Umstellung auf einen mechanischen Schock (heller Teil der oberen Abbildung) jedoch, reagiert die Hälfte der Würmer wieder; die Gewöhnung tritt jetzt langsamer ein und benötigt mehr als 30 Versuche. Nach 40 Minuten ist die Reaktion auf den sich bewegenden Schatten wieder vollständig vorhanden, gleichgültig, ob Gewöhnungsversuche auf mechanischen Schock (*obere Abbildung*) dazwischenlagen, oder die Würmer sich selbst überlassen blieben (*untere Abbildung*). Es ist deutlich, daß die Gewöhnungen auf diese beiden Reize voneinander unabhängig sind. (Clark [96])

nahm jedoch den Reiz eindeutig wahr, weil er nun versuchte, die Sonde mit seinen Mandibeln zu ergreifen.

Adaptation von Sinnesorganen ist in der Regel ein kurzlebiges Phänomen. Wenige Minuten ohne Reizgabe reichen gewöhnlich aus, um die Reaktion wieder vollständig herzustellen. Es wäre unpassend zu sagen, daß wir uns an das Gefühl unserer Kleidung gewöhnen. Wir wollen den Begriff der Gewöhnung nur für eine dauerhaftere Reaktionsabnahme anwenden, die vom zentralen Nervensystem und nicht von den Sinnesorganen gesteuert wird.

Clark konnte beobachten, daß sich die Rückzugsbewegung bei *Nereis* innerhalb einer Stunde oder weniger wieder erholte. Nach 24 Stunden reagierte der

Wurm wieder genau wie zuvor. Wir haben bereits erwähnt, daß die Abnahme der Reaktionshäufigkeit reizspezifisch war, was sehr gut in das Gesamtbild von Gewöhnung „paßt". Es gibt jedoch noch andere Arten von Reaktionsabnahme mit anderen Zeitverläufen, und es ist allgemein schwierig, stichhaltige Aussagen über Gewöhnung auf Verhaltensbasis zu machen. Hindes Experimente über das Haßverhalten von Buchfinken, die in Kapitel 1 beschrieben wurden (vgl. Abb. 1.5 als Beispiel), lassen annehmen, daß der Reaktionsabnahme ein doppelter Erholungsprozeß folgt. Es gibt eine relativ rasche Komponente, die innerhalb von 24 Stunden wirksam und auch reizspezifisch ist, und daher mit der Situation bei *Nereis* sehr gut verglichen werden kann. Es gibt jedoch auch eine Langzeitkomponente, die innerhalb der gleichen Zeitspanne kaum Anzeichen von Erholung zeigte, da die Reaktion immer noch stark abgeschwächt blieb. Es bestehen Zweifel, ob es gerechtfertigt ist, die beiden Komponenten unter dem Begriff „Gewöhnung" zusammenzufassen. Betrachtet man die Adaptation von Sinnesorganen unter natürlichen Bedingungen, so treten Kurz- und Langzeitreaktionsabbau wahrscheinlich in einigen Fällen gemeinsam auf. Daher ist es unmöglich, Gewöhnung streng zu definieren.

Gewöhnungsähnliche Phänomene werden von den Protozoen aufwärts bei allen Tierarten gefunden. Sie scheinen ein allgemeiner Bestandteil der lebenden Materie zu sein, und sicher können auch all die typischen Charakteristika von Gewöhnung und Erholung auf der Ebene einzelner Neuronen und neuromuskulärer Verbindungen gezeigt werden (vgl. Bruner und Kennedy [75], und den Überblick bei Horn und Hinde [232]).

Die Gewöhnung ist ein wichtiger Prozeß bei der Anpassung des Verhaltens von Tieren an einen Lebensraum. Kleine räuberische Tiere, wie z. B. *Nereis*, können sich nicht allzu lange in ihren Röhren verstecken – sie müssen herauskommen um zu fressen. Obwohl es sehr wichtig ist, sich bei plötzlich auftretenden Schatten schnell zurückzuziehen, bedeutet nicht jeder Schatten, daß sich ein Raubfisch nähert, es kann ebenso lediglich ein treibendes Stück Seetang sein. Im allgemeinen bedeuten häufige Schatten eher Seetang als Freßfeinde, und es ist Anpassung, die Antworthäufigkeit zu verringern, wenn ein wiederholter Reiz keine direkten Konsequenzen hat.

Gewöhnung spielt auch bei der Entwicklung des Verhaltens von Jungtieren eine bedeutende Rolle. Diese werden oft von einer großen Zahl von Freßfeinden bedroht und beginnen, auf alles große sich bewegende Fluchtreaktionen zu zeigen. Sie lernen schnell, durch Wind bewegte Blätter oder andere neutrale Reize unbeachtet zu lassen. Schleidts [420] Arbeit über die Alarmreaktion bei jungen Truthähnen (vgl. S. 81) verdeutlicht dies sehr gut. Die vererbte Pickreaktion von Hühnerküken ist auf alle kleinen Objekte gerichtet, die sich vom Boden unterscheiden. Auch hier tritt für ungeeignete Objekte schnell Gewöhnung ein, und das Küken lernt, Futter zu erkennen und von anderem zu unterscheiden.

Konditionierter Reflex Typ I

Der Begriff „konditionierter Reflex" oder „konditionierte Reaktion" ist untrennbar mit dem großen russischen Physiologen I. P. Pawlow [378] verbunden. Pawlows Einfluß auf die russische Verhaltensforschung ist noch immer sehr groß, da die von ihm entwickelte Theorie des Verhaltens jedoch im Westen wenig Unterstützung fand, war sein Einfluß hier geringer. Pawlow und Sherrington arbeiteten zur gleichen Zeit, gingen jedoch von völlig verschiedenen Standpunkten aus. Sherrington untersuchte den Ablauf von Reflexen im isolierten Rückenmark von Hunden und Katzen, nachdem er den Einfluß von höheren Zentren sorgfältig ausgeschaltet hatte. Pawlow arbeitete mit intakten Tieren und nahm an, daß einfache Reflexe auf Eigenschaften des Rückenmarks beruhen, konditionierte Reflexe jedoch auf Eigenschaften höherer Gehirnzentren. Pawlows Ziel war es, „die Physiologie der höheren Nervenaktivität" zu untersuchen, die meisten seiner Experimente waren jedoch, modern ausgedrückt, reine Experimentalpsychologie. In der Tat war Pawlow einer der Begründer der Experimentalpsychologie; er wandte bereits einige Jahre vor Watson objektive Methoden zur Untersuchung von Lernen an.

In Pawlows klassischen Experimenten mit Hunden wurde oft der „Speichelreflex" benutzt. Hunde sondern Speichel ab, wenn sie Futter im Maul haben. Pawlow konnte die Stärke ihrer Reaktion messen, indem er vom Speichelkanal eine Fistel durch die Wange führte, so daß der Speichel aus einem Trichter tropfte und gemessen werden konnte. Ein hungriger Hund wurde auf einem Podest angeschnallt und alle Arten von Störungen mit größter Sorgfalt ausgeschaltet. In dieser Haltung konnten dem Versuchstier verschiedene genau kontrollierte Reize wie Licht, Ton oder Berührung gegeben werden, zudem konnte man Fleischpulver durch ein Röhrchen in sein Maul bringen. Eine bestimmte Menge Fleischpulver rief die Absonderung einer bestimmten Speichelmenge hervor. Nun ließ Pawlow jeder Fleischration z. B. ein Metronomticken vorausgehen. Zunächst bewirkte dieser Reiz keine Reaktion, außer, daß der Hund sofort seine Ohren stellte. Jedoch nach fünf oder sechs gepaarten Reizen von Metronom, gefolgt von Futter, begann Speichel bereits auf das Metronomticken hin zu fließen, noch bevor das Fleischpulver gegeben wurde. Schließlich produzierte der Hund auf das Metronomgeräusch allein genauso viel Speichel wie auf das Fleischpulver.

Der Hund hatte gelernt, auf einen neuen Reiz zu reagieren, der vorher neutral war. Pawlow bezeichnete ihn als „konditionierten Reiz" (conditioned stimulus, CS). Die Speichelreaktion auf den CS ist die „konditionierte Reaktion" bzw. der „konditionierte Reflex" (conditioned response, CR). Vor dem Lernen hat nur das Fleischpulver oder der „unkonditionierte Reiz" (unconditioned stimulus, UCS) Speichelfluß als „unkonditionierte Reaktion" bzw. „unkonditionierter Reflex" (unconditioned response, UCR) hervorgerufen.

Pawlow fand, daß fast jeder Reiz als CS wirken kann, vorausgesetzt, daß er keine zu starke Eigenreaktion hervorruft. Bei sehr hungrigen Hunden hatten sogar schmerzhafte Reize, die ursprünglich Zurückweichen bewirkten, recht bald Speichelabsonderung zur Folge, wenn sie mit Futter verbunden wurden.

CR entsteht durch die Verbindung eines neuen Reizes mit einer Belohnung oder „positiven Verstärkung"; mit diesem Begriff werden wir uns später noch eingehender beschäftigen. CR für Zurückweichen kann auch erzeugt werden, wenn man einen CS mit Bestrafung oder „negativer Verstärkung" verbindet. Bei einem Elektroschock auf die Pfote hebt der Hund sie sofort, wenn Metronom und Schock gekoppelt werden, hebt der Hund nach kurzer Zeit seine Pfote allein auf das Geräusch.

Konditionierte Reaktionen (Reflexe) dieser Art wurden bei vielen verschiedenen Tierarten von den Arthropoden bis zu den Schimpansen beobachtet. Zum Beispiel lernen Vögel nach ein oder zwei Versuchen, die schwarz und orange gefärbten und übelschmeckenden Raupen des Jakobskrautbärs zu meiden. Sie assoziieren Geschmack mit Farbmuster und generalisieren (vgl. S. 233) von Jakobskrautbär-Raupen auf Wespen und andere schwarz und orange gemusterte Insekten. Da Freßfeinde generalisieren, ist es für verschiedene übelschmeckende Insekten vorteilhaft, einander zu ähneln – das Phänomen der Müllerschen Mimikry (vgl. S. 219).

In der Natur begegnen wir kaum einem konditionierten Reflex in einer so „reinen" Form wie im Labor. Bienen lernen nicht nur, eine bestimmte Farbe mit Nektarbelohnung zu verbinden, sie lernen auch, den Standort von Blüten mit Bezug zu ihrem Bienenstock zu bestimmen und auch, zu welcher Tageszeit die Nektarabsonderung am größten ist. Pawlow fand, daß sogar unter seinen gewissenhaft kontrollierten Bedingungen seine Hunde mehr als eine Reaktion auf einen bestimmten Reiz zeigten. So läuft ein mit den Labormethoden vertrauter Hund vor dem Experimentator in den Testraum und springt voller Erwartung auf das Podest.

Versuch und Irrtum

Bei der konditionierten Reaktion CR Typ I beginnt das Tier mit einer Reaktion – UCR ist mit einem bestimmten UCS verbunden – die danach einem neuen Reiz zugeordnet wird. Daher stammt auch der Begriff der „reaktiven Konditionierung", der manchmal für diese Lernart angewandt wird. Im Gegensatz zu dieser Situation kann ein Tier jedoch auch durch Durst, Hunger oder Angst motiviert sein, wobei jedoch kein UCS vorhanden ist, der eine entsprechende UCR hervorruft. Das Tier beginnt daher, seine Umgebung zu erkunden und zeigt Appetenzverhalten, bei dem es zahlreiche spontane Handlungen ausführt, wie Beriechen, Umherlaufen, Sichumsehen etc. Angenommen, einem dieser Verhaltensmuster folgt Verstärkung – z. B. ein hungriges Tier erhält Futter – dann lernt das Tier, wenn diese Verstärkung mehrmals wiederholt wird, das Verhaltensmuster regelmäßig in der bestimmten Situation auszuführen.

Ein Beispiel soll dies verdeutlichen und erklären, warum es gerechtfertigt ist, diese Lernart als „Versuch und Irrtum" zu bezeichnen. In seinen bahnbrechenden Lernexperimenten benutzte Thorndike eine Reihe von „Problemkäfigen"; einer davon ist in Abbildung 7.2 dargestellt. Es ist ein Käfig, der von innen nur durch Drükken eines Hebels geöffnet werden kann. Eine Katze wird eingesperrt und versucht, mit allen Mitteln zu entkommen. Sie läuft ruhelos hin und her, und nach einer Wei-

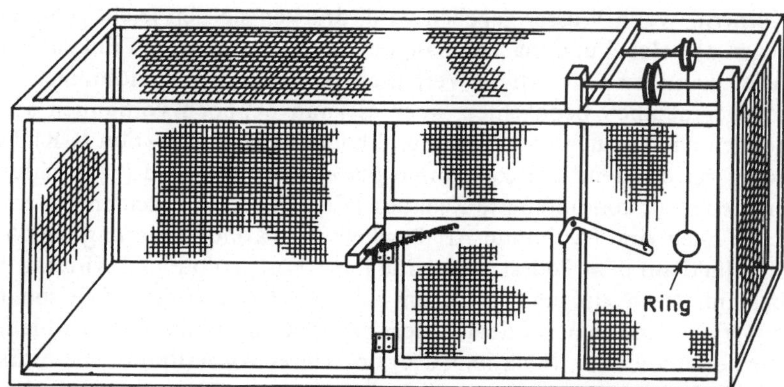

Abb. 7.2. Ein Problemkäfig von Thorndike. Eine Katze wird in den Käfig gesperrt und muß lernen, am Ring zu ziehen, um die Tür zu öffnen. (Nach: Maier und Schneirla: [322], 1935, Principles of animal psychology. Copyright 1935. Mit Erlaubnis von McGraw-Hill, New York und Maidenhead)

le tritt sie – zufällig – auf den Hebel, und die Tür öffnet sich. Der zweite und dritte Versuch können eine Wiederholung des ersten sein, aber bald schenkt die Katze dem Hebel mehr Aufmerksamkeit, und schließlich läuft sie, sobald sie eingesperrt ist, zielstrebig quer durch den Käfig und drückt den Hebel. Der Begriff „Versuch und Irrtum" trifft diesen Lerntyp offenbar sehr gut. Die Katze lernt, unbelohnte Verhaltensweisen auszuschalten, und zeigt häufiger nur das Verhalten, das belohnt wird. Zu Beginn ist jedoch in ihrer Aktivität kein System, die erste Belohnung wird durch reinen Zufall erhalten.

Wir haben bereits die Verwendung einer Skinnerbox beschrieben, die im Grunde auch einen Problemkäfig darstellt. Ein Tier lernt durch Versuch und Irrtum, daß es durch das Drücken eines Hebels eine kleine Belohnung erhält. Da das vom Tier selbst „spontan erzeugte" Verhalten als Mittel (Instrument) dient, eine Belohnung zu erhalten, wird dieses Lernen oft als „instrumentelle Konditionierung" bezeichnet (Skinner benutzt auch den Begriff „operante Konditionierung"). Im Prinzip besteht jedoch kein Unterschied zu Versuch und Irrtum. Bei dieser Art der Konditionierung ist kein konditionierter Reiz (CS) vorhanden, es sei denn, wir betrachten die körpereigene Rückmeldung von den Muskeln während der Ausführung der konditionierten Reaktion (CR) – Hebeldrücken z. B. – als Reizmuster, das die Belohnung anzeigt. Im Laufe der Zeit können jedoch Kennzeichen der Versuch-und-Irrtum-Situation als konditionierte Reize wirken, die dem Tier anzeigen, daß seine Reaktion jetzt „angebracht" ist und belohnt werden wird.

Es ist nicht ganz klar, wie grundlegend die Unterschiede zwischen Versuch und Irrtum und der konditionierten Reaktion (CR) Typ I sind. Es gibt deutliche Hinweise dafür (vgl. Moore [354]), daß Tauben in Skinnerboxen auf einen Hebel klassisch konditioniert werden und ihn so behandeln, „als ob" er Futter oder Wasser sei. In Verbindung mit Futter picken sie direkt nach dem Hebel, genau wie nach

Körnern. Wenn Wasser gegeben wird, drücken sie den leicht geöffneten Schnabel gegen den Hebel und machen Saugbewegungen wie beim Trinken. Bei Ratten oder Affen kann man derartiges Verhalten in operanten Konditionierungssituationen weniger deutlich beobachten, aber es kann dennoch vorhanden sein. Zweifellos können wir Versuch und Irrtum und konditionierte Reaktion (CR) Typ I nicht als völlig verschiedene Lernkategorien betrachten. Konorski [275] schlug vor, erstere am besten als konditionierte Reaktion (CR) Typ II zu bezeichnen; ferner schließt er darin auch eine bestimmte Art Pawlowscher Konditionierung ein. Angenommen, ein Hund auf dem Podest hebt seine linke Vorderpfote und wird mit Fleischpulver belohnt. Nach einigen Versuchen hebt der Hund seine Pfote spontan, wenn er hungrig ist und sich auf dem Podest befindet. In diesem Fall wird lediglich die Art der konditionierten Reaktion (CR) des Tieres vorbestimmt; die Situation im Problemkäfig oder der Skinnerbox jedoch, bei der das Tier spontan die belohnte Handlung ausführt, ist offenbar natürlicher.

Oft wird Lernen durch Versuch und Irrtum das Appetenzverhalten eines Tieres beeinflussen, wenn es Futter, Schutz oder einen Geschlechtspartner sucht. Sehr häufig wird Lernen durch Versuch und Irrtum dabei gemeinsam mit der klassischen Konditionierung (CR Typ I) auftreten, da sowohl neue Reize als auch neue Verhaltensmuster gelernt werden müssen. Ein bekanntes Beispiel ist ein Experiment, in dem Ratten durch ein Labyrinth laufen sollen. Dazu können sie eine Kombination von Anhaltspunkten erlernen, einige sind optisch und hängen von den entsprechenden Reizen an den Entscheidungspunkten ab, andere sind „kinästhetisch", d. h. die Ratten lernen, ob sie sich nach rechts oder links wenden müssen.

Versuch und Irrtum ist wahrscheinlich der passendste Begriff für Lernen neuer motorischer Fähigkeiten. Junge Säugetiere und Vögel z. B. können die Koordinierung ihrer Bewegungen durch Übung vervollkommnen, oft im Spiel mit ihren Geschwistern oder Eltern.

Charakteristika des assoziativen Lernens

Da beide Arten assoziativen Lernens vieles gemeinsam haben und relativ einfach sind, wollen wir hier die allgemeinen Kennzeichen dieses Lernprozesses zusammenfassen. Die meisten dieser Kennzeichen wurden erstmals von Pawlow in seiner Arbeit über die konditionierte Reaktion (CR Typ I) beschrieben. Wie schon erwähnt, ist es sehr problematisch, „Lerngesetze" aufzustellen, die allgemeingültig sind. Daher kann das Folgende nur eine stark vereinfachte Darstellung sein. Auf deutliche Abweichungen von der allgemeinen Regel werden wir hinweisen.

Kontiguität

Bei der großen Mehrheit herkömmlicher Lernsituationen konnte gezeigt werden, daß ein konditionierter Reiz oder eine neue Reaktion, wie Hebeldrücken, nur dann mit einer Verstärkung assoziiert wird, wenn beide in einer engen zeitlichen Koppe-

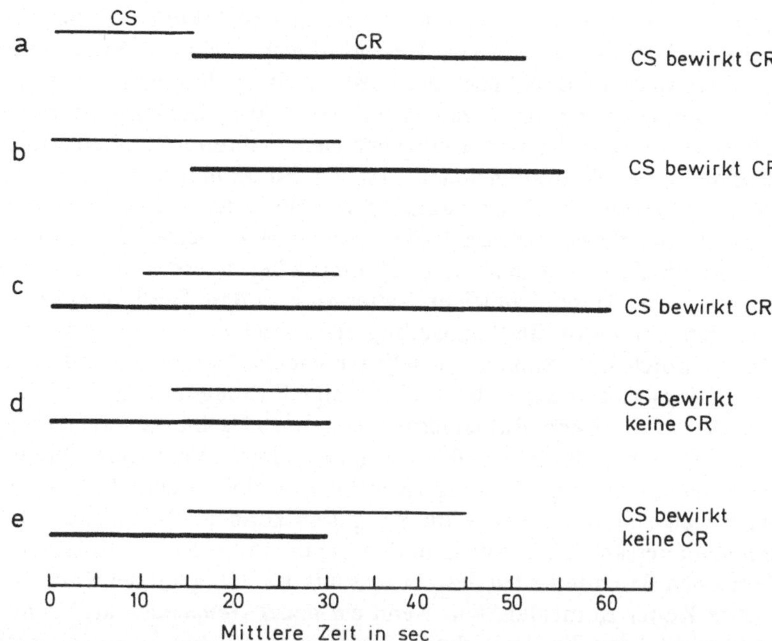

Abb. 7.3 a – e. Die Auswirkung der Reizsequenz auf die Ausbildung eines konditionierten Reflexes (Reaktion). In jedem Fall stellt die *obere, dünne Linie* die Dauer des konditionierten Reizes (*CS*) dar, die *untere, dicke Linie* die des unkonditionierten Reizes (*UCS*). Die Ergebnisse werden rechts aufgeführt: es ist zu beachten, daß, wenn ein konditionierter Reflex erfolgreich aufgebaut werden soll, der CS nicht mit dem UCS enden oder länger andauern darf. Ist dies jedoch der Fall, dann bleibt der CS neutral und kann sogar die Reaktion auf den UCS hemmen. (Konorski [275])

lung auftreten. Abbildung 7.3 zeigt einige von Pawlows Deobachtungen. Konditionierung kann am ehesten erreicht werden, wenn der CS vor dem UCS einsetzt und sich mit ihm überschneidet. Es ist sehr schwierig, eine CR zu erhalten, wenn der CS mehr als etwa eine Sekunde vor dem Beginn des UCS endet oder wenn der CS noch andauert, nachdem der UCS bereits geendet hat.

Bei Versuch und Irrtum, bzw. der instrumentellen Konditionierung, geht die konditionierte Reaktion (CR) der Verstärkung immer voraus, letztere muß jedoch unmittelbar folgen, wenn Lernen stattfinden soll. Skinner [437] fand, daß eine Verzögerung von nur wenigen Sekunden zwischen dem Hebeldrücken einer Ratte und der Futtergabe das Erlernen der Antwort stark verlangsamte. Die nachteiligen Effekte einer verspäteten Belohnung können oft durch eine „sekundäre Verstärkung" überwunden werden. Angenommen, die Ratte lernt, daß eine Belohnung erfolgt, wenn Licht in den Käfig fällt (Licht und Belohnung müssen, wie oben erwähnt, einander überlappen), dann lernt sie auch, den Hebel zu drücken, um das Licht anzuschalten. Licht wirkt als ein sekundärer Verstärker oder als ein „überbrückender

Reiz" zwischen der Reaktion und der ersten Verstärkung – Futter. Überbrückende Reize sind bei der Dressur von Tieren hilfreich – wie z. B. in einem Zirkus – wenn es oft schwierig ist, direkt nach der Leistung eine Belohnung zu geben.

Es gibt allerdings bestimmte Arten assoziativen Lernens, die immer wieder auftreten, selbst wenn die Verstärkung erst nach mehreren Stunden erfolgt. Barnett [28] beschreibt, daß Wildratten an jedem neuen Futter in ihrem Revier nur etwas nagen. Wenn es sich als genießbar erweist, fressen sie in den folgenden Nächten allmählich mehr davon, bis sie schließlich die normale Menge erreichen. Ist das Futter giftig, und sie überleben, meiden sie es künftig völlig. Diese Verhaltensweise ist äußerst adaptiv; es ist daher nicht leicht, Ratten zu vergiften. Der interessante Punkt für unsere Betrachtung ist die Verzögerung, die zwischen dem Fressen an einem giftigen Köder (durch süße Substanzen sehr schmackhaft gemacht) und danach folgenden Vergiftungserscheinungen liegt. Nur einige Rattengifte benötigen weniger als eine Stunde um zu wirken. Ratten lernen nicht nur Geschmackssubstanzen, auf die nach frühestens einer Stunde Übelkeit folgt, zu meiden. Wenn ihnen Vitamin B entzogen wird, lernen sie eine Nahrung zu wählen, in der es enthalten ist, obwohl sie erst nach vielen Stunden eine Wirkung spüren können. Rozin und Kalat [407] geben einen interessanten Überblick, in dem sie die mit solch „spezifischem Hunger" verbundenen Besonderheiten des Lernens mit der Fähigkeit der Ratte vergleichen, vergiftete Köder zu meiden. Nur wenn ein neuer *Geschmack* als konditionierter Reiz (CS) wirkt, kann die Verstärkung so verspätet erfolgen. In einem geschickt angelegten Experiment boten Garcia und Koelling [161] Ratten eine Trinkröhre mit süßem Wasser an. Wenn sie daran leckten, leuchtete ein grelles Licht auf. Während dieser Versuche wurden die Ratten Röntgenstrahlen ausgesetzt, die sie nach etwa einer Stunde krank machten. In der Folge mieden die Ratten Zuckergeschmack, aber nicht grelles Licht. Wenn ihnen umgekehrt beim Lecken jedesmal grelles Licht, verbunden mit einem Elektroschock, auf die Füße gegeben wurde, mieden sie daraufhin das Licht, leckten jedoch immer noch am Zuckerwasser.

Ratten sind in gewisser Weise dazu „geschaffen", nach einem einzigen Versuch und einer langen Verzögerung, Geschmack mit Krankheit zu verbinden *, visuelle Reize und Krankheit werden jedoch nicht miteinander in Beziehung gebracht. Umgekehrt lassen sich Licht und Elektroschock leicht verbinden, wenn sie in unmittelbarer Folge auftreten, Geschmack und Schock jedoch nicht.

Bisher wurde allgemein angenommen, daß Kontiguität (zeitliche Koppelung) zusammen mit Verstärkung allein ausreichen, um eine Reaktion mit einem Reiz zu koppeln. Experimente wie diese jedoch (und zahlreiche weitere, von Seligman [430]

---

* Garcia und Mitarbeiter [189] haben diesen Effekt in praktischen Nutzen für den Naturschutz umgesetzt. Die Schafzüchter im Westen der USA. hatten Probleme mit Kojoten, die ihre Tiere töteten, und sie versuchten, die Kojoten zu beseitigen. Wenn der Kadaver eines Schafes mit Lithiumchlorid injiziert wird, werden die Kojoten, nachdem sie davon gefressen haben, ernsthaft krank. Folglich vermeiden sie den Geruch oder Geschmack von Schafen und wenden sich einer anderen Beute zu. Die Farmer berichteten von einer deutlichen Abnahme des Schafetötens, nachdem auf ihren Farmen einige präparierte Kadaver ausgelegt worden waren. Somit können Schafe und Kojoten nebeneinander existieren!

besprochen) lassen annehmen, daß Tiere nicht „unbefangen" in Lernsituationen hineingehen. Angeborene Neigungen beziehen sich gewöhnlich auf natürliche Erfordernisse, denen sich das Verhalten während der Evolution angepaßt hat. Tauben lernen sehr schnell, nach einem Hebel zu picken, um dann mit Futter belohnt zu werden. Sie können dies jedoch nicht lernen, um einen Elektroschock auf die Füße zu beenden. Sie heben allerdings ohne weiteres die Flügel (Teil des natürlichen Verteidigungsmusters), um ihn abzustellen. In Kapitel 2 (S. 55) besprachen wir Hinweise, die vermuten lassen, daß Tiere eine Veranlagung zum Erlernen bestimmter Dinge haben. Breland und Breland [66] geben in einem Artikel, den sie unglücklicherweise *Das Mißverhalten von Organismen* (*The Misbehavior of Organisms*; vgl. Skinners Titel) überschrieben haben, eine Anzahl von Beispielen aus ihren eigenen Bemühungen, Tiere auf die Ausführung von „Tricks" für kommerzielle Zwecke zu dressieren. Sie fanden, daß die Gesetze von Kontiguität und Verstärkung nicht ausreichen, starke angeborene Tendenzen für bestimmte Verhaltensweisen zu überwinden. So scharrten Hühner weiterhin auf dem Boden, obwohl dieses Verhalten sie daran hinderte, Futter zu erhalten. Man erinnere sich an Dilgers hybride Unzertrennliche (vgl. S. 50), die nur angedeutete Nestbaubewegungen machten, und folglich fast nie ein Nest fertigstellen konnten.

Wiederholung

Obwohl Lernen durch einen einzigen Lernakt, insbesondere in Verbindung mit starker Bestrafung als Bekräftigung, auftreten kann, wird das assoziative Lernen meist durch Wiederholung gefördert. Pawlow stellt fest, daß die auf einen konditionierten Reiz hin produzierte Speichelmenge sich mit jeder Bekräftigung erhöhte, bis sie mit der auf den unkonditionierten Reiz (UCS) gleich war. Wenn eine Ratte ein Labyrinth allmählich kennenlernt, irrt sie sich mit zunehmenden Durchgängen weniger, bis sie ohne Zögern zum Zielkasten läuft, wo sie Futter findet. Bei jedem Durchgang kann die Zahl der Fehler oder die Zeit bis zum Erreichen des Zielkastens benutzt werden, um eine Lernkurve aufzustellen. In Abbildung 7.4 sind typische Verläufe des Labyrinthlernens dargestellt.

Wiederholte Verstärkung führt schließlich zu einer maximalen Reaktion, über die hinaus wir aus dem Verhalten nicht mehr feststellen können, ob sich das Lernen noch verbessert. Je länger wir jedoch eine Reaktion über dieses Maximum hinaus verstärken („Übertrainieren"), desto resistenter wird sie gegen „Löschen", d. h., das Tier wird noch längere Zeit reagieren, auch wenn keine Verstärkung mehr stattfindet.

Generalisierung und Diskriminierung

Wenn Pawlow einen Hund mit einem Ton von z. B. 100 Hz auf Speichelabsonderung konditionierte, produzierte dieser auch Speichel, wenn andere Töne gegeben wurden, jedoch in kleineren Mengen. Der Hund generalisierte seine Antwort und schloß Reize ein, die dem konditionierten ähnlich waren. Je ähnlicher sie waren, desto stärker war die Speichelproduktion. Das Gegenteil der Generalisierung ist die

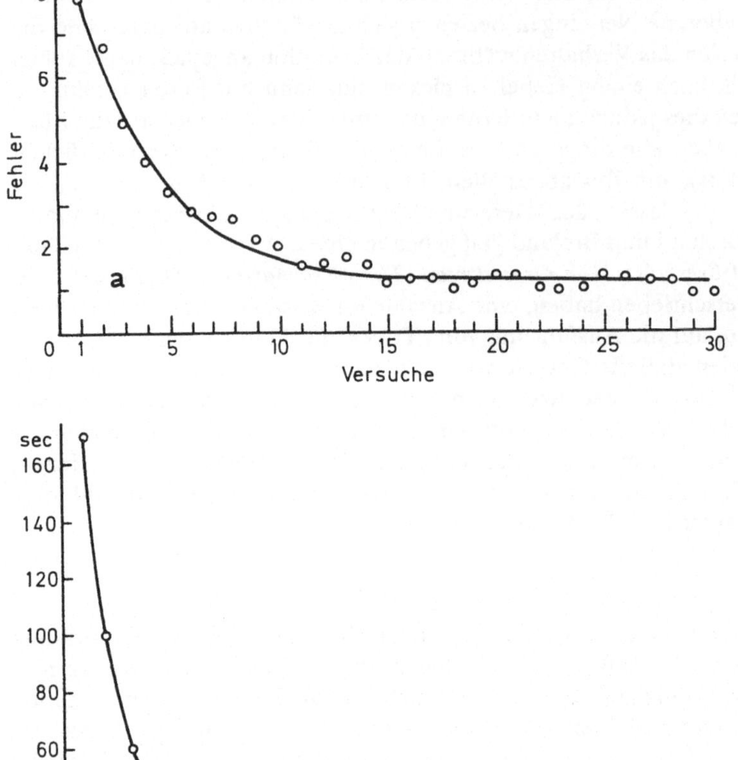

Abb. 7.4 a u. b. Lernkurven von Ratten, die ein Mehrfach-T-Labyrinth kennenlernen, dargestellt anhand von **a** Irrtümern und **b** der Zeit, die sie benötigten, um den Zielkasten zu erreichen. Jeder Kreis stellt den Mittelwert von 47 Tieren dar. (Woodrow [513])

Diskriminierung. Hunde unterscheiden normalerweise bis zu einem gewissen Grad,
sonst würden sie nämlich auf alle Töne gleiche Speichelmengen absondern. Ihre
Fähigkeit zur Diskriminierung verbessert sich jedoch nach wiederholten Versuchen,
bei denen nur ein ganz bestimmter Ton belohnt wird. Wir können die Unterscheidung beschleunigen, indem wir, ebenso wie wir den richtigen Ton belohnen, den
Hund leicht strafen, wenn er auf andere Töne Speichel absondert. Diese „Methode
der konditionierten Diskriminierung" ist für die Messung der Wahrnehmungsfähig-

keiten von Sinnesorganen bei Tieren von großer Bedeutung. Nach der Dressur auf einen bestimmten Reiz – eine Farbe, Helligkeit, Form, Beschaffenheit, Ton, Geruch, Gewicht etc. – wird überprüft, inwieweit das Tier diesen Reiz von anderen unterscheiden kann. Der Dressurreiz wird mit einem anderen Reiz der gleichen Art gegeben, wobei nur Reaktionen auf den ersteren belohnt werden. Eventuell werden falsche Reaktionen leicht bestraft. Die beiden Reize werden einander immer mehr angeglichen, bis ein Punkt erreicht wird, von dem ab das Tier nicht mehr zwischen ihnen unterscheiden kann. Somit wird aus dem Verhalten des Tieres die Leistungsgrenze eines seiner Sinnessysteme ersichtlich.

Um nur drei Beispiele von vielen hundert zu nennen: diese Methode wandte von Frisch [156] bei seinen klassischen Untersuchungen des Farbensehens von Bienen an; sie wurde auch benutzt, um den Tastsinn des Octopus [494] und die Chemorezeptoren bei Fischen [78] zu untersuchen.

Bekräftigung (Verstärkung)

Das Konzept der Bekräftigung hatte bei den Lerntheorien von Hull und Skinner zentrale Bedeutung. Einige Einwände gegen seine allgemeine Anwendung wurden bereits im Zusammenhang mit „Kontiguität" besprochen. Hull hielt Verstärkung beim Lernen für unentbehrlich. Er glaubte, daß sie zu einer Abnahme von „Antrieb" oder „Bedürfnis" führte. Ein hungriges Tier z. B. reagiert auf einen Reiz oder führt eine Handlung aus, weil dies vorher mit der Befriedigung seines Hungers verbunden war. Wenn diese Belohnung nicht mehr erfolgt, wird die erlernte Reaktion nach und nach gelöscht.

Dieses Argument wird manchmal in umgekehrter Weise angewandt: das Auftreten von Lernen in einer bestimmten Situation wird als Beweis für die Befriedigung eines Antriebes gesehen. Miller und Kessen [350] fanden, daß hungrige Ratten lernen, einen Labyrinthgang aufzusuchen, in dem sie gesüßte Milch trinken können. Sie ziehen diesen Gang einem anderen vor, wo ihnen die Milch direkt in den Magen gegeben wird. Sie lernen jedoch auch, letzteren aufzusuchen, wenn sich in den anderen Gängen kein Futter befindet. Miller und Kessen schließen daraus, daß der „Hungertrieb" durch Trinken stärker befriedigt wird, als durch die direkte Eingabe in den Magen, daß diese ihn jedoch auch reduziert. Ähnlich schließen Myer und White [361], daß einige Ratten spontane Aggression zeigen, da sie ein einfaches Labyrinth lernen, wenn sie als Belohnung eine Maus töten dürfen. In Kapitel 4, S. 132 besprachen wir bereits andere Beispiele für das Lernen in Verbindung mit aggressiver Motivation.

In ihrer einfachsten Form gerät die Antriebsreduktions-Hypothese mit der „Vermeidungskonditionierung" in Konflikt. Tiere lernen, eine Strafe, wenn sie durch ein Signal angekündigt wird, zu vermeiden. Eine Ratte läuft von einem Bodengitter weg, wenn ein Licht aufleuchtet, sobald sie einmal gelernt hat, daß dies das Zeichen für einen in 5 Sekunden folgenden Elektroschock ist. Sie reagiert fortan immer auf diese Weise und erhält nie mehr einen Elektroschock, daher der Name Vermeidungskonditionierung.

Hier dauert offensichtlich eine gelernte Reaktion auch ohne jede Verstärkung, d. h. Schock, an. Hulls Anhänger können diese Schwierigkeit durch die Annahme umgehen, daß die ersten Elektroschocks einen „Angstzustand" bewirkten, der immer wieder auftritt, wenn die Ratte das Licht sieht. Das Belohnungsmoment wäre dann der Abbau der Angst oder eines „sekundären Triebes". Wenn aber Lernen immer Triebreduktion mit sich bringt, dann können wir eine in Kapitel 4 gestellte Frage wiederholen: Wieviel „Triebe" gibt es eigentlich? Affen lernen, einen Hebel zu drücken, worauf für einige Sekunden eine Klappe zur Seite geschoben wird und sie eine elektrische Eisenbahn fahren sehen können. Schreiben wir dieses Lernen einem Abbau des „Neugiertriebes" zu? Wie wir sehen werden, hat die Triebreduktions-Hypothese weitere Schwierigkeiten, Lernen, das bei der Erkundung einer neuen Umgebung stattfindet (sogenanntes „latentes Lernen") sowie Prägung zu definieren. Eine gute Erörterung dieses Problems ist in Watson [487] nachzulesen.

Obwohl wir annehmen können, daß „herkömmliche" Belohnung nicht für alles Lernen notwendig ist, müssen wir uns bewußt sein, daß an ihrer Bedeutung für reines assoziatives Lernen kein Zweifel besteht. Loucks [311] reizte einen Teil der motorischen Hirnrinde von Hunden und brachte sie dazu, ein Bein zu bewegen. Er paarte diesen Reiz mit einem Summton (in einigen Fällen in über 600 Versuchen), ohne auf den Ton allein auch nur die geringste Beinbewegung zu erhalten. Diese Situation zeigt deutlich, daß die bloße Koppelung der beiden Ereignisse kein Lernen bewirken konnte. Später gab Loucks auf den Ton und die induzierte Beinbewegung eine kleine Futterbelohnung, und nach sechs Versuchen bewegte der Hund auf den Summton sein Bein.

Olds [373] entdeckte, daß elektrische Reizung in einigen Hirnteilen „Belohnung" an sich darstellt. Ratten lernen, einen Hebel zu drücken, der z. B. einen kurzen elektrischen Impuls an eine Stelle im Hypothalamus schickt. Manchmal hat diese Selbstreizung so stark belohnenden Charakter, daß eine Ratte den Hebel über 7000 Mal pro Stunde drückt, bis sie erschöpft einschläft! Man kann annehmen, daß Hirnteile, die bei Reizung Belohnungseffekte zeigen, an den Mechanismen mitwirken, durch die normalerweise Belohnungen im Gehirn registriert werden.

Es wurden viele Untersuchungen durchgeführt um herauszufinden, inwieweit die Motivationsstärke Lernen beeinflußt. Lernen im Zusammenhang mit Futterbelohnung kann bis zu einem bestimmten Grad durch wachsenden Hunger beschleunigt werden. In der Regel kommt jedoch ein Punkt, an dem sehr starke Motivation das Lernen störend beeinflußt. Vermenschlicht gesprochen, versucht das Tier so verzweifelt, an die Belohnung heranzukommen, daß es sich nicht auf die Problemlösung „konzentrieren" kann.

Löschung

Wenn wir aufhören, eine konditionierte Reaktion zu belohnen, wird sie immer schwächer und verschwindet schließlich ganz. Es ist wesentlich einfacher, klassisch konditionierte Reaktionen (Reflexe, CR Typ I) zu löschen als instrumentell erlernte, wir wissen jedoch nicht, warum. Hat eine Ratte einmal gelernt, einen Hebel zu drücken, um Futter zu erhalten, kann der Prozentsatz der Belohnungen in einigen Fällen von 100 auf 1 reduziert werden, und die Ratte drückt den Hebel immer noch. Werden die Belohnungen schließlich ganz eingestellt, dauert es sehr lange, bevor die Reaktion total gelöscht ist.

Pawlow stellte fest, daß eine gelöschte konditionierte Reaktion das Tier nicht im gleichen Zustand wie vor der Konditionierung zurückläßt. Wenn wir das Tier für einige Stunden in Ruhe lassen und ihm dann den CS erneut geben, tritt CR wieder auf, d. h., sie zeigt spontane Erholung. Diese Erholung führt zwar nicht zur ursprünglichen Reaktionsstärke und die Reaktion wird rascher gelöscht. Dieser Vorgang, Pause gefolgt von spontaner Erholung, kann jedoch mehrfach wiederholt werden.

Eine zweite Möglichkeit, eine gelöschte Reaktion wieder auftreten zu lassen, besteht darin, einen neuen Reiz mit dem bereits konditionierten (CS) zu geben. Ein Hund, dessen Speichelreaktion auf einen Glockenton gelöscht wurde, produziert wieder Speichel, wenn zusammen mit dem Ton ein Licht aufleuchtet. Ähnliche Ergebnisse wurden mit Ratten in Skinnerboxen erzielt. Pawlow nannte diesen Prozeß „Enthemmung", weil er Löschung als einen Lernprozeß ansah, der die ursprünglich konditionierte Reaktion (CR) hemmte. Werden zu Anfang der Dressur neutrale Reize gemeinsam mit dem CS beim ersten Erwerb der CR gegeben, dann „hemmen" diese sie oft für einige Zeit und schwächen sie ab. In ähnlicher Weise enthemmt vielleicht ein neutraler Reiz eine gelöschte CR, indem er auf den Lernprozeß der Löschung hemmend einwirkt.

Nachdem wir nun einige der wichtigsten Eigenschaften des assoziativen Lernens besprochen haben, können wir jetzt in der Lernklassifizierung nach Thorpe fortfahren. Die noch verbleibenden Kategorien sind wesentlich komplexer und weniger klar definiert als die vorherigen.

Latentes Lernen

Thorpe definiert latentes Lernen als „. . . die Assoziierung von Reizen oder Situationen, die im Moment keine Konsequenzen nach sich ziehen, ohne offensichtliche Belohnung". Damit sagt er aus, daß latentes Lernen auch eine Form von assoziativem Lernen ist. Der Hauptunterschied zu den bisher besprochenen Formen liegt jedoch darin, daß keine ersichtliche Belohnung oder Triebreduktion erfolgt. Außerdem tritt das Gelernte nicht gleich in Erscheinung – es bleibt „latent" oder versteckt. Latentes Lernen findet in natürlichen Situationen sehr oft statt, wenn z. B. ein Tier eine neue Umgebung erkundet. Angenommen, wir verbinden den Käfig einer Ratte mit einem Labyrinth, so daß sie, wannimmer sie will, hineingehen kann. Die Ratte hat weder Hunger noch Durst noch findet sie Futter oder Wasser im Labyrinth, aber sie erkundet es, schnuppert an den Ecken, läuft in Sackgassen, läuft zurück etc. Lernt sie das Labyrinth kennen, während sie es erkundet? Strenggenommen kann dies nach Hulls Theorie nicht der Fall sein, weil sie keine Bekräftigung

erfahren hat. Tolman andererseits betont in seiner Theorie die Bekräftigung nicht
so stark und sagt voraus, daß Lernen auftreten wird. Dies zeigt sich, wenn wir unsere Ratte darauf dressieren, in hungrigem Zustand durch das Labyrinth zu laufen,
um am anderen Ende Futter zu erhalten. Führt sie diese Aufgabe besser aus als eine
hungrige Ratte, die zum ersten Mal im Labyrinth ist? Wenn dies der Fall ist, dann
war das erste Lernen „latent", insofern, als es nicht gezeigt wurde, bis wir der Ratte
die Möglichkeit gaben, es bei der Futtersuche nutzbringend anzuwenden. Munn
[360] gibt eine ausgezeichnete Zusammenfassung der Auseinandersetzung zwischen
Hull- und Tolman-Anhängern, die über einige Jahre in den Zeitschriften für experimentelle Psychologie verfolgt werden konnte.

Einem Biologen erscheint die ganze Kontroverse recht unrealistisch, da es doch
offensichtlich ist, daß Tiere etwas über ihre Umgebung lernen, wenn sie sie erkunden. Die genaue Kenntnis der Beschaffenheit des Wohngebietes kann für ein kleines Säugetier oder einen Vogel Tod oder Leben bedeuten, wenn plötzlich ein
Feind herabstößt. Barnett [27, 28] bespricht die Eigenschaften des Erkundungsver-
haltens und zieht den Schluß, daß es vom Appetenzverhalten durch eine besondere
Motivationslage zu unterscheiden sei. Es kommt vor, daß ein Tier absichtlich neue
Reize sucht und im wahrsten Sinne „erkundet". Die Information, die es auf diese
Weise über seine Umgebung erhält, kann später genutzt werden, wenn es z. B. Futter oder einen Geschlechtspartner sucht. Einige Ethologen schlugen vor, einen „Er-
kundungstrieb" (der während des Lernens abgebaut werden kann) anzunehmen, es
gibt jedoch keinen stichhaltigen Beweis dafür, daß Erkundungsverhalten genauso
strukturiert ist wie etwa Hunger oder Durst. Halliday [197] fand z. B., daß die Tendenz einer Ratte, eine neue Situation zu erkunden, nicht dadurch gemindert wird,
daß sie gerade etwas anderes ausgekundschaftet hat – wenn überhaupt etwas zunimmt, dann die Erkundungsdauer.

Es ist bekannt, daß eine ganze Reihe von Vögeln und Säugetieren, wie oben
dargestellt, „erkunden". Bei anderen Gruppen wissen wir nur, daß Tiere oft die Beschaffenheit ihres Wohngebietes im kleinsten Detail kennen. Viele Insekten führen
besondere „Orientierungsflüge" aus, bei denen sie die Position ihres Wohngebietes
in Relation zur Sonne und nahen Landmarken bestimmen. Wenn ein Bienen-
schwarm im Stock eingeschlossen und an einen neuen Platz gebracht wird, machen
viele Arbeiterinnen, wenn sie den Stock am neuen Standort zum erstenmal verlassen, derartige Orientierungsflüge. Anfangs bleiben sie vor dem Eingangsloch, und
dann kreisen sie in immer größeren Entfernungen um den Stock, bevor sie wegfliegen. Während dieses nur ein oder zwei Minuten dauernden Orientierungsfluges lernen sie genügend Einzelheiten über den neuen Standort, so daß sie nach langen
Sammelflügen wieder zurückfinden. Viele Hymenopteren (Hautflügler) verfügen
über diese erstaunliche Orientierungsfähigkeit, da sie Nester bauen, die sie immer
wieder aufsuchen müssen. Man könnte versuchen, diese Art von Lernen einer
Trieb-Reduktion zuzuschreiben, jedoch scheint dies wenig sinnvoll zu sein. Diese
Fähigkeit wurde durch natürliche Selektion im Nervensystem der Insekten entwikkelt. Wir müssen sie sowohl als ein Problem der Ontogenese und Evolution als auch

des Lernens untersuchen. Thorpe gibt zahlreiche Beispiele ähnlicher Orientierungsfähigkeiten bei Tieren wie Napfschnecken, Fischen und Wassermolchen.

Lernen durch Einsicht

Einsicht scheint die höchste Form des Lernens zu sein. Jeder kann sich an Situationen erinnern, in denen die Lösung eines Problems „wie ein Blitz" auftauchte,
vielleicht nach einigen Minuten konzentrierten Nachdenkens. Es ist sehr schwierig,
schlüssig zu zeigen, daß ähnliche Vorgänge in Tieren ablaufen. Die meisten Verhaltensforscher haben den Begriff „Einsicht" dann benutzt, wenn Tiere z. B. sehr rasch
Probleme lösen, zu rasch für Versuch und Irrtum, zumindest jedoch zu rasch, um
tatsächlich die entsprechenden Versuche auszuführen. Es besteht jedoch die Möglichkeit, daß das Tier über solche Versuche „nachdenkt" und sie sozusagen in Gedanken ausführt. Dies würde heißen, daß Tiere Ideen und „Verstand" haben können. Es ist kaum anzunehmen, daß Untersuchungen über Verstand und Einsicht bei
Tieren verschiedene Gegenstände behandeln.

Maier (vgl. Maier und Schneirla [322]) definiert Verstand als „. . . die Fähigkeit,
spontan zwei oder mehrere getrennte oder isolierte Erfahrungen zu einer neuen zu
kombinieren, mit der ein erstrebtes Ziel erreicht werden kann". Maier u. a. haben
die Existenz von Verstand bei Ratten mit Hilfe verschiedener Methoden untersucht.

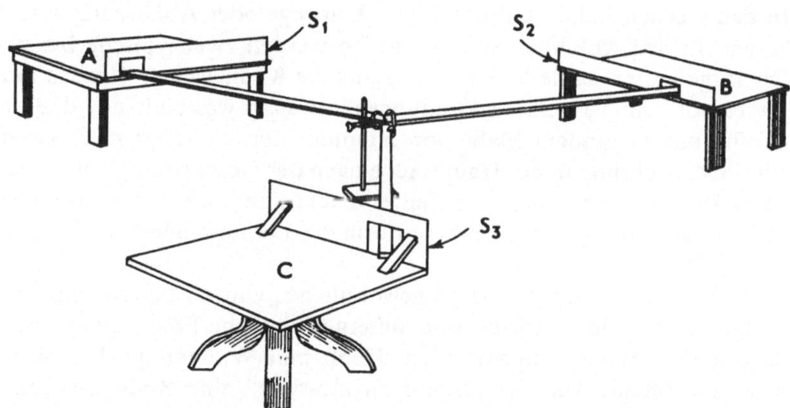

Abb. 7.5. Ein von Maier benutzter Aufbau für die Untersuchung von „Verstand" bei der Ratte. Die Laufgänge sind etwa 250 cm lang, und die kleinen Tische unterscheiden sich in Größe,
Form und Eigenschaften. S_1, S_2 und S_3 sind an den Tischen befestigte Holzplatten, die die
Sicht vom einen zum anderen abschirmen. Nachdem die Ratte die drei Tische und Laufgänge
erkundet hat, wird sie an Tisch A gefüttert. Dann wird sie z. B. auf Tisch C gesetzt. Wenn sie
den Verbindungspunkt der drei Gänge erreicht, hat sie die Wahl zwischen A und B. Wählt sie
A, so wird die richtige Reaktion belohnt. Jedem Test geht Erkundung voraus, und die Ratte
wird jeweils zu Beginn auf einen anderen Tisch gesetzt. Bei derartigen Tests sind allein per Zufall 50% der Reaktionen korrekt; einige Ratten schneiden jedoch viel besser ab. (Maier [321])

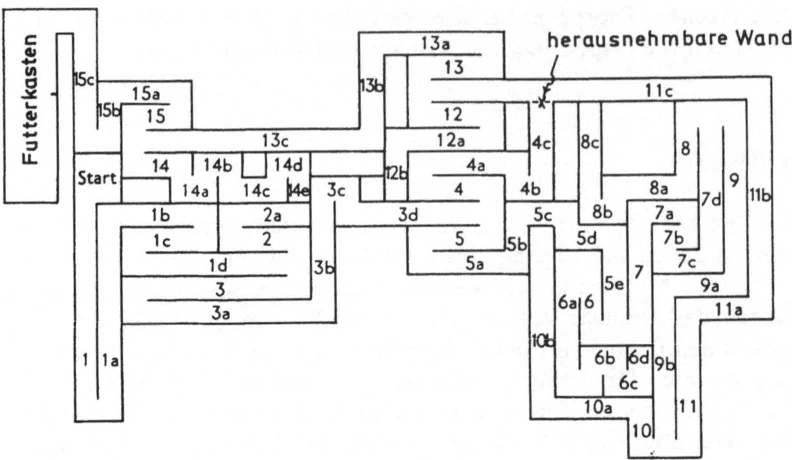

Abb. 7.6. Ein komplexes Labyrinth, von Shephard zum Testen der „Denkfähigkeit" benutzt. Nachdem die Ratten das Labyrinth kennengelernt haben, wurde ein Gang X geöffnet, und dadurch wurde eine vorherige Sackgasse zur Abkürzung. Entdeckten die Ratten die Veränderung während sie in 11c entlangliefen und von dort aus 4c ein wenig erkundeten, so liefen einige von ihnen beim nächsten Versuch in 4 (und von da in 4a, 4b, 4c) statt in 5. (Aus: Maier und Schneirla [322], 1935, Principles of animal psychology. Copyright 1935. Mit Erlaubnis von McGraw-Hill, New York und Maidenhead)

In den meisten Fällen sollte das Tier Umwege oder Abkürzungen in Labyrinthen laufen. In den Abbildungen 7.5 und 7.6 werden zwei typische Beispiele gegeben. Derartige Experimente haben zwei generelle Kennzeichen. Erstens findet bei allen Tieren vor dem Test eine Erkundungsphase statt, was bedeutet, daß die endgültige Ausführung in großem Maße von latentem Lernen abhängt. Zweitens beurteilen wir die Ausführung in der Hauptsache nach der Geschwindigkeit, in der die Lösung gefunden wird: wenn das Tier Fehler macht und noch weiter erkunden muß, nehmen wir an, daß es eine einfachere Form des Lernens, nämlich Versuch und Irrtum, anwendet.

Es ist wohl unklug, zu viel in gewöhnliche „Umwegexperimente" hineinzuinterpretieren, da einige Insekten eine außergewöhnliche Fähigkeiten besitzen, mit derartigen Problemen fertigzuwerden. Hebb und Williams [207] schlagen daher als eine gute Möglichkeit der „Intelligenzmessung" eine Reihe beweglicher Hindernisse in einer offenen Arena mit festgelegtem Start und Ziel vor. Wenn das Tier einmal an die Arena und das Ziel gewöhnt ist, werden nach jedem Versuch die Schranken verschoben, um es mit einer Reihe einfacher Umwegprobleme zu konfrontieren (vgl. Abb. 7.7). Die Abweichungen vom kürzesten Weg zwischen Start und Zielkasten können bewertet werden. Abwandlungen dieser Technik wurden sehr häufig von Experimentalpsychologen benutzt. Obwohl der Versuch bisher noch nicht gemacht wurde, scheint aufgrund von Thorpes [455] ersten Beobachtungen wenig Zweifel zu bestehen, daß die Wespe *Ammophila* bei diesem Test genausogut ab-

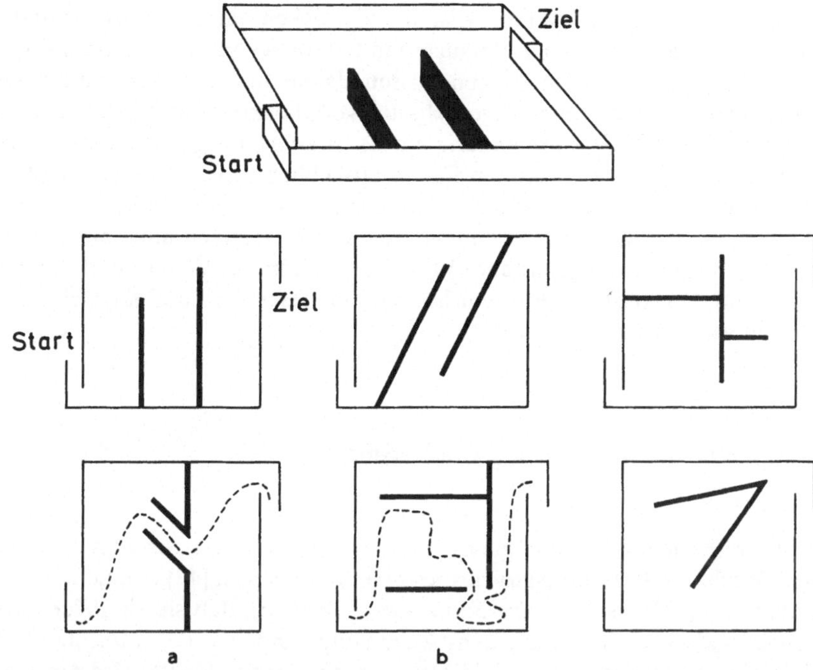

Abb. 7.7 a u. b. Eine Möglichkeit zur Messung von „Intelligenz" bei Tieren. Eine einfache geschlossene Arena, oben dargestellt, hat bewegliche Hindernisse. Die Diagramme unten zeigen eine Reihe verschiedener Umwegprobleme, die dem Tier wechselweise dargeboten werden können. Der in **a** gezeigte Weg würde sehr gut bewertet werden, der in **b** schlecht. Die Ergebnisse aus der Lösung einer ganzen Reihe von Problemen werden gemittelt und ergeben einen „Intelligenzwert". (Hebb und Williams [207])

schneiden würde wie ein Hund! In der natürlichen Situation ist der Startpunkt von *Ammophila* der Ort, an dem sie eine Raupe gestochen hat, das Ziel ist ihr Nest, in das sie ihre Beute bringt. Sie hat noch nie zuvor genau diesen Weg zurückgelegt, obwohl sie Orientierungsflüge um das Nest gemacht hat. Wenn ihr während des Fluges Hindernisse in den Weg gelegt werden, ändert sie in der Regel sofort die Richtung und weicht ihnen auf dem kürzesten Wege aus. Die bemerkenswerte Fähigkeit von *Ammophila*, einen Umweg zu machen, beruht wahrscheinlich auf der Orientierung nach der Sonne. Man würde dies zwar nicht als „Einsicht" bezeichnen, dennoch müssen wir unser Urteil über die Rolle der „Einsicht" bei der Fähigkeit höherer Tiere, Umwege zu machen, nochmals überdenken.

Das klassische Beispiel von Einsicht bei Tieren stammt von Köhlers [271] Arbeit mit Schimpansen. Wenn ihnen ein Bündel Bananen außerhalb ihrer Reichweite hingehängt wurde, dann stapelten sie entweder Kisten aufeinander, um sich ein Podest zu bauen, oder sie steckten zwei Stäbe ineinander, um damit die Bananen herunterzuholen. Oft kamen sie ganz unvorhersehbar zur Lösung. Sie profitierten jedoch von vorherigem Spiel mit Kisten und Stöcken (latentes Lernen) und handelten in recht starkem Maße nach Versuch und Irrtum, wenn sie die Kisten stapelten.

Köhlers Schimpansen nutzten Wissen, das sie in einem bestimmten Zusammenhang gelernt hatten (einige Eigenschaften von Stöcken und Kisten), und wandten es in einem anderen Zusammenhang an. Es ist keine Frage, daß Menschenaffen und andere Primaten in bestimmten Fällen tatsächlich Einsicht zeigen. Viele Hundebesitzer werden Beispiele anführen, bei denen ihre Tiere ähnlich handeln. Dies ist durchaus möglich, jedoch dürfen wir andere Erklärungen nicht ausschließen. Thorpe [457] bespricht einige andere Verhaltensweisen bei Vögeln und Säugetieren, die recht gute Hinweise für Einsicht liefern; der Leser wird auf Kapitel 6 und 7 dieses Buches verwiesen.

Vergleichende Betrachtung von Lernen

Die vergleichende Psychologie hat eine lange Geschichte. Sie wurde jedoch mit einigem Recht oft darin kritisiert (insbesondere von Beach [42] in einem berühmten Artikel mit der Überschrift *The Snark was a Boojum*), daß sie vergleichende Betrachtungen zwischen Tieren aus dem Auge verlor und sich fast ausschließlich auf zwei Tiere konzentrierte, die weiße Ratte und die Taube. Heute wird eine viel größere Palette von Tieren genauer untersucht. Wir können hoffen, daß eine vergleichende Betrachtung von Lernfähigkeiten zum Verständnis der Evolution von Lernen beiträgt und weitere Information zur Beurteilung der Allgemeingültigkeit von „Lerngesetzen" liefert.

Ein Ansatz war, die Entwicklung des Gehirns und die Größe seiner Teile mit der Lernfähigkeit zu korrelieren. Dethier und Stellar [133] liefern einen ausgezeichneten einführenden Überblick über die Struktur des Nervensystems bei den verschiedenen Tiergruppen. Sie diskutieren, inwieweit die Komplexität des Verhaltens mit der Entwicklung des Gehirns verbunden ist. Die Entwicklung von Lernfähigkeiten nimmt in der Reihe der Vertebraten zu. Wir können dieses Ansteigen grob mit einer Vergrößerung des Gehirns gleichsetzen. Natürlich ist nicht nur die Gehirngröße selbst wichtig. Wale und Elefanten haben größere Gehirne als Menschen, aber geringere, wenn auch beachtliche Fähigkeiten. Es ist nicht so einfach, eine Entwicklungsreihe bei den Invertebraten aufzustellen, da sie sehr viel heterogener sind. Höhere Insekten und Cephalopoden (Kopffüßler) haben jedoch die größten Gehirne ihrer jeweiligen Klassen, Arthropoden und Mollusken, und ebenso die größte Lernfähigkeit.

Bei den Vertebraten liegt der dramatischste Aspekt der Evolution des Gehirns im Wachstum der Vorderhirnhälften, insbesondere der Rinde, das bei den Primaten einen Höhepunkt erreicht. Wir müssen uns jedoch davor hüten, eine einfache Beziehung zwischen Hirnrindengröße und Lernfähigkeit anzunehmen. Bisher wurden die Vögel oft unterschätzt, da trotz ihres relativ großen Gehirns die der Vorderhirn-

rinde bei Säugetieren entsprechenden Teile klein sind. Die Vögel haben sich über
200 Millionen Jahre getrennt von den Säugern entwickelt und besitzen eine andere
Art von Gehirnstruktur. Ihre Lernfähigkeit liegt jedoch in gewisser Hinsicht nach
den Primaten an zweiter Stelle. Ein umgekehrtes Beispiel wurde bereits auf S.22 erwähnt. Bei den Insekten haben die Dipteren und Hymenopteren ein ähnlich ent-
wickeltes Gehirn, jedoch sehr unterschiedliche Lernfähigkeiten. Es ist einleuchtend,
daß allein aus der groben Gehirnstruktur nicht auf die Lernfähigkeit geschlossen
werden kann. Um die Evolution von Lernen zu untersuchen, müssen wir vergleichen, wie verschiedene Tiere in speziellen Verhaltenstests abschneiden. Dabei werden wir sofort mit einer großen Zahl von Problemen konfrontiert. Einige betreffen
die Auswahl repräsentativer Tierarten für die Analyse. Es ist allzu einfach, sich lediglich auf „höhere“ und „niedere“ Tiere zu beziehen. Bei den Vertebraten finden
wir z. B. oft die Reihe Fische, Amphibien, Reptilien, Vögel, Säugetiere als Skala für
eine Evolution wachsender Komplexität von Verhaltensmustern und wachsender
Lernkapazität.

Bei der Erstellung einer derartigen Skala lebender Vertreter jeder Klasse wird
der tatsächliche Verlauf der Evolution außer acht gelassen. Wir haben eben die völlig verschiedene Entwicklungsgeschichte von Vögeln und Säugern genannt. Alle lebenden Vertebraten sind von ihren gemeinsamen Vorfahren zeitlich gleichweit entfernt, und alle sind auf ihre besondere Lebensweise spezialisiert. Es wäre naiv zu erwarten, daß die Lernfähigkeiten eines modernen Knochenfisches (z. B. eines Gold-
fisches, der in der Regel für Lernuntersuchungen benutzt wird) genau diejenigen
eines Vorfahren widerspiegeln, von dem sich die Knochenfische und andere Vertebraten vor etwa 400 Millionen Jahren auseinanderentwickelt haben. Daher ist die
Erstellung einer aussagekräftigen Phylogenese des Verhaltens sehr schwierig – Verhalten ist ja auch nicht in Fossilien zu finden. Hodos und Campbell [227] kritisieren
eingehend die Phylogenesen, die von vergleichenden Psychologen erstellt wurden.

Ein weiteres Problem vergleichender Lernuntersuchungen besteht darin, wirklich vergleichbare Situationen für den Test verschiedener Tiere, die sich sehr stark
in ihren Sinnesleistungen und ihrer Manipulierbarkeit unterscheiden, zu finden.
Die Versuchsmethoden, Lernen bei einem Octopus, einer Honigbiene und einer
Ratte in einer Unterscheidungskonditionierung quantitativ zu messen, müssen sehr
verschieden sein. Wir können nicht länger annehmen, daß Probleme für alle gleich
schwierig sind, oder daß die Tiere sie in gleicher Weise „sehen“. Motivation und
Verstärkung stellen weitere Probleme dar. Wir haben gesehen (S. 236), daß die Stärke der Motivation das Ausmaß des Lernens beeinflußt und sogar bestimmen kann,
ob das Tier überhaupt etwas lernt. Wie können wir bei einer Ratte und einem Fisch
die Stärke der Motivation gleichsetzen? Letzterer kann wochenlang ohne Futter
auskommen, erstere nur wenige Tage. Es ist ebenso schwierig, Verstärkung oder Bekräftigung bei verschiedenen Tieren gleichzusetzen. Ein kleines Stück Futter kann
für ein hungriges Säugetier eine ausgezeichnete Verstärkung sein, aber weniger für
einen Fisch und noch weniger für einen Anneliden (Ringelwurm). Es ist vielleicht
einfacher, Bestrafung gleichzusetzen, da alle Tiere Elektroschocks „nicht mögen“.
Aber auch hier gibt es Schwierigkeiten, weil Schock oder Furcht das Verhalten von

Tieren auf sehr unterschiedliche Weise beeinflußt. Wie wir bereits besprochen haben (vgl. S. 233), gehen Tiere mit gewissen Neigungen für bestimmte Verhaltensweisen in eine Lernsituation. Um Bestrafungseffekte gleichzusetzen, müssen wir zunächst etwas über die natürlichen Reaktionen eines Tieres in angstauslösenden Situationen wissen. Der Aufbau für eine Vermeidungskonditionierung (vgl. S. 235) verlangt in der Regel, daß ein Tier von einem unter Strom gesetzten Bodengitter wegläuft, wenn es geschockt wird. Dann lernt es, daß ein Summton oder Lichtblitz den Elektroschock anzeigt. Einige Nagetiere jedoch laufen nicht weg, wenn sie erschrecken. Sie erstarren oder bleiben lange Zeit bewegungslos, selbst, wenn sie Elektroschocks erhalten. Solche Tiere scheinen im Vergleich zu anderen, die weglaufen, sehr langsam zu lernen. Aus der Sicht des Experimentators sind aktive Tiere gewöhnlich für fast alle Arten von Lernsituationen zugänglicher (vgl. Dennys und Ratners [129] Überblick über dieses Problem).

Dennoch ist es mit einigem Geschick und viel Vorsicht wohl möglich, Testsituationen zu schaffen, die verschiedenen Tierarten eine faire Chance geben, ihre Fähigkeiten zu zeigen. Bitterman [51] beschreibt z. B. „Skinnerboxen" für Fische und Tauben, die Futterbelohnung erhalten sollen. Schneirla (vgl. Maier und Schneirla [322]) und Vowles [479] fanden beide, daß die beste Verstärkung beim Labyrinthlernen von Ameisen darin bestand, sie zu ihrem Nest zurückzulassen. Bei Wassermolchen [476] und einigen Anneliden [98] bestand die beste Belohnung darin, daß die unwilligen Versuchsobjekte in Ruhe gelassen wurden!

Die Evolution des Lernens bleibt trotz der Probleme, die ihre Erforschung mit sich bringt, eine faszinierende Thematik. Wir müßten jetzt unsere Klassifizierung des Lernens daraufhin prüfen, ob die verschiedenen Kategorien phylogenetisch relevant sind, d. h., können sie nach der Reihenfolge ihres Auftretens auf einer Evolutionsskala angeordnet werden, zumindest soweit diese Skala durch lebende Beispiele repräsentiert ist?

Zweifellos ist die älteste Art des Lernens die Gewöhnung, die wir schon besprochen haben, die bei allen Tieren auftritt. Ihr Selektionsvorteil ist nicht schwer zu verstehen, da die Gewöhnung Tiere davor bewahrt, Zeit auf unwichtige Reize zu verschwenden. Dies ist in jedem Fall vorteilhaft, gleichgültig, wie begrenzt das Repertoire an Verhaltensantworten ist.

Der nächste Schritt in der Evolution muß eine Art assoziativen Lernens gewesen sein. Dies war offenbar jedoch ein bereits sehr großer Schritt. Assoziatives Lernen hat gewisse Eigenschaften mit Gewöhnung gemeinsam – bei jeder der beiden Lernarten muß das Tier in der Lage sein, bekannte von unbekannten Situationen zu unterscheiden – aber davon abgesehen, ist es schwierig, Zwischenstadien der Evolution zu rekonstruieren. Das Phänomen der „Sensibilisierung" kann jedoch eine Stufe in der Evolution zum assoziativen Lernen darstellen und ist in gewisser Hinsicht das Gegenteil von Gewöhnung. Wir sprechen von Sensibilisierung, wenn die Reaktionsbereitschaft eines Tieres nach einer Belohnung oder Bestrafung auf eine Vielfalt von Reizen erhöht wird. Beispielsweise fand Evans [148], daß der Wurm *Nereis* (vgl. S. 224) gelegentlich auf einen Lichtblitz hin aus seiner Röhre kommt, was 21% der Würmer in einem Experiment auch taten. Nach einer einzigen Futterbelohnung jedoch – ohne Licht – kamen mehr als 60% der Würmer beim nächsten Blitz heraus, der 30 Minuten später gegeben wurde. Ähnlich greift ein gerade gefütterter Octopus in seinem Aquarium schwebende Pappattrappen eher an als ein ungefüttertes Tier. Sensibilisierung wirkt zusammen mit Bestrafung sogar noch effektiver. Nach Elektroschocks auf ihre Füße fliehen sowohl Schaben als auch Ratten vor einer Vielzahl neuer Reize, die nie mit Schock verbunden waren, und die bei nicht sensibilisierten Tieren keine Flucht auslösen.

Um wirklich assoziatives Lernen zu entwickeln, muß ein Tier Reize, die in enger Verbindung mit der Verstärkung auftreten, von solchen, bei denen dies nicht der Fall ist, unterscheiden können. Eine erhöhte Reaktionsbereitschaft zum Zeitpunkt der Verstärkung ist dabei sehr hilfreich. Unter den Wirbellosen findet man eindeutig assoziatives Lernen bei den Arthropoden und den Cephalopoden (Octopus und Verwandte). Ergebnisse, die diese Art des Lernens auch bei Anneliden und Plattwürmern andeuten, können in den meisten Fällen auch anders erklärt werden, z. B. durch Sensibilisierung (vgl. Evans [148] und Thorpe und Davenport [458] zur weiteren Erläuterung).

Bei den Wirbeltieren können wir durch eine ganze Reihe guter Lerntests hoffen, verschiedene Stufen der Evolution von „Intelligenz" aufzuzeigen, wobei Lerngeschwindigkeit – eine von Schulkindern sehr bewunderte Eigenschaft – eine hilfreiche Maßeinheit zu sein scheint. Ein kurzer Überblick über die Literatur zeigt uns jedoch, daß die Geschwindigkeit allein nicht viel aussagt. Die Lerngeschwindigkeiten von Ameisen und Ratten, die zum ersten Mal ein recht komplexes Labyrinth kennenlernen, sind gut miteinander vergleichbar. Gellerman [167] gibt eine detaillierte Beschreibung von Experimenten, in denen zwei Schimpansen und zwei zweijährige Kinder lernten, daß eine Futterbelohnung mit einem weißen Dreieck auf einem schwarzen Quadrat verbunden war und nicht mit einem rein schwarzen Quadrat. Ein Kind lernte dies bei einem einzigen Versuch, das andere benötigte jedoch 200 Versuche. Beide Schimpansen benötigten über 800 Durchgänge, um das Kriterium von 19 richtigen aus einer Reihe von 20 Versuchen zu erreichen. In einem Vergleichstest würden die meisten Ratten mit 20 bis 60 Versuchen auskommen, sie werden dabei jedoch normalerweise für falsche Reaktionen leicht bestraft und für richtige belohnt. Unterschiede dieser Art sind sowohl innerhalb als auch zwischen einzelnen Arten hinreichend vorhanden. Es gibt keinen stichhaltigen Beweis, daß die Geschwindigkeit des erstmaligen Erlernens einfacher assoziativer Probleme innerhalb der Wirbeltiere oder sogar zwischen ihnen und höheren Wirbellosen variiert.

Die Geschwindigkeit ist jedoch nur ein Aspekt des Lernens, wir könnten ebenso danach fragen, *was* gelernt wird. Abbildung 7.8 zeigt z. B., daß ein Schimpanse, obwohl er bei der Dreiecksunterscheidung, wie oben gezeigt, längere Zeit benötigt als eine Ratte, er dennoch mehr über Dreiecksformen lernt als sie. Ein Aspekt von „Intelligenz" ist die Fähigkeit, in Tests dieser Art eine sinnvolle Balance zwischen Generalisierung und Diskriminierung zu halten. Wenn wir komplexere Formen des Lernens betrachten, können wir auch zumindest einige Abstufungen der Lernfähigkeit innerhalb der Wirbeltiere feststellen.

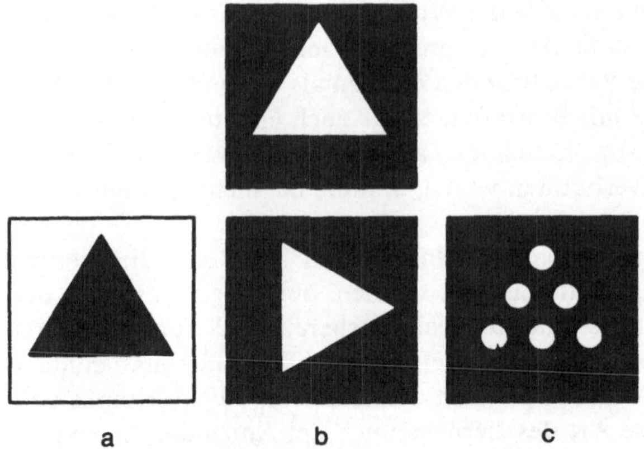

Abb. 7.8 a–c. Das Konzept der Dreiecksformen. Auf die obere Figur dressiert, antwortet eine Ratte auch rein zufallsbedingt auf alle unteren Formen. Ein Schimpanse reagiert auf a und b, die Antwort auf c ist jedoch auch nur rein zufällig. Ein zweijähriges Kind erkennt in a, b und c ein Dreieck. (Hebb [206], 1958. In: Biological and biochemical basis of behaviour. Harlow, H. F., Woolsey, C. N. (Hrsg.) University of Wisconsin Press, Madison. Mit Erlaubnis der Universität von Wisconsin)

Um das Abstraktionsvermögen zu testen, war es nützlich, zusammenhängende Aufgabengruppen zu benutzen. Wenn ein Tier eine Aufgabengruppe lösen kann, bedeutet dies, daß es nicht nur die Lösung eines Problems lernen kann, sondern auch das dahinterstehende Prinzip. Es erhöht allmählich seine Lerngeschwindigkeit, wenn ihm eine Reihe ähnlicher Probleme gegeben werden. Harlow [201] hat diese Technik der Aufgabenstellung für Primaten beschrieben.

Einem Affen wird ein Paar einander unähnlicher Gegenstände gegeben, z. B. eine Streichholzschachtel und ein Eierbecher. Unter der Streichholzschachtel liegt, gleichgültig, wo sie sich befindet, immer etwas Futter als Belohnung. Nach einigen Versuchen hebt der Affe sofort die Streichholzschachtel auf. Jetzt werden die Gegenstände verändert, ein Würfel wird belohnt, ein halbierter Tennisball nicht. Der Affe lernt dies in etwa der gleichen Zeit wie zuvor, die Gegenstände werden wieder vertauscht usw. Nach einigen Dutzend derartiger Unterscheidungstests lernt der Affe jede Unterscheidung sehr viel schneller, obwohl sie, als Einzelproblem betrachtet, genauso schwierig wie die erste ist. Wenn einem Affen schließlich nach etwa 100 Tests zwei Gegenstände gegeben werden, hebt er einen davon an, und wenn dieser eine Belohnung enthält, so wählt er ihn bei allen folgenden Versuchen; ist er aber unbelohnt, so wählt er beim nächsten und allen folgenden Versuchen den anderen (belohnten) Gegenstand. Er hat das Prinzip des Problems gelernt oder, mit anderen Worten, er hat aus einer Reihe von Aufgaben abstrahiert.

Diese Art von Aufgabenstellung beruht auf einander folgenden Unterscheidungstests. Möglicherweise ist eine einfachere Form dieser Art von Aufgabe die „wiederholte Umkehrung". Hier dressieren wir das Tier darauf, Gegenstand A

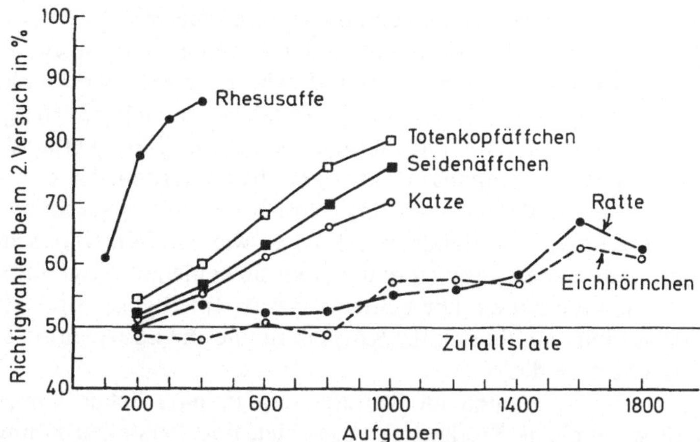

Abb. 7.9. Unterscheidungslernen in Aufgabengruppen bei verschiedenen Säugern. Bei jedem neuen Problem ist die Entscheidung des Tieres beim ersten Versuch zufällig. Wenn es jedoch das dem Problem zugrundeliegende Prinzip gelernt hat, sollte die Antwort im zweiten Versuch korrekt sein. Man beachte, wie lange es dauert, bis die Richtigwahlen von Ratten und Eichhörnchen beim zweiten Versuch besser werden als die Zufallsrate oder 50%. Viele Affen erreichen innerhalb von 400 Aufgabenstellungen nahezu 100%. (Warren [484])

Gegenstand B vorzuziehen. Ist dies gelernt, wird nun Gegenstand B belohnt, A jedoch nicht. Wenn diese erste Umkehrung gelernt ist, wird A wieder belohnt usw. Wenn das Tier jede Umkehrung schneller lernt, bedeutet dies wiederum, daß es ein Prinzip gelernt hat.

Die Fähigkeit, aus Aufgabengruppen zu abstrahieren, wurde zunächst nur als eine Fähigkeit der höheren Säugetiere angenommen, wir wissen jedoch heute, daß dies nicht der Fall ist. Warren [484] faßt vergleichende Daten von Fischen, Schildkröten, Vögeln, Ratten, Katzen und Primaten zusammen. Obwohl weitere Untersuchungen etwas anderes ergeben können, sieht es so aus, als ob dieses Kriterium die Fische von allen anderen Vertebraten unterscheidet. Da sie nicht wie oben aus Aufgabengruppen lernen können. Mackintosh [319] lieferte gute Belege dafür, daß der Octopus wiederholte Umkehrungen erkennen kann, so daß in dieser Hinsicht die Fähigkeit eines höheren Invertebraten die eines niederen übertrifft. Bisher wurde noch kein Insekt auf diese Weise getestet.

Die Geschwindigkeit, mit der verschiedene Tiergruppen einfache Unterscheidungsaufgaben lernen, variiert nicht sehr, jedoch ist die Geschwindigkeit, mit der Aufgabengruppen erfaßt werden, äußerst verschieden. Abbildung 7.9 zeigt, wieviel schneller ein Affe im Vergleich zu einer Ratte eine Aufgabengruppe lernt. Die Ratte zeigt nach etwa 800 aufeinanderfolgenden Problemen noch keinerlei Erfolg, bessert sich dann jedoch langsam.

Bei der Lösung von Aufgabengruppen und noch komplexeren Problemen besteht kein Zweifel an der Überlegenheit der Primaten, sie scheint jedoch nicht absolut zu sein. Wir haben keinen Hinweis, daß die Primaten irgendwelche Fähigkeiten besitzen, die nicht schon vorher in der Säugetierreihe angedeutet sind.

Man kann nicht umhin, nach diesem Ergebnis recht enttäuscht zu sein. Die oft einschränkende und künstliche Art und Weise vieler Lernexperimente scheint der unglaublichen Flexibilität und den „geistigen" Fähigkeiten der höheren Primaten, wie z. B. der Schimpansen, nicht gerecht zu werden. Hierbei werden wir zweifellos durch ihre Ähnlichkeit mit uns selbst beeinflußt, insbesondere auch dadurch, daß sie Gegenstände so handhaben können wie wir. Wir unterschätzen möglicherweise die Intelligenz anderer Tiere nur, weil sie keine gut ausgebildeten Hände und keine gute Sehkraft haben. Die bemerkenswerte Intelligenz von Delphinen erkannten wir erst vor kurzem, da sich ihr Körperbau und ihr Lebensraum so sehr von dem unseren unterscheidet.

Verhaltensstudien an Schimpansen in natürlicher Umgebung haben gezeigt, daß sie einfache Werkzeuge auswählen und herstellen können. Goodall [169] hat beschrieben, wie sie Blätter kauen, um sie dann als Schwamm zu benutzen, wenn sie Wasser aus Spalten holen wollen. Sie nehmen auch Äste und brechen ihre Seitenzweige ab, bis sie einen Stock passender Größe haben, mit dem sie Termiten aus ihren Bauten holen können. Derartige Beobachtungen sollten uns vielleicht nicht allzusehr überraschen, da es heute sicher ist, daß einige unserer Vorfahren aus der *Australopithecus*-Reihe Knochen als Waffen gegen Tiere benutzten und grobe Steinwerkzeuge herstellten. Ihre Gehirngröße betrug etwa 650 bis 680 cm^3, etwas mehr als die des heutigen Gorilla (Le Gros Clark [99]).

Von diesem Stadium ist es ein enormer Sprung zum heutigen Menschen mit einem Gehirnvolumen von etwa 1500 cm^3. Einige behaupten, daß der Mensch Fähigkeiten besitze, die im Verhalten von Affen noch nicht einmal angedeutet sind. Dennoch standen unsere Vorfahren vor noch nicht allzu langer Zeit auf der Stufe der Affen. Auch gab es Zwischenstadien wie den *Homo erectus* mit einer Gehirngröße von 1000–1200 cm^3. Harlow [202] betont, daß die Symbolsprache des heutigen Menschen gegenüber dem nichtsprechenden Menschenaffen einen großen Vorteil bedeutet. Dies beinhaltet jedoch nicht, daß die Entwicklung zum heutigen Menschen nicht stufenweise verlief. Vielleicht befinden sich die modernen Menschenaffen lediglich gerade unterhalb der Sprachstufe. Kellogg [264] beschreibt mehrere vergebliche Versuche, Schimpansen das Sprechen beizubringen. Niemand konnte dabei mehr erreichen, als daß sie ein oder zwei erkennbare Worte von sich gaben. Dies ist jedoch auf ihre mangelnde Artikulationsfähigkeit zurückzuführen (der menschliche Kehlkopf und der Mund- und Rachenraum sind für Sprache besonders spezialisiert, vgl. Lennenberg [290]). Für Affen ist daher die Kommunikation durch Gesten sehr viel natürlicher. Vor kurzem konnte in zwei bemerkenswerten Langzeitstudien mit einzelnen Schimpansen bewiesen werden, daß sie mit beachtlicher Fertigkeit eine Symbolsprache verwenden können. Gardner und Gardner [164, 165] arbeiteten mit der Taubstummensprache, Premack [384] benutzte bunte Formen, die Gegenstände und Wörter repräsentieren. In beiden Fällen versuchten die Experimentatoren, ein Schimpansenweibchen nicht nur darauf zu dressieren, Gegenstände zu erkennen und sie mit Farb-Form-Symbolen oder mit Gesten in

Verbindung zu bringen, sondern auch mit diesen Gesten oder Symbolen um etwas zu bitten und mit dem Experimentator zu kommunizieren. Beide Schimpansen erwarben ein „Vokabular" von mehreren Dutzend „Wörtern". Es besteht kein Zweifel an ihrer beachtlichen Fähigkeit, Gegenstände und einige Handlungen zu benennen wie „komm' her" und „spiel' Versteck" und Sätze durch den Zusatz „mehr" zu modifizieren. Die Debatte über die speziellen Leistungen dieser Schimpansen dauert an. Haben sie eine Empfindung für Satzkonstruktion, für einfache Grammatik? Gardner und Gardner nehmen an, daß ihre Fähigkeiten etwa denen von Kleinkindern während der ersten Jahre des Spracherwerbs gleich sind [163, 165]. Diese Experimente sind sehr bedeutend und eröffnen faszinierende Möglichkeiten, obwohl sie einen äußersten Einsatz von Zeit und Geduld erfordern. Im Labor von Gardner und Gardner sind die Schimpansen, während sie wach sind, nur unter Menschen, und außer der Zeichensprache wird nie eine weitere Art der Kommunikation benutzt. Nun wird die Zeichensprache kleinen Schimpansen beigebracht. Was werden sie einander „sagen", wenn sie über solch ein ausgebautes Kommunikationsmittel verfügen? Die bereits vorhandenen Ergebnisse haben uns schon dazu veranlaßt, unsere Erwartung dessen, was ein 600 cm^3 großes Gehirn leisten kann, zu revidieren.

8 Organisation des Sozialverhaltens

Bisher haben wir einen Überblick über die Organisation des Verhaltens von einzelnen Tieren gegeben. Dabei mußten wir jedoch oft auch Verhalten diskutieren, das die Interaktion zwischen Individuen einschloß, wie bei aggressivem Verhalten und der Balz. Im Grunde genommen treten alle Tiere wenigstens zeitweise in Paaren oder größeren Gruppen auf. Einige Arten bilden zeitlebens Gruppen. Wir wollen nun dieses soziale Gruppendasein von Tieren selbst betrachten. Die auffälligsten Merkmale von Tiergesellschaften sind ihr Zusammenhalt und ihre Koordination. Bei derartigen Gruppen kann man das Individuum leicht aus dem Auge verlieren und übersehen, daß sein Verhalten durch die gleichen Kräfte wie das des Einzelgängers geformt wird. Die natürliche Selektion wirkt auf die Individuen, und das Verhalten eines Tieres in der Gemeinschaft hat sich während der Evolution zu seinem eigenen Vorteil entwickelt.

Der Ausdruck „Organisation des Sozialverhaltens" bezieht sich auf Populationen und nicht auf Individuen und umfaßt die Interaktionen zwischen Artmitgliedern. In einigen Fällen – den verschiedenen sozialen Insekten z. B. – ist die Organisation des Sozialverhaltens recht starr und artspezifisch. Wie wir später besprechen werden, ist sie bei den Wirbeltieren ein sehr viel dynamischeres Phänomen und kann sich veränderten Bedingungen anpassen. Die Anwendung dieser Bezeichnung ist jedoch nicht nur auf ausgesprochen soziale Tiere beschränkt. Tiger, die normalerweise in größeren Territorien solitär leben und jagen und außer zur Fortpflanzung den Kontakt mit anderen meiden, und die Honigbiene, die ihr ganzes Leben in einer dichten Kolonie verbringt, sind zwei extreme Beispiele für die Organisation von Sozialverhalten.

Es ist durchaus gerechtfertigt, jede Interaktion zwischen Individuen einer Art als „Sozialverhalten" zu bezeichnen. Dieses Kriterium haben Tinbergen [463] und Dimond [137] in ihren Büchern eingeführt, als sie die Organisation verschiedener Typen von Sozialverhalten darstellten. Hier werden wir uns meist auf das konzentrieren, was man als „Tiergesellschaften" bezeichnen könnte. Eine wirkliche Gesellschaft besteht dabei aus mehr als einem Paar oder einer Mutter mit ihren Jungen. Sie stellt eine stabile Gruppe dar, deren Mitglieder sehr stark miteinander kommunizieren und die eine relativ dauerhafte Beziehung zueinander haben.

Im Tierreich gibt es eine große Vielfalt von Gruppierungen, die nicht alle die gerade genannten Kriterien erfüllen. Ameisen und Elefanten liefern zwei sehr verschiedene, aber eindeutige Beispiele für Gesellschaften. Die Ameisen errichten eine Kolonie und leben in einem Nest, das sie gemeinsam gebaut haben. Es besteht ein stabiles Verhältnis zwischen der Königin und ihren unfruchtbaren Töchtern, die in zwei Typen unterteilt werden können, oft als Arbeiterinnen und Soldaten bezeichnet, und zwar sowohl aufgrund ihres Körperbaus als auch ihrer Rolle im Leben der Kolonie.

Die Gesellschaften afrikanischer Elefanten sind viel weniger straff organisiert. Eine Herde von 40–50 Tieren wird in der Regel von einer alten Elefantenkuh angeführt. Ihre Nachkommen von zwei oder drei Generationen halten sich dicht bei ihr; diese kleinere Gruppe ist ihre Familie. Andere Familien schließen sich dieser an und bilden (nach Douglas-Hamilton [138]) einen „Familienverband". Die jungen Bullen bleiben zunächst bei ihren Familien, entfernen sich jedoch, wenn sie geschlechtsreif werden. Sie leben dann eher als Einzelgänger, halten sich aber oft auch in der Nähe anderer Bullen auf und gesellen sich zu ihnen. Vorübergehend nehmen sie Kontakt mit Familienverbänden auf und kopulieren mit paarungsbereiten Kühen. Im Familienverband leben Elefanten etwa 40 bis 50 Jahre zusammen.

Verglichen mit diesen echten Gesellschaften ist die Organisation innerhalb eines Vogel- oder Fischschwarmes viel weniger komplex, obwohl Individuen monatelang zusammenbleiben können. Wenn wir in einer futterreichen Gegend auf einen Schwarm Wasserflöhe treffen oder auf einen Schwarm *Drosophila* auf faulenden Früchten, dann ist der Begriff „Gesellschaft" natürlich nicht gerechtfertigt. *Drosophila* und Wasserflöhe bilden *Ansammlungen*, wenn sie zu einer Futterquelle gelockt werden. Mit Sicherheit reagieren sie aufeinander, z. B., indem sie einen gewissen Abstand halten, sie bilden jedoch keine Gesellschaft.

Vorteile der Gruppenbildung

Wir sind bereits davon ausgegangen, daß die Kräfte der natürlichen Selektion das Verhalten eines Individuums innerhalb einer Gruppe genauso formen wie jeden anderen Aspekt der Anpassung an seine Umgebung. Folglich können wir erwarten, daß alle Tiergruppen, ob Ansammlungen oder echte Gesellschaften, ihren Mitgliedern Vorteile bringen.

Die Arbeit von Allee [6] und Mitarbeitern trug bedeutend zur Beschreibung zahlreicher Fälle bei, in denen eine Ansammlung von Tieren die Individuen begünstigt. Manchmal ist es fast ausschließlich die physikalische Größe einer Gruppe, die den Vorteil ausmacht. Wasserflöhe können nicht in alkalischem Wasser leben, durch die Atmung einer großen Gruppe jedoch entsteht manchmal genügend Säure, die die alkalische Konsistenz zu annehmbaren Werten verändert. Auf diese Weise kann eine Gruppe überleben, wo es Individuen allein nicht können. Für *Drosophila*-Kulturen ist es nachteilig, mit einer zu großen Menge von Eiern zu beginnen – die Larven sind dann unterernährt – mit zu wenigen Eiern ist es jedoch genauso schlecht, da dann nicht genügend Larven vorhanden sind, um das Nährmedium aufzulockern und die Nahrungsaufnahme zu erleichtern. Für ein Weibchen ist es also von Vorteil, seine Eier nahe zu denen eines anderen zu legen, da seine Nachkommen davon profitieren.

Tabelle 8.1. Freß-, Wachsamkeits- und Reaktionszeiten einzelner und in Gruppen auftretender Stare. Weitere Einzelheiten im Text. (Nach Angaben von Powell [382])

	Einzelvögel	Gruppen von je 5 Vögeln	Gruppen von je 10 Vögeln
Zeit, während der die Vögel fraßen, in Prozent	53	70	88
Zeit, während der die Vögel wachsam waren, in Prozent	47	30	12
Reaktionszeit auf eine fliegende Habichtsattrappe	4,1 s	nicht gemessen	3,2 s

Vogel- und Fischschwärmen fehlen zwar die Kennzeichen typischer Gesellschaften, sie sind jedoch weit mehr als einfache Ansammlungen. Man kann einen sehr viel höheren Grad wechselseitiger Beeinflussung zwischen den Individuen annehmen. Physikalische Faktoren können immer noch die Hauptrolle spielen, wie bei den Kaiserpinguinen, die sich eng zusammenschließen, wenn sie während des antarktischen Winters ihre Eier ausbrüten – die Wärme wird gehalten. Die Vögel am Rand bewegen sich mehr als die in der Mitte, und dadurch vermischen sie sich dauernd mit den anderen, so daß der Schutz gerecht verteilt wird.

Es gibt jedoch oft auch Interaktionen zwischen Individuen, die weit über das Physikalische hinausgehen. Einer der auffälligsten Vorteile einer Gruppe, in der das Verhalten der Mitglieder gegenseitig abgestimmt ist, ist der Schutz vor Freßfeinden. Wenn einige Tiere wachsam sind, wird die Annäherung eines Freßfeindes leichter entdeckt, und *ein* Alarmsignal genügt für alle. In Tabelle 8.1 sehen wir diesbezügliche Messungen bei verschieden großen Gruppen von Staren. Powell [382] fütterte Stare in einem Gebiet, in dem er plötzliche Bedrohung durch einen Habichtsbalg hervorrufen konnte. Er maß die Häufigkeit, mit der Vögel, die in Gruppen oder allein gehalten wurden, aufhörten zu fressen und aufschauten, um den Himmel abzusuchen. Ebenso maß er ihre Fluchtlatenz nach dem Erscheinen des Habichts. Die Vögel eines Schwarms fliegen alle gleichzeitig auf; wahrscheinlich veranlaßt der Vogel, der den Habicht als erster entdeckt, diese Bewegung, wenn er einen Alarmruf ausstößt und wegfliegt. Bemerkenswert ist, daß Vögel in Schwärmen weniger häufig aufschauen und schneller wegfliegen – eine halbe Sekunde kann Leben oder Tod bedeuten, wenn ein Habicht herabstößt.

Wenn ein geringeres Maß an Wachsamkeit erforderlich ist, bleibt mehr Zeit zum Fressen und für andere Aktivitäten. Flieht die Gruppe auch als ganze vor einem Freßfeind, so hat sie noch weitere Vorteile, wenn sie im Flug zusammenbleibt. Abbildung 8.1 zeigt dies für einen Schwarm von Staren. Sehr ähnliches Verhalten ist bei einigen Fischen zu beobachten, die sich beim geringsten Alarm eng zusammenschließen. Freßfeinde greifen selten ein Einzeltier in einer geschlossenen Gruppe an. Ihre Strategie besteht oft darin, auf die Gruppe zuzustoßen, was diese auseinandertreibt, und dann wählen sie sich ein isoliertes Tier aus.

Abb. 8.1. Die Verteidigungsformation eines Star-Schwarmes bei der Annäherung eines Raubvogels. (Tinbergen [460])

In Kolonien brütende Vögel – z. B. Möwen und Seeschwalben – können einem eindringenden Freßfeind, wie etwa einem Fuchs, durch ihre Haß-Angriffe starken Widerstand leisten, obwohl jedes Tier mehr oder weniger einzeln reagiert und sein eigenes Revier verteidigt. Höher organisierte Gesellschaften können sich noch wirkungsvoller gegen Räuber verteidigen. Wir haben bereits den Schutz gegen Leoparden erwähnt, den Paviane aufgrund ihres Gruppenlebens haben – kein Leopard möchte es mit mehreren Pavianmännchen aufnehmen, die sich zur Verteidigung zusammenrotten. Abbildung 8.2 zeigt die Schutzformation einer Gruppe von Moschusochsen, wenn sich Wölfe nähern. Die Jungtiere werden von den Erwachsenen abgeschirmt.

Schutz vor Freßfeinden ist nur ein Vorteil der Gruppenbildung. Ein Rudel Präriehunde kann durch ständiges Abgrasen ein großes Gebiet frei von höheren Gräsern halten und so die kleineren Kräuter, von denen sie sich ernähren, leichter wachsen lassen. Das Umherstreifen in Schwärmen kann Vögeln die Futtersuche erleichtern, da die Gruppe ein Habitat effektiver durchsuchen und Raubtiere aufjagen kann. Auch lockt der Anblick eines gerade fressenden Vogels andere zum Futterplatz. Krebs et al. [277] zeigten, daß, wenn ein Mitglied einer großen Meisenschar Futter findet, die anderen sofort ihre Suchstrategie ändern. Sie lenken ihre Aufmerksamkeit sowohl auf die Umgebung des Futterplatzes als auch auf die spezielle Beschaffenheit der Nische in den Bäumen, wo das Futter gefunden wurde. Das Nisten in Kolonien hat in einigen Fällen auch Vorteile bei der Futtersuche, besonders wenn die Futterstellen in der Umgebung gleichmäßig verteilt sind. Krebs [276] untersuchte Blaureiher-Kolonien und fand, daß Vögel, die erfolglos von der Futtersuche zurückkamen, solange in der Kolonie blieben, bis sie sich anderen Vögeln anschließen konnten, die, nachdem sie von Futterplätzen gekommen waren, rasch wieder wegflogen. Ein ähnlicher Vorteil besteht bei den in Kolonien nistenden Rotdrosseln. Dies mag auch eine Funktion der großen gemeinsamen Schlafplätze sein, die Krähen, Stare und andere Vögel während der Wintermonate aufsuchen. Gruppen, die einen guten Futterplatz kennen, verlassen den Schlafplatz früh, kommen zurück und andere können folgen. Während des ganzen Winters hat wahrscheinlich jedes Einzeltier einen Vorteil, da aufgrund der großen Population sehr viel mehr Futtergebiete um den Schlafplatz entdeckt werden (Zahavi [517]).

In manchen Fällen können auch die Freßfeinde von dem Leben in einer Gruppe profitieren. Löwen, Hyänen und Wildhunde sind auf die Zusammenarbeit der Gruppenmitglieder bei der Jagd angewiesen. Sie gehen oft so vor, daß einzelne Tiere die Beute in Richtung der anderen, die versteckt sind, jagen, oder sie jagen wie die Hunde eine Antilope abwechselnd so lange, bis sie erschöpft ist. Kruuk [280] gibt einen ausgezeichneten Überblick über die verschiedenen Arten sozialer Jagdstrategien, die von Raubtieren angewandt werden.

Ein weiterer Faktor, der Gruppenleben vorteilhaft macht, betrifft den Beginn und die Organisation des Fortpflanzungsverhaltens. In Kapitel 4 besprachen wir Experimente, die zeigten, daß die Hormonzyklen einiger Vogel- und Säugerweibchen durch die Anwesenheit von Männchen beeinflußt werden. Viele Seevögel nisten in dichten Kolonien, haben dabei jedoch meist ihr eigenes kleines Revier, das

Abb. 8.2. Die Verteidigungsformation einer Gruppe von Moschusochsen in der kanadischen Tundra. Wenn sich ein Feind nähert, schließen sich die älteren Tiere vorne in Richtung der Bedrohung zusammen. (Aufnahme von D. Wilkinson aus Information Canada Photothèque)

sie innerhalb der Gruppe heftig verteidigen. Darling [119] war einer der ersten, der zeigte, daß in derartigen Kolonien zu Beginn der Brutzeit von den Imponiergebärden der Männchen eine große Zahl von optischen und akustischen Reizen ausgehen. Die Effekte solcher Reize, die sowohl vom Nachbarn als auch vom eigenen Partner her kommen können, tragen dazu bei, den Fortpflanzungszyklus innerhalb der Kolonie zu beschleunigen und zu synchronisieren. Darling nahm an, daß dies vorteilhaft sei, da es die gefährdete Brutzeit auf ein Minimum verringert. Wenn es zu einer Synchronisation von Eiablage und Aufzucht der Jungen kommt, werden Freßfeinde, die pro Tag nur eine begrenzte Menge an Beute fressen können, von dem plötzlichen kurzen Überfluß an Eiern und Küken „überfordert". Die Gefahr des Angriffs auf ein einzelnes Nest wird dadurch reduziert. Diesen sogenannten Fraser-Darling-Effekt experimentell zu bestätigen, ist nicht einfach, jedoch gehen Coulsons [105] Langzeitstudien an der Dreizehenmöwe in diese Richtung. Er zeigte, daß Vögel, die in den am dichtesten bevölkerten Gebieten in der Mitte einer Nestkolonie brüten, größeren Bruterfolg haben als die in den Randgebieten. Sie legen mehr Eier, und sie legen früher. Es scheint wenig Zweifel daran zu bestehen, daß erhöhte Stimulierung im Zentrum ein Faktor ist, der zu diesem Effekt beiträgt. Das Zentrum ist sehr attraktiv, und zu Beginn der Brutzeit kämpfen die Dreizehenmöwen um einen Platz in diesem Gebiet.

Am Schluß unserer Betrachtung der Vorteile von Leben in einer Gruppe müssen wir noch kurz auf die Gesichtspunkte von Wynne-Edwards eingehen, die er in seinem bedeutenden Buch *Animal Dispersion in Relation to Social Behaviour* [514] dargelegt hat. Wynne-Edwards hat eine völlig andere Auffassung von dem, was wir in diesem Kapitel besprochen haben. Wir haben die Vorteile des Soziallebens in einer Gruppe für die Individuen erwähnt. Wynne-Edwards nimmt an, daß dies noch nicht alles sei, und daß normalerweise während der Evolution des Soziallebens die „egoistischen" Bedürfnisse eines Individuums zum Vorteil der Gruppe als Ganzem aufgegeben werden. Nur so, nimmt er an, können Tiere mit den Ressourcen auskommen. die ihnen ihr Lebensraum bietet, denn wenn sich Individuen immer wieder maximal vermehrten, würden sie sehr schnell ihre Nahrungsgrundlage aufbrauchen. Wynne-Edwards behauptet, daß dies unter natürlichen Bedingungen fast nie vorkomme. Es seien Gruppen entstanden, deren Fortpflanzungsrate eng an die vorhandenen Ressourcen gekoppelt ist. Tiere halten ihre Nachkommenzahl unter der maximal möglichen, und dafür gibt es wichtige Regulationsmechanismen in ihrem Sozialgefüge. Da Gruppen stabil und von anderen im Hinblick auf die Fortpflanzung sehr stark isoliert sind, habe die Selektion an den Gruppen selbst gearbeitet und die Tiere ausgesondert, die sich der Einteilung ihrer Ressourcen nicht anpaßten.

Das Konzept der Gruppenselektion bringt zweifellos große Schwierigkeiten mit sich. Nehmen wir mit Wynne-Edwards einmal an, eine Vogelkolonie könne von ihrem Nahrungsangebot leben, wenn sie weniger als das Maximum an Eiern legt. Viele Seevögel legen tatsächlich nur ein einziges Ei und ersetzen es nicht wieder, wenn es verlorengeht. Die Größe eines Geleges muß vererbt sein. Wenn kurzfristig genügend Futter vorhanden ist, wie könnte dann die Selektion die Weiterverbreitung von Genen verhindern, die dazu führen, daß die Vögel zwei Eier legen? Selbst wenn wir annehmen, daß sich der Brauch, nur ein Ei zu legen, entwickeln konnte – man kann sich kaum vorstellen, wie dies möglich wäre, es sei denn, es begünstigte nicht nur die Kolonie, sondern auch die Individuen – so würde dies eine genetisch festgelegte instabile Situation bedeuten. Sie wäre ständig durch neue Mutationen in Richtung auf kurzfristige individuelle Vorteile bedroht (Wiens [498] diskutiert diesen Sachverhalt und Wynne-Edwards' Auffassungen).

In seinen späten Schriften erkannte Wynne-Edwards [515] selbst, daß solche Mechanismen der Gruppenselektion keine gesicherte Grundlagen haben. Einfache individuelle Vorteile, verstärkt durch Verwandtschaftsselektion und die damit verbundenen Effekte für die Gesamtfitness (vgl. S. 201) liefern plausiblere Konzepte, mit denen man die Evolution von Sozialverhalten und offensichtlichen Altruismus erklären kann. Dennoch leistete Wynne-Edwards mit der Betonung des Zusammenhangs zwischen Verhalten und Struktur in Tierpopulationen Pionierarbeit. Auch wenn seine Ideen nur noch unter Vorbehalt betrachtet werden können, haben sie viele der neueren Arbeiten über Sozialverhalten beeinflußt.

Die schottischen Moorhühner geben ein gutes Beispiel für den Effekt, den er annahm. Hier zeigten Watson [486] und Mitarbeiter, daß die Populationsgröße entscheidend vom Revierverhalten bestimmt wird. Im Herbst kämpfen die Hähne um die Brutplätze (wir wissen jetzt, daß sie um so härter kämpfen, je besser das Habitat ist), und ein bestimmter Prozentsatz gewinnt auch ein Revier. Die erfolglosen Tiere werden zu den Talböden vertrieben. Nur die Revierhalter können sich im nächsten Frühjahr fortpflanzen, die überschüssigen Vögel bleiben effektiv unfruchtbar. Außerdem haben sie in dem ungünstigeren Lebensraum, in den sie vertrieben wurden, eine viel höhere Sterblichkeitsrate. Territorialverhalten hält die Populationsgröße in Grenzen und bindet sie an die vorhandenen Ressourcen der Moorlandschaft.

Es ist immer schwierig, Zusammenhänge zwischen Verhalten und Populationskontrolle zu beweisen. Die Beobachtung einer Art über mehrere Jahre ist kaum ausreichend. Es kann gut 25 Jahre dauern, bis eine zuverlässige Antwort vorliegt. Der Wert der Hypothese von Wynne-Edwards liegt darin, daß sie uns dazu veranlaßt, Sozialverhalten als eine Anpassung zu betrachten, die über das Verhalten von Individuen hinausgeht – obwohl sie darauf aufbaut – und so eine höhere Stufe von Angepaßtheit entstehen läßt. Mit anderen Worten, Anpassung muß nicht nur bedeuten, daß eine Art „sozial" wird, sondern sie kann auch die Eigenschaft der Organisation des Soziallebens einschließen.

Soziobiologie

Die neuen Erklärungsansätze für soziales Verhalten, die oft unter dem Begriff „Soziobiologie" zusammengefaßt werden, haben eine große Bedeutung gewonnen. Wilsons beachtenswertes Buch mit gleichem Titel [507] gibt einen Überblick über die gesamte Palette sozialer Lebensformen im Tierreich. Er definiert Soziobiologie als „... die systematische Erforschung der biologischen Basis allen sozialen Verhaltens". Diese Definition ist sehr weit gefaßt, und sicher können die meisten der bisherigen Arbeiten über Tiergesellschaften eingeschlossen werden. Der aufregende Impuls dieses neuen Ansatzes ist die Verbindung mit quantitativer Ökologie, Genetik und Evolution. Oft beschäftigt sich die Soziobiologie mit den Funktionen des Sozialverhaltens und versucht, dessen Selektionswert zu messen oder zumindest abzuschätzen und zu erklären, wie ein bestimmter Typ einer Tiergesellschaft seine Mitglieder an ihre Umgebung anpaßt.

In gewisser Hinsicht ist dies nichts Neues, denn die Ethologen haben sich schon immer mit Funktion und Evolution von Verhalten beschäftigt. Wie Crook [109] in einem Überblick darstellte, berücksichtigten die Ethologen auch ursächliche Zusammenhänge der Verhaltensentstehung bei Individuen oder soziale Interaktionen von Paaren oder einzelnen Familien. Ihre ursprünglichen Konzepte mußten erweitert werden, um die komplexeren Formen sozialer Interaktion in organisierten Gruppen sinnvoll untersuchen zu können.

Das Konzept der Verwandtschaftsselektion war für soziobiologische Überlegungen von besonderer Bedeutung, da es den Selektionsdruck auf ein Individuum direkt mit den sozialen Interaktionen mit anderen Gruppenmitgliedern verbindet. Wir sind bereits in Kapitel 6 auf die Verwandtschaftsselektion eingegangen, und in unserer Behandlung sozialer Systeme werden weitere Beispiele folgen.

Die Verbindung von Sozialverhalten und Ökologie begann mit den Versuchen, die Gruppengröße mit dem entsprechenden Lebensraum in Zusammenhang zu bringen (z. B. Crook [110] und Itô [253]). Es gibt dabei einige auffällige Regelmäßigkeiten, da oft die Gruppengröße von Vögeln, Huftieren und Primaten, die in offenem Grasland oder in Ebenen leben, einander ähnlicher sind als denjenigen der eigenen, in Wäldern lebenden Verwandten. In offenen Lebensräumen ist die Kommunikation einfach, die Gruppen sind meist recht groß und verteilen sich beim Umherziehen auf eine große Fläche. In dichten Waldgebieten hätte eine große Gruppe immense Probleme, ihren Zusammenhalt zu wahren. Entsprechend sind dort die Gruppen klein, und viele im Wald lebende Tiere sind Einzelgänger. Die großen Flußpferd-Herden in offenen Seen und Flüssen und Rotwildrudel in den Schottischen Hochlanden können mit den einzeln lebenden Zwergflußpferden und Elchen in dichten Wäldern verglichen werden. Manchmal tritt sogar innerhalb einer Art diese Tendenz auf. Löwentrupps sind, wenn sie im dichten Busch leben, selten größer als eine Familie von 6 bis 8 Individuen, in der offenen Savanne jedoch sind Gruppen von 30 Tieren keine Seltenheit.

Diese Beziehung gilt zwar in gewisser Weise, wir kennen jedoch bereits zu viele Ausnahmen, die mit einer solch weitgefaßten Betrachtung von Lebensraum in Einklang zu bringen wären. In vielen Fällen gibt es Hinweise dafür, daß soziale Systeme sehr viel genauer und besser an Lebensräume und Nahrungserwerb angepaßt sind. Clutton-Brock [101] untersuchte zwei verwandte Affenarten, den roten und den schwarz-weißen Stummelaffen, die beide in Wäldern, oft in denselben, leben. Sie fressen oft sogar von denselben Bäumen (zwei Arten), die die Hauptnahrungsquelle beider Affenarten darstellen. Der rote Stummelaffe lebt in größeren Horden von 40 oder mehr Individuen, die sich über ein Gebiet von etwa 1 km² verteilen. Der schwarz-weiße Stummelaffe dagegen bildet Trupps von 5 bis 10 Tieren, die ein kleines Territorium von kaum einem Fünftel der Größe des roten Stummelaffen verteidigen. Clutton-Brock versuchte, diese Unterschiede aus seinen eingehenden Beobachtungen der Freßgewohnheiten beider Arten zu erklären. Sie ernähren sich zwar von den gleichen Baumarten, fressen jedoch von verschiedenen Teilen. Der rote Stummelaffe frißt hauptsächlich Schößlinge, Blüten und Früchte; der schwarz-weiße Stummelaffe frißt zusätzlich noch voll entwickelte Blätter, die vom roten ge-

mieden werden. Clutton-Brock weist darauf hin, daß die Nahrungsquellen des roten Stummelaffen über ein großes Gebiet verteilt und stellenweise konzentriert
sind. Die Tiere müssen umherziehen, um Bäume mit Knospen und Blüten zu finden. Für schwarz-weiße dagegen ändert sich die Nahrungssituation weniger. Sie
können das ganze Jahr über auf einer Baumgruppe leben. Beide Arten benötigen
etwa gleich viel Wald pro Tier (50 rote, die in einem Quadratkilometer umherstreifen, entsprechen etwa 10 schwarz-weißen in ihrem 0,2 km² großen Territorium).
Clutton-Brock nimmt an, daß die roten deshalb in größeren Horden zusammenleben und nicht als eine territoriale Gruppe, weil es für eine größere Gruppe leichter
ist, ihre unregelmäßig verteilte Nahrung aufzufinden – wir haben in diesem Kapitel
bereits eine ähnliche Situation bei Meisenschwärmen behandelt.

Ein Großteil der Argumente Clutton-Brocks ist spekulativ. In allen Fällen müssen wir das Ergebnis einer solchen Entwicklung erklären, obwohl wir keine fossilen
Hinweise zur Verfügung haben. Er kann auch andere nahe verwandte Affenarten
anführen, deren Ökologie und Verhalten sich in gleicher Weise unterscheidet. Eine
nützliche Methode für Untersuchungen auf dem Gebiet der Soziobiologie ist, Theorien aufzustellen, deren Gültigkeit und Vorhersagen dann an noch nicht untersuchten Tieren getestet werden können.

Für Antilopen gibt es einen sehr ausführlichen Überblick über soziale Organisation und Ökologie. Jarman [255] versuchte, die Information von mehr als 70 Arten
zusammenzufassen. Einige von ihnen sind allerdings nicht genauer untersucht, doch
war es auch möglich, allgemeine Muster zu finden und Vorhersagen zu machen. Er
teilt die Antilopen aufgrund ihrer „Ernährungsweisen" in fünf Klassen ein. Einige
fressen zarte Kräuterschößlinge und andere grasen, wobei auch eine Spezialisierung
auf eine oder mehrere Grassorten vorkommt.

Jarman findet sehr deutliche Beziehungen zwischen Ernährungsweise, Gruppengröße und Sozialstruktur. Um zwei Extreme zu nennen: am einen Ende der
Skala befinden sich die stark reviergebundenen kleinen Antilopen, die allein oder
in Paaren leben. Sie ernähren sich von zahlreichen Pflanzenschößlingen, die weit
verstreut sind. Sie können den großen Gruppen der Gnus gegenübergestellt werden, die bei der Wanderung manchmal zu riesigen Herden verschmelzen. Sie ernähren sich von verschiedenen Gräsern, die jedoch in einem bestimmten Wachstumsstadium sein müssen, und somit wandern die Tiere in einem Weidezyklus.
Dieses Wanderleben wirkt sich, wie wir später noch sehen werden (S. 274), auf die
Fortpflanzung der Gnus aus und veranlaßt die männlichen Tiere, auf guten Weideplätzen vorübergehend Reviere zu errichten.

Jarmans Schlußfolgerungen sind sehr überzeugend und geben ein klares Bild
von jedem Verhaltensaspekt – Nahrungssuche, Balz, Verteidigung gegen Freßfeinde etc. Alle passen zueinander und beziehen sich auf die Anstrengungen eines Individuums, die Gegebenheiten seines Lebensraumes zum besten Vorteil zu nutzen.

Wir können uns nun von der allgemeinen Erörterung der Evolution und Anpassung sozialer Organisation abwenden und einige daran beteiligte Verhaltensprinzipien betrachten. Die Insekten und Vertebraten sind sehr verschiedene Gruppen, an
denen man dies zeigen kann.

Soziale Insekten

Das Sozialleben einiger Insekten unterscheidet sich in vieler Hinsicht so sehr von dem anderer Tiere, daß es gerechtfertigt ist, es getrennt zu behandeln. Trotz all ihrer charakteristischen Eigentümlichkeiten sind bei den sozialen Insekten zwei Schlüsselaspekte des Soziallebens beispielhaft vertreten – Arbeitsaufteilung unter den Mitgliedern einer Gesellschaft und Kommunikation zwischen ihnen – beides Prinzipien, die auch für andere Gesellschaften gelten.

Unter den Insekten gibt es jedoch auch einige völlig einzeln lebende Tiere. Ihnen fehlt wahrscheinlich der grundlegendste aller sozialen Kontakte, der zwischen Eltern und Jungen. Die kurze Lebensdauer vieler Insekten, gekoppelt mit saisonbedingter Fortpflanzung, bedeutet oft, daß die Eltern schon lange tot sind, bevor ihre Nachkommen dem Larvenstadium entschlüpfen. Die Grabwespe, deren Lebensgeschichte in großen Zügen in Kapitel 2, S. 21 dargelegt wurde, hat nur einmal, wenn sie sich paart, kurzen Kontakt mit einem anderen Mitglied ihrer Art. Abgesehen davon lebt sie völlig einzeln.

Es ist offensichtlich, daß eine wesentliche Voraussetzung für die Entwicklung von Sozialleben in der Verlängerung der Lebensdauer liegt, so daß Kontakt zwischen alten und jungen Tieren hergestellt werden kann. In den Ansammlungen von Insekten, wie Schaben und Ohrwürmern z. B., überlappen sich die Generationen. Die Lebensdauer einer Schabe kann ein Jahr oder mehr betragen. In drei Vierteln dieser Zeit entwickelt sie sich in einer Reihe von Larvenstadien allmählich zum erwachsenen Insekt. Schaben aller Altersstufen leben in einem lockeren Verband in der Nähe von Schutz- und Nahrungsquellen. Einige Arten brüten ihre Eier im Körper aus und gebären die Jungen lebend, die dann einige Stunden nach der Geburt mit der Mutter in Kontakt bleiben. Dieser Kontakt kann für das Überleben der Jungen sehr wichtig sein, nicht nur, weil sie gleich nach der Geburt durch Kannibalismus extrem gefährdet sind, sondern auch, weil sie von der Körperoberfläche der Mutter Nährstoffe aufnehmen können.

Wir wissen, daß dieser Ernährungsfaktor bei den Termiten (die mit den Schaben verwandt sind) größte Bedeutung hat. Sie ernähren sich weitgehend von Holz und verlassen sich dabei auf die Symbiose mit Protozoen, die in ihrem Darm leben und Zellulose abbauen. Die jungen Termiten erwerben diese Protozoen, wenn sie sich von frischem Kot der Erwachsenen ernähren. Die Symbionten können nur auf diese Weise übertragen werden. Vielleicht war diese notwendige Überlappung der Generationen eine der Grundlagen für die Entwicklung des ausgefeilten Soziallebens der Termiten.

Wirkliche Gesellschaften mit organisierter Struktur sind bei zwei Insektenordnungen zu finden, den Isopteren oder Termiten, wie eben erwähnt, und den Hymenopteren, den Ameisen, Bienen und Wespen. Es gibt eine gewaltige Literaturmenge über soziale Insekten, die seit Jahrhunderten die Aufmerksamkeit des Menschen erregt haben. Hier können wir nur einige allgemeine Charakteristika, die für die Diskussion von sozialer Organisation am ehesten relevant sind, besprechen. Im Hinblick auf weitere Details und als Einführung in die gesamte Literatur ist Wilsons meisterhafter Überblick [506] unerreicht. In seinem anderen Buch gibt Wilson [507] ebenso einen kürzeren Überblick über die sozialen Insekten. In den ausgezeichneten Beiträgen von Butler [82], von Frisch [156] und Lindauer [297] werden verschiedene Aspekte des meistuntersuchten Insekts, der Honigbiene, behandelt.

Obwohl eine Insektengesellschaft in der Regel aus Tausenden von Individuen besteht, ist ihr einzigartiges Kennzeichen, daß sie alle eng miteinander verwandt sind und, mit gewissen kleinen Ausnahmen, eine einzige Familie bilden. Die Fortpflanzung ist gewöhnlich auf ein Weibchen beschränkt (die Königin), die anderen Gesellschaftsmitglieder sind ihre Nachkommen und bleiben zum großen Teil unfruchtbar. Sie leben alle in einem gemeinsam gebauten Nest und helfen der Königin dabei, weitere Arbeiterinnen wie sie selbst und schließlich noch weitere fortpflanzungsfähige Kasten zu erzeugen.

Der Begriff Kaste ist sehr gut geeignet, die Arbeitsaufteilung bei Insektengesellschaften zu beschreiben. Er deutet eine genau festgelegte, durch die Aufzucht bestimmte Rolle innerhalb der Gesellschaft an. Sicherlich ist der wichtigste Faktor, der die Kaste bestimmt, die Art der Nahrung. Bei Bienen, Wespen und Termiten sind alle von der Königin gelegten Eier potentiell gleich, aber die meisten Larven werden nicht mit optimaler Nahrung versorgt und entwickeln sich zu Arbeiterinnen. Es gibt Hinweise dafür, daß, wenn eine Ameisenkönigin rasch legt, die Eier zu Arbeiterinnen „vorbestimmt" sind und sich entsprechend entwickeln, wie immer die Larven auch gefüttert werden. Die meiste Zeit jedoch haben ihre Eier die gleichen Entwicklungsmöglichkeiten, und nur die reichlich gefütterten Larven entwickeln sich zu fortpflanzungsfähigen Kasten. Bei den Termiten gibt es in allen Kasten Männchen und Weibchen (es gibt z. B. „Termitenkönige", die bei der Königin bleiben und sich während ihrer Eiablagezeit mehrmals mit ihr paaren). Bei den Hymenopteren jedoch sind alle Arbeiter weiblich. Die Männchen (oder Dronen, wie sie bei den Bienen genannt werden) bilden eine eigene Kaste. Sie entstehen aus unbefruchteten Eiern (vgl. S. 202), etwa zur gleichen Zeit wie die neuen Königinnen.

Mit Ausnahme der Honigbienen, die neue Kolonien bilden, indem sie schwärmen, werden bei den meisten sozialen Insekten neue Kolonien von einer einzigen Königin (oder bei den Termiten von einem Paar) gegründet. Sie beginnt mit dem Nestbau und zieht selbst die erste Generation von Arbeiterinnen auf. Diese übernehmen dann die Aufgaben der Nesterweiterung und Futterbesorgung, und die Königin bleibt von da an in der Regel im Nest und legt Eier. Da bei den Termiten die Jungen ähnlich wie bei den Schaben mehrere Nymphenstadien durchlaufen, können sie von Anfang an als Arbeiter in der Kolonie eine Rolle spielen. Bei den Hymenopteren benötigen die hilflosen Larven Schutz und Futter von erwachsenen Arbeiterinnen, bis sie nach der Metamorphose selbst erwachsen sind.

Die Aufgaben der Arbeiterkasten unterscheiden sich zwar sehr im einzelnen, aber bei den meisten Kolonien beziehen sie sich auf die Hauptaufgaben Futtersuche, Aufzucht der Jungen, Nestbau, Begleitung der Königin, wenn sie sich umherbewegt und Eier legt, und Bewachung der Kolonie. Bei Termiten und Ameisen ist für diese letzte Aufgabe manchmal eine spezielle Soldatenkaste verantwortlich, die mit größeren Kiefern (Mandibeln) oder anderen Waffen ausgestattet ist. Weniger spezialisierte Arbeiter führen die restlichen Pflichten aus, z. T. mit wechselnder Arbeitsaufteilung. Bei den Hummeln entstehen manchmal wegen schlechter Ernährung während des Larvenstadiums sehr kleine Arbeiterinnen, diese bleiben meist zeitlebens im Nest und gehen nie auf Futtersuche. Die Futterversorgung ist bei Bienenvölkern sehr viel besser geregelt. Die Arbeiterinnen sind alle gleich und führen alle obengenannten Aufgaben aus. Die Aufteilung der Arbeit im Stock richtet sich nach dem Alter der Arbeiterinnen, ist aber recht flexibel.

Eine Honigbienen-Arbeiterin lebt als erwachsenes Tier etwa sechs Wochen, und ihre Aktivitäten entsprechen in gewisser Weise ihrer Physiologie. So verbringt sie die ersten drei Tage mit der Reinigung von Zellen. Dann beginnt sie, mit einem Gemisch aus Pollen und Honig, das sie aus den Vorratszellen des Stockes holt, die älteren Larven zu füttern. Während dieser Zeit sind ihre Pharynx- oder „Ammendrüsen" entwickelt. Sie sondern das sogenannte „Königinnenfutter" ab, und von etwa dem 6. bis 14. Tag ihres Lebens füttert die Arbeiterin diese Absonderung an die jüngeren Larven und jede Königinnenlarve im Stock (Königinnenfutter wird während der frühen Entwicklung an alle Larven nur kurz gefüttert. Die Larven jedoch, die Königinnen werden sollen, erhalten die ganze Zeit Königinnenfutter und entwickeln sich in einer größeren Zelle). Die wachsproduzierenden Drüsen am Hinterleib der Arbeiterinnen werden ab dem 10. Tag aktiv. Zur gleichen Zeit beginnen die Ammendrüsen sich zurückzubilden. Die Arbeiterinnen wenden sich jetzt von der Larvenfütterung ab und dem Zellenbau zu. Ab etwa dem 18. Tag verlassen sie gelegentlich den Stock für einige kurze Orientierungsflüge (vgl. S. 238). In diesem Alter kann man sie bei der Bewachung des Stockeingangs und der Kontrolle einfliegender Bienen beobachten. Ab dem 21. Tag ist eine Arbeiterin hauptsächlich auf Futtersuche und bringt Nektarpollen und Wasser zurück; normalerweise setzt sie dies für den Rest ihres Lebens – zwei bis drei Wochen – fort.

Dies ist die normale Reihenfolge. Sie kann jedoch modifiziert werden, um den Bedürfnissen der Kolonie gerecht zu werden, die mit Blumenwachstum, Temperatur, Alter der Kolonie und vielen anderen Faktoren variieren. Die Reihenfolge der Aktivitäten kann aufgrund des hochentwickelten Kommunikationssystems zwischen den Mitgliedern eines Bienenstockes modifiziert werden. Abbildung 8.3 zeigt ein Modell von Lindauer [297] über die Aktivitäten einer einzelnen Arbeiterin im Laufe ihres Lebens. Die eben beschriebene Reihenfolge ist zwar zu erkennen, aber die beiden bemerkenswertesten Aktivitäten wurden bisher noch nicht erwähnt, nämlich „Ruhen" und „Umherlaufen". Offenbar lernt ein Individuum durch persönliche Erkundung die Bedürfnisse der Kolonie kennen. Die Arbeiterin läuft im Stock umher, kontrolliert leere Zellen, die Vorratsgebiete, die Ränder der Wabe, wo weiter gebaut wird und das Brutgebiet, in dem sich die Larven entwickeln. Auf diese Weise wird sie zur Eigeninitiative angeregt. Wenn viele unterernährte Larven vorhanden sind, regenerieren die Ammendrüsen einer älteren Sammlerin, und sie kehrt zur Fütterung zurück. Wenn Futtermangel herrscht, werden junge Arbeiterinnen frühzeitig zu Sammlerinnen.

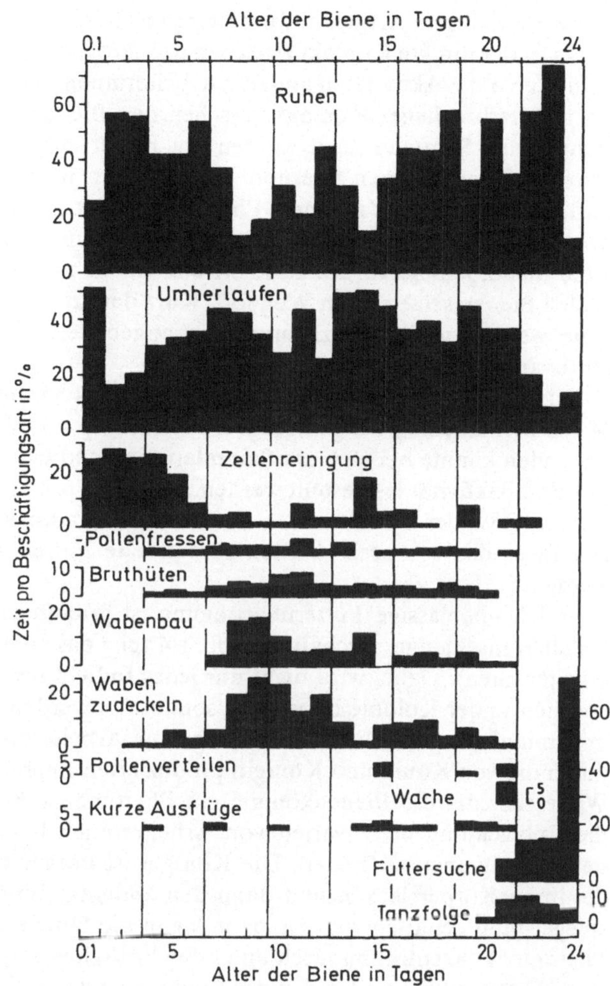

Abb. 8.3. Lindauers vollständiges Protokoll der Aufgaben, die von einer einzelnen Arbeiterin während ihres Lebens ausgeführt wurden. Die Art der Aufgabe ist jeweils getrennt aufgeführt. Man kann die altersspezifische Reihenfolge von Zellenreinigung, Brutpflege, Bau, Wache und Futtersuche erkennen. Man beachte die Länge der Zeit, die sie im Innern des Stockes umherläuft, bzw. inaktiv zu sein scheint. (Lindauer [297], 1961, 1971. Communication among social bees. Mit Erlaubnis der Harvard University Press, Cambridge, Mass. Copyright Präsident und Mitglieder von Harvard College)

Die auffälligste Art des Informationsaustausches über den Zustand des Bienenstocks ist der direkte Kontakt zwischen den Arbeiterinnen. Eine ruhende Biene wird leicht durch die Aktivitäten anderer Arbeiterinnen in der Nähe angeregt. Es besteht ein ununterbrochener Kontakt zwischen den Bienen auf den Waben, und die ankommenden Sammlerinnen werden um Futter angebettelt. Futter wird nicht nur von den Sammlerinnen übernommen, sondern jedes Arbeiterinnenpaar, das sich trifft, kann geben oder nehmen. Eine Biene stülpt ihre Zunge aus und reibt ihre Antennen an denen der anderen Arbeiterin, die dann einen Tropfen Nektar zwischen ihren Mandibeln hervorbringt. Er wird in ein bis zwei Sekunden aufgeleckt, und die beiden Bienen setzen ihren Weg fort. Kurz darauf kann die Empfängerin zur Spenderin werden, weil sie jetzt umgekehrt angebettelt wird oder einer anderen Biene Futter anbietet.

Nixon und Ribbands [366] fütterten an sechs Sammlerinnen einer Kolonie von 24 600 Bienen eine geringe Menge Zuckerlösung mit radioaktivem Phosphor. Nach 5 Stunden konnte bei 62% der Sammlerinnen und bei 18% der brutpflegenden Bienen Radioaktivität festgestellt werden. Nach 29 Stunden waren 76% der Sammlerinnen und 43% der Bienen in den Brutkammern radioaktiv. Somit war innerhalb eines Tages das von sechs Bienen gesammelte Futter unter vielen tausend verteilt worden.

Solch unablässige Futterübertragung ist grundlegend für die Kommunikation bei allen Insektengesellschaften (Abb. 8.4 zeigt das analoge Verhalten von Ameisenarbeiterinnen). Dabei wird nicht nur jedes Individuum über den Stand von Futtervorräten in der Kolonie informiert, sondern es werden auch Pheromone (vgl. S. 87) in Umlauf gesetzt. Die Entwicklung von Arbeiterinnen bei den Termiten wird durch die von König und Königin produzierten Pheromone bestimmt. In ähnlicher Weise scheidet die Bienenkönigin ein Pheromon („Königinnensubstanz") ab, das die Entwicklung der Ovarien von Arbeiterinnen hemmt und verhindert, daß sie neue Königinnen aufziehen. Die Königin ist immer von Arbeiterinnen umgeben, die ihren Körper lecken und dann den anderen Futter anbieten. Der Pheromonspiegel muß gehalten werden, denn wenn die Quelle einmal erschöpft ist, fällt die Pheromonkonzentration rasch unter den kritischen Wert. Die Wirkung der unablässigen Futterteilung und damit der Weitergabe der Königinnensubstanz zeigt sich in der Tatsache, daß bei einigen Arbeiterinnen im Brutgebiet des Stockes ein bis zwei Stunden, nachdem eine Kolonie ihre Königin verloren hat, Verhaltensänderungen beobachtet werden können. Sie beginnen mit dem Bau einer „Notstandszelle", in der eine der jüngsten Larven, normalerweise dazu bestimmt, Arbeiterin zu werden, während ihres gesamten Larvendaseins Königinnenfutter erhält, um an Stelle ihrer Mutter Königin zu werden.

Bei fast allen sozialen Insekten gibt es unter den Sammlern eine weitere Art der Kommunikation, und zwar über die Futterquellen. Bei Ameisen und der Gruppe der „stachellosen" Bienen (Meliponinae) läuft die Kommunikation auf rein chemischem Wege ab [505]. Ameisen legen Duftspuren, wenn sie eine Futterquelle verlassen und zur Kolonie zurückkehren, und die Meliponinen lassen sich bei ihren Suchflügen in Intervallen von einigen Metern herab, um Blätter oder Boden mit Duft

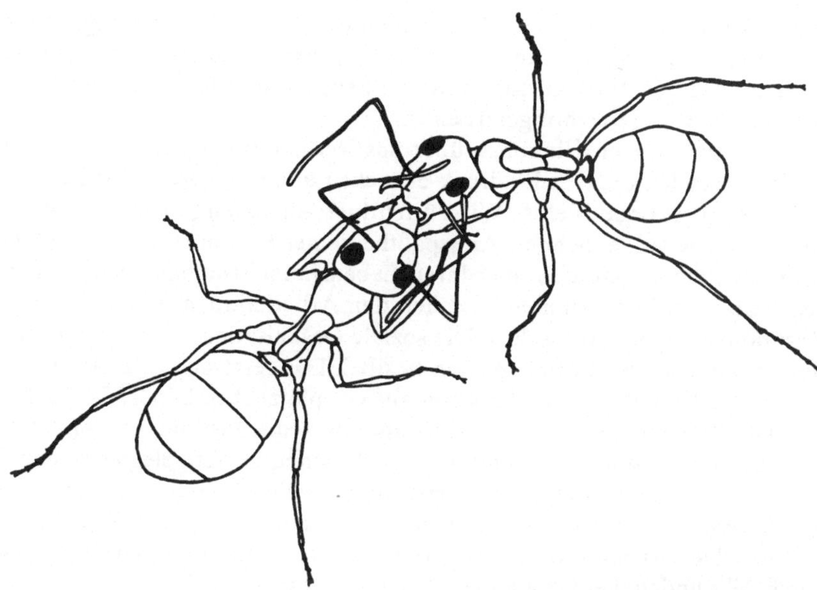

Abb. 8.4. Futterteilung bei Arbeiterinnen der Améise, *Formica fusca*. Die Arbeiterin *links* erhält Futter von der Arbeiterin *rechts*, die einen Flüssigkeitstropfen aus ihrem Schlund gewürgt hat und ihn zwischen den ausgestreckten Mandibeln anbietet. (Wallis, D. I.: *Animal Behaviour 10*, 105–110, 1962)

spezieller Mandibeldrüsen zu markieren. Andere Sammler werden von derartigen Spuren angelockt und können somit das Futter leichter finden.

Wir haben bereits die Entwicklung der „Tanzsprache" der Honigbienen besprochen. Sie ist ganz sicher das erstaunlichste Beispiel von Kommunikation bei sozialen Insekten, da sie detaillierte Information über die Entfernung und die Richtung einer Futterquelle übermittelt. Ein wesentlicher Faktor für die Wirksamkeit des Tanzes ist die Aufmerksamkeit, die den ankommenden Sammlerinnen von den anderen Arbeiterinnen gewidmet wird. Wenn eine Sammlerin auf eine Wabe kommt, wird sie von anderen Arbeiterinnen häufig betastet. Sie kann aufgrund der Begierde, mit der ihr Nektar aufgenommen wird, die Bedürfnisse der Kolonie einschätzen. Die Dauer des Tanzes einer Sammlerin auf der Wabe steht in Beziehung zur Ergiebigkeit der Futterquelle, die sie entdeckt hat. Entsprechend können andere Sammlerinnen, die sich gerade im Stock ausruhen, zu ergiebigen Futterquellen gelockt werden. Umgekehrt wird die ankommende Sammlerin nicht tanzen, wenn ihre Futterquelle nicht sehr lohnend war. Sie wird wahrscheinlich im Stock bleiben und dann durch die Tänze erfolgreicher Sammlerinnen angelockt werden.

Viele andere soziale Insekten verfügen nicht über das ausgeprägte Kommunikationssystem der Honigbienen, jedoch ist ihre Futtersuche auch nicht dem Zufall überlassen. Wie wir erwähnten, können ankommende Sammlerinnen Duftspuren legen. Auch werden andere Arbeiterinnen durch das sehr aufgeregte Verhalten einer erfolgreichen Sammlerin selbst zum Sammeln veranlaßt. Daher neigen soziale Insekten dazu, in einer Gruppe Futter zu suchen und ihre Anstrengungen dort zu machen, wo es am nutzbringendsten ist.

In diesem kurzen Überblick über das Verhalten sozialer Insekten wurden Begriffe verwendet, die den Eindruck erwecken können, daß sie ihr Leben aufgrund von Intelligenz organisieren. Wir dürfen hier Anpassung nicht mit Intelligenz verwechseln. Die ausgezeichnete Angepaßtheit einer Kolonie sozialer Insekten und die Kontrolle, die sie dadurch über ihren Lebensraum erhalten, basiert auf einer ganzen Reihe von Interaktionen zwischen den Arbeiterinnen in der Kolonie und von Reaktionen auf das Nest selbst. Die soziale Organisation von Insekten ist innerhalb ihrer bemerkenswerten Fähigkeiten flexibel. Das zeigt sich z. B., wenn die Arbeiterinnen der Honigbiene als Reaktion auf ein plötzliches Bedürfnis der Kolonie die normale Reihenfolge ihrer Aufgaben ändern. Jedoch ist die Art von Verhaltensanpassungen bei sozialen Insekten innerhalb genetisch festgelegter Grenzen, die für eine Art charakteristisch sind, vorbestimmt. Alle Honigbienen reagieren auf die gleiche Weise, ebenso die Ameisen einer bestimmten Art usw. Diese Einheitlichkeit der sozialen Organisation innerhalb einer Art ist für Insekten höchst charakteristisch. Wir finden dies bei anderen Tieren nicht so deutlich.

Soziale Organisation bei Wirbeltieren

Sehr wenige Wirbeltiere leben so einsiedlerisch wie die Grabwespe. Sie leben viel länger und haben oft ein elterliches Fürsorgeverhalten entwickelt, beides Faktoren, die für ein Überschneiden der Generationen sorgen. Wirbeltiere zeigen in ihrer sozialen Organisation eine große Vielfalt, und darüber hinaus ist sie, in auffälligem Gegensatz zu den sozialen Insekten, nicht streng artspezifisch. Somit ist die Antwort auf die Frage, was ist die soziale Organisation der Hausmaus? nicht eindeutig festgelegt. Sie hängt von Populationsdichte, Alter, Geschlechtsstruktur und einer Anzahl anderer Faktoren ab.

In letzter Zeit hat die Zahl der Untersuchungen über die Sozialstruktur von Wirbeltieren beachtlich zugenommen. Die meisten davon wurden in Feldstudien durchgeführt. Bei unserer allgemeinen Betrachtung werden wir versuchen, Daten aus einer breiten Palette von Arbeiten zusammenzutragen. Eingehendere Erörterungen und ausführlichere Literaturangaben können bei Wilson [507] (ein kompletter, allgemeiner Überblick), Crook [109] und Wood-Gush [512] (für Vögel) und in Kapitel 4 des Buches von Ewer [149] (für Säugetiere) nachgelesen werden.

Revier und Dominanzhierarchie

Die Rolle, die Individuen in den meisten Wirbeltiergesellschaften einnehmen, hängt von ihrem Alter und Geschlecht ab, ist jedoch viel weniger streng vorbestimmt als bei den sozialen Insekten. In einer Erörterung der sozialen Organisation auf der Grundlage von Studien an Hühnervögeln benutzte McBride [312] den Begriff „Kaste", um die verschiedenen, in „Funktion, Verhalten und Lebensweise" spezialisierten Stadien, die ein Vogel durchläuft, zu benennen. Aber die Tatsache, daß sich die Kaste eines Vogels, während er heranwächst und als erwachsenes Tier jahreszeitlich bedingt ändert, zeigt, daß der Begriff Kaste hier nicht wie bei den Insekten in seiner eigentlichen Bedeutung angewandt werden kann. McBrides Ziel ist es, die Aufmerksamkeit auf die relativ festgelegte Rolle eines Vogels in jedem Lebensabschnitt zu lenken. Bei den Hühnervögeln wie bei der Mehrheit der Wirbeltiere hängt die Rolle eines Individuums in einer sozialen Gruppe und die Art des Umgangs mit den anderen Mitgliedern in der Regel von seinem Rang oder seiner Dominanz ab. Revierbildung und hierarchische Gliederung stellen in gewisser Hinsicht zwei Extreme derartiger Organisation dar.

Wir haben bereits verschiedene Aspekte von Revierverhalten besprochen, insbesondere in Kapitel 5. Auf den ersten Blick erscheint Territorialität der Gegensatz von sozialem Verhalten zu sein. Reviere können sehr verschieden aussehen. Das Fitis-Beispiel in Abbildung 5.1 stellt einen typischen Fall dar. Jedes Männchen verteidigt ein Gebiet, das genügend Futter für sich, sein Weibchen und die Jungen abgibt, so daß es dieses Revier kaum verlassen muß. Es grenzt dicht an die Reviere anderer Vögel – dort, wo es möglich ist, wird das ganze Gebiet besetzt. Reviere dieser Art findet man auch bei einigen Säugern, besonders bei Karnivoren, wo das Revier durch Duftmarken mit Urin oder besonderen Drüsensekreten gekennzeichnet wird.

Während die Revierhalter weitgehend Einzelgänger sind, bilden natürlich alle zusammen eine soziale Organisation, wenn nicht gar eine Gesellschaft. Durch gruppierte Reviere wird z. B. das Verhalten der Weibchen, die Geschlechtspartner suchen, beeinflußt. Bei Seevögeln, wie Baßtölpeln, Möwen und Seeschwalben, ist diese Gruppenbildung sehr auffällig. Das Revier dient hier nicht mehr zur Futtersuche, sondern ist einfach ein kleines Gebiet um das Nest. Die Reviere liegen eng beieinander, und die Vögel bilden eine zusammenhängende Kolonie.

Ein gemeinsames Merkmal aller Reviere ist, daß der Inhaber innerhalb der Grenzen absolut dominiert; hier ist er sicher. Die Grenze seines Reviers kennzeichnet den Punkt, an dem seine Vorherrschaft gegenüber Nachbarn abnimmt. Die hierarchische Organisation von Dominanz bezieht sich nicht auf ein festgelegtes Gebiet, sondern auf die Rangordnung innerhalb einer Gruppe von Individuen, die zusammen in einem Gebiet leben. Die Gruppe bewegt sich gemeinsam umher und kann tatsächlich auch ein Revier verteidigen, das jedoch allen gehört. Innerhalb der Gruppe dominieren einige Tiere über andere. Dies bedeutet, daß die dominanten Tiere ein untergeordnetes verdrängen können, wenn es z. B. um Futter oder einen Geschlechtspartner geht.

Schjelderup-Ebbe entwickelte aus seiner Arbeit über Vogelschwärme (vgl. seine Zusammenfassung [419]) ein Hierarchiekonzept. Er beobachtete, daß sich bei kleinen Hühnergruppen, die in einen Käfig eingesperrt waren, eine bestimmte „Hackordnung" entwickelte. Wenn die Vögel miteinander zankten, tat sich schließlich

	Y	B	V	R	G	YY	BB	VV	RR	GG	YB	BR
Y												
B	22											
V	8	29										
R	18	11	6									
G	11	21	11	12								
YY	30	7	6	21	8							
BB	10	12	3	8	15	30						
VV	12	17	27	6	3	19	8					
RR	17	26	12	11	10	17	3	13				
GG	6	16	7	26	8	6	12	26	6			
YB	11	7	2	17	12	13	11	18	8	21		
BR	21	6	16	3	15	8	12	20	12	6	27	

Abb. 8.5. Eine perfekte lineare Hierarchie in einer Gruppe von zwölf Hennen. Jeder Vogel ist durch Farbringe an seinen Beinen individuell gekennzeichnet. In den vertikalen Reihen ist angegeben, wie oft ein Vogel ein anderes Gruppenmitglied gehackt hat (z. B. Y hackte B 22 mal und V 8 mal), während die von einem anderen erhaltenen Hiebe in den horizontalen Reihen angegeben sind (z. B. erhielt VV 19 Hiebe von YY und 8 von BB). Es ist zu beachten, daß kein Vogel dabei beobachtet wurde, wie er einen ranghöheren hackte. Solch perfekte Hierarchien kommen in der Natur wahrscheinlich selten vor. (Guhl, A. M., The social order of chickens. *Scientific American.* Copyright 1956 Scientific American. Alle Rechte vorbehalten)

einer als dominant hervor, der all die anderen verdrängen konnte. Unter ihm war ein Vogel an zweiter Stelle, der über alle anderen außer dem obersten dominierte usw., bis zum Ende der Gruppe, wo ein Vogel übrigblieb, der von allen anderen verdrängt wurde. Abbildung 8.5 zeigt ein Beispiel einer Hackordnung dieses sehr eindeutigen Typs – auch als lineare Hierarchie bezeichnet. Die Hierarchie entwikkelt sich, während sich die Vögel auseinandersetzen, und beinhaltet in den frühen Stadien sehr viel Kampf. Wenn sie jedoch einmal besteht, ist sie genauso eine Hierarchie der Unterwerfung wie der Dominanz. Unterlegene geben in der Regel ohne Widerstand bei der Annäherung eines Dominanten nach. Es ist zu beachten, daß individuelles Erkennen eine Vorbedingung stabiler Hierarchien ist. Schjelderup-Ebbe fand, daß es keine Hierarchie in großen Schwärmen gibt; da sich die Individuen gegenseitig nicht kennen, dauern die Auseinandersetzungen an.

Die gleiche Art von hierarchischer Struktur ist bei den Wirbeltieren und auch bei einigen Wirbellosen weit verbreitet, weist aber selten eine so perfekte Regelmäßigkeit auf, wie in Abbildung 8.5 gezeigt. Von diesem reinen Typ gibt es Abweichungen der verschiedensten Art. Die Hierarchie muß nicht linear sein. Es können sich z. B. Dreiecksverhältnisse ausbilden, wo A B verdrängt und B wiederum C, aber C A verdrängen kann. Bei Primatengruppen ist es nicht ungewöhnlich, daß hochrangige Tiere zusammenarbeiten, um ihre Vormachtstellung über andere zu verteidigen. Dies macht es oft schwer, ihre Stellung in der Hierarchie eindeutig festzulegen. Manchmal ist es auch unmöglich, unterhalb des Tieres mit dem höchsten Rang weitere Abstufungen festzustellen, d. h., ein Tier dominiert über alle anderen, die nur als „Untergeordnete" zusammengefaßt werden können. Dies tritt oft auf, wenn mehrere männliche Mäuse auf engem Raum zusammengehalten werden, und es ist ebenso der Fall, wenn Stichlingsmännchen in ein zu kleines Aquarium gesetzt werden. Das Männchen, das zuerst fortpflanzungsfähig wird, übernimmt in der Regel das ganze Gebiet als sein Revier, und all die anderen werden unterworfen und verdrängt.

Revier und Hierarchie sind offenbar keine völlig verschiedenen Arten sozialer Organisation – wie wir sehen werden, gibt es einige Systeme, die als revierhierarchisch bezeichnet werden können – sie sind jedoch hilfreiche Begriffe für die Gliederung unserer Betrachtung.

Vielleicht ist die einfachste Sozialstruktur bei den einzellebenden Tieren zu finden, bei denen beide Geschlechter getrennte Reviere halten, deren Grenzen nur zur Fortpflanzung verschwinden. Hamster sind streng territorial, und das Weibchen erlaubt dem Männchen nur auf dem Höhepunkt der Paarungsbereitschaft, sich für ein oder zwei Stunden zu nähern. Bei den Europäischen Rotkehlchen hat auch jedes Geschlecht ein Revier für sich, und die Weibchen singen wie die Männchen den ganzen Winter hindurch. Im Frühling läßt der Gesang des Weibchens nach und die Paarung findet meist im Revier des Männchens statt, das dann beide verteidigen.

Leyhausen [294] hat eine interessante Variation der Revierbildung bei einzellebenden Katzen beschrieben. Die Hauskatze hat ein genau abgegrenztes Revier, bei dem bestimmte Gebiete, die durch ein System von besonders bevorzugten Wegen verbunden sind, mit Urin gekennzeichnet werden. Die Reviere werden jedoch nicht nur von einer einzigen Katze genutzt. Benachbarte Katzen meiden das Zusammentreffen dadurch, daß sie gemeinsame Gebiete zu verschiedenen Zeiten aufsuchen. Jede lernt die Gewohnheiten der anderen kennen. Diese zeitliche Aufteilung der Revierbenutzung wird nur aufgehoben, wenn Kater um eine Katze konkurrieren. Es ist sehr interessant, daß Eaton [140] vor kurzem ein ähnliches System der Zeitaufteilung beim Afrikanischen Leoparden entdeckte. Kleine Leopardengruppen, die wahrscheinlich von einer Familie abstammen und zu denen manchmal mehr als ein Männchen gehört, ziehen gemeinsam umher. Die Männchen setzen häufig Duftmarken und untersuchen solche von anderen, um deren Fährten festzustellen. Wenn die Markierung noch frisch ist, ändert die Gruppe ihre Marschrichtung, sie setzt sie jedoch fort, wenn die Markierung älter als 24 Stunden ist. Auf diese Weise wird das Zusammentreffen von Gruppen auf ein Minimum reduziert und der zur Verfügung stehende Raum wirkungsvoll aufgeteilt.

Bei einigen Vögeln und Säugetieren besetzen nicht alle Individuen gleichartige Reviere. Es gibt Kombinationen von Hierarchie und Revier in der Weise, daß do-

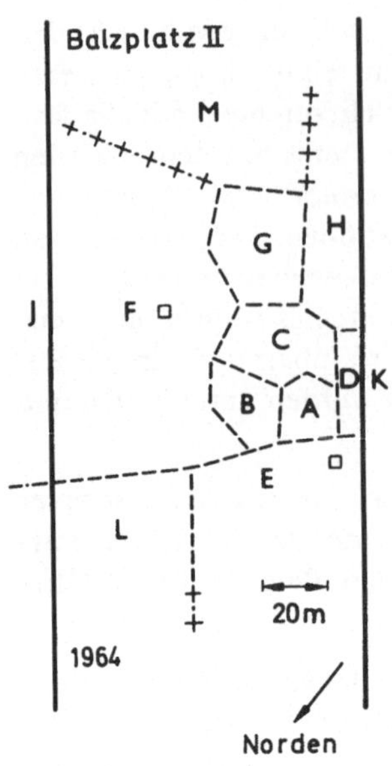

Abb. 8.6 Reviere eines Birkhuhn-Balzplatzes auf Weidegebiet in den Niederlanden, beobachtet 1964. Die *beiden vertikalen schwarzen Linien* stellen Zäune dar, die von den Vögeln manchmal auch als Reviergrenzen benutzt werden. *Kreuze* kennzeichnen unsichere Reviergrenzen. Ein zentrales Gebiet wird von den Hähnen *A, B, C, D* und *G* mit kleinen Revieren besetzt. Die Vögel am Rand können viel größere Gebiete besetzen. (Kruijt und Hogan [279])

minante Tiere entweder größere Reviere oder solche in bevorzugten Gebieten besetzen. Bekannte Beispiele sind das „Balzplatz"-System bei Vögeln wie Birkhuhn und Kampfläufer. Der Balzplatz ist ein Gebiet, das in Reviere aufgeteilt ist, die nur für die Paarung besetzt werden. Die Männchen kämpfen um begehrte Plätze nahe dem Zentrum des Balzplatzes; dort sind die Reviere sehr klein. Weniger erfolgreiche Männchen besetzen große Reviere am Rand. Die Weibchen jedoch werden von dem Balzimponieren und der hohen Aktivität der Männchen im Zentrum angelockt. Diese Männchen haben dann auch den größten Paarungserfolg. Abbildung 8.6 zeigt eine Karte von Revieren eines Birkhuhnbalzplatzes mit fünf kleinen Revieren im Zentrum und einer Anzahl größerer Reviere am Rand, deren Grenzen manchmal unbestimmt sind.

Kruijt und Hogan [279] fanden, daß die Männchen des Zentrums jeden Morgen kurz nach der Dämmerung als erste zum Balzplatz kamen und mehrere Stunden blieben. Diese Männchen behielten wahrscheinlich von einer Paarungszeit zur anderen dasselbe Gebiet, werden jedoch schließlich von jüngeren Vögeln der Randgebiete vertrieben. Jedes Jahr ließen sich einige junge Vögel am Rand nieder; für die Besetzung eines Reviers im Zentrum mußte ein Männchen jedoch gewöhnlich mehrere Jahre alt sein. Hennen neigen dazu, sich in den Revieren der Hähne in der Mitte niederzulassen, die beim Anblick oder dem Geräusch einer über den Balzplatz fliegenden Henne heftig zu balzen beginnen. Auf diese Weise sind die jüngeren Hähne am Rand weitgehend von der Paarung ausgeschlossen. Jedoch werden sie, wenn sie ausdauernd sind und zu jeder Paarungszeit zum Balzplatz zurückkehren, einmal an der Reihe sein. Nach der Paarung verläßt die Birkhenne den Balzplatz, um allein zu nisten und die Jungen aufzuziehen.

Sicherlich besteht ein direkter Zusammenhang zwischen der Art der sozialen Organisation und den Strategien beider Geschlechter bei der Fortpflanzung – der Art des Paarungssystems. Revierhaltende Tiere sind normalerweise monogam, und das Paar bleibt während der Brutzeit zusammen und zieht die Jungen gemeinsam auf. Dies ist bei der großen Mehrheit der Vögel der Fall. Die Jungen sind während der Aufzucht hilflos und benötigen oft große Mengen proteinhaltiger Nahrung – Insekten, Fische, teilweise verdaute Samenkörner etc. – was mehr ist, als ein Elternteil allein herbeischaffen kann. Es gibt auch monogame Säuger, insbesondere unter den Karnivoren, bei denen auch wieder die Mutter allein die Jungen nicht mit genügend Nahrung versorgen kann (vgl. den Überblick über Monogamie bei Säugern von Kleiman [268]).

Die beste Strategie für ein Weibchen in dieser Situation ist klar: es muß ein Männchen auswählen, das ein gutes Revier besitzt, da es damit effektiv „beweist", daß es stark ist und helfen kann, die Jungen aufzuziehen. Das Männchen muß ebenso versuchen, ein gutes Weibchen zu wählen. Bisher ist jedoch noch unklar, wie es das macht. Vielleicht sind seine Angriffe gegen das Weibchen, wenn es zum ersten Mal sein Revier betritt (vgl. S. 181), eine Hilfe für seine Wahl. Es war schon immer etwas verwirrend zu beobachten, wie sogar bei sexuell sehr dimorphen Vögeln das Männchen immer noch einen potentiellen Geschlechtspartner angreift. Indem das Weibchen bleibt oder immer wieder zurückkommt, kann es zeigen, daß es stark und in guter Verfassung für die Brut ist.

Bei polygamen Arten, bei denen sich ein Männchen mit mehreren Weibchen paart, ist der Einsatz ganz anders verteilt. Hier besteht, wie bei dem eben beschriebenen Birkhuhnbalzplatz in der Regel eine Hierarchie unter den Männchen, und untergeordnete Tiere sind von der Paarung ausgeschlossen. Viele Vögel und die Mehrheit der Säugetiere sind polygam. Bei all diesen Tieren bleiben die Männchen von der Aufzucht der Jungen ausgeschlossen. Dies ist bei Vögeln polygamer Arten dadurch möglich, daß die Jungen sofort nach dem Schlüpfen aktiv sind und sich selbst ernähren, während sie vom Weibchen geschützt werden. Außerdem sind sie Pflanzenfresser, für die ausreichend Nahrung vorhanden und leicht zu finden ist. Bei den Säugetieren hat das Weibchen eine viel größere Verantwortung für die Jungen, da nur es alleine sie füttern kann. Wie auf dem Balzplatz liegt die beste Strategie des Männchens darin, sich mit soviel Weibchen wie möglich zu paaren. Die Weibchen müssen nicht alle gleich stark sein. Das Männchen kann bei mehreren Paarungen viel weniger verlieren als gewinnen. Daher wetteifern die Männchen verbissen um die Weibchen. Ein Weibchen muß ein siegreiches Männchen wählen, das somit seine relative Fitness gegenüber den anderen Männchen bewiesen hat. Anders als das monogame Männchen in seinem Revier bietet das polygame seinem vorübergehenden Partner nichts als seine Gene an. Bei diesen Arten hat natürlich die sexuelle Selektion äußerst stark gewirkt. Der intensive Wettkampf um die Aufmerksamkeit von Weibchen führte zur Entwicklung beachtlicher Größenunterschiede zwischen den Geschlechtern, insbesondere bei Säugetieren, und zur Verschönerung des männlichen Gefieders und anderer Schmuckteile wie des Geweihs (vgl. Kapitel 6, S. 190).

Hier haben wir nur zwei von vielen Arten der Paarungssysteme beschrieben. Emlen und Oring [144] erörtern die ganze Palette detaillierter und bringen sie mit der Ökologie der betrachteten Arten in Zusammenhang.

Variationen der Sozialstruktur innerhalb von Arten

Wir haben bereits erwähnt, daß die Struktur von Wirbeltiergesellschaften je nach den Umweltbedingungen bei einer Art variieren kann. Obwohl die Balz bei Vögeln auf einem Balzplatz seit Jahrhunderten bekannt ist, haben erst neuere Arbeiten eine auffällig ähnliche Form sozialer Organisation bei Säugetieren aufgedeckt. Darüber hinaus scheint ihe Erscheinungsform mit der Populationsdichte zu variieren. Abbildung 8.7 zeigt eine Karte der Reviere von Männchen der Moor-Antilope in Ostafrika, die von Leuthold [292] untersucht wurde. Bei jeder ortsansässigen Population von Moor-Antilopen, die aus etwa 15 000 Individuen bestehen kann, wird ein bevorzugtes Gebiet von erwachsenen, revierhaltenden Männchen besetzt. Jüngere Männchen und Weibchen ziehen in kleinen Junggesellenherden umher, genau wie Mütter mit ihren Jungen. Wenn die Männchen geschlechtsreif werden, neigen sie dazu, die Herden zu verlassen und ein Revier zu gründen, insbesondere während der Trockenzeit, wenn das Gras kurz ist und Bewegungsfreiheit und Sicht nicht eingeschränkt sind. Wie in Abbildung 8.7 zu sehen ist, unterscheiden sich die Reviere in ihrer Größe sehr stark. Einige – Leuthold bezeichnet sie als „Einzelreviere" – haben einen Durchmesser von 100–200 Metern, andere sind viel kleiner. Die kleinsten Reviere sind dicht gedrängt und bilden einen „Revierplatz". Hier verteidigt jedes Männchen ein Gebiet, das weniger als 30 Meter Durchmesser hat. Häufig finden Kämpfe statt, wobei verschiedene Formen von Imponiergebärden gezeigt werden.

Männchen können wochenlang Einzelreviere besetzen. Da sie darin einen Großteil ihrer Nahrung finden können, verbringen sie hier die meiste Zeit. Um die großen Randreviere wird in der Regel nicht viel gekämpft, der Wettkampf wird jedoch bei Annäherung an einen Revierplatz ernsthafter. In diesen kleinen Revieren besteht ein recht schneller Wechsel der Männchen, teilweise aus Futtermangel und auch, weil sie eine Ruhepause benötigen. Wenn Männchen die Reviergebiete verlassen, schließen sie sich Herden in der Nähe an, die nur aus Männchen bestehen.

Weibchen ziehen durch die Reviergebiete, und die paarungsbereiten lösen sich aus der Gruppe und nähern sich den Männchen. Obwohl sie auch von Männchen in Einzelrevieren angebalzt werden, finden fast alle Kopulationen mit Männchen auf den Revierplätzen statt. Diese Situation ist daher den Balzplätzen der Birkhühner auffällig analog. Wenn die Analogie genau sein soll, dann sollten die Einzelreviere vorwiegend von jungen Männchen besetzt werden, die nur allmählich Zugang zum Zentrum finden, dies scheint jedoch nicht unbedingt der Fall zu sein. Leuthold

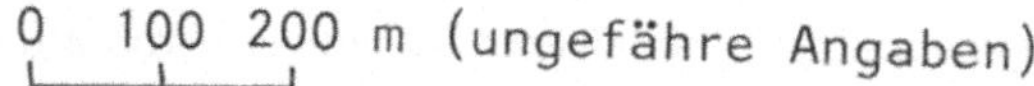

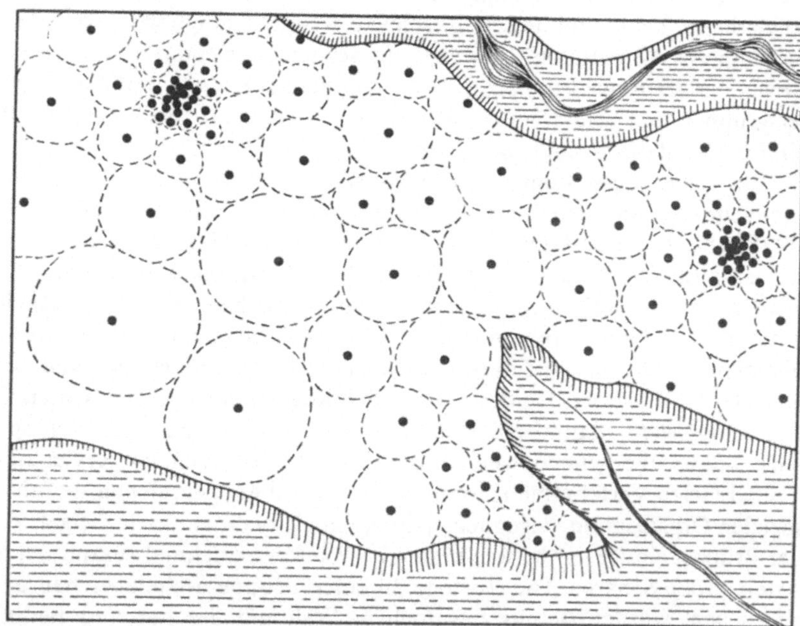

Abb. 8.7. Revierkarte von Moor-Antilopen in Uganda auf einem Grasland oberhalb zweier sumpfiger Flußgebiete, die durch *Schraffierung* gekennzeichnet sind. Die eingetragenen Reviergrenzen gelten nur näherungsweise, aber *jeder schwarze Punkt* stellt die Mitte eines Reviers dar, wo sich das Männchen in der Regel aufhält. Es sind zwei dichte „Revierplätze" zu sehen, und ein dritter bildet sich möglicherweise auf der „Halbinsel" im unteren Teil der Karte aus. (Nach: Leuthold [292])

fand, daß die Altersstruktur der Gruppen von Männchen mit einem Einzelrevier dieselbe war wie die der Männchen von Revierplätzen. Er nimmt an, daß das Revierplatz-Phänomen auf die hohe Populationsdichte der Moor-Antilopen zurückzuführen ist. In einigen anderen Gebieten, in denen weniger Moor-Antilopen vorkommen, scheinen Einzelreviere die Regel zu sein, und paarungsbereite Weibchen kopulieren mit Männchen, die sie besetzen.

Es gibt zahlreiche gute Beispiele für die Veränderung sozialer Organisationen aufgrund der Populationsdichte. Oft führt Gedränge zu einer eher hierarchischen Strukturform. Experimentelle Untersuchungen an so verschiedenen Tieren wie Sonnenfischen (Erickson [145]) und Mäusen (Davis [120]) haben gezeigt, daß Männchen bei hoher Dichte typische Hierarchien ausbilden, aber Reviere besitzen, wenn es Raum und Populationsdichte zulassen. Owen-Smith [376] nimmt an, daß die hohe Populationsdichte bei weißen Nashörnern in einem südafrikanischen Wildreservat – Dank eines in diesem Fall wirksamen Naturschutzes – für eine unnormale Revierstruktur verantwortlich ist. Erwachsene Bullen sind streng territorial. In vielen Revieren ist jedoch jetzt auch ein „Nebenbulle" vorhanden, der sich vor dem Revierhalter beugt und dessen Gegenwart weitgehend ignoriert wird. Dies kann ein Stadium des Abbaus von Revieren und des Aufbaus einer Hierarchie sein. Da sich Reviere in der Regel über 2 km² erstrecken und z. Z. etwa fünf Nashörner (aller Altersgruppen und beiderlei Geschlechts) pro km² vorkommen, besteht offensichtlich ein Druck auf die normale Sozialstruktur.

Revierbesitz und Populationsdichte stehen nicht immer auf diese Weise in Zusammenhang, alles hängt von der allgemeinen Ökologie der jeweiligen Art ab. Estes [147] stellte fest, daß Gnus in Gebieten mit reicher Nahrungsgrundlage stärker zur Revierhaltung neigen. Der entscheidende Faktor, der Tieren erlaubt, seßhaft zu werden, ist die Nahrungsversorgung. Gnumännchen verteidigen Reviere für die Aufzucht von Jungen. In ärmeren Gebieten bestehen die Reviere allerdings nur vorübergehend. Die meiste Zeit über müssen die Tiere umherziehen und dem Gras folgen. Sie bilden große Herden, die in der Regel aus einer gemischten Gruppe mit angeschlossenen Männchenherden bestehen. Von diesen lösen sich später Männchen, um vorübergehend, wenn es die Umstände zulassen, ein Revier zu gründen.

Bei vielen Vertebraten sind die Umweltbedingungen, denen sie mit veränderter sozialer Organisation begegnen, jahreszeitlich bedingt. Viele Vögel, die während der Brutzeit ein Revier haben, bilden im Winter, manchmal zusammen mit anderen Arten, große Scharen. Die Vorteile, in einer Gruppe umherzuziehen und Nahrung zu suchen, wurden bereits besprochen. Während der härteren Bedingungen im Winter überwiegen diese Vorteile solchen von Einzelrevieren, deren Selektionswert vor allem in der Fortpflanzung und Aufzucht der Jungen liegt. Bei den meisten Sperlingsvögeln ist in den Winterschwärmen wenig Sozialstruktur vorhanden. Sie ziehen gemeinsam umher, reagieren gleichzeitig auf Flug- und Alarmrufe und übernachten gemeinsam. Buchfinken haben die Tendenz, eingeschlechtliche Schwärme zu bilden. Aus der Arbeit Marlers [328] ist uns bekannt, daß die Männchen dazu neigen, im Winter über die Weibchen zu dominieren und sie von den Futterplätzen zu vertreiben. Die Dominanz kehrt sich im Frühling um, wenn sich die Schwärme auflösen und die Männchen sich verteilen, um Reviere zu gründen.

Einige Enten und Gänse behalten zumindest während der Wanderung und möglicherweise auch in den Winterschwärmen Familiengruppen bei. Auf einer Insel vor Queensland, Australien, konnten noch völlig wilde Hühner untersucht werden, die zwischen einem Reviersystem während der Brutzeit und einer eher hierarchischen Struktur im Winter wechselten. McBride et al. [312] fanden, daß nur der dominante oder Alpha-Hahn einer jeden Gruppe im Frühjahr ein Revier errichtet. Er paart sich während der Brutzeit mit mehreren Hennen seiner Gruppe. Während des Winters, nachdem die Jungvögel des gleichen Jahres zur Gruppe zurückgekehrt sind, zieht der Alpha-Hahn mit seinem Harem durch sein Heimatgebiet. Der Gruppe schließen sich eine Reihe untergeordneter Hähne an, die sich am Rand halten und oft die Heimatgebiete verschiedener Alpha-Hähne wechseln. Der Alpha-Hahn leitet seine Gruppe in jeder Hinsicht. Er setzt alle Gruppenbewegungen in Gang, besonders über offenes Gebiet, und ist normalerweise wachsamer als seine Hennen.

Er gibt als erster Warnrufe ab und geht sogar auf Freßfeinde wie Wildkatzen zu, während die anderen Deckung nehmen.

Jahreszeitliche Veränderungen im Verhalten kommen auch bei einigen Säugern vor. Die klassische Untersuchung *A Herd of Red Deer* von Darling [118] ist eine der ausführlichsten über Huftiere. Im Erwachsenenalter bleiben die Geschlechter normalerweise getrennt, und die Weibchenherden, die Jungtiere beiderlei Geschlechts einschließen, wandern innerhalb eines Vorzugsgebietes, das im Sommer auf höhergelegene Futterplätze ausgedehnt wird. In der Regel übernimmt ein dominantes altes Weibchen die Führung. Hirschrudel sind kleiner und können mit den Rudeln der Weibchen losen Kontakt haben. Sie ziehen jedoch oft verschiedene Gebiete vor. Lincoln et al. [295] haben mit ihren Untersuchungen von Rotwild auf der Hebrideninsel Rhum gezeigt, daß in den Rudeln der Männchen eine Dominanzhierarchie besteht. Sie fordern einander mit gesenktem Geweih heraus, wobei schließlich die größten Männchen dominieren. Dennoch bleibt das Rudel den Winter über als eine Einheit zusammen. Anfang April werden die Geweihe abgeworfen, und sofort nimmt die Aggression unter den Männchen eine neue Form an, sie stellen sich auf die Hinterbeine und „boxen" mit ihren Hufen. Ein neues Geweih wächst, bleibt jedoch noch zart und weich im „Bast", der bis August nicht abgestoßen wird. Dann werden die Hirsche zunehmend aggressiver, und Kämpfe mit dem neuen Geweih nehmen bis Mitte September zu, wenn sich die Rudel der Männchen auflösen. Die Hirsche ziehen jetzt einzeln umher und beginnen zu röhren – die Brunft beginnt. Die paarungsbereiten Weibchen werden durch das Balzimponieren der Hirsche angelockt, die nach und nach einen Harem um sich versammeln. Sie verteidigen ihre Weibchengruppe stärker als ein bestimmtes Gebiet. Die Brunftzeit ist relativ kurz, und bald kehren die Hirschkühe für die Winterwanderung in tiefer gelegene Gebiete zu ihrer Herde zurück. Die Hirsche werfen ihre Geweihe ab und versammeln sich ebenfalls.

Bisher haben wir einige auffällige Veränderungen im Sozialverhalten der Wirbeltiere beschrieben, die mit dem Beginn der Paarungszeit einhergehen. Sie sind bei solchen Arten weniger ausgeprägt, die in Gruppen zusammen jagen und sich verteidigen. Wölfe z. B. jagen in Rudeln und halten eine sehr stabile Sozialstruktur aufrecht, die auf einer erweiterten Familieneinheit basiert. In der Regel führt ein dominantes Männchen das Rudel an, kann dabei jedoch von einigen anderen erwachsenen Männchen unterstützt werden. Auch Primaten neigen dazu, das ganze Jahr hindurch eine einheitliche Sozialstruktur aufrechtzuerhalten. Abschließend wollen wir noch ihr Sozialverhalten eingehender betrachten.

Soziale Organisation bei Primaten

Die Untersuchungen über Primaten haben rascher zugenommen als die über das Sozialverhalten jeder anderen Tiergruppe. Wissenschaftler zahlreicher Disziplinen, wie Zoologen, Psychologen, Anthropologen und Soziologen, haben sich daran beteiligt, zum einen aus eigenem Fachinteresse, zum anderen in der Hoffnung, über die Ursprünge menschlicher Gesellschaftsformen weiteren Aufschluß zu erhalten. Die neuesten Arbeiten über Primaten sind hauptsächlich Feldstudien. Bestimmte Primaten, insbesondere Rhesusaffen, wurden schon lange als Labortiere verwendet. Es besteht jedoch Übereinstimmung darin, daß Verhaltensstudien an Tieren in Gefangenschaft an sich ungeeignet sind. Hier können wir lediglich versuchen, einen kurzen Überblick über die Arbeiten an Primaten zu geben. Es gibt inzwischen zwei Zeitschriften, in denen hauptsächlich Verhaltensstudien an Primaten veröffentlicht werden, *Primates* und *Folia Primatologia* sowie eine rasch ansteigende Zahl von Büchern und Symposiumsbänden. (Zur Einführung in dieses Gebiet wird der Leser verwiesen auf Altmann [7], De Vore [135], Jay [257], Jolly [260], Napier und Napier [362] und Rowell [405].)

Die Lebensräume von Primaten sind sehr verschieden. Wir neigen vielleicht dazu, sie für tropische Tiere zu halten, sie breiteten sich jedoch vor nicht allzu langer Zeit weiter aus. Zwei Makakenarten, der Berberaffe des Atlasgebirges und der Japanische Makake, leben in Gebieten, in denen in jedem Winter regelmäßig Schnee und Frost herrschen. Die Mehrheit der Primaten lebt auf Bäumen, einige von ihnen ausschließlich, wie der Klammeraffe von Südamerika und der Stummelaffe in Afrika. Einige sind jedoch zum Bodenleben zurückgekehrt wie die Paviane und die Husarenaffen in Afrika. Auch Schimpansen und Gorillas verbringen einen Großteil ihrer Zeit auf dem Boden. Im allgemeinen sind die mehr auf den Bäumen lebenden Primaten Frucht- und Blattfresser, die Bodenbewohner eher Omnivore (Allesfresser). Der Gorilla lebt ausschließlich von Pflanzen, Schimpansen und Paviane fressen jedoch gelegentlich auch Fleisch. Erstere wurden dabei beobachtet, wie sie andere Affen jagten, sie töteten und auffraßen.

Bei den lebenden Primaten gibt es eine große Reihe morphologisch unterschiedlicher Typen, angefangen bei den primitiven Lemuren, die noch eine lange Schnauze, eine feuchte Nase und Krallen an einer ihrer Hinterzehen haben – den ältesten Primaten sehr ähnlich – bis hinauf zu den Affen, den Menschenaffen und dem Menschen (vgl. Le Gros Clark [99] und Abb. 8.8). In dieser Reihe können wir bestimmte Entwicklungstendenzen beobachten: die Vergrößerung des Gehirns, die Entwicklung der Greifhand und, im Gegensatz zu vielen anderen Säugern, ein gutes Farbensehen als wichtigstes Hilfsmittel zum Erkunden und Kommunizieren.

Es scheint sicher zu sein, daß die Primaten schon in ihrer frühen Geschichte soziale Tiere waren und sich in fest organisierten Gruppen bewegten. Jolly [260] stell-

Abb. 8.8 a–g. Einige Repräsentanten der Primaten. Obwohl sie keine phylogenetische Reihe darstellen, waren die Vorfahren der höheren Primaten und des Menschen ihren hier dargestellten Verwandten recht ähnlich. **a** ein *Tupaia* – wahrscheinlich eher als spezialisierter Insektenfresser bekannt denn als Primat, er gehört jedoch sicher zu der Gruppe, aus der sich die ersten Primaten entwickelten **b** der Phillipinische Koboldmaki (*Tarsius*) **c** der Madagassische Katta (*Lemur*) **d** ein Südamerikanischer Kapuzineraffe (*Cebus*) **e** der Südostasiatische Schweinsaffe und zwei der Menschenaffen – die nächsten lebenden Verwandten des Menschen – **f** der Gibbon (*Hylobates*) und **g** der Schimpanse (*Pan*). (Nach: Le Gros Clark [99])

te dies in ihrer Untersuchung an Lemuren fest. Bei diesen primitiven Primaten finden wir bereits kleine gemischte Horden (12–20 Individuen) mit mehreren erwachsenen Männchen – eine sehr typische Gruppierung bei Primaten. Innerhalb der Horde besteht eine Dominanzhierarchie, und bei einigen Lemuren rangieren die Weibchen höher als Männchen. Diese Einheit bleibt auf Dauer zusammen. Lemuren haben in ihren Wohngebieten im Mischwald Gruppenreviere, deren Grenzen oft recht stabil sind. Bei einigen Arten werden sie durch Duft markiert und mit Rufen verteidigt, was in der Regel ausreicht, um die Nachbarhorde ohne weiteres Drohen oder durch Kampf zum Rückzug zu veranlassen.

Innerhalb der Horde finden häufig kleinere Auseinandersetzungen statt, außerhalb der Paarungszeit kommen ernste Kämpfe jedoch selten vor. Die Paarungszeit ist bei den meisten Lemuren sehr kurz – höchstens zwei Wochen – und während dieser Zeit fordern untergeordnete Männchen die älteren, dominanten ernsthaft heraus. Abgesehen von dieser kurzen Streitphase ist das Sozialleben von Lemuren größtenteils durch nichtaggressive Interaktionen zwischen den Individuen gekennzeichnet – es wäre pedantisch, hier nicht den Begriff „freundlich" zu verwenden. Es besteht immer ein enger Kontakt zwischen Mutter und Kind, das sich zunächst ständig an sie klammert und überall mit herumgetragen wird. Wenn es älter wird, nähern sich andere Erwachsene und spielen mit dem Jungen genau wie sie es untereinander tun. Lemuren haben dickes, dichtes Fell und pflegen einander häufig. Mütter pflegen ihre Jungen und die Erwachsenen pflegen sich gegenseitig; dies ist eine der häufigsten Arten freundlichen Kontaktes zwischen Individuen.

Im Verhalten der Lemuren können wir bereits einen Großteil der für alle Primatengesellschaften charakteristischen Elemente erkennen, obwohl es sehr viele Variationen gibt. Diese Variationen beziehen sich auf Gruppengröße, Revierbesitz und Beziehungen innerhalb der Gruppe, um nur einige der auffälligsten zu nennen.

Die kleinsten Gruppen findet man bei Menschenaffen, dem Gibbon und dem Orang-Utan. Der Orang-Utan auf Borneo und Sumatra scheint ein ausgesprochen einzellebendes Tier zu sein, besonders die Männchen. Es kommt selten vor, daß man mehr als zwei oder drei sieht, die gemeinsam durch das hohe Dach des tropischen Regenwaldes ziehen. Über ihre sozialen Interaktionen ist wenig bekannt, sie sind jedoch sicher nicht sehr häufig. Dies ist bei einem Tier mit einer solch hohen Intelligenz sehr rätselhaft. Gibbons leben in kleinen Familien, ein monogames Paar mit seinen Jungen. Sie haben ein Revier und brüllen laut, wenn sie andere Gibbons in der Nähe entdecken. Normalerweise reicht ein Wettstreit durch Rufe aus, um die Reviergrenzen aufrechtzuerhalten.

Andere Urwaldprimaten, wie die Brüllaffen und mehrere südamerikanische Arten leben in Gruppen mittlerer Größe von 12–30 Individuen. Sie haben ihr eigenes bevorzugtes Heimatgebiet und meiden andere Gruppen. Man kann von ihnen jedoch nicht behaupten, daß sie wie Gibbons ein Revier verteidigen. Für eine Affengruppe ist es im Urwald nicht möglich, die Grenzen ihres Heimatgebietes zu überwachen und daran entlang zu patrouillieren, wie dies z. B. ein Vogel tun kann. Wie Carpenter [85] von Brüllaffen sagt:

„Verteidigen sie keine Grenzen oder Reviere, sie verteidigen den Ort, an dem sie gerade sind, und da sie sich am häufigsten in den vertrauten Teilen des Gesamtgebietes aufhalten, werden diese Bezirke am häufigsten verteidigt – in typischer Weise durch abwechselndes Gebrüll beider Seiten."

Auch andere, in Wäldern lebende Affen haben Rufe, die ähnlich wie bei den Gibbons zur Verteidigung eines Reviers dienen. Schwarz-weiße Stummelaffen, deren Revier- und Freßverhalten auf S. 258 beschrieben wurden, verfügen über Brüllrufe, und zwischen benachbarten Horden besteht ein großes Maß an feindseliger Interaktion [331]. Ihr Revier ist klein genug, um verteidigt werden zu können. Das größere Heimatgebiet des roten Stummelaffen ist jedoch nicht so streng begrenzt, und Auseinandersetzungen mit Nachbarn sind nicht so häufig.

Die Vermeidung anderer Gruppen scheint bei den auf dem Boden lebenden Primaten weniger ausgeprägt zu sein, jedoch ist es schwierig zu verallgemeinern. Zwischen den jeweiligen Heimatgebieten Indischer Lemuren, von Pavianen und Schimpansen z. B., gibt es mit Sicherheit beachtliche Überschneidungen. Hall und De Vore [195] berichten von mehreren Fällen, bei denen sich zwei Paviangruppen ohne jedes Zeichen von Feindseligkeit miteinander vermischten. Einige der größten Gruppen werden bei den auf dem Boden lebenden Primaten gefunden – Pavianhorden können bis zu 90 Individuen umfassen. Der Dschelada des Äthiopischen Hochplateaus tritt manchmal in Horden von 400 Tieren auf. Innerhalb einer Gruppe dieser Größenordnung gibt es jedoch noch viele Untergruppen [108].

Von der hochentwickelten Kommunikation zwischen den Mitgliedern einer Primatengruppe muß man einfach beeindruckt sein. Jedes Individuum reagiert ständig auf die Bewegungen, Gesten und Rufe der anderen. Allerdings müssen wir mit der Annahme vorsichtig sein, daß Primatengesellschaften stärker organisiert sind als z. B. die von Huftieren oder Karnivoren. Da wir selbst Primaten sind, finden wir es viel einfacher, einzelne Elemente in ihrem Kommunikationssystem zu deuten, insbesondere die Bewegungen ihrer Gesichter und die Art, wie sie einander anschauen, um Informationen über Stimmungen und Absichten zu erhalten. Zu einem solchen Informationsaustausch tragen zwei Faktoren bei: die hohe Lernfähigkeit der Primaten und ihre lange Kindheit, zu der eine beachtliche Lebensdauer hinzukommt. Die größeren Primaten leben allgemein 20–30 Jahre. Dies bedeutet, daß ein junger Primat in einer Gruppe aufwächst, in der jeder jeden seit langem kennt (bei Altmann [7] ist eine Zusammenstellung über visuelle und akustische Kommunikation zu finden).

Wir werden später Aggression und Dominanzhierarchien innerhalb der Primatengruppe besprechen. Zuvor müssen wir uns jedoch erinnern, daß für Primatengesellschaften positive wie negative Interaktionen in gleicher Weise typisch sind. Unter natürlichen Bedingungen tritt offene Aggression in der Regel nicht auf. Dagegen gibt es zwischen den Tieren viele freundschaftliche Kontakte, z. B. die Aufforderung zum Pflegen oder sich zur Pflege eines anderen anzubieten. Gegenseitiges Pflegen ist als Beschwichtigungsgebärde bei den Primaten äußerst wichtig (vgl. Abb. 8.9). Oft „erlaubt" ein dominantes Tier einem untergeordneten, es zu pflegen, nachdem eine kurze Drohung vorangegangen ist, der sich das untergeordnete Tier

Abb. 8.9. Freundschaftliches Pflegeverhalten bei den Berberaffen. Das jugendliche Männchen rechts ist etwa 3 Jahre alt; es pflegt ein „subadultes" Männchen, das etwa 4 Jahre alt ist und in der sozialen Hierarchie über ihm rangiert. Das subadulte Männchen hält ein 10 Wochen altes Baby. (Photo von John Deag)

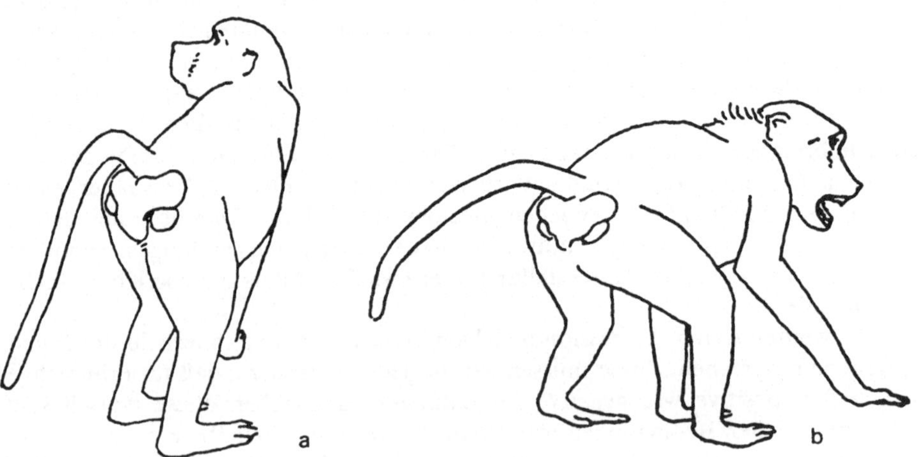

Abb. 8.10 a u. b. Genitalpräsentieren beim Tschakma-Pavian, **a** „echtes" Präsentieren bei einem paarungsbereiten Weibchen; es blickt charakteristisch über seine Schulter zum Männchen zurück **b** Beschwichtigungspräsentieren gegenüber einem drohenden dominanten Tier; die Grundhaltung ist ähnlich, aber im Gesicht zeigt sich Furcht. (Nach: Bolwig, N.: Behaviour, *14*, 136–165, 1959)

gebeugt hat. Genitalpräsentieren als Beschwichtigungsgebärde wurde bereits auf S. 95 besprochen. Es tritt bei Pavianen und Schimpansen sehr häufig auf und wird von Männchen und Weibchen gegenüber einem dominanten Tier, das gerade droht, ausgeführt, ebenso, wenn ein niederrangiges Tier dicht an einem hochrangigen vorbeilaufen will (vgl. Abb. 8.10).

Das Muster von Pflegebeziehungen innerhalb einer Gruppe ist oft ein gutes Maß zur Beurteilung ihrer Feinstruktur. Es zeigt uns, welche Tiere zusammengehören, und ist ein guter Anzeiger für die Kräfte, die die Gruppe als wirkliche biologische Einheit verbinden. Abbildung 8.11 a ist Sades Arbeit [414] über Rhesusaffen entnommen und zeigt eine kleine Untereinheit der Gesamtgruppe, die sich um ein altes Weibchen gebildet hat. Die anderen angeführten Individuen sind ihre Kinder und Enkel. Ein sehr hoher Prozentsatz ihres gesamten Pflegeverhaltens ist auf die Mutter oder die Geschwister gerichtet. Diese Familieneinheit ist gleichzeitig auch eine soziale Einheit. Nur das alte Weibchen verbringt viel Zeit damit, andere Individuen außerhalb dieser Gruppe zu pflegen. Sade fand, daß sich die Pflegestruktur änderte, sobald die Tiere erwachsen wurden oder eine andere Stellung in der Sozialstruktur einnahmen. Es trifft jedoch immer noch zu, daß die von einem Weibchen geführte Gruppe am beständigsten ist.

Abbildung 8.11 b stellt eine bestimmte Art von „Soziogramm" dar, ein Diagramm, das die Beziehungen zwischen verschiedenen Individuen verdeutlicht. Man kann verschiedene Arten von Soziogrammen erstellen (bei Hinde [219], Kap. 23 sind sie aufgeführt). Sie basieren auf den Messungen verschiedener Verhaltensweisen, und das Aussehen hängt davon ab, welche Art von Beziehung man untersuchen will. Die Dominanzhierarchie in Abbildung 8.12 beruht auf agonistischen Interaktionen.

Zweifellos hat die Rolle der Aggression in Primatengesellschaften sehr viel Aufmerksamkeit auf sich gezogen. Wie man sich vorstellen kann, haben in der Auseinandersetzung um die Natur der menschlichen Aggression, die in Kapitel 4 besprochen wurde, beide Seiten die nichtmenschlichen Primaten als Beweismaterial benutzt. Primaten unterscheiden sich jedoch im Ausmaß ihrer Kämpfe recht stark. Dies gilt sowohl innerhalb als auch zwischen den Gruppen. Es können auch innerhalb einer einzigen Art beachtliche Unterschiede auftreten; im Norden Indiens z. B. sind die Langurenpopulationen sehr viel friedlicher als im Süden. In den Gebieten, in denen die aggressiven Gruppen leben, ist die Populationsdichte weit höher, und dies ist wahrscheinlich einer der Hauptgründe für erhöhte Aggression. In dichtgedrängten Zookolonien, die den rangniederen Tieren kaum genügend Raum lassen, den ranghöheren aus dem Wege zu gehen, kommen Kämpfe sehr häufig vor. Russell und Russell [409] betonen die Effekte von Populationsdichte und daraus folgendem Streß auf die Aggression in menschlichen und nichtmenschlichen Gesellschaften. Unter bestimmten Bedingungen ist dies sicher ein kritischer Faktor. Wenn wir verschiedene Arten sozialer Organisation bei Primaten betrachten, werden wir jedoch sehen, daß einige mehr als andere von offener Aggression für ihre Erhaltung und Stabilität abhängen und zwar unabhängig von der Populationsdichte.

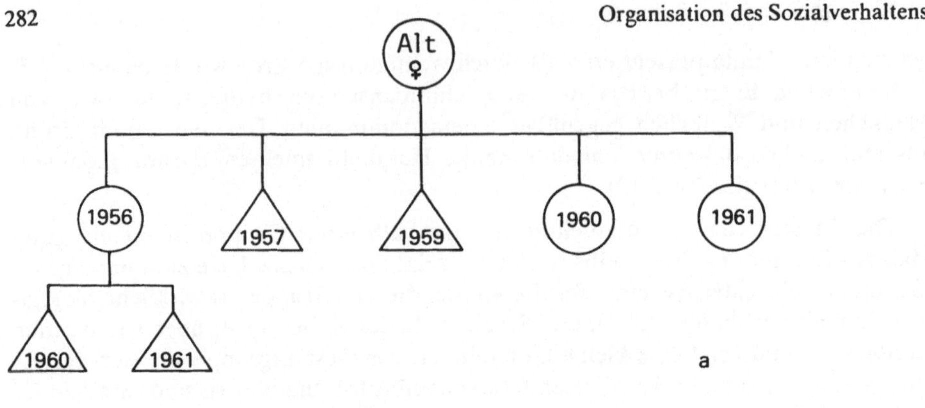

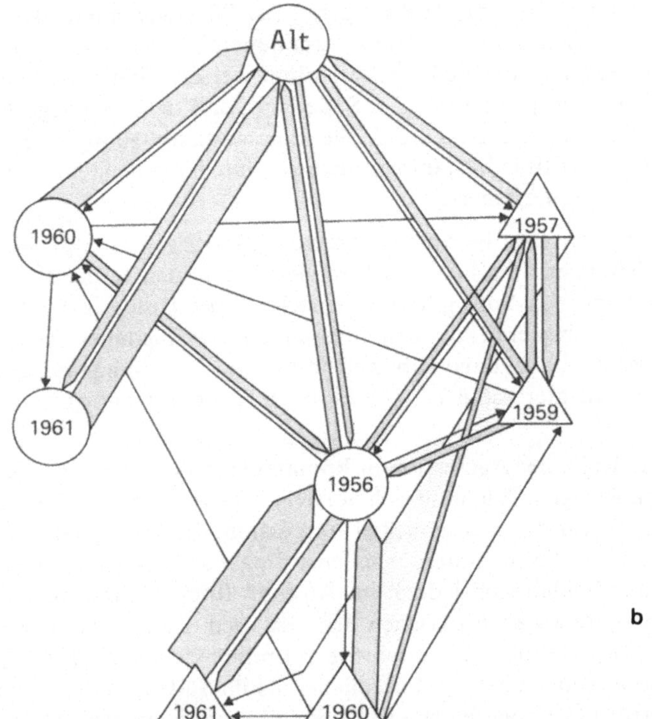

Abb. 8.11. a Schaubild der Nachkommen eines Rhesusaffen-Weibchens aus einer wildlebenden Horde, untersucht von Sade. *Kreise* stellen Weibchen dar, *Dreiecke* Männchen, die Geburtsdaten sind eingetragen. Das genaue Alter des alten Weibchens war nicht bekannt. **b** Ein Soziogramm zeigt die Pflegebeziehungen innerhalb dieser Gruppe im Jahr 1961. Die *Pfeile* weisen vom Pflegenden zum Gepflegten, und ihre *Stärke* bezeichnet das Verhältnis der gesamten Pflegezeit zur Pflege eines einzelnen Tieres. Die dünnsten Pfeile stellen 1%–10% der Pflegezeit dar, der Pfeil vom jüngsten Männchen (geboren 1961) zu seiner Mutter (1956) repräsentiert 100%. Die meisten Mitglieder dieser Gruppe lassen mindestens die Hälfte ihres gesamten Pflegeverhaltens den anderen Mitgliedern zukommen. Das alte Weibchen jedoch hat noch mehr Pflegekontakte nach außen. Die Jungen, insbesondere die beiden Brüder 1957 und 1959, pflegen einander sehr häufig. (Modifiziert nach Sade [414])

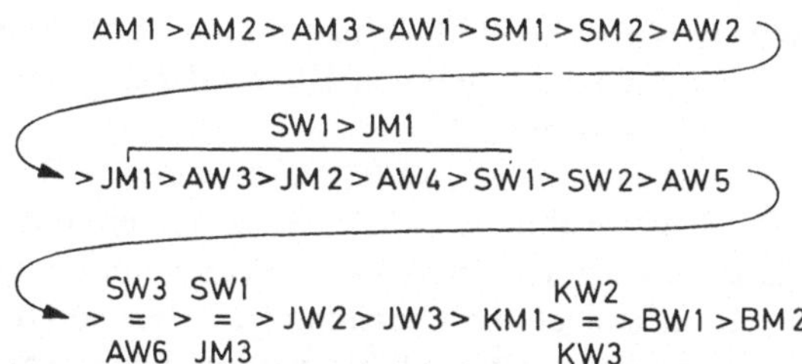

Abb. 8.12. Die Hierarchie, basierend auf agonistischer Interaktion, bei einer Horde wilder Berberaffen im mittleren Atlas-Gebirge Marokkos, aufgezeichnet von Deag. Sie beruht auf der Verteilung von Drohen und Abwehr zwischen jeweils zwei Individuen. Die Hierarchie ist recht linear, insbesondere an der Spitze, wo erwachsene Männchen über alle anderen Tiere dominieren. Bei den jüngeren Tieren ist die Hierarchie weniger geradlinig, und ihre Stellung wechselt, während sie aufwachsen. Neugeborene werden kaum in das hierarchische System einbezogen, sie drohen kaum, und werden auch kaum bedroht. Weiter oben in der Hierarchie gibt es eine deutliche Abweichung von der Linearität. Subadultes Weibchen 1 drohte dem jugendlichen Männchen 1, und dies wich ihr aus. *A* adult, *S* subadult, *J* jugendlich, *K* Kind, *B* Baby, *M* männlich, *W* weiblich. (Modifiziert nach Deag [123])

In vielen Arbeiten über Primatenverhalten wurde die Bedeutung von Dominanzhierarchien für ihre Sozialstruktur betont. Dominanz basiert immer auf dem Drohen mit Körperkraft, obwohl diese nicht immer angewandt wird. Ein dominantes oder ranghohes Tier wird oft definiert als eines, dessen Verhalten nicht durch andere Gruppenmitglieder eingeschränkt wird, während dies beim rangniederen der Fall ist. Die durch den Rang auferlegten Beschränkungen sind sehr unterschiedlich. Ein hoher Rang kann z. B. in einer Gruppe Zugang zu Nahrung, bevorzugten Ruheplätzen und Weibchen bedeuten. Die Weibchen können sich, wenn sie paarungsbereit werden, dem dominanten Männchen nähern und mit ihm eine vorübergehende Paarbindung eingehen.

Die beschriebenen Hierarchien sind oft recht linear, und bei einigen Makaken und Pavianen z. B. sind alle Männchen ranghöher als die Weibchen. Abbildung 8.12 zeigt die Situation bei einer wilden Horde von Berberaffen – eine fast lineare Hierarchie.

Viele, die sich mit Primaten beschäftigten, haben die Art und Weise kritisiert, in der das Dominanz-Konzept angewandt wurde. Rowell [406] nennt Beispiele für ungenaue Definitionen von Dominanz und hebt hervor, daß die verschiedenen Arten angenommener Vorteile eines hohen Ranges – Zugang zu Nahrung, paarungsbereiten Weibchen etc. – nicht immer gemeinsam auftreten müssen. Sie geht davon aus, daß Hierarchien, wo immer sie bestehen, in gleicher Weise Hierarchien der Unterwerfung wie der Aggression sind. Zweifellos wurde oft beobachtet, daß die Rangordnung zwar ursprünglich durch Drohen und Kämpfen aufgebaut wird. Wenn sie aber einmal erstellt ist, dann wird sie ebenso durch die Unterwerfung untergeordneter Tiere wie durch Drohen der dominanten aufrechterhalten. Rowell nimmt an, daß Dominanzhierarchien bei wilden Primatengruppen nicht die Regel sind. Sie hält die Tatsache, daß sie fast immer bei Gruppen in Gefangenschaft beschrieben werden, für eine Folge von Übervölkerung und unnatürlichem Streß, dem letztere immer ausgesetzt sind.

Es ist kaum zu bezweifeln, daß viele von Rowells Einwänden gerechtfertigt sind. Wie oben erwähnt, sind Primatenkolonien in Zoos im Vergleich zur natürlichen Situation tatsächlich übervölkert. Wenn eindeutige Dominanz-Hierarchien in der natürlichen Umgebung beobachtet werden, so können sie manchmal auf den Einfluß des Menschen zurückgeführt werden. Die strengen Hierarchien, die z. B. bei japanischen Affenhorden beschrieben wurden, sind wahrscheinlich ein Ergebnis ihrer besonderen Situation. Die genaue Untersuchung dieser Affen wurde zum großen Teil durch den Erfolg japanischer Wissenschaftler möglich, die die Tiere veranlaßten, künstlich angelegte Futterplätze aufzusuchen (vgl. Frisch [155]). Einige Horden hielten sich in der Nähe dieser Futterplätze auf, und die dauernde Fütterung an der gleichen Stelle verstärkte möglicherweise eine Dominanzstruktur. Goodall [169] kam zum gleichen Ergebnis, als sie für ihre Schimpansen Bananen auslegte. Das Futter wirkte als Ziel, das alle Tiere zu erreichen versuchten. Die dominanten Männchen nahmen dabei die besten Plätze ein, und der Rest der Gruppe hielt je nach Rang Abstand. Wenn das Futter von jedem einzelnen Tier gesucht werden muß, zeigt sich wahrscheinlich ein weniger strenges System.

Abgesehen von diesen zutreffenden Einwänden wurden Dominanzhierarchien bei ungestörten, wilden Primaten tatsächlich beobachtet. Deags Untersuchung [123] einer Horde von Berberaffen ergab die Hierarchie, die in Abbildung 8.12 dargestellt ist. Er erörtert, wie ein solch regelmäßiges Rangsystem entstehen kann, wenn sich alle Individuen um ihren eigenen Vorteil bemühen. Der Zusammenhalt der Horde ist für das Überleben jedes einzelnen sehr bedeutend, und eine gewisse Vorhersagbarkeit über den Ausgang sozialer Interaktionen ist nicht nur für die ranghohen Tiere von Vorteil, sondern auch für die rangniederen. Kämpfe und wahrscheinlich auch Streßerscheinungen sind reduziert, da sich die untergeordneten Tiere von anderen, gegen die sie mit Sicherheit in kämpferischen Auseinandersetzungen verlieren würden, fernhalten können. Im Laufe der Zeit ändert sich die Rangordnung, und rangniedere Tiere übernehmen höhere Positionen.

Eine offensichtliche Eigenschaft einer solchen Rangordnung ist, daß die Rolle eines Primaten innerhalb einer Gruppe weitgehend von Alter und Geschlecht bestimmt wird. Man erinnere sich an McBrides Gebrauch des Begriffs „Kaste" in einer analogen Situation bei Hühnern. In Primatengesellschaften gibt es jedoch, wie man wohl erwarten kann, weitere Schwierigkeiten. Die japanischen Wissenschaftler, die mit *Macaca fuscata*, und diejenigen, die mit wildlebenden Gruppen des Rhesusaffen (*M. mulatta*) arbeiten, fanden z. B., daß die jungen Affen oft den Rang ihrer Mutter „erben". Daher haben Söhne von hochrangigen Müttern bessere Chancen als die meisten anderen, einen hohen Rang unter den Männchen zu erreichen (vgl. Sade [415]). Hochrangige Tiere neigen dazu, einander bei der Verteidigung ihrer Dominanz zu helfen. Wenn die Männchen geschlechtsreif werden, fordern sie die Führer heraus. Einzelne Gruppen konnten jetzt lange genug beobachtet werden um zu sehen, wie neue Männchen hochrangige Positionen übernehmen und

Zugang zu Weibchen gewinnen. Wir wissen, daß viele der jetzt erfolgreichen Männchen von Nachbargruppen kamen.

Primatengruppen sind nie sehr groß, und da sie eine solch enge soziale Einheit bleiben, besteht potentiell ein ernstes Inzucht-Problem. Dies wird durch den Austausch der geschlechtsreifen Männchen zwischen den Gruppen vermieden. Packer [377] und Hausfater [205] haben diesen Vorgang bei Pavianen und Lindburg [299] bei Rhesusaffen untersucht. Sie stellten fest, daß sich Männchen, wenn überhaupt, sehr selten in ihrer ursprünglichen Horde paaren. Wenn die Männchen geschlechtsreif werden, finden viele Auseinandersetzungen statt, und dies ist im allgemeinen der Zeitpunkt, an dem sie die Horde verlassen. Rowell [404] hat auch den Austausch zwischen Gruppen von Pavianen, der nicht mit Auseinandersetzungen um die Dominanz verbunden war, beobachtet. Packer berichtet von Männchen, die mehr als einmal wechselten – ein Männchen war Mitglied bei vier verschiedenen Horden. Derartige Wechsel sind biologisch von äußerster Wichtigkeit, da ansonsten die sehr starke Stabilität der Sozialstrukturen bei Primaten deren Fitness bedrohen könnte.

Manchmal scheint der Rang eines Tieres nicht nur seine Rolle innerhalb der Gruppe zu beeinflussen, sondern auch die tatsächliche Position, die es bei der räumlichen Verteilung einnimmt. Abbildung 8.13 ist der Arbeit von Hall und De Vore [195] an Pavianen entnommen und zeigt eine umherziehende Gruppe. Die hochrangigsten Männchen befinden sich in der Mitte, dicht bei den Weibchen mit Jungen. Zwei Männchen stehen in enger Beziehung zu zwei paarungsbereiten Weibchen, während weniger dominante Männchen und Jungtiere am Rand gehen. Da die Paviane in offenem Gebiet mit dauernder Feindbedrohung leben, bietet diese Art der Platzverteilung den besten Schutz für die Weibchen und Jungen. Hall und De Vore beschreiben, wie bei jeder möglichen Bedrohung der Horde die größten Männchen sofort beginnen, die Lage auszukundschaften.

Nicht alle Beobachter fanden derart regelmäßige Verteilungsmuster. Unterschiede können auf die Art des Habitats zurückgeführt werden. Die von Rowell [404] beobachteten Pavianhorden lebten in bewaldeten Gebieten. Sie fand, daß diese Affen eher Gefahr mieden als sich verteidigten. Sie beobachtete keine solch regelmäßige Positionsverteilung wie Hall und De Vore, größere Männchen befanden sich bei der Wanderung jedoch meist an der Spitze und am Ende der Horde.

Die Primaten, die wir bisher als Beispiele anführten, zeigten alle eine soziale Organisationsform, der in der Regel mehrere erwachsene Männchen angehören, im allgemeinen die „Viel-Männer-Gruppe" genannt. Dies ist wahrscheinlich der Normaltyp für eine Primatengruppe. Wir haben jedoch bereits andere, wie die Familiengruppen der Gibbons, erwähnt. Einige Primatengesellschaften basieren auf „Ein-Mann-Gruppen", die aus einem einzigen erwachsenen Männchen, mehreren Weibchen und ihren Jungen bestehen. In diesen entsteht später ein Überschuß an erwachsenen Männchen, die sich in der Regel zu Männer-Banden zusammenschließen, deren Mitglieder gelegentlich Haremsführer herausfordern. Diese Art der Organisation ist bei den im Flachland lebenden Patas-Affen, dem Dschelada- und dem Mantel-Pavian (*Papio hamadryas*) zu finden. Bei den beiden letzteren, insbesondere

Abb. 8.13. Eine Pavianhorde auf dem Marsch durch offenes Gelände. Die erwachsenen Männchen sind durch ihre Größe und die stark entwickelten Mähnen gekennzeichnet. Weibchen mit Jungen befinden sich im Zentrum. Die beiden paarungsbereiten Weibchen (durch dunkle Hinterteile gekennzeichnet) werden von den hochrangigsten Männchen begleitet. Weitere Erklärungen im Text. (Hall und De Vore [195])

beim Dschelada, verbinden sich zahlreiche Ein-Mann-Gruppen, und Hunderte von Tieren ziehen in einer losen Hordenstruktur umher [108]. Der Mantel-Pavian lebt in Halbwüstenregionen Nordost-Afrikas. Die Gruppen sind während des Tages recht unabhängig voneinander; sie schwärmen aus und suchen Nahrung. Nachts kommen sie zusammen, um gemeinsam auf Felsen, die ihnen Schutz vor Feinden bieten, zu schlafen.

Der Mantel-Pavian war Gegenstand einiger bemerkenswerter Feldstudien von Kummer und Mitarbeitern [281, 282, 283]. Ihre Ergebnisse veranschaulichen in ausgezeichneter Weise die Freiheit und Flexibilität des Primatenverhaltens. Bei den Ein-Mann-Gruppen oder „Einheiten", wie sie Kummer nennt, hütet das Männchen seine drei bis vier Weibchen. Sie ziehen immer mit ihm umher und dürfen sich nicht von ihm entfernen. Ungebundene Weibchen werden schnell von Männchen erworben, und daher ist es um so erstaunlicher, daß zwischen den Einheiten kaum Weibchen entführt werden. Dies bleibt sogar dann der Fall, wenn ein Männchen im Hinblick auf Zugang zu Futterstellen oder Ruheplätzen vollkommen über ein anderes dominiert – der Rangniedere behält seine Weibchen.

Kummer et al. [283] führten einige einfache Käfigexperimente mit wildgefangenen Pavianen durch. Wenn zwei Männchen zusammen gehalten und ein Weibchen dazugesetzt wurde, drohten sie einander an und kämpften manchmal, aber schließlich wurde das Weibchen von einem der beiden Männchen – in der Regel natürlich vom dominanten – übernommen. Wenn ein rangniederes Männchen kurz mit dem Weibchen allein eingesperrt war, paarte es sich mit ihm. Dieser Vorgang konnte vom dominanten Männchen beobachtet werden. Wenn es jetzt in den Käfig gesetzt wurde, machte es keinen Versuch, das Weibchen zu erobern. Darüber hinaus scheint sich ein solches Männchen, wenn es zu einem Paar gesetzt wird, unwohl zu fühlen und wendet sich von beiden ab. Zwischen den Männchen einer Horde besteht absolute Hemmung, Weibchen zu rauben.

Die Weibchen einer Einheit werden durch Drohen dicht zusammengehalten. Wenn sich ein Weibchen bei der Futtersuche zu weit vom Männchen entfernt, wird sie gejagt und gebissen. Gewöhnlich kehren die Weibchen sofort zum Männchen zurück, wenn er sie „anstarrt" – eine schwache Drohgebärde. Der gelbe Babuin, *Papio cynocephalus*, ist ein enger Verwandter von *P. hamadryas* (Mantelpavian) und kreuzt sich mit ihm. Er ist der von Hall und De Vore untersuchte Pavian, dessen Hordenstruktur bereits beschrieben wurde. In *Cynocephalus*-Horden gehören Weibchen nicht zu bestimmten Männchen, außer während ihrer kurzen Paarungszeit, wenn sie vorübergehend eine Partnerbeziehung mit einem dominanten Männchen eingehen. Die meiste Zeit bewegen sie sich frei und schließen sich vielen verschiedenen Horden an.

Kummer [282] versetzte einige *Cynocephalus*-Weibchen in eine *Hamadryas*-Horde. Die Männchen begannen sehr rasch damit, sie in ihre eigenen Einheiten einzugliedern. Doch zunächst entfernten sich die Weibchen wieder; wenn sie überhaupt auf das Drohen eines Männchens reagierten, war es mit Flucht. Dies rief natürlich den entgegengesetzten Effekt als den beabsichtigten hervor. Das Männchen verfolgte sie hartnäckig und brachte sie zu seinem Harem zurück. Kummer fand, daß die *Cynocephalus*-Weibchen innerhalb weniger Stunden ihre rauhe Lektion gelernt hatten und dicht bei ihrem Männchen blieben.

Dieses Ergebnis führt zu dem Schluß, daß einige Variationen in der sozialen Organisation bei Primaten einen kulturellen und nicht einen genetischen Ursprung haben. Der junge Mantel-Pavian wächst in einer Ein-Mann-Gruppe heran, der junge *Cynocephalus* im weniger eingeschränkten sozialen Klima einer größeren Gruppe. Sie mögen zwar ähnlich veranlagt sein, wachsen jedoch verschieden auf. In Kapitel 6 besprachen wir die Weitergabe von „Kultur" in Form von geringfügigen Verhaltensänderungen, wie z. B. dem Brauch, Futter zu waschen. Durch die lange Kindheit der Primaten können jedoch kulturelle Effekte offensichtlich weit darüber hinausgehen.

Wir haben bereits beachtliche Verhaltensunterschiede, die sogar zwischen verschiedenen Gruppen derselben Art auftreten, erwähnt, wie bei den Pavianen in offenen Gebieten im Vergleich zu denen in Wäldern (vgl. S. 285). Bei den Languren (*Presbytis entellus*) in Indien bestehen auffällige Unterschiede in der Organisation zwischen einigen Gruppen im Süden und den mehr im Norden lebenden Populationen. Bei den ersten sind Ein-Mann-Gruppen mit angeschlossenen reinen Männchen-Gruppen üblich, wogegen im Norden Viel-Männer-Gruppen die Regel sind (vgl. Yoshiba [516]).

Inwieweit können derartige Unterschiede adaptiv sein? Die Populationsdichte im Süden ist viel höher, da natürliche Feinde durch den Menschen weitgehend ausgeschaltet wurden. Außerdem ist das Klima strenger als im Norden, insbesondere im Sommer mit langen Dürreperioden. Ist die Populationsdichte der grundlegende Faktor für alle Verhaltensunterschiede, oder sorgt eher die soziale Organisation für besondere Anpassungen an bestimmte Umweltbedingungen? Viele der anstehenden Fragen werden nur mit Hilfe von Langzeitstudien zu beantworten sein.

Bei Languren-Populationen im Süden versuchen Männchen von außerhalb der Gruppe den Führer einer Ein-Mann-Gruppe zu entmachten und seine Weibchen zu übernehmen. Wenn ein Männchen dabei erfolgreich ist, tötet es in der Regel alle Jungen in der Gruppe (vgl. Sugiyama [448] und Hrdy [236]). Diese Kindestötung scheint zunächst eine verrückte Fehlanpassung zu sein, ist aber im Hinblick auf die eigene Fitness des Männchens sinnvoll. Nachdem es die Säuglinge beseitigt hat, werden die Weibchen wieder paarungsbereit, und das neue Männchen kann selbst Nachkommen haben, statt bei der Aufzucht der Kinder seines Vorgängers zu helfen.

Da der Egoismus der Primaten leicht mit genetischen Begriffen zu erklären ist, wurde die Verwandtschaftsselektion oft als Grundlage vieler kooperativer oder offenbar altruistischer Verhaltensweisen angenommen. Hrdy und Hrdy [237] erklären die aktive Verteidigung einer Horde durch ein älteres Languren-Weibchen in diesem Sinne. Sie argumentieren, daß, wenn die eigene Fruchtbarkeit abnimmt, Selbstaufopferung bei der Verteidigung der Gruppe eine gute Strategie sei, die eigenen Gene weiterzugeben, zumal die alten Weibchen Töchter und Enkel in ihrer Horde haben.

Wenn die Verwandtschaftsselektion wirksam sein soll, müssen Tiere auch in der Lage sein, ihre engen Verwandten zu identifizieren und zu ihren Gunsten zu handeln. Die stabilen Primatengruppen, deren Individuen lange leben, sind dafür gut geeignet. Alle Primatenjungen bleiben für mehrere Jahre bei ihrer Mutter und die von der Mutter beherrschte Gruppe ist besonders stabil. Daher ist es auch bei den Arten, in denen Vaterschaftsverhältnisse nicht eindeutig sind, immer klar, wer die Halbgeschwister sind. Bei einigen Arten mit gut entwickelten Ein-Mann-Gruppen, wie dem Mantel-Pavian, können die echten Geschwister mit ziemlicher Sicherheit identifiziert werden. Zur Zeit sind eine Reihe von ausführlichen Untersuchungen im Gange, die das Maß von Kooperation und Altruismus zwischen den Individuen bekannter genetischer Verwandtschaft überprüfen. Einige Paviangruppen werden schon seit mehr als einem Jahrzehnt beobachtet, so daß wir von einigen Individuen Informationen von ihrer Geburt bis zur Geschlechtsreife haben. Da Verwandte in der Regel ohnehin viel Zeit gemeinsam verbringen, ist es schwierig, die Effekte naher Verwandtschaft eindeutig von solchen des engen Gruppenkontaktes zu trennen. Diese Frage ist jedoch sehr bedeutend, und wir können nur hoffen, daß uns die Primaten dabei helfen, die Evolution von Altruismus zu verstehen (vgl. Clutton-Brock und Harvey [102] für eine weitere Erörterung dieser Frage).

In diesem kurzen Überblick über das Sozialverhalten von Primaten wollen wir abschließend noch eine weitere Art von Wechselbeziehungen besprechen. Es wurde oft beobachtet, daß die Jungtiere in einer Gruppe sehr viel Aufmerksamkeit auf sich lenken. Neben der Mutter nähern sich dem Jungen viele andere Tiere, die es pflegen und mit ihm spielen wollen. Das Ausmaß, in dem die Mutter derartige Kontakte erlaubt, ist überraschend unterschiedlich. Languren-Mütter sind sehr nachgiebig und erlauben anderen Weibchen, ihre Babies von Zeit zu Zeit zu nehmen; manchmal sind es sogar Weibchen von anderen Horden, die sich unter sie gemischt haben. Die Mütter von Rhesusaffen dagegen erlauben dem Baby mehrere Wochen lang kaum sich von ihnen zu entfernen, und danach schränken sie seinen Kontakt mit anderen Gruppenmitgliedern stark ein.

Ein enger Verwandter des Rhesusaffen, der Berberaffe, verhält sich ganz anders. Mütter erlauben anderen Gruppenmitgliedern, ihre Babies zu nehmen, sogar schon einige Tage nach der Geburt. Man kann beobachten, daß sich die Kleinen in der Gruppe umherbewegen, offensichtlich ohne unter der Aufsicht eines bestimmten Erwachsenen zu sein. Männchen suchen wie Weibchen den Kontakt mit Babies. Deag und Crook [124] beschreiben ein äußerst bemerkenswertes Verhältnis zwischen Männchen und Jungtieren. Der Beginn eines Handlungsablaufs ist in Abbildung 8.14 dargestellt. Ein junges Männchen fordert ein Baby dazu auf, näherzukommen und auf seinem Rücken zu reiten. Das Männchen bringt das Baby dann zu einem anderen, oft ranghöheren Erwachsenen und „präsentiert" es. Die genaue Funktion dieses Verhaltens ist zur Zeit noch unklar, aber eine Folge ist die, daß sich ein rangniederes Tier direkt bei einem ranghöheren aufhalten kann, was ohne das Baby als „Puffer" nicht erlaubt wäre.

Es ist interessant, Spekulationen darüber anzustellen, wie die Entwicklung eines Jungen durch die nachgiebigere „Erziehung" bei den Berberaffen im Vergleich zur

mehr einschränkenden mütterlichen Fürsorge bei Rhesusaffen beeinflußt wird. Analogien zu unterschiedlichen Erziehungspraktiken des Menschen bieten sich, vielleicht etwas leichtfertig, an. Abgesehen von ihrem Beitrag, den die Primaten zum Verständnis der Ursprünge des menschlichen Sozialverhaltens liefern können (vgl. Überblicke von Jay [256] und Washburn und De Vore [485]), bieten sie zweifellos ausgezeichnetes Material für die Erforschung der Entwicklung des Verhaltens bei Jungen. Experimente dazu, die die Aufzucht von fremden Jungen und den Austausch von speziellen „Kulturmerkmalen" einschließen müssen, haben gerade erst begonnen. Wenn wir den Primaten in ihren natürlichen Habitaten, an die sie sich angepaßt haben, genügend Raum lassen, dann wird mit Sicherheit eine Kombination von Laborversuchen und Feldstudien wichtige und faszinierende Ergebnisse liefern.

Abb. 8.14. Ein subadultes Berberaffen-Männchen und ein Baby (dieselben Tiere waren in Abb. 8.9 zu sehen) bei einer typischen Begegnung. Die beiden sitzen dicht nebeneinander (*oben*), das Männchen wendet sich dem Baby zu und schlägt die Zähne aufeinander, ein freundlicher Ausdruck, und das Baby nähert sich ihm. Es springt auf seinen Rücken, um getragen und vielleicht einem ranghöheren Männchen „präsentiert" zu werden. Weitere Einzelheiten dieses Verhaltens im Text. (Photos von John Deag)

Tiernamen: Deutsch – Englisch – Latein

Invertebraten

Mollusken

Napfschnecke	limpet	*Patella* sp.
Tritonia	sea slug	*Tritonia* sp.
Octopus	octopus	*Octopus vulgaris*
Gemeiner Tintenfisch	cuttle-fish	*Sepia officinalis*

Arthropoden

Wasserfloh	water flea	*Daphnia* sp.
Winkerkrabbe	fiddler crab	*Uca* spp.
Springspinnen	jumping spiders	Salticidae
Schabe	cockroach, American	*Periplaneta americana*
Grille	cricket	*Gryllus* sp.
Gottesanbeterin	praying mantis	*Mantis religiosa*
Termiten	termites	Isoptera
Blattlaus	aphid	*Aphis* sp.
Marienkäfer	ladybird	*Coccinella* sp.
Kaisermantel	silver-washed fritillary	*Dryas paphia*
Jakobskrautbär	cinnibar moth	*Thyria jacobaeae*
Schmeißfliege	blow fly	*Phormia regina*
Stechmücke	mosquito	*Aëdes* sp.
Ameise	ant	*Formica* sp.
Grabwespe	digger wasp	*Ammophila* sp.
Wespe	wasp	*Vespa* sp.
Erdhummel	bumble-bee	*Bombus* sp.
Honigbiene	honey-bee	*Apis mellifica*

Fische

Elritze	minnow	*Phoximus phoxinus*
Dreistachliger Stichling	three-spined stickleback	*Gasterosteus aculeatus*
Kampffisch	Siamese fighting-fish	*Betta splendens*
Roter Zwergfadenfisch	gourami	*Colisa lalia*
Goldfisch	goldfish	*Carassius auratus*

Amphibien

Frösche	frogs	*Rana* spp.
Wassermolche	newts	*Triturus* spp.

Reptilien

Schildkröte	turtle	*Chrysemys picta*
Strumpfbandnatter	garter snake	*Thamnophis sirtalis*
Wasserkobra	water snake	*Natrix sipedon*
Klapperschlange	rattlesnake	*Crotalus* sp.

Vögel

Haubentaucher	great crested grebe	*Podiceps cristatus*
Kormoran	cormorant	*Phalacrocorax carbo*
Kaiserpinguin	emperor penguin	*Aptenodytes forsteri*
Amerik. Blaureiher	great blue heron	*Ardea herodias*
Stockente	mallard	*Anas platyrhynchos*
Knäckente	garganey	*Anas querquedula*
Brandente	shelduck	*Tadorna tadorna*
Mandarinente	mandarin duck	*Aix galericulata*
Brautente	wood-duck	*Aix sponsa*
Kanadagans	Canada goose	*Branta canadensis*
Graugans	goose, grey lag or domestic	*Anser anser*
Habicht	hawk	*Falco* sp.
Truthahn	turkey, wild or domestic	*Meleagris gallopavo*
Birkhuhn	black grouse	*Lyrurus tetrix*
Moorschneehuhn	red grouse	*Lagopus lagopus*
Fasan	pheasant	*Phasianus* sp.
Wachtel	quail (Japanese)	*Coturnix coturnix*
Kammhuhn (Huhn)	chicken, domestic and jungle fowl	*Gallus gallus*
Teichhuhn	moor- or water-hen	*Gallinula choropus*
Bleßhuhn	coot	*Fulica atra*
Austernfischer	oyster catcher	*Haematopus ostralegus*
Kampfläufer	ruff	*Philomachus pugnax*
Möwen	gulls	*Laridae*
Lachmöwe	black-headed gull	*Larus ridibundus*
Heringsmöwe	lesser black-backed gull	*Larus fuscus*
Beringmöwe	glaucous-winged gull	*Larus glaucescens*
Sturmmöwe	common gull	*Larus canus*
Gabelschwanzmöwe	Galapagos swallow-tailed gull	*Creagrus furcatus*
Silbermöwe	herring gull	*Larus argentatus*

Aztekenmöwe	laughing gull	*Larus atricilla*
Dreizehenmöwe	kittiwake	*Rissa tridactyla*
Seeschwalben	terns	*Sterna* sp.
Brandseeschwalbe	sandwich tern	*Sterna sandvicensis*
Rußseeschwalbe	wideawake tern	*Sterna fuscata*
Königsseeschwalbe	royal tern	*Sterna maxima*
Kleine Noddisee-schwalbe	black noddy	*Anous tenuirostris*
Trottellumme	guillemot	*Uria aalge*
Tordalk	razorbill	*Alca torda*
Felsentaube (Taube)	pigeon	*Columba livia*
Lachtaube	ring dove	*Streptopelia risoria*
Kuckuck	cuckoo (European)	*Cuculus canorus*
Eule	owl	*Strix* sp.
Unzertrennliche	love-birds	*Agapornis* spp.
Goldspecht	yellow-shafted flicker	*Colaptes auratus*
Lerche	lark	*Alauda* sp.
Rauchschwalbe	swallow	*Hirundo rustica*
Rotschulterstärling	red-winged blackbird	*Agelaius phoeniceus*
Trauergrackel	carib grackle	*Quiscalus lugubris*
Tangare	tanagers	Thraupidae
Waldsänger	warblers (American)	Parulidae
Schwarzkopfhäher	Steller's jay	*Cyanocitta stelleri*
Buschblauhäher	Florida scrub jay	*Aphelocoma coerulescens*
Rabe	crow	*Corvus* sp.
Blaumeise	blue titmouse	*Parus caeruleus*
Kohlmeise	great titmouse	*Parus major*
Drosseln	thrushes	Turdinae
Rotkehlchen	robin, European	*Erithacus rubecula*
Pieper	pipit	*Anthus* sp.
Baumpieper	tree-pipit	*Anthus trivialis*
Flötenwürger	bou-bou shrike	*Laniarius ferrugineus aethiopicus*
Langschwanz-Droßling	Arabian babbler	*Turdoides squamiceps*
Star	starling	*Sturnus vulgaris*
Buchfinken	finches	Fringillinae
Ammern	buntings	Emberizinae
Buchfink	chaffinch	*Fringilla coeleps*
Kanarienvogel	canary	*Serinus canaria*
Singammer	songsparrow	*Melospiza melodia*
Dachsammerfink	white crowned sparrow	*Zonotricha leucophrys*
Oregon-Junco	Oregon junco	*Junco oreganus*
Indigofink	indigo bunting	*Passerina cyanea*
Zebrafink	zebra finch	*Taeniopygia guttata*

Spitzschwanz-Bronze-männchen	Bengalese finch (striated finch)	*Lonchura striata*
Muskatfink	spice finch	*Lonchura punctulata*
Bandfink	cutthroat finch	*Amadina fasciata*

Säugetiere

Insektivoren

| Wasserspitzmaus | water shrew | *Neomys fodiens* |
| Spitzhörnchen | tree shrew | *Tupaia belangeri* |

Nagetiere

Amerik. Zwergmaus	Pygmy mouse	*Baiomys taylori*
Hausmaus	mouse, domestic	*Mus musculus*
Wanderratte, Haus-ratte, Laborratte	brown rat, domestic rat, laboratory rat	*Rattus norvegicus*
Flughörnchen	flying squirrel	*Glaucomys volans*
Meerschweinchen	guinea pig	*Cavia porcellus*
Eichhörnchen	squirrel	*Sciurus* sp.

Hasenähnliche

| Wildkaninchen (Kaninchen) | rabbit | *Oryctolagus cuniculus* |

Cetacea

| Buckelwal | Humpback whale | *Megaptera novaeangliae* |

Proboscidea

| Afrik. Elefant | African elefant | *Loxodonta africana* |

Unpaarhufer

| Breitmaulnashorn | white rhinoceros | *Ceratotherium simum* |
| Pferd | horse | *Equus caballus* |

Paarhufer

Flußpferd	hippopotamus	*Hippopotamus amphibius*
Zwergflußpferd	pygmy hippopotamus	*Choeropsis liberiensis*
Rothirsch	red deer	*Cervus elaphus*
Elch	moose	*Alces alces*
Ducker	duiker	*Cephalophus* sp.
Streifengnu	wildebeeste	*Connochaetes taurinus*
Moor-Antilope	Uganda kob	*Adenota kob*
Moschusochse	musk ox	*Ovibos moschatus*
Schaf	sheep, domestic	*Ovis aries*
Ziege	goat	*Capra* sp.

Raubtiere

| Iltis | polecat | *Mustela putorius* |

Wiesel (großes), Hermelin	stoat	*Mustela erminea*
Skunk	skunk	*Mephitis mephitis*
Hyäne	spotted hyena	*Crocuta crocuta*
Afrik. Wildhund, Hyänenhund	cape hunting dog	*Lycaon pictus*
Fuchs	fox	*Vulpes* sp.
Kojote	coyote	*Canis latrans*
Haushund	dog, domestic	*Canis familiaris*
Wolf	wolf	*Canis lupus*
Leopard	leopard	*Panthera pardus*
Tiger	tiger	*Panthera tigris*
Löwe	lion	*Panthera leo*
Hauskatze	cat, domestic	*Felis catus*
Gepard	cheetah	*Acinonyx jubatus*

Primaten

Lemuren	lemurs	Lemuridae
Seidenäffchen	marmoset	*Callithrix* sp.
Totenkopfäffchen	squirrel monkey	*Saimiri sciurea*
Brüllaffe	howler monkey	*Alouatta* sp.
Klammeraffe	spider monkey	*Ateles* sp.
Rhesusaffe	rhesus monkey	*Macaca mulatta*
Rotgesichtsmakake	Japanese monkey	*Macaca fuscata*
Berberaffe	Barbary macaque (Barbary ape)	*Macaca sylvanus*
Husarenaffe	patas monkey	*Erythrocebus patas*
Bärenpavian	chacma baboon	*Papio ursinus*
Gelber Babuin	yellow baboon	*Papio cynocephalus*
Mantelpavian	hamadryas baboon	*Papio hamadryas*
Dschelada	gelada baboon	*Theropithecus gelada*
Schwarzweißer Stummelaffe	black and white colobus	*Colobus polykomos*
Roter Stummelaffe	red colobus	*Colobus badius*
Mangabe	mangabey	*Cercocebus albigena*
Langur	langur	*Presbytis entellus*
Gibbons	gibbons	Hylobatidae
Orangutan	orangutan	*Pongo pygmaeus*
Schimpanse	chimpanzee	*Pan troglodytes*
Gorilla	gorilla	*Gorilla gorilla*

Literaturverzeichnis

1. Adler, N. T.: The behavioral control of reproductive physiology. In: Reproductive behaviour. Montagna, W. ed., pp. 259 – 86. New York: Plenum Publishing Corporation 1974
2. Alexander, R. D.: Sound communication in Orthoptera and Cicadidae. In: Animal sounds and communication. Lanyon, W. E., Tavolga, W. N. (eds.), pp. 38 – 92. Publ. No. 7. Washington D.C.: Am. Inst. Biol. Sci. 1960
3. Alexander, R. D.: Evolutionary change in cricket acoustical communication. Evolution *16*, 443 – 67 (1962 a)
4. Alexander, R. D.: The role of behavioral study in cricket classification. Syst. Zool. *11*, 53 – 72 (1962 b)
5. Alexander, R. D., Bigelow, R. S.: Allochronic speciation in field crickets and a new species. Acheta veletis. Evolution *14*, 334 – 46 (1960)
6. Allee, W. C.: The social life of animals. New York: Norton 1938
7. Altmann, S. A. (ed.): Social communication among primates. Chicago, London: University of Chicago Press 1967
8. Altmann, S. A.: A field study of the sociobiology of rhesus monkeys, Macaca mulatta. Am. N.Y. Acad. Sci. *102*, 338 – 435 (1962)
9. Andersson, B.: The effect of injections of hypertonic NaCl solutions into different parts of the hypothalamus of goats. Acta Physiol. Scand. *28*, 188 – 201 (1953)
10. Andersson, B., McCann, S. M.: A further study of polydipsia evoked by hypothalamic stimulation in the goat. Acta Physiol. Scand. *33*, 333 – 46 (1955 a)
11. Andersson, B., McCann, S. M.: Drinking, antidiuresis and milk ejection from electrical stimulation within the hypothalamus of the goat. Acta Physiol. Scand. *35*, 191 – 201 (1955 b)
12. Andrew, R. J.: Some remarks on behaviour in conflict situations, with special reference to Emberiza spp. Br. J. Anim. Behav. *4*, 41 – 5 (1956 a)
13. Andrew, R. J.: Intention movements of flight in certain passerines and their use in systematics. Behaviour *10*, 179 – 204 (1956 b)
14. Andrew, R. J.: The effects of testosterone on avian vocalizations. In: Bird Vocalizations, pp. 97 – 130 (see Ref. 216) (1969)
15. Andrew, R. J.: The information potentially available in mammal displays. In: Non Verbal Communication. Hinde, R. A. (ed.), pp. 179 – 206. London: Cambridge University Press
16. Archer, J.: Tests for emotionality in rats and mice: a review. Anim. Behav. *21*, 205 – 35 (1973)
17. Ardrey, R.: The territorial imperative. New York: Atheneum
18. Austin, C. R., Short, R. V.: Reproduction in mammals. Book 3. Hormones in Reproduction. London: Cambridge University Press 1972 a
19. Austin, C. R., Short, R. V.: Reproduction in mammals. Book 4. Reproductive patterns. London: Cambridge University Press 1972 b
20. Baerends, G. P.: An evaluation of the conflict hypothesis as an explanatory principle for the evolution of displays. In: Function and evolution in behaviour. pp. 187 – 227 (see Ref. 23) (1975)
21. Baerends, G. P.: The functional organization of behaviour. Anim. Behav. *24*, 726 – 38 (1976)

22. Baerends, G. P., Baerends-Van Roon, J. M.: An introduction to the study of the ethology of cichlid fishes. Behaviour Suppl. *1*, 1 – 243 (1950)
23. Baerends, G., Beer, C., Manning, A. (eds.): Function and evolution in behaviour. Oxford: Clarendon Press
24. Baerends, G. P., Kruijt, J. P.: Stimulus selection. In: Constraints on learning. Hinde, R. A., Stevenson-Hinde, J. (eds.), pp. 23 – 50. London, New York: Academic Press 1973
25. Barlow, G. W.: Modal action patterns. In: How animals communicate. Sebeok, T. N. (ed.), pp. 98 – 134. Bloomington: University of Indiana Press 1977
26. Barlow, H. B.: The coding of sensory messages. In: Current problems in animal behaviour. pp. 331 – 60. (see Ref. 459) (1961)
27. Barnett, S. A.: Exploratory behaviour. Br. J. Psychol. *49*, 289 – 310 (1958)
28. Barnett, S. A.: A study in behaviour. London: Methuen 1963
29. Barnett, S. A.: The concept of stress. Viewpoints in biology. *3*, Vol. III, pp. 170 – 218. London: Butterworth 1964
30. Barnett, S. A., Burn, J.: Early stimulation and maternal behaviour. Nature (London) *213*, 150 – 52 (1967)
31. Bastock, M.: A gene mutation which changes a behavior pattern. Evolution *10*, 421 – 39 (1956)
32. Bastock, M.: Courtship: a zoological study. London: Heinemann Educational 1967
33. Bastock, M., Manning, A.: The courtship of Drosophila melanogaster. Behaviour *8*, 85 – 111 (1955)
34. Bateson, P. P. G.: Effect of similarity between rearing and testing conditions on chicks' following and avoidance responses. J. Comp. Physiol. Psychol. *57*, 100 – 3 (1964)
35. Bateson, P. P. G.: The characteristics and context of imprinting. Biol. Rev. *41*, 177 – 220 (1966)
36. Bateson, P. P. G.: Imprinting. In: Ontogeny of vertebrate behavior. Moltz, H. (ed.), pp. 369 – 78. New York, London: Academic Press 1971
37. Bateson, P. P. G.: Specificity and the origins of behavior. Adv. Stud. Behav. *6*, 1 – 20 (1976)
38. Bateson, P. P. G.: Early experience and sexual preferences. In: Biological determinants of sexual behaviour. Hutchison, J. B. (ed.), pp. 29 – 53. London: Wiley 1978
39. Bateson, P. P. G., Reese, E. P.: Reinforcing properties of conspicuous objects before imprinting has occurred. Psychon. Sci. *10*, 379 – 80 (1968)
40. Bateson, P. P. G., Reese, E. P.: The reinforcing properties of conspicuous stimuli in the imprinting situation. Anim. Behav. *17*, 692 – 99 (1969)
41. Beach, F. A.: Analysis of the stimuli adequate to elicit mating behavior in the sexually inexperienced male rat. J. Comp. Psychol. *33*, 163 – 207 (1942)
42. Beach, F. A.: The snark was a boojum. Am. Psychol. *5*, 115 – 24 (1950)
43. Beach, F. A., Levinson, G.: Effects of androgen on the glans penis and mating behavior of castrated male rats. J. Exp. Zool. *114*, 159 – 71 (1950)
44. Beer, C. G.: Was Professor Lehrman an ethologist? Anim. Behav. *23*, 957 – 64 (1975)
45. Bekoff, M.: Social communication in canids: evidence for the evolution of a stereotyped mammalian display. Science, *197*, 1097 – 99 (1977)
46. Bellows, R. T.: Time factors in water-drinking in dogs. Am. J. Physiol. *125*, 87 – 97 (1939)
47. Bennet-Clark, H. C.: The mechanism and efficiency of sound production in mole crickets. J. Exp. Biol. *52*, 619 – 52 (1970 a)
48. Bennet-Clark, H. C.: A new French mole cricket, differing in song and morphology from Gryllotalpa gryllotalpa L. (Orthoptera: Gryllotalpidae). Proc. R. Soc. London Ser. B *39*, 125 – 32 (1970 b)
49. Bentley, D. R., Hoy, R. R.: Postembryonic development of adult motor patterns in crickets: a neural analysis. Science *170*, 1409 – 11 (1970)
50. Benzer, S.: Genetic dissection of behavior. Sci. Am. *229*, (6), 24 – 37 (1973)
51. Bitterman, M. E.: The evolution of intelligence. Sci. Am. *212*, (1), 92 – 100 (1965)

52. Blair, W. F.: Mating call and stage of speciation in the Microhyla olivacea – M. carolinensis complex. Evolution 9, 469 – 80 (1955)
53. Blair, W. F.: Mating call in the speciation of anuran amphibians. Am. Nat., 92, 27 – 51
(1958)
54. Blakemore, C., Cooper, G. F.: Development of the brain depends on the visual environment. Nature (London) 228, 477 – 78 (1970)
55. Blest, A. D.: The function of eyespot patterns in the Lepidoptera. Behaviour, 11, 209 – 56
(1957 a)
56. Blest, A. D.: The evolution of protective displays in the Saturnioidea and Sphingidae (Lepidoptera). Behaviour 11, 257 – 309 (1957 b)
57. Blest, A. D.: The concept of ritualization. In: Current Problems in Animal Behaviour, pp.
102 – 24 (see Ref. 459) (1961)
58. Blüm, V., Fiedler, K.: Hormonal control of reproductive behavior in some cichlid fish.
Gen. Comp. Endocrinol., 5, 186 – 96 (1965)
59. Blurton-Jones, N. G.: Experiments on the causation of the threat postures of Canada
geese. Rep. Severn Wildfowl Trust, 1960, 46 – 52 (1959)
60. Blurton-Jones, N. G.: Observations and experiments on causation of threat displays of
the great tit (Parus major). Anim. Behav. Monogr., 1, 75 – 158 (1968)
61. Bowlby, J.: Attachment and loss, I. Attachment. London: Hogarth 1969
62. Bowlby, J.: Attachment and loss, II. Separation. London: Hogarth 1973
63. Boyd, H., Fabricius, E.: Observations on the incidence of following of visual and auditory
stimuli in naïve mallard ducklings (Anas platyrhynchos). Behaviour, 25, 1 – 15 (1965)
64. Braddock, J. C., Braddock, Z. I.: Development of nesting behaviour in the Siamese fighting fish Betta splendens. Anim. Behav., 7, 222 – 32 (1959)
65. Bradley, A. J., McDonald, I. R., Lee, A. K.: Corticosteroid binding globulin and mortali-
ty in a dasyurid marsupial. J. Endocrinol. 70, 323 – 324 (1976)
66. Breland, K., Breland, M.: The misbehavior of organisms. Am. Psychol. 16, 681 – 84
(1961)
67. Broadbent, D. E.: Behaviour. London: Eyre and Spottiswoode 1961
68. Broadhurst, P. L.: Psychogenetics of emotionality in the rat. Ann. N.Y. Acad. Sci. 159,
806 – 24 (1969)
69. Broadhurst, P. L.: The Maudsley reactive and nonreactive strains of rats: a survey. Behav. Genet. 5, 299 – 319 (1975)
70. Broadhurst, P. L., Levine, S.: Behavioural consistency in strains of rats selectively bred
for emotional elimination. Br. J. Psychol. 54, 121 – 25 (1963)
71. Bronson, F. H., Desjardins, C.: Aggression in adult mice: modification by neonatal injections of gonadal hormones. Science 161, 705 – 6 (1968)
72. Brown, J. L.: The integration of agonistic behavior in the Steller's jay Cyanocitta stelleri
(Gmelin). Univ. Calif. Publ. Zool. 60, 223 – 328 (1964)
73. Brown, J. L.: The evolution of behavior. New York: Norton 1975
74. Brown, J. L., Hunsperger, R. W.: Neuroethology and the motivation of agonistic behaviour. Anim. Behav. 11, 439 – 48 (1963)
75. Bruner, J., Kennedy, D.: Habituation: occurrence at a neuromuscular junction. Science
169, 92 – 94 (1970)
76. Buckley, P. A.: Disruption of species-typical behaviour patterns in F_1 hybrid Agapornis
parrots. Z. Tierpsychol. 26, 737 – 43 (1969)
77. Buckley, P. A., Buckley, F. G.: Individual egg and chick recognition by adult royal terns
(Sterna maxima maxima). Anim. Behav. 20, 457 – 62 (1972)
78. Bull, H. O.: Conditioned responses. In: The physiology of fishes, 2 Vols. Brown, M. E.
(ed.), pp. 211 – 28. New York: Academic Press 1957
79. Burghardt, G. M.: Defining 'communication'. In: Advances in chemoreception. Johns-
ton, J. W., Moulton, D. G., Turk, A. (eds.), Vol. I, pp. 5 – 18. New York: Appleton Cen-
tury Crofts 1970

80. Burghardt, G. M.: Chemical-cue preferences of newborn snakes: influence of prenatal maternal experience. Science *171*, 921 – 23 (1971)

81. Burghardt, G. M., Pruitt, C. H.: Role of the tongue and senses in feeding of naïve and experienced garter snakes. Physiol. Behav. *14*, 185 – 94 (1975)

82. Butler, C. G.: The world of the honeybee. London: Collins 1954

83. Carmichael, L.: The development of behavior in vertebrates experimentally removed from the influence of external stimulation. Psychol. Rev. *33*, 51 – 58 (1926)

84. Carmichael, L.: A further study of the development of behavior in vertebrates experimentally removed from the influence of external stimulation. Psychol. Rev. *34*, 34 – 47 (1927)

85. Carpenter, C. R.: The howlers of Barro Colorado island. In: Primate behavior. pp. 250 – 91 (see Ref. 135) (1965)

86. Carter, C. S., Marr, J. N.: Olfactory imprinting and age variables in the guinea-pig, Cavia porcellus. Anim. Behav. *18*, 238 – 44 (1970)

87. Carthy, J. D., Ebling, F. J. (eds.): The natural history of aggression. London, New York: Academic Press 1964

88. Chalmers, N. R.: The visual and vocal communication of free living mangabeys in Uganda. Folia Primatol. *9*, 258 – 80 (1968)

89. Chance, E. P.: The truth about the cuckoo. London: Country Life 1940

90. Chance, M. R. A.: An interpretation of some agonistic postures: the role of 'cut-off' acts and postures. Symp. Zool. Soc. Lond. *8*, 71 – 89 (1962)

91. Cheng, M.-F.: Effect of ovariectomy on the reproductive behavior of female ring doves (Streptopelia risoria). J. Comp. Physiol. Psychol. *83*, 221 – 33 (1973 a)

92. Cheng, M.-F.: Effect of estrogen on the behavior of ovariectomized ring doves (Streptopelia risoria). J. Comp. Physiol. Psychol. *83*, 234 – 39 (1973 b)

93. Chitty, D.: Population processes in the vole and their relevance to general theory. Can. J. Zool. *38*, 99 – 113 (1960)

94. Christian, J. J.: Population density and reproductive efficiency. Biol. Reprod. *4*, 248 – 94 (1971)

95. Clark, E., Aronson, L., Gordon, M.: Mating behavior patterns in two sympatric species of xiphophorin fishes: their inheritance and significance in sexual isolation. Bull. Am. Mus. Nat. Hist. *103*, 141 – 225 (1954)

96. Clark, R. B.: Habituation of the polychaete Nereis to sudden stimuli. I. General properties of the habituation process. Anim. Behav. *8*, 82 – 91 (1960 a)

97. Clark, R. B.: Habituation of the polychaete Nereis to sudden stimuli. 2. Biological significance of habituation. Anim. Behav. *8*, 92 – 103 (1960 b)

98. Clark, R. B.: The learning abilities of Nereid polychaetes and the role of the supra-oesophageal ganglion. Anim. Behav. Suppl. *1*, 89 – 100 (1965)

99. Clark, W. E. le Gros: History of the primates, 9th ed. Br. Mus. (Nat. Hist.) London (1965)

100. Clayton, F. L., Hinde, R. A.: The habituation and recovery of aggressive display in Betta splendens. Behaviour *30*, 96 – 106 (1968)

101. Clutton-Brock, T. H.: Primate social organisation and ecology. Nature (London) *250*, 539 – 42 (1974)

102. Clutton-Brock, T. H., Harvey, P. H.: Evolutionary rules and primate societies. In: Growing points in ethology. Bateson, P. P. G., Hinde, R. A. (eds.), pp. 195 – 237. London: Cambridge University Press 1976

103. Coons, E. E., Levak, M., Miller, N. E.: Lateral hypothalamus: learning of food-seeking response motivated by electrical stimulation. Science *150*, 1320 – 21 (1965)

104. Coulson, J. C.: The influence of the pair-bond and age on the breeding biology of the kittiwake gull Rissa tridactyla. J. Anim. Ecol. *35*, 269 – 79 (1966)

105. Coulson, J. C.: Differences in the quality of birds nesting in the centre and on the edges of a colony. Nature (London) *217*, 478 – 79 (1968)

106. Crane, J.: Basic patterns of display in fiddler crabs (Ocypodidae, genus Uca). Zoologica *42*, 69 – 82 (1957)
107. Crook, J. H.: The adaptive significance of avian social organizations. Symp. Zool. Soc. Lond. *14*, 181 – 218 (1965)
108. Crook, J. H.: Gelada baboon herd structure and movement: a comparative report. Symp. Zool. Soc. Lond. *18*, 237 – 58 (1966)
109. Crook, J. H.: Social organization and the environment: aspects of contemporary social ethology. Anim. Behav. *18*, 197 – 209 (1970 a)
110. Crook, J. H.: The socio-ecology of primates. In: Social behaviour in birds and mammals. Crook, J. H., (ed.), pp. 103 – 66. London, New York: Academic Press 1970 b
111. Cruze, W. W.: Maturation and learning in chicks. J. Comp. Psychol. *19*, 371 – 409 (1935)
112. Cullen, E.: Adaptations in the kittiwake to cliff-nesting. Ibis *99*, 275 – 302 (1957)
113. Cullen, E.: Experiment on the effect of social isolation on reproductive behaviour in the three-spined stickleback. Anim. Behav. *8*, 235 (1960)
114. Cullen, J. M.: The pecking response of young wideawake terns, Sterna fuscata. Ibis *103*, 162 – 70 (1962)
115. Cullen, J. M., Ashmole, N. P.: The black noddy (Anous tenuirostris) on Ascension Island, Part 2. Behaviour. Ibis *103*, 423 – 46 (1963)
116. Daanje, A.: On locomotory movements in birds and the intention movements derived from them. Behaviour *3*, 48 – 98 (1950)
117. Daly, M.: Early stimulation of rodents: a critical review of present interpretations. Br. J. Psychol. *64*, 435 – 60 (1973)
118. Darling, F. F.: A herd of red deer. London: Oxford University Press 1935
119. Darling, F. F.: Bird flocks and the breeding cycle. Cambridge: Cambridge University Press 1938
120. Davis, D. E.: The role of density in aggressive behaviour of house mice. Anim. Behav. *6*, 207 – 10 (1958)
121. Davis, W. J.: Organizational concepts in the central motor networks of invertebrates. In: Neural control of locomotion. Herman, R. M., Grillner, S., Stein, P. S. G., Stuart, D. G. (eds.), pp. 265 – 92. New York: Plenum 1976
122. Dawkins, R.: The selfish gene. Oxford: Oxford University Press 1976
123. Deag, J. M.: Aggression and submission in monkey societies. Anim. Behav. *25*, 465 – 74 (1977)
124. Deag, J. M., Crook, J. H.: Social behaviour and 'agonistic buffering' in the wild Barbary macaque Macaca sylvana L. Folia Primatol. *15*, 183 – 200 (1971)
125. Deaux, E., Kakolewski, J. W.: Emotionally induced increases in effective osmotic pressure and subsequent thirst. Science *169*, 1226 – 28 (1970)
126. Delius, J. D.: Agonistic behaviour of juvenile gulls, a neuroethological study. Anim. Behav. *21*, 236 – 46 (1973)
127. Denenberg, V. H.: Critical periods, stimulus input, and emotional reactivity: a theory of infantile stimulation. Psychol. Rev. *71*, 335 – 51 (1964)
128. Denenberg, V. H., Rosenberg, K. M.: Nongenetic transmission of information. Nature (London) *216*, 549 – 60 (1967)
129. Denny, M. R., Ratner, S. C.: Comparative psychology. Research in animal behavior. Revised ed. Homewood, Illinois: The Dorsey Press 1970
130. Dethier, V. G.: Summation and inhibition following contralateral stimulation of the tarsal chemoreceptors of the blowfly. Biol. Bull. *105*, 257 – 68 (1953)
131. Dethier, V. G.: Communication by insects: physiology of dancing. Science **125**, 331 – 36 (1957)
132. Dethier, V. G.: Microscopic brains. Science *143*, 1138 – 45 (1964)
133. Dethier, V. G., Stellar, E.: Animal behavior, 3rd ed. Englewood Cliffs, New Jersey: Prentice-Hall 1970
134. Deutsch, J. A.: The structural basis of behavior. Cambridge: Cambridge University Press 1960

135. De Vore, I. (ed.): Primate behavior. Field studies of monkeys and apes. New York, London: Holt, Rinehart and Winston 1965
136. Dilger, W. C.: The behavior of lovebirds. Sci. Am. *206*, 88 – 98 (1962)
137. Dimond, S. J.: The social behaviour of animals. London: Batsford 1970
138. Douglas-Hamilton, I., Douglas-Hamilton, O.: Among the elephants. London: Collins & Harvill 1975
139. D'Souza, F., Martin, R. D.: Maternal behaviour and the effects of stress in tree-shews. Nature (London) *251*, 309 – 11 (1974)
140. Eaton, R. L.: Group interactions, spacing and territoriality in cheetahs. Z. Tierpsychol. *27*, 481 – 91 (1970)
141. Ehrhardt, A. A., Baker, S. W.: Fetal androgens, human central nervous system differentiation, and behavior sex differences. In: Sex differences in behavior. Friedman, R. C., Richart, R. M., van de Wiele, R. L. (eds.), pp. 33 – 51. New York: Wiley 1974
142. Ehrman, L., Parsons, P. A.: The genetics of behavior. Sinauer Associates, Sunderland, Mass. Reading: Freeman 1976
143. Eibl-Eibesfeld, I.: Ethologie, die Biologie des Verhaltens. Frankfurt: Athenaion 1966 (Aus Handbuch der Biologie, Bd. 2)
144. Emlen, S. T., Oring, L. W.: Ecology, sexual selection and the evolution of mating systems. Science *197*, 215 – 24 (1977)
145. Erickson, J. G.: Social hierarchy, territoriality, and stress reactions in sunfish. Physiol. Zool. *40*, 40 – 48 (1967)
146. Esch, H., Esch, I., Kerr, W. E.: Sound: an element common to communication of stingless bees and to dances of honeybees. Science *149*, 320–21 (1965)
147. Estes, R. D.: Territorial behavior of the wildebeeste (Connochaetes taurinus Burchell, 1823). Z. Tierpsychol. *26*, 284 – 370 (1969)
148. Evans, S. M.: Studies in invertebrate behaviour. London: Heinemann Educational 1968
149. Ewer, R. F.: Ethology of mammals. London: Logos Press Limited 1968
150. Ewing, A. W.: The genetic basis of sound production in Drosophila pseudoobscura and D. persimilis. Anim. Behav. *17*, 555 – 60 (1969)
151. Ewing, A. W., Bennet-Clark, H. C.: The courtship songs of Drosophila. Behaviour *31*, 288 – 301 (1968)
152. Fraenkel, G., Gunn, D. L.: The orientation of animals. London: Dover Publications 1964
153. Franck, D.: The genetic basis of evolutionary changes in behaviour patterns. In: The genetics of behaviour. Van Abeelen, J. H. F. (ed.), pp. 119 – 40. Amsterdam: North Holland 1974
154. Franzisket, L.: Untersuchungen zur Spezifität und Kumulierung der Erregungsfähigkeit und zur Wirkung einer Ermüdung in der Afferenz bei Wischbewegung des Rückenmarkfrosches. Z. Vergl. Physiol. *34*, 525 – 38 (1953)
155. Frisch, J. E.: Individual behavior and intertroop variability in Japanese macaques. In: Primates: studies in adaptation and variability. pp. 243 – 52 (see Ref. 257) (1968)
156. Frisch, K. von: Tanzsprache und Orientierung bei Bienen. Berlin, Heidelberg, New York: Springer 1965
157. Fuller, J. L., Thompson, W. R.: Behavior genetics. New York, London: Wiley 1960
158. Galambos, R.: Changing concepts of the learning mechanism. In: Brain mechanisms and learning. Delafresnaye, J. F., (ed.) pp. 231 – 41. Oxford: Blackwell Scientific 1961
159. Galef, B. G.: Social transmission of acquired behavior: a discussion of tradition and social learning in vertebrates. Adv. Stud. Behav. *6*, 77 – 100 (1976)
160. Galusha, J. G., Stout, J. F.: Aggressive communication by Larus glaucescens, Part IV: Experiments on visual communication. Behaviour *52*, 222 – 35 (1977)
161. Garcia, J., Koelling, R.: Relation of cue to consequence in avoidance learning. Psychon. Sci. *4*, 123 – 24 (1966)
162. Gardner, B. T.: Hunger and sequential responses in the hunting behavior of salticid spiders. J. Comp. Physiol. Psychol. *58*, 167 – 73 (1964)

163. Gardner, B. T., Gardner, R. A.: Evidence for sentence constituents in the early utterances of child and chimpanzee. J. Exp. Psychol. *104*, 244 – 67 (1975)
164. Gardner, R. A., Gardner, B. T.: Teaching sign language to a chimpanzee. Science *165*, 664 – 72 (1969)
165. Gardner, R. A., Gardner, B. T.: Early signs of language in child and chimpanzee. Science *187*, 752 – 53 (1975)
166. Geist, V.: Evolution of horn-like organs. Behaviour *27*, 175 – 214 (1966)
167. Gellerman, L. W.: Form discrimination in chimpanzees and two-year-old children: I form (triangularity) per se. J. Genet. Psychol. *42*, 3 – 27 (1933)
168. Gilbert, R. M., Sutherland, N. S. (eds.): Animal discrimination learning. London, New York: Academic Press 1969
169. Goodall, J. van Lawick: The behaviour of free-living chimpanzees in the Gombe Stream reserve. Anim. Behav. Monogr. *1*, (3), 161 – 311 (1968)
170. Gorbman, A., Bern, H. A.: A textbook of comparative endocrinology. New York, London: Wiley 1962
171. Gottlieb, G.: Prenatal behavior of birds. Q. Rev. Biol. *43*, 148 – 74 (1968)
172. Gottlieb, G.: Development of species identification in birds. Chicago: University of Chicago Press 1971
173. Gould, J. L.: The dance-language controversy. Q. Rev. Biol. *51*, 211 – 44 (1976)
174. Gove, D., Burghardt, G. M.: Responses of ecologically dissimilar populations of the water snake Natrix s. sipedon to chemical cues from prey. J. Chem. Ecol. *1*, 25 – 40 (1975)
175. Goy, R. W., Jakway, J. S.: Role of inheritance in determination of sexual behavior patterns. In: Roots of behavior, Bliss, E. L. (ed.), pp. 96 – 112. New York: Harper 1962
176. Green, M., Green, R., Carr, W. J.: The hawk-goose phenomenon: A replication and an extension. Psychon. Sci. *4*, 185 – 86 (1966)
177. Green, R., Carr, W. J., Green, M.: The hawk-goose phenomenon: Further confirmation and a search for the releaser. J. Psychol. *69*, 271 – 76 (1968)
178. Gregory, R. L.: The brain as an engineering problem. In: Current problems in animal behaviour, pp. 307 – 30 (see Ref. 459) (1961)
179. Griffin, D. R.: Listening in the dark. New Haven: Yale University Press 1958
180. Griffin, D. R.: The question of animal awareness. New York: Rockefeller University Press 1976
181. Grossman, S. P.: Eating or drinking elicited by direct adrenergic or cholinergic stimulation of the hypothalamus. Science *132*, 301 – 2 (1960)
182. Grossman, S. P.: A textbook of physiological psychology. New York, London: John Wiley & Sons Inc. 1967
183. Grossman, S. P.: The physiological basis of specific and nonspecific motivational processes. Nebr. Symp. Motiv. *16*, 1 – 46 (1968)
184. Grossman, S. P.: Aggression, avoidance and reaction to novel environments in female rats with ventromedial hypothalamic lesions. J. Comp. Physiol. Psychol. *78*, 274 – 83 (1972)
185. Grunt, J. A., Young, W. C.: Differential reactivity of individuals and the response of the male guinea pig to testosterone propionate. Endocrinology *51*, 237 – 48 (1952)
186. Guilmet, G. M.: The evolution of tool – using and tool – making behaviour. Man *12*, 33 – 47 (1977)
187. Guiton, P.: Socialisation and imprinting in brown leghorn chicks. Anim. Behav. *7*, 26 – 34 (1959)
188. Guiton, P.: The development of sexual responses in the domestic fowl, in relation to the concept of imprinting. Symp. Zool. Soc. Lond. *8*, 227 – 34 (1962)
189. Gustavson, C. R., Kelly, D. J., Sweeney, M., Garcia, J.: Preylithium aversions. I: Coyotes and wolves. Behav. Biol. *17*, 61 – 72 (1976)
190. Hailman, J. P.: Pecking of laughing-gull chicks to models of the parental head. Auk *79*, 89 – 98 (1962)

191. Hailman, J. P.: Cliff-nesting adaptations of the Galagapos swallos-tailed gull. Wilson Bull. *77*, 346 – 62 (1965)
192. Hailman, J. P.: The ontogeny of an instinct. The pecking response in chicks of the laughing gull (Larus atricilla L.) and related species. Behaviour Suppl. *15*, 1 – 159 (1967)
193. Haldane, J. B. S., Spurway, H.: A statistical analysis of communication in 'Apis mellifera' and a comparison with communication in other animals. Insectes Soc. *1*, 247 – 83 (1954)
194. Hale, E. B.: Visual stimuli and reproductive behavior in bulls. J. Anim. Sci. (Suppl.) *25*, 36 – 44 (1966)
195. Hall, K. R. L., de Vore, I.: Baboon social behavior. In: Primate behavior. Field studies of monkeys and apes, pp. 53 – 110 (see Ref. 135) (1965)
196. Hall-Craggs, J.: The development of song in the blackbird (Turdus merula). Ibis *104*, 277 – 300 (1962)
197. Halliday, M. S.: Effect of previous exploratory activity on the exploration of a simple maze. Nature (London) *209*, 432 – 33 (1966)
198. Halliday, T. R., Sweatman, H. P. A.: To breathe or not to breathe; the newt's problem. Anim. Behav. *24*, 551 – 61 (1976)
199. Hamilton, W. D.: The genetical evolution of social behaviour. I and II. J. Theor. Biol. *7*, 1 – 52 (1964)
200. Hardy, A.: Was man more aquatic in the past? New Sci. *7*, 642 – 45 (1960)
201. Harlow, H. F.: The formation of learning sets. Psychol. Rev. *56*, 51 – 65 (1949)
202. Harlow, H. F.: The evolution of learning. In: Behavior and evolution. Roe, A., Simpson, G. G. (eds.), pp. 269 – 90. New Haven: Yale University Press 1958
203. Harlow, H. F., Harlow, M. K.: The affectional systems. In: Behavior of nonhuman primates. Schrier, A. M., Harlow, H. F., Stollnitz, F. (eds.), pp. 287 – 321. New York, London: Academic Press 1963
204. Harris, G. W., Michael, R. P.: The activation of sexual behaviour by hypothalamic implants of oestrogen. J. Physiol. Lond. *171*, 275 – 301 (1964)
205. Hausfater, G.: Dominance and reproduction in baboons (Papio cynocephalus). Contributions to primatology. Vol. I, pp. 1 – 50. Basel: Karger 1975
206. Hebb, D. O.: Alice in Wonderland or psychology among the biological sciences. In: Biological and biochemical bases of behavior. Harlow, H. F., Woolsey, C. N. (eds.), pp. 451 – 67. Madison: University of Wisconsin Press 1958
207. Hebb, D. O., Williams, K.: A method of rating animal intelligence. J. Gen. Psychol. *34*, 59 – 65 (1946)
208. Heiligenberg, W.: Ursachen für das Auftreten von Instinktsbewegungen bei einem Fische (Pelmatochromis subocellatus kribensis). Z. Vergl. Physiol. *47*, 339 – 80 (1963)
209. Hess, E. H.: Imprinting in birds. Science *146*, 1128 – 39 (1964)
210. Hinde, R.: Factors governing the changes in strength of a partially inborn response, as shown by the mobbing behaviour of the chaffinch (Fringilla coelebs). I. The nature of the response, and an examination of its course. Proc. R. Soc. Ser. B *142*, 306 – 31 (1954 a)
211. Hinde, R.: Factors governing the changes in strength of a partially inborn response, as shown by the mobbing behaviour of the chaffinch (Fringilla coelebs). II. The waning of the response. Proc. R. Soc. Ser. B. *142*, 331 – 58 (1954 b)
212. Hinde, R. A.: The nest-building behaviour of domesticated canaries. Proc. Zool. Soc. Lond. *131*, 1 – 48 (1958)
213. Hinde, R. A.: Unitary drives. Anim. Behav. *7*, 130 – 41 (1959)
214. Hinde, R. A.: Factors governing the changes in strength of a partially inborn response, as shown by the mobbing behaviour of the chaffinch (Fringilla coelebs). III. The interaction of short-term and long-term incremental and decremental effects. Proc. R. Soc. Ser. B *153*, 398 – 420 (1960 a)
215. Hinde, R. A.: Energy models of motivation. Symp. Soc. Exp. Biol. *14*, 199 – 213 (1960 b)
216. Hinde, R. A. (ed.): Bird vocalizations. Cambridge: Cambridge University Press 1969
217. Hinde, R. A.: Das Verhalten der Tiere, Bd. 1, 2. Frankfurt: Suhrkamp 1973

218. Hinde, R. A. (ed.): Non-verbal communication. London: Cambridge University Press 1972
219. Hinde, R. A.: Biological bases of human social behaviour. New York, London: McGraw-Hill 1974
220. Hinde, R. A., Fisher, J.: Further observations on the opening of milk bottles by birds. Br. Birds *44*, 393 – 96 (1952)
221. Hinde, R. A., Rowell, T. E.: Communication by postures and facial expressions in the rhesus monkey (Macaca mulatta). Proc. Zool. Soc. Lond. *138*, 1 – 21 (1962)
222. Hinde, R. A., Steel, E.: Integration of the reproductive behaviour of female canaries. Symp. Soc. Exp. Biol. *20*, 401 – 26 (1966)
223. Hinde, R. A., Stevenson, J. G.: Goals and response control. In Development and evolution of behavior. Aronson, L. R. (ed.), pp. 216 – 37. New York: W. H. Freeman 1970
224. Hinde, R. A., Stevenson-Hinde, J. (eds.): Constraints on learning. London, New York: Academic Press 1973
225. Hinde, R. A., Tinbergen, N.: The comparative study of species specific behavior. In: Behavior and evolution. Roe, A., Simpson, G. G. (eds.), pp. 251 – 68. New Haven: Yale University Press 1958
226. Hirsch, J., Lindley, R. H., Tolman, E. C.: An experimental test of an alleged innate sign stimulus. J. Comp. physiol. Psychol. *48*, 278 – 80 (1955)
227. Hodos, W., Campbell, C. B. G.: Scala Naturae: Why there is no theory in comparative psychology. Psychol. Rev. *76*, 337 – 50 (1969)
228. Hokanson, J. E.: The physiological bases of motivation. New York, London: John Wiley & Sons Inc. 1969
229. Hölldobler, B.: Communication between ants and their guests. Sci. Am. *224* (3), 86 – 93 (1971)
230. Holst, E. von, Saint-Paul, U. von: On the functional organisation of drives. Anim. Behav. *11*, 1 – 20 (1963)
231. Hooker, T., Hooker, B. I.: Duetting. In: Bird vocalizations. Hinde, R. A. (ed.), pp. 185 – 205. London: Cambridge University Press 1969
232. Horn, G., Hinde, R. A.: Short-term changes in neural activity and behaviour. Cambridge: Cambridge University Press 1970
233. Hotta, Y., Benzer, S.: Mapping of behaviour in Drosophila mosaics. Nature (London) *240*, 527 – 35 (1972)
234. Hotta, Y., Benzer, S.: Courtship in Drosophila mosaics: sexspecific foci for sequential action patterns. Proc. Natl. Acad. Sci. USA. *73*, 4154 – 58 (1976)
235. Hoyle, G.: Cellular mechanisms underlying behavior-neuroethology. Adv. Insect. Physiol. *7*, 349 – 444 (1970)
236. Hrdy, S. B.: Male-male competition and infanticide among the langurs (Presbytis entellus) of Abu' Rajasthan. Folia Primatol. *22*, 19 – 58 (1974)
237. Hrdy, S. B., Hrdy, D. B.: Hierarchical relations among female hanuman langurs (Primates: Colobinal, Presbytis entellus). Science *193*, 913 – 15 (1976)
238. Huber, F.: Central nervous control of sound production in crickets and some speculations on its evolution. Evolution *16*, 429 – 42 (1962)
239. Huber, F.: Central control of movements and behavior of invertebrates. In: Invertebrate nervous systems. Weirsma, C. A. G. (ed.), pp. 333 – 51. Chicago: University of Chicago Press 1967
240. Hunsaker, D.: Ethological isolating mechanisms in the Sceloporus torquatus group of lizards. Evolution *16*, 62 – 74 (1962)
241. Huntingford, F. A.: The relationship between anti-predator behaviour and aggression among conspecifics in the three-spined stickleback, Gasterosteus aculeatus. Anim. Behav. *24*, 245 – 60 (1976 a)
242. Huntingford, F. A.: The relationship between inter- and intraspecific aggression. Anim. Behav. *24*, 485 – 97 (1976 b)

243. Hutchison, J. B.: Influence of gonadal hormones on the hypothalamic integration of courtship behaviour in the Barbary dove. J. Reprod. Fertil. Suppl. *11*, 15 – 41 (1970)

244. Hutchison, J. B.: Hypothalamic mechanisms of sexual behaviour with special reference to birds. Adv. Stud. Behav. *6*, 159 – 200 (1976)

245. Huxley, J. S.: The courtship habits of the great crested grebe (Podiceps cristatus). Proc. Zool. Soc. Lond. *1914(2)*, 491 – 562

246. Iersel, J. J. A. van: An analysis of the parental behaviour of the male three-spined stickleback. Behaviour Suppl. *3*, 1 – 159 (1953)

247. Iersel, J. J. A. van, Bol, A. C. A.: Preening of two tern species. A study on displacement activities. Behaviour *13*, 1 – 88 (1958)

248. Ikeda, K., Kaplan, W. D.: Patterned neural activity of a mutant Drosophila melanogaster. Proc. Natl. Acad. Sci. USA. *66*, 765 – 72 (1970 a)

249. Ikeda, K., Kaplan, W. D.: Unilaterally patterned neural activity of gynandromorphs, mosaic for a neurological mutant of Drosophila melanogaster. Proc. Natl. Acad. Sci. USA. *67*, 1480 – 87 (1970 b)

250. Immelmann, K.: Über den Einfluß frühkindlicher Erfahrungen auf die geschlechtliche Objektfixierung bei Estrildiden. Z. Tierpsychol. *26*, 677 – 91 (1969 a)

251. Immelmann, K.: Song development in the zebra finch and other estrildid finches. In: Bird vocalizations. Hinde, R. A. (ed.), pp. 61 – 74. London: Cambridge University Press 1969 b

252. Immelmann, K.: The evolutionary significance of early experience. In: Function and evolution in behaviour. pp. 243 – 53 (see Ref. 23) (1976)

253. Itô, Y.: Groups and family bond in animals in relation to their habitat. In: development and evolution of behavior. Aronson, L. R., Tobach, E., Lehrman, D. S., Rosenblatt, J. S. (eds.), pp. 389 – 415. San Francisco: W. H. Freeman 1970

254. Janowitz, H. D., Grossman, M. I.: Some factors affecting the food intake of normal dogs and dogs with esophagotomy and gastric fistulas. Am. J. Physiol. *159*, 143 – 48 (1949)

255. Jarman, P. J.: The social organization of antelope in relation to their ecology. Behaviour *48*, 215 – 67 (1974)

256. Jay, P.: Primate field studies and human evolution. In: Primates: studies in adaptation and variability, pp. 487 – 503 (see Ref. 257) (1968 a)

257. Jay, P. C. (ed.): Primates: studies in adaptation and variability. New York, London: Holt, Rinehart and Winston 1968 b

258. Joffe, J. M.: Genotype and prenatal and premating stress interact to affect adult behavior in rats. Science *150*, 1844 – 45 (1965)

259. Johnson, R. N.: Aggression in man and animals. Philadelphia, London: W. B. Saunders 1972

260. Jolly, A.: Lemur behavior. A madagascar field study. Chicago, London: University of Chicago Press 1966

261. Jolly, A.: Die Entwicklung des Primatenverhaltens. Stuttgart: Fischer 1975

262. Kear, J.: Colour preference in young Anatidae. Ibis *106*, 361 – 69 (1964)

263. Kear, J.: The pecking response of young coots Fulica atra and moorhens Gallinula chloropus. Ibis *108*, 118 – 22 (1966)

264. Kellogg, W. N.: Communication and language in the homeraised chimpanzee. Science *162*, 423 – 27 (1968)

265. Kennedy, J. S.: The experimental analysis of aphid behaviour and its bearing on current theories of instinct. Proc. 10th Int. Congr. Ent. Montreal, 1956 2, 397 – 404 (1958)

266. Kennedy, J. S.: Co-ordination of successive activities in an aphid. Reciprocal effects of settling on flight. J. Exp. Biol. *43*, 489 – 509 (1965)

267. Kennedy, J. S.: Some outstanding questions in insect behaviour. Symp. R. Ent. Soc. Lond. *3*, 97 – 112 (1966)

268. Kleiman, D. G.: Monogamy in mammals. Q. Rev. Biol. *52*, 39 – 69 (1977)
269. Klopfer, P. H.: An analysis of learning in young Anatidae. Ecology *40*, 90 – 102 (1959)
270. Klopfer, P. H., Adams, D. K., Klopfer, M. S.: Maternal 'imprinting' in goats. Proc. Natl. Acad. Sci. USA. *52*, 911 – 14 (1964)
271. Köhler, W.: Intelligenzprüfung an Menschenaffen. Berlin, Heidelberg, New York: Springer 1963
272. Komisaruk, B. R.: Effects of local brain implants of progesterone on reproductive behavior in ring doves. J. Comp. Physiol. Psychol. *64*, 219 – 24 (1967)
273. Komisaruk, B. R., Adler, N. T., Hutchison, J.: Genital sensory field: enlargement by estrogen treatment in female rats. Science *178*, 1295 – 98 (1972)
274. Konishi, M.: The rôle of auditory feedback in the control of vocalization in the white-crowned sparrow. Z. Tierpsychol. *22*, 770 – 83 (1965)
275. Konorski, J.: Conditioned reflexes and neuron organization. Cambridge: Cambridge University Press 1948
276. Krebs, J. R.: Colonial nesting and social feeding as strategies for exploiting food resources in the great blue heron (Ardea herodias). Behaviour *51*, 99 – 134 (1974)
277. Krebs, J. R., MacRoberts, M. H., Cullen, J. M.: Flocking and feeding in the great tit Parus major – an experimental study. Ibis *114*, 507 – 30 (1972)
278. Kruijt, J. P.: Ontogeny of social behaviour in Burmese red jungle fowl (Gallus gallus spadiceus) Bonaterre. Behaviour Suppl. *12*, 1 – 201 (1964)
279. Kruijt, J. P., Hogan, J. A.: Social behaviour on the lek in black grouse, Lyrurus tetrix tetrix (L.). Ardea *55*, 203 – 40 (1967)
280. Kruuk, H.: Functional aspects of social hunting by carnivores. In: Function and evolution in behaviour. pp. 119 – 41 (see Ref. 23) (1975)
281. Kummer, H.: Social organization of hamadryas baboons. A field study. Bibl. Primatol. *6*, 1 – 189 (1968 a)
282. Kummer, H.: Two variations in the social organization of baboons. In: Primates: studies in adaptation and variability. pp. 293 – 312 (see Ref. 257) (1968 b)
283. Kummer, H., Götz, W., Angst, W.: Triadic differentiation: an inhibitory process protecting pair bonds in baboons. Behaviour *49*, 62 – 87 (1974)
284. Lack, D.: Population studies of birds. London: Oxford University Press 1966
285. Lagerspetz, K.: Studies on the aggressive behaviour of mice. Ann. Acad. Sci. Fenn. Ser. B *131*, 1 – 131 (1964)
286. Lehrman, D. S.: A critique of Konrad Lorenz's theory of instinctive behavior. Q. Rev. Biol. *28*, 337 – 63 (1953)
287. Lehrman, D. S.: The physiological basis of parental feeding behaviour in the ring dove (Streptopelia risoria). Behaviour *7*, 241 – 86 (1953)
288. Lehrman, D. S.: Hormonal regulation of parental behavior in birds and infrahuman mammals. In: Sex and internal secretions, 3rd ed. Young, W. C. (ed.), pp. 1268 – 1382. London: Bailliere, Tindall and Cox 1961
289. Lehrman, D. S.: The reproductive behavior of ring doves. Sci. Am. *211*, 48 – 54 (1964)
290. Lenneberg, E. H.: Biologische Grundlagen der Sprache. Frankfurt: Suhrkamp 1972
291. Lettvin, J. Y., Maturana, H. R., McCulloch, W. S., Pitts, W. H.: What the frog's eye tells the frog's brain. Proc. Inst. Radio Eng. *47*, 1940 – 51 (1959)
292. Leuthold, W.: Variations in territorial behavior of Uganda kob Adenota kob thomasi (Neumann 1896). Behaviour *27*, 215 – 58 (1966)
293. Leyhausen, P.: Verhaltensstudien an Katzen. Z. Tierpsychol. Beih. *2*, 1 – 120 (1956)
294. Leyhausen, P.: The communal organization of solitary mammals. Symp. Zool. Soc. Lond. *14*, 249 – 63 (1964)
295. Lincoln, G. A., Youngson, R. W., Short, R. V.: The social and sexual behaviour of the red deer stag. J. Reprod. Fertil. Suppl. *11*, 71 – 103 (1970)
296. Lind, H.: The activation of an instinct caused by a 'transitional action'. Behaviour *14*, 123 – 35 (1959)

297. Lindauer, M.: Communication among social bees. Cambridge, Mass.: Harvard University Press 1961
298. Lindauer, M.: Evolutionary aspects of orientation and learning. In: Function and evolution in behaviour, pp. 228 – 42 (see Ref. 23) (1976)
299. Lindburg, D. G.: Rhesus monkeys: Mating season mobility in adult males. Science *166*, 1176 – 78 (1969)
300. Lissmann, H. W.: Electric location by fishes. Sci. Am. *208*, 50 – 59 (1963)
301. Lloyd, J. E.: Aggressive mimicry in Photuris firefly femmes fatales. Science *149*, 653 – 54 (1965)
302. Lloyd, J. E.: Aggressive mimicry in Photuris firefliés: signal repertoires by femmes fatales. Science. *187*, 452 – 53 (1975)
303. Lorenz, K. Z.: The companion in the bird's world. Auk *54*, 245 – 73 (1937)
304. Lorenz, K. Z.: Vergleichende Bewegungsstudien an Anatinen. J. Orn. Lpz. *89*, 194 – 293 (1941). (An English translation appeared in several parts, in Vols. 57 – 59 of Avicult. Mag.)
305. Lorenz, K. Z.: The comparative method in studying innate behaviour patterns. Symp. Soc. Exp. Biol. *4*, 221 – 68 (1950)
306. Lorenz, K. Z.: Er redete mit dem Vieh, den Vögeln und den Fischen. Wien: Borotha-Schoeler 1965
307. Lorenz, K. Z.: The evolution of behavior. Sci. Am. *199* (6), 67 – 78 (1958)
308. Lorenz, K. Z.: Evolution and modification of behaviour. London: Methuen 1966 a
309. Lorenz, K. Z.: Das sogenannte Böse. Zur Naturgeschichte der Aggression. Wien: Borotha-Schoeler 1966 b
310. Lorenz, K. Z., Tinbergen, N.: Taxis and Instinkthandlung in der Eirollbewegung der Graugans I. Z. Tierpsychol. *2*, 1 – 29 (1938)
311. Loucks, R. B.: The experimental delimitation of neural structures essential for learning: the attempt to condition striped muscle responses with faradization of the sigmoid gyri. J. Psychol. *1*, 5 – 44 (1935)
312. McBride, G., Parer, I. P., Foenander, F.: The social organization and behaviour of the feral domestic fowl. Anim. Behav. Monogr. *2*, 127 – 81 (1959)
313. McFarland, D. J.: Hunger, thirst and displacement pecking in the Barbary dove. Anim. Behav. *13*, 293 – 300 (1965)
314. McFarland, D. J.: On the causal and functional significance of displacement activities. Z. Tierpsychol. *23*, 217 – 35 (1966)
315. McFarland, D. J.: Feedback mechanisms in animal behaviour. London, New York: Academic Press 1971
316. McGill, T. E.: Sexual behaviour in three inbred strains of mice. Behaviour *19*, 341 – 50 (1962)
317. McGill, T. E. (ed.): Readings in animal behavior. New York: London: Holt, Rinehart and Winston 1965
318. McGrew, W. C., Tutin, C. E. G.: Evidence for a social custom in wild chimpanzees? (In press, Man.)
319. Mackintosh, N. J.: Discrimination learning in the octopus. Anim. Behav. Suppl. *1*, 129 – 34 (1965)
320. Magnus, D. B. E.: Experimental analysis of some 'overoptimal' sign stimuli in the mating behaviour of the fritillary butterfly, Argynnis paphia L. (Lepidoptera Nymphalidae.) Proc. 10th Int. Congr. Ent. Montreal, 1956 *2*, 405 – 18 (1958)
321. Maier, N. R. F.: Cortical destruction of the posterior part of the brain and its effect on reasoning in rats. J. Comp. Neurol. *56*, 179 – 214 (1932)
322. Maier, N. R. F., Schneirla, T. C.: Principles of animal psychology. New York, Maidenhead: McGraw-Hill 1935
323. Manning, A.: The sexual behaviour of two sibling Drosophila species. Behaviour *15*, 123 – 45 (1959)

324. Manning, A.: The effects of artificial selection for mating speed in Drosophila melanogaster. Anim. Behav. *9*, 82 – 92 (1961)
325. Manning, A.: Drosophila and the evolution of behaviour. Viewpoints in biology. Vol. IV, pp. 125 – 69. London: Butterworth 1965
326. Manning, A.: Sexual behaviour. Symp. R. Ent. Soc. Lond. *3*, 59 – 68 (1966)
327. Manning, A.: Evolution of behavior. In: Psychobiology: biological bases of behavior. McGaugh, J. (ed.), pp. 1 – 52. New York, London: Academic Press 1971
328. Marler, P.: Studies of fighting in chaffinches. (1) Behaviour in relation to the social hierarchy. Br. J. Anim. Behav. *3*, 111 – 17 (1955)
329. Marler, P.: Developments in the study of animal communication. In: Darwin's biological Work. Bell, P. R. (ed.), pp. 150 – 206. Cambridge: Cambridge University Press 1959
330. Marler, P.: Aggregation and dispersal: two functions in primate communication. In: Primates, studies in adaptation and variability. pp. 420 – 38 (see Ref. 257) (1968)
331. Marler, P.: Colobus guereza: territoriality and group composition. Science *163*, 93 – 95 (1969)
332. Marler, P.: On strategies of behavioural development. In: Function and evolution in behaviour. pp. 254 – 75 (see Ref. 23) (1976)
333. Marler, P., Hamilton, W. J.: Tierisches Verhalten. München: BLV Verlagsgesellschaft 1972
334. Marler, P., Kreith, M., Tamura, M.: Song development in hand-raised Oregon juncos. Auk *79*, 12 – 30 (1964)
335. Marler, P., Tamura, M.: Culturally transmitted patterns of vocal behavior in sparrows. Science *146*, 1483 – 86 (1964)
336. Martin, R. D.: Reproduction and ontogeny in tree-shrews (Tupaia belangeri), with reference to their general behaviour and taxonomic relationships. Z. Tierpsychol. *25*, 409 – 95 (1968)
337. Masserman, J. H.: Experimental neuroses. Sci. Am. *182*, 38 – 43 (1950)
338. May, D. J.: Studies on a community of willow-warblers. Ibis *91*, 24 – 54 (1949)
339. Mayr, E.: Artbegriff und Evolution. Hamburg: Parey 1967
340. Melzack, R., Penick, E., Beckett, A.: The problem of 'innate fear' of the hawk shape; an experimental study with mallard ducks. J. Comp. Physiol. Psychol. *52*, 694 – 98 (1959)
341. Menzel, E. W.: Communication about the environment in a group of young chimpanzees. Folia Primatol. *15*, 220 – 32 (1971)
342. Menzel, R.: Das Gedächtnis der Honigbiene für Spektralfarben. I. Kurzzeitiges und langzeitiges Behalten. Z. Vergl. Physiol. *60*, 82 – 102 (1968)
343. Michael, R. P.: Action of hormones on the cat brain. In: Brain and behavior. The brain and gonadal function. Gorski, R. A., Whalen, R. E. (eds.), Vol. 3, pp. 81 – 98. Berkeley: University of California Press 1966
344. Michael, R. P., Scott, P. P.: The activation of sexual behaviour in cats by the subcutaneous administration of oestrogen. J. Physiol. *171*, 254 – 74 (1964)
345. Miller, N. E.: The frustration-aggression hypothesis. Psychol. Rev. *48*, 337 – 42 (1941)
346. Miller, N. E.: Learnable drives and rewards. In: Handbook of experimental psychology. Stevens, S. S. (ed.), pp. 435 – 72. New York, London: Wiley 1951
347. Miller, N. E.: Effects of drugs on motivation: the value of using a variety of measures. Ann. N.Y. Acad. Sci. *65*, 318 – 33 (1956)
348. Miller, N. E.: Experiments on motivation. Studies combining psychological, physiological and pharmacological techniques. Science *126*, 1271 – 78 (1957)
349. Miller, N. E.: Chemical coding of behavior in the brain. Science *148*, 328 – 38 (1965)
350. Miller, N. E., Kessen, M. L.: Reward effects of food via stomach fistula compared with those of food via mouth. J. Comp. Physiol. Psychol. *45*, 555 – 64 (1952)
351. Moltz, H., Stettner, L. J.: The influence of patterned-light deprivation on the critical period for imprinting. J. Comp. Physiol. Psychol. *54*, 279 – 83 (1961)

352. Money, J., Ehrhardt, A. A.: Männlich-Weiblich. Die Entstehung der Geschlechtsunterschiede. Hamburg: Rowohlt 1975
353. Montagu, M. F. A.: Man and aggression. London, New York: Oxford University Press 1968
354. Moore, B. R.: The role of directed Pavlovian reactions in simple instrumental learning in the pigeon. In: Constraints on learning. pp. 159 – 88 (see Ref. 224) (1973)
355. Morris, D.: The feather postures of birds and the problem of the origin of social signals. Behaviour *9*, 75 – 113 (1956)
356. Morris, D.: 'Typical intensity' and its relation to the problem of ritualization. Behaviour *11*, 1 – 12 (1957)
357. Morris, D.: The comparative ethology of grassfinches (Erythrurae) and mannikins (Amadinae). Proc. Zool. Soc. Lond. *131*, 389 – 439 (1959)
358. Moynihan, M.: Some aspects of the reproductive behavior in the black-headed gull (Larus ridibundus ridibundus L.) Behaviour Suppl. *4*, 1 – 201 (1955)
359. Moynihan, M.: Social mimicry; character convergence versus character displacement. Evolution *22*, 315 – 31 (1968)
360. Munn, N. L.: Handbook of psychological research on the rat. Boston: Houghton Mifflin 1950
361. Myer, J. S., White, R. T.: Aggressive motivation in the rat. Anim. Behav. *13*, 430 – 33 (1965)
362. Napier, J. R., Napier, P. H. (eds.): Old world monkeys. Evolution, systematics and behavior. New York, London: Academic Press 1970
363. Narins, P. M., Capranica, R. R.: Sexual differences in the auditory system of the tree frog Eleutheodactylus coqui. Science *192*, 378 – 80 (1976)
364. Nelson, J. B.: The breeding biology of frigatebirds – a comparative review. Living Bird *14*, 113 – 56 (1976). Cornell Laboratory of Ornithology
365. Nice, M. M.: Studies in the life history of the song sparrow. 1. Trans. Linn. Soc. N.Y. *4* (1937) (Reprinted Dover Publications, New York. T1219, 1964)
366. Nixon, H. L., Ribbands, C. R.: Food transmission in the honeybee community. Proc. R. Soc. Sel. B *140*, 43 – 50 (1952)
367. Noble, G. K.: Courtship and sexual selection of the flicker (Colaptes auratus luteus). Auk *53*, 269 – 82 (1936)
368. Noirot, E.: Changes in responsiveness to young in the adult mouse. IV. The effect of an initial contact with a strong stimulus. Anim. Behav. *12*, 442 – 45 (1964)
369. Noirot, E.: Changes in responsiveness to young in the adult mouse. V. Priming. Anim. Behav. *17*, 542 – 46 (1969)
370. Norton-Griffiths, M.: Some ecological aspects of the feeding behaviour of the oystercatcher Haematopus ostralegus on the edible mussel. Mytilus edulis. Ibis *109*, 412 – 24 (1967)
371. Norton-Griffiths, M.: The organisation, control and development of parental feeding in the oystercatcher. (Haematopus ostralegus.) Behaviour *34*, 55 – 114 (1969)
372. Nottebohm, F.: The origins of vocal learning. Am. Nat. *106*, 116 – 40 (1972)
373. Olds, J.: Hypothalamic substrates of reward. Physiol. Rev. *42*, 554 – 604 (1962)
374. Oppenheim, R. W.: Color preference in the pecking response of newly hatched ducks (Anas platyrhynchos). J. Comp. Physiol. Psychol. Monogr. Suppl. (2), 1 – 17 (1968)
375. Oppenheim, R. W.: The ontogeny of behavior in the chick embryo. Adv. Stud. Behav. *5*, 133 – 72 (1974)
376. Owen-Smith, N.: Territoriality in the white rhinoceros (Ceratotherium simum) Burchell. Nature (London) *231*, 294 – 96 (1971)
377. Packer, C.: Male transfer in olive baboons. Nature (London) *255*, 219 – 20 (1975)
378. Pavlov, I. P.: Lectures of conditioned reflexes, 2 Vols. New York: International Publishers 1941
379. Payne, R. S., McVay, S.: Songs of humpback whales. Science *173*, 585 – 97 (1971)

380. Perdeck, A. C.: The isolating value of specific song in two sibling species of grasshoppers (Chorthippus brunneus Thunb. and C. biguttulus L.). Behaviour *12*, 1 – 75 (1958)
381. Pettersson, M.: Diffusion of a new habit among green finches. Nature (London) *177*, 709 – 10 (1956)
382. Powell, G. V. N.: Experimental analysis of the social value of flocking by starlings (Sturnus vulgaris) in relation to predation and foraging. Anim. Behav. *22*, 501 – 5 (1974)
383. Prechtl, H. F. R.: Zur Physiologie der angeborenen Auslösenden Mechanismen. I. Quantitative Untersuchungen über die Sperrbewegung junger Singvögel. Behaviour *5*, 32 – 50 (1953)
384. Premack, D.: Language in chimpanzee? Science *172*, 808 – 22 (1971)
385. Provine, R. R.: Eclosion and hatching in cockroach first instar larvae: a stereotyped pattern of behaviour. J. Insect Physiol. *22*, 127 – 31 (1976)
386. Quadagno, D. M., Banks, E. M.: The effect of reciprocal crossfostering on the behaviour of two species of rodents, Mus Musculus and Baiomys taylori ater. Anim. Behav. *18*, 379 – 90 (1970)
387. Räber, H.: Analyse des Balzverhaltens eines domestizierten Truthahns (Meleagris). Behaviour *1*, 237 – 66 (1948)
388. Ralls, K.: Mammalian scent marking. Science *171*, 443 – 49 (1971)
389. Ramsay, A. O.: Behaviour of some hybrids in the mallard group. Anim. Behav. *9*, 104 – 5 (1961)
390. Ramsay, A. O., Hess, E. H.: A laboratory approach to the study of imprinting. Wilson Bull. *66*, 196 – 206 (1954)
391. Rasa, O. A. E.: The effect of pair isolation on reproductive success in Etroplus maculatus (Cichlidae). Z. Tierpsychol. *26*, 846 – 52 (1969)
392. Reynolds, R. W.: An irritative hypothesis concerning the hypothalamic regulation of food intake. Psychol. Rev. *72*, 105 – 16 (1965)
393. Reynolds, V.: The biology of human action. Reading, San Francisco: W. H. Freeman 1976
394. Rice, J. O., Thompson, W. L.: Song development in the indigo bunting. Anim. Behav. *16*, 462 – 69 (1968)
395. Riss, W.: Sex drive, oxygen consumption and heart rate in genetically different strains of male guinea pigs. Am. J. Physiol. *180*, 530 – 34 (1955)
396. Roeder, K. D.: Neurale Grundlagen des Verhaltens. Beispiele aus der Insektenwelt. Bern: Huber 1968
397. Romer, A. S.: Vergleichende Anatomie der Wirbeltiere. Hamburg: Parey 1971
398. Rosenzweig, M. R., Bennett, E. L. (eds.): Neural mechanisms of learning and memory. Cambridge, Mass., London: M.I.T. Press 1976
399. Roth, L. M.: An experimental laboratory study of the sexual behavior of Aëdes aegypti (I). Am. Midl. Nat. *40*, 265 – 352 (1948)
400. Rothenbuhler, W. C.: Behaviour genetics of nest cleaning in honey-bees. I. Responses of four in-bred lines to disease-killed brood. Anim. Behav. *12*, 578 – 83 (1964 a)
401. Rothenbuhler, W. C.: Behavior genetics of nest cleaning in honey-bees. IV. Responses of F_1 and backcross generations to disease-killed brood. Am. Zool. *4*, 111 – 23 (1964 b)
402. Rowell, C. H. F.: Displacement grooming in the chaffinch. Anim. Behav. *9*, 38 – 63 (1961)
403. Rowell, T. E.: Agonistic noises of the rhesus monkey (Macaca mulatta). Symp. Zool. Soc. Lond. *8*, 91 – 96 (1962)
404. Rowell, T.: Long-term changes in a population of Ugandan baboons. Folia Primatol. *11*, 241 – 54 (1969)
405. Rowell, T.: The social behaviour of monkeys. Harmondsworth: Penguin Books Ltd 1972
406. Rowell, T.: The concept of social dominance. Behav. Biol. *11*, 131 – 54 (1974)
407. Rozin, P., Kalat, J. W.: Specific hungers and poison avoidance as adaptive specialisations in learning. Psychol. Rev. *78*, 459 – 86 (1970)

408. Rundquist, E. A.: The inheritance of spontaneous activity in rats. J. Comp. Psychol. *16*, 415 – 38 (1933)

409. Russell, C., Russell, W. M. S.: Unsere Vettern, die Affen. Hamburg: Hoffmann & Campe 1971

410. Russell, W. M. S.: Evolutionary concepts in behavioral science; I. Cybernetics, Darwinian theory and behavioral science. Gen. Syst. *3*, 18 – 28 (1958)

411. Russell, W. M. S.: Evolutionary concepts in behavioral science; II. Organic evolution and the genetical theory of natural selection. Gen. Syst. *4*, 45 – 73 (1959)

412. Russell, W. M. S.: Evolutionary concepts in behavioral science: III. The evolution of behavior in the individual animal, and the principle of combinatorial selection. Gen. Syst. *6*, 51 – 91 (1961)

413. Russell, W. M. S.: Evolutionary concepts in behavioral science: IV. The analogy between organic and individual behavioral evolution, and the evolution of intelligence. Gen. Syst. *7*, 157 – 93 (1962)

414. Sade, D. S.: Some aspects of parent-offspring and sibling relations in a group of rhesus monkeys, with a discussion of grooming. Am. J. Phys. Anthropol. *23*, 1 – 18 (1965)

415. Sade, D. S.: Determinants of dominance in a group of free-ranging rhesus monkeys. In: Social communication among primates. pp. 99 – 114 (see Ref. 7) (1967)

416. Saunders, D. S.: An introduction to biological rhythms. Glasgow, London: Blackie 1977

417. Schein, M. W., Hale, E. B.: The effect of early social experience on male sexual behaviour of androgen-injected turkeys. Anim. Behav. *7*, 189 – 200 (1959)

418. Schenkel, R.: Submission: its features and function in the wolf and dog. Am. Zool. *7*, 319 – 29 (1967)

419. Schjelderup-Ebbe, T.: Social behavior of birds. In: Handbook of social psychology. Murchison, C. (ed.), pp. 947 – 72. Worcester, Mass.: Clark University Press 1935

420. Schleidt, W. M.: Reaktionen von Truthühnern auf fliegende Raubvögel und Versuche zur Analyse ihrer AAM's. Z. Tierpsychol. *18*, 534 – 60 (1961)

421. Schleidt, W. M.: Tonic communication: continual effects of discrete signs in animal communication systems. J. Theor. Biol. *42*, 359 – 86 (1973)

422. Schleidt, W., Schleidt, M.: Störung der Mutter-Kind-Beziehung bei Truthühnern durch Gehörverlust. Behaviour *16*, 254 – 60 (1960)

423. Schneider, D.: Chemical sense communication in insects. Symp. Soc. Exp. Biol. *20*, 273 – 97 (1966)

424. Schneirla, T. C.: Aspects of stimulus and organization in approach/withdrawal processes underlying vertebrate behavioral development. Adv. Stud., Behav. *1*, 1 – 71 (1965)

425. Schutz, F.: Sexuelle Prägung bei Anatiden. Z. Tierpsychol. *22*, 50 – 103 (1965)

426. Scott, J. P.: Aggression. Chicago: University of Chicago Press 1958

427. Scott, J. P.: Critical periods in behavioral development. Science *138*, 949 – 58 (1962)

428. Scott, J. P., Fuller, J. L.: Genetics and the social behavior of the dog. Chicago: University of Chicago Press 1965

429. Sebeok, T.: How animals communicate. Bloomington: Indiana University Press 1977

430. Seligman, M. E. P.: On the generality of the laws of learning. Psychol. Rev. *77*, 406 – 18 (1970)

431. Seligman, M. E. P., Hager, J. L. (eds.): Biological boundaries of learning. New York: Appleton-Century-Crofts 1972

432. Sevenster, P.: A causal analysis of a displacement activity (faning in Gasterosteus aculeatus L.) Behaviour Suppl. *9*, 1 – 170 (1961)

433. Sevenster-Bol, A. C. A.: On the causation of drive reduction after a consummatory act (in Gasterosteus aculeatus L.). Archs Néerl. Zool. *15*, 175 – 236 (1962)

434. Sheppard, P. M.: Some contributions to population genetics resulting from the study of Lepidoptera. Adv. Genet. *10*, 165 – 216 (1961)

435. Sherrington, C. S.: The integrative action of the nervous system. New York: Scribner's 1906

436. Sherrington, C. S.: Reflexes elicitable in the cat from pinna, vibrissae and jaws. J. Physiol. *51*, 404 – 31 (1917)

437. Skinner, B. F.: The behavior of organisms. New York: Appleton-Century-Crofts 1938

438. Sluckin, W.: Imprinting and early learning. London: Methuen 1964

439. Smith, J. M.: The theory of evolution, 3rd ed Harmondsworth: Penguin 1900

440. Smith, N. G.: Visual isolation in gulls. Sci. Am. *217*, (4), 94 – 102 (1967)

441. Smith, W. J.: Messages of vertebrate communication. Science *165*, 145 – 50 (1969)

442. Snow, D. W.: A study of blackbirds. London: Allen and Unwin 1958

443. Sonnemann, P., Sjölander, S.: Effects of cross fostering on the sexual imprinting of the female zebra finch Taeniopygia guttata. Z. Tierpsychol. 45, 337 – 348 (1977)

444. Spalding, D.: Instinct: with original observations on young animals. Macmillan's Mag. *27*, 282 – 93 (1873) . Reprinted in Br. J. Anim. Behav. *2*, 1 – 11 (1954)

445. Stokes, A. W.: Agonistic behaviour among blue tits at a winter feeding station. Behaviour *19*, 118 – 38 (1962)

446. Stout, J. F., Brass, M. E.: Aggressive communication by Larus glaucescens. Part II. Visual communication. Behaviour *34*, 42 – 54 (1969)

447. Stout, J. F., Wilcox, C. R., Creitz, L. E.: Aggressive communication by Larus glaucescens, Part I. Sound communication. Behaviour *34*, 29 – 41 (1969)

448. Sugiyama, Y.: Social organization of hanuman langurs. In: Social communication among primates. pp. 221 – 36 (see Ref. 7) (1967)

449. Taylor, A., Sluckin, W., Hewitt, R.: Changing colour preference of chicks. Anim. Behav. *17*, 3 – 8 (1969)

450. Teitelbaum, P., Epstein, A. N.: The lateral hypothalamic syndrome: recovery of feeding and drinking after lateral hypothalamic lesions. Psychol. Rev. *69*, 74 – 90 (1962)

451. Thiessen, D. D., Yahr, P.: Central control of territorial marking in the Mongolian gerbil. Physiol. Behav. *5*, 275 – 78 (1970)

452. Thompson, T. I.: Visual reinforcement in Siamese fighting fish. Science *141*, 55 – 57 (1963)

453. Thompson, T. I.: Visual reinforcement in fighting cocks. J. Exp. Anal. Behav. *7*, 45 – 49 (1964)

454. Thompson, W. R., Watson, J., Charlesworth, W. R.: The effects of prenatal maternal stress on offspring behaviour in rats. Psychol. Monogr. *76*, No. 38 (1962)

455. Thorpe, W. H.: A note on detour experiments with Ammophila pubescens Curt. (Hymenoptera: Sphecidae). Behaviour *2*, 257 – 63 (1950)

456. Thorpe, W. H.: Bird song. Cambridge: Cambridge University Press 1961

457. Thorpe, W. H.: Learning and instinct in animals, 2nd ed. London: Methuen 1963

458. Thorpe, W. H., Davenport, D. (eds.): Learning and associated phenomena in invertebrates. Anim. Behav. Suppl. *1*, 1 – 190 (1965)

459. Thorpe, W. H., Zangwill, O. L. (eds.): Current problems in animal behaviour. Cambridge: Cambridge University Press 1961

460. Tinbergen, N.: Instinktlehre, 4. Aufl. Berlin: Parey 1966

461. Tinbergen, N.: 'Derived' activities, their causation, biological significance, origin and emancipation during evolution. Q. Rev. Biol. *27*, 1 – 32 (1952)

462. Tinbergen, N.: Die Welt der Silbermöve. Göttingen: Musterschmidt 1958

463. Tinbergen, N.: Tiere untereinander, 2. Aufl. Berlin: Parey 1967

464. Tinbergen, N.: On anti-predator responses in certain birds – a reply. J. Comp. Physiol. Psychol. *50*, 412 – 14 (1957)

465. Tinbergen, N.: Comparative studies of the behaviour of gulls (Laridae): a progress report. Behaviour *15*, 1 – 70 (1959)

466. Tinbergen, N.: On the aims and methods of ethology. Z. Tierpsychol. *20*, 410 – 33 (1963)

467. Tinbergen, N.: On war and peace in men and animals. Science *160*, 1411 – 18 (1968)

468. Tinbergen, N., Broekhuysen, G. J., Feekes, F., Houghton, J. C. W., Kruuk, H., Szulc, E.: Egg shell removal by the black-headed gull. Larus ridibundus, L.; a behaviour component of camouflage. Behaviour *19*, 74 – 117 (1962 a)

469. Tinbergen, N., Kruuk, H., Pailette, M., Stamm, R.: How do black-headed gulls distinguish between eggs and egg-shells? Br. Birds *55*, 120 – 29 (1962 b)

470. Tinbergen, N., Perdeck, A. C.: On the stimulus situation releasing the begging response in the newly-hatched herring gull chick (Larus a. argentatus Pont.). Behaviour *3*, 1 – 38 (1950)

471. Tschanz, B.: Zur Brutbiologie der Trottelume (Uria aalge aalge Pont.). Behaviour *14*, 1 – 100 (1959)

472. Tschanz, B., Hirsbrunner-Scharf, M.: Adaptations to colony life on cliff ledges: a comparative study of guillemot and razorbill chicks. In: Function and evolution in behaviour, pp. 358 – 80 (see Ref. 23) (1975)

473. Valenstein, E. S., Cox, V. C., Kakolewski, J. W.: Modification of motivated behavior elicited by electrical stimulation of the hypothalamus. Science *159*, 1119 – 21 (1968)

474. Valenstein, E. S., Cox, V. C., Kakolewski, J. W.: Hypothalamic motivational systems: fixed or plastic neural circuits? Science *163*, 1084 (1969)

475. Valenstein, E. S., Cox, V. C., Kakolweski, J. W.: Re-examination of the role of the hypothalamus in motivation. Psychol. Rev. *77*, 16 – 31 (1970)

476. Vernon, J. A., Butsch, J.: Effect of tetraploidy on learning and retention in the salamander. Science *125*, 1033 – 34 (1957)

477. Vince, M. A.: Embryonic communication, respiration and the synchronization of hatching. In: Bird vocalizations. pp. 233 – 60 (see Ref. 216) (1969)

478. Vowles, D. M.: The orientation of ants: I. The substitution of stimuli. J. Exp. Biol. *31*, 341 – 55 (1954)

479. Vowles, D. M.: Maze learning and visual discrimination in the wood ant (Formica rufa). Br. J. Psychol. *56*, 15 – 31 (1965)

480. Vowles, D. M., Harwood, D.: The effect of exogenous hormones on aggressive and defensive behaviour in the ring dove (Streptopelia risoria). J. Endocrinol. *36*, 35 – 51 (1966)

481. Wall, W. von de: Bewegungsstudien an Anatinen. J. Orn. Leipzig *104*, 1 – 15 (1963)

482. Walsh, E. G.: Physiology of the nervous system, 2nd ed. London: Longmans, Green 1964

483. Ward, I. L.: Sexual behavior differentiation: prenatal hormonal and environmental control. In: Sex differences in behavior. Friedman, R. C., Richart, R. M., van de Wiele, R. L. (eds.), pp. 3 – 17. New York: Wiley 1974

484. Warren, J. M.: Primate learning in comparative perspective. In: Behavior of nonhuman primates. Schrier, A. M., Harlow, H. F., Stollnitz, F. (eds.). Vol. I, pp. 249 – 81. New York, London: Academic Press 1965

485. Washburn, S. L., de Vore, I.: Social behavior of baboons and early man. In: Social life of early man. Washburn, S. L. (ed.), pp. 91 – 105. Chicago: Aldine Press 1961

486. Watson, A.: Territorial and reproductive behavior of red grouse. J. Reprod. Fertil. Suppl. *11*, 3 – 14 (1970)

487. Watson, A. J.: The place of reinforcement in the explanation of behaviour. In: Current problems in animal behaviour. pp. 273 – 301 (see Ref. 459) (1961)

488. Watson, J. B.: Behaviorismus. Köln: Kiepenheuer & Witsch 1968

489. Watts, C. R., Stokes, A. W.: The social order of turkeys. Sci. Am. *224* (6), 112 – 18 (1971)

490. Weidmann, R., Weidmann, U.: An analysis of the stimulus situation releasing food-begging in the black-headed gull. Anim. Behav. *6*, 114 (1958)

491. Weidmann, U.: The stimuli eliciting begging in gulls and terns. Anim. Behav. *9*, 115 – 16 (1961)

492. Wells, M. J.: Factors affecting reactions to Mysis by newly hatched Sepia. Behaviour *13*, 96 – 111 (1958)

493. Wells, M. J.: Early learning in Sepia. Symp. Zool. Soc. Lond. *8*, 149 – 69 (1962 a)

494. Wells, M. J.: Brain and Behaviour in Cephalopods. London: Heinemann Educational 1962 b

495. Wells, P. H., Wenner, A. M.: Do honey bees have a language? Nature (London) *241*, 171 – 74 (1973)

496. White, S. D., Wayner, M. J., Cott, A.: Effects of intensity, water deprivation, prior water ingestion and palatability on drinking evoked by lateral hypothalamic electric stimulation. Physiol. Behav. *5*, 611 – 19 (1970)

497. Wickler, W.: Mimikry. Nachahmung und Täuschung in der Natur. München: Kindler 1971

498. Wiens, J. A.: On group selection and Wynne-Edwards' hypothesis. Am. Sci. *54*, 273 – 87 (1966)

499. Wiepkema, P. R.: Positive feedbacks at work during feeding, Behaviour *39*, 266–73 (1971)

500. Wiley, R. H.: Multidimensional variation in an avian display: implications for social communication. Science *190*, 482 – 83 (1975)

501. Wilhelmi, U.: Über den Einfluß sozialer Isolation auf die Rangordnungskämpfe männlicher Schwertträger (Xiphophorus helleri). Z. Tierpsychol. *38*, 482 – 504 (1975)

502. Willows, A. O. D.: Behavioural acts elicited by stimulation of single identifiable nerve cells. Science *157*, 570 – 74 (1967)

503. Willows, A. O. D., Dorsett, D. A., Hoyle, G.: The neuronal basis of behavior in Tritonia. III. Neuronal mechanisms of a fixed action pattern. J. Neurobiol. *4*, 255 – 85 (1973)

504. Wilson, D. M.: The origin of the flight-motor command in grasshoppers. In: Neural theory and modeling. Reiss, R. F. (ed.), pp. 331 – 45. Stanford, California: Stanford University Press 1964

505. Wilson, E. O.: Chemical communication in the social insects. Science *149*, 1064–71 (1965)

506. Wilson, E. O.: The insect societies. Cambridge, Mass: Belknap Press of Harvard University Press 1971

507. Wilson, E. O.: Sociobiology. The new synthesis. Cambridge, Mass.: Harvard, The Belknap Press 1975

508. Wilz, K. J.: Causal and functional analysis of dorsal pricking and nest activity in the courtship of the three-spined stickleback Gasterosteus aculeatus. Anim. Behav. *18*, 115 – 24 (1970)

509. Wise, R. A.: Hypothalamic motivational systems: fixed or plastic neural circuits? Science *162*, 377 – 79 (1968)

510. Wise, R. A.: Plasticity of hypothalamic motivational systems. Science *165*, 929 – 30 (1969)

511. Wood-Gush, D. G. M.: A study of sex drive of two strains of cockerel through three generations. Anim. Behav. *8*, 43 – 53 (1960)

512. Wood-Gush, D. G. M.: The behaviour of the domestic fowl. London: Heinemann Educational 1971

513. Woodrow, H.: The problem of general quantitative laws in psychology. Psychol. Bull. *39*, 1 – 27 (1942)

514. Wynne-Edwards, V. C.: Animal dispersion in relation to social behaviour. Edinburgh: Oliver and Boyd 1962

515. Wynne-Edwards, V. C.: Intrinsic population control: an introduction. In: Population control by social behaviour. Ebling, F. J. Stoddart, D. N. (eds.), pp. 1 – 22. London: Institute of Biology 1978

516. Yoshiba, K.: Local and intertroop variability in ecology and social behavior of common Indian langurs. In: Primates: studies in adaptation and variability. pp. 217 – 42 (see Ref. 257) (1968)

517. Zahavi, A.: The function of pre-roost gatherings and communal roosts. Ibis *113*, 106 – 9 (1971)

518. Zahavi, A.: Communal nesting in the Arabian babbler. Ibis *116*, 84 – 87 (1974)

519. Zarrow, M. X., Denenberg, V. H., Anderson, C. O.: Rabbit: frequency of suckling in the pup. Science *150*, 1835 – 36 (1965)

520. Zeigler, H. P.: Displacement activity and motivational theory. A case study in the history of ethology. Psychol. Bull. *61*, 362 – 76 (1964)

Springer Psychologie

eine Auswahl

W. F. Angermeier
Kontrolle des Verhaltens
Das Lernen am Erfolg
2., neubearbeitete Auflage. 1976.
49 Abbildungen, 2 Tabellen.
XI, 195 Seiten (Heidelberger Taschen-
bücher, Band 100)
DM 21,80; approx. US $ 12.00
ISBN 3-540-07575-5

A. J. Ayres
Lernstörungen
Sensorisch-integrative Dysfunktionen
Übersetzt aus dem Amerikanischen von
C. Rasokat. Herausgeber: Stiftung Reha-
bilitation Heidelberg
1979. 12 Abbildungen. IX, 215 Seiten
(Rehabilitation und Prävention, Band 6)
DM 48,–; approx. US $ 26.40
Mengenpreis ab 20 Exemplare:
DM 38,40; approx. US $ 21.20
ISBN 3-540-09006-1

N. Birbaumer
Physiologische Psychologie
Eine Einführung an ausgewählten
Themen. Für Studenten der Psychologie,
Medizin und Zoologie
1975. 169 zum Teil farbige Abbildungen.
XII, 268 Seiten
DM 55,–; approx. US $ 30.30
ISBN 3-540-06894-5

J.-P. Ewert
Neuro-Ethologie
Einführung in die neurophysiologischen
Grundlagen des Verhaltens
1976. 136 Abbildungen (größtenteils
zweifarbig, eine vierfarbig).
XI, 259 Seiten (Heidelberger Taschen-
bücher, Band 181)
DM 24,80; approx. US $ 13.70
ISBN 3-540-07773-1

F.-J. Feldhege, G. Krauthan
**Verhaltenstrainingsprogramm zum
Aufbau sozialer Kompetenz (VTP)**
1979. 36 Schemata. IX, 338 Seiten
DM 78,–; approx. US $ 42.90
ISBN 3-540-09059-2

M. R. Goldfried, G. C. Davison
Klinische Verhaltenstherapie
Herausgegeben und überarbeitet von
J. C. Brengelmann
Übersetzt aus dem Englischen von
M. Kolb, M. Langlotz, G. Sievering,
G. Steffen
1979. XIII, 211 Seiten
DM 38,–; approx. US $ 20.90
ISBN 3-540-09420-2

P. Innerhofer
Das Münchner Trainingsmodell
Beobachtungen – Interaktionsanalyse –
Verhaltensänderung
1977. 5 Abbildungen, 6 Tabellen.
10 Seiten Fragebögen. VIII, 235 Seiten
DM 38,–; approx. US $ 20.90
ISBN 3-540-08373-1

Intelligenz, Lernen und Lernstörungen
Theorie, Praxis und Therapie
Herausgeber G. Nissen
Mit Beiträgen von A. Agnoli, P. E. Becker,
G. Benedetti, R. B. Cattell, B. Cronholm,
G. F. Domagk, J. B. Ebersole, M. Eber-
sole, H. J. Eysenck, C. Giurgea, G. Gutt-
mann, H. Heckhausen, K. J. Heinhold,
B. Inhelder, R. Lempp, P. Leyhausen,
M. Müller-Küppers, G. Nissen,
H. Papoušek, H. Remschmidt,
M. Schmidt, W. Spiel, H. W. Stevenson
1977. 73 Abbildungen, 20 Tabellen.
VIII, 202 Seiten
DM 28,–; approx. US $ 15.40
ISBN 3-540-08164-X

Springer-Verlag
Berlin
Heidelberg
New York

W. Köhler
Intelligenzprüfungen an Menschenaffen
Mit einem Anhang zur Psychologie des
Schimpansen
3., unveränderte Auflage. 1973. 7 Tafeln,
19 Skizzen, 4 Abbildungen.
VII, 234 Seiten (Heidelberger Taschen-
bücher, Band 134)
DM 19,80; approx. US $ 10.90
ISBN 3-540-06409-5

E. Kretschmer
Körperbau und Charakter
Untersuchungen zum Konstitutions-
problem und zur Lehre von den Tempe-
ramenten
26. Auflage, neu bearbeitet und erweitert
von W. Kretschmer. 1977. 92 Abbildungen, 83 Tabellen. XIII, 387 Seiten
DM 69,–; approx. US $ 38.00
ISBN 3-540-08213-1

H. Kummer
Sozialverhalten der Primaten
Übersetzerin: K. de Sousa Ferreira
1975. 34 Abbildungen. X, 163 Seiten
(Heidelberger Taschenbücher, Band 162)
DM 22,80; approx. US $ 12.60
ISBN 3-540-07126-1

G. R. Lefrançois
Psychologie des Lernens
Report von Kongor dem Androneaner
Übersetzt und bearbeitet von W. F. Anger-
meier, P. Leppmann, T. Thiekötter
1976. 41 Abbildungen, 10 Tabellen.
XI, 215 Seiten
DM 31,–; approx. US $ 17.10
ISBN 3-540-07588-7

Springer-Verlag
Berlin
Heidelberg
New York

R. E. Mayer
Denken und Problemlösen
Eine Einführung in menschliches Denken
und Lernen
Übersetzt aus dem Englischen von
E. M. Pinto
1979. 65 Abbildungen. XI, 256 Seiten
(Heidelberger Taschenbücher, Band 199)
DM 28,80; approx. US $ 15.90
ISBN 3-540-09325-7

**Modellunterstütztes Rollen-
training (MURT)**
Verhaltensmodifikation bei Jugend-
delinquenz
Herausgeber: M. Steller, W. Hommers,
H. J. Zienert
Geleitwort von J. C. Brengelmann
1978. XV, 182 Seiten
DM 38,–; approx. US $ 20.90
ISBN 3-540-08956-X

J. B. Rotter, D. J. Hochreich
Persönlichkeit
Theorien, Messung, Forschung
Übersetzt aus dem Englischen von
P. Baumann-Frankenberger
1979. 4 Abbildungen, 3 Tabellen. Etwa
180 Seiten (Heidelberger Taschenbücher,
Band 202)
DM 26,–; approx. US $ 14.30
ISBN 3-540-09469-5

R. M. Tarpy
Lernen
Experimentelle Grundlagen
Übersetzt aus dem Englischen von
R. Schlichter
1979. 76 Abbildungen. IX, 179 Seiten
DM 39,50; approx. US $ 21.80
ISBN 3-540-09478-4

P. G. Zimbardo
Lehrbuch der Psychologie
Eine Einführung für Studenten der
Psychologie, Medizin und Pädagogik
Unter beratender Mitarbeit von F. L. Ruch
Bearbeitet und herausgegeben von
W. F. Angermeier, J. C. Brengelmann,
T. J. Thiekötter
Übersetzt aus dem Englischen von
E. Hachmann, M. Kolb, M. Langlotz,
G. Niebel, G. Wurm-Bruckert
3., neubearbeitete Auflage. 1978. 227 zum
Teil farbige Abbildungen, 22 Tabellen.
XIV, 580 Seiten
DM 48,–; approx. US $ 26.40
ISBN 3-540-08719-2